DESIGN EXPERT, MINITAB과 R을 활용한 실험계획법

임용빈 지음

자유아카데미

머리말

실험계획법은 실험의 설계(Design) 단계, 실험자료의 분석(Analysis) 단계와 최적화(Optimization) 단계로 구성된다. 실험의 설계 단계에서는 실험의 목적을 효율적이고 실용적으로 달성하기 위한 실험점들의 선택과 실험 실시 순서인 랜덤화가 결정된다. 분석단계에서는 실험자료의 효율적인 분석을 통하여 핵심 인자들과 교호작용효과 등의 선별을 포함하는 실험자료에 대한 적절한 모형을 찾고, 최적화 단계에서는 분석단계에서 구한 적절한 모형을 참모형으로 가정한 경우에 실험목적에 부합되는 최적조건을 찾고 최적조건에서의 확인 실험을 통해서 재현성을 검토한다.

실험계획법의 이론은 1920년대 영국의 통계학자 Fisher가 로담스테드 농업실험소에서 농학 실험과 관련된 연구를 하면서 정립되었고, 1950년대부터 Box 박사가 수율 향상을 목적으로 화학공학 분야에 적용하기 시작하면서 최근에는 공학 분야에 더 활발하게 적용되고 있다.

식스시그마 경영은 고품질의 공산품을 저비용으로 생산하여 경쟁력을 향상시키는 것을 목적으로 한다. 이를 위해서는 제품의 생산단계는 물론 그 제품의 연구 및 개발단계부터 제품의 품질 특성을 최적화하는 공정조건의 결정이 중요하다. 공학 분야의 전문지식을 활용하여 얻어진 제품의 품질 특성에 영향을 주리라 기대되는 인자들 중에서 제품의 품질특성에 실제로 영향을 주는 핵심적인 인자들을 선별하고, 핵심 인자들의 관심 영역에서 품질특성치에 대한 적절한 모형을 찾고, 품질특성치의 평균을 최적으로 하는 공정조건을 결정하도록 도와주는 통계적 방법이 바로 실험계획법이다. 최근에 제약회사의 신약과 유사약(Bio-similar) 개발에서 FDA의 승인을 얻기 위해서는 최적조건 근처에서 생산되는 제품의 99%에 대한 약효를 보증하는 Design Space를 구축하여 보고해야 한다.

이 책의 중요한 주제는 Stat-Ease 회사에서 개발한 실험계획법(DOE) 전문 소프트웨어인 Design Expert, 통계 범용 소프트웨어인 Minitab과 R을 활용하여 반응표면분석에서 Design Space의 구축을 시도하는 것이다. 이를 위하여 실험목적에 따라 효율적으로 실험을 설계하고, 실험자료의 분석을 통해 핵심인자들을 선별하여 적절한 모형으로 최적조건을 찾음으로써 반응표면분석에서 Design Space의 구축 방법에 대한 실습을 제공하고 있다. Design Expert의 적절한 출력 결과의 해석은 Minitab과 R 혹은 SAS와 같은 통계 범용 소프트웨어의 출력 결과의 해석과 동일하지만, 출력 결과를 얻는 과정이 Design Expert에서는 시각적으로 전개가 되어서 용이하다는 장점을 가지고 있다.

이 책의 출판 목적은 세 가지이다. 첫 번째는 대학에서의 실험계획법 교재로 사용하는 것으로, 통계학과, 산업공학과, 제약학과와 식품공학과 등 다양한 분야의 학과에서 사용할 수 있도록 하는 것이다. 두 번째로는 기업이나 공공기관의 연구자와 기술자들을 위한 실용적인 실험계획법의 입문서로 사용할 수 있도록 하였다. 이 경우에는 각 장의 입문과 Design Expert, Minitab과 R을 활용한 사례 중에서 필요한 부분을 선택하여 공부를 하면 도움이 될 것이다. 마지막으로 이 책은 품질경영기사나 기술사 실험계획법 시험을 준비하는 분들에게 도움을 주기 위해서 만든 것이다. 이 세 가지 목적을 달성하기 위하여 상세하게 설명하도록 노력하였고, 시각적인 분석에 초점을 맞추어서 사례 분석 위주로 설명을 하였다.

이 책을 읽는 데에는 한 학기 정도의 기초통계학과 회귀분석 과목을 이수할 필요가 있지만 배경지식이 없는 분들을 위하여 2장과 6장에 이 책을 읽는데 필요한 모평균에 대한 신뢰구간 구하기와 가설검정, 회귀분석을 간단히 수록하였다. 많은 참고가 되기를 바란다. 출간 후에라도 수정 사항이 있을 경우에는 자유아카데미 홈페이지(www.freeaca.com) 자료실에 제공할 예정이다.

이 책을 집필하는 데 있어 저자가 수행한 삼성전기, 삼성전자, LG디스플레이, posco, 종근당, CTC바이오 등에서의 실험계획법 사내교육과, 2012년부터 이화통계연구소와 실험계획전문가에서 공동주관한 Design Expert를 활용한 반응표면분석 Workshop에 참여해준 기업 및 약학, 식품학 분야의 학계 참가자들로부터의 피드백이 도움이 되었기에 관련된 분들에게 감사의 말씀을 드리고 싶다. 이 책의 Design Expert, Minitab과 R의 활용 사례 작성을 도와주고, 교정하는 데에 많은 수고를 해준 이화여대 통계학과 대학원생인 김진영, 최송아, 윤소라 양에게도 고마움을 전한다. 또한 자유아카데미의 임철석 사장님에게도 고마움을 전한다.

2020년 2월

저자 임용빈

차례

3장 일원배치법

4장 이원배치법

7장 2수준 요인배치법

8장 2수준 요인배치법의 교락법, 일부실시법과 직교배열표

9장 반응표면분석

10장 혼합물 실험계획법

11장 로버스트 파라미터 계획법

1 실험계획법 개요

1.1 실험계획이란 무엇인가

거의 모든 분야에서 어떤 특정한 과정, 또는 시스템을 이해하려면 연구자들은 실험을 할 수밖에 없다. 계획된 실험이란 시스템에 대한 입력변수(input variable)들을 연구자가 조절하였을 때 출력변수(output variable) 혹은 반응변수(response variable)가 어떻게 변화하는지를 관찰하고 조사하여 시스템을 보다 더 잘 이해하려는 시도이다. 여기서 입력변수를 **인자**(Factor) 혹은 **요인**이라고 부르고, 인자가 취하는 값을 수준이라고 부른다. 실험에 고려된 인자들의 모든 가능한 수준 결합을 **처리**(treatment)라고 부른다. 각각의 처리가 서로 다른 실험조건을 결정한다. 각 처리에서 실험을 실행하여 관측된 반응값들이 모집단을 형성하는 데에, 모집단의 분포는 정규분포를 가정한다. 여기서 처리를 제외한 실험 환경 혹은 실험조건들은 비슷하여 정규분포를 결정하는 종의 모양은 동일하다고 가정한다. 즉 처리는 모집단의 중심의 위치에는 영향을 줄 수 있지만, 산포에는 영향을 주지 않는다고 가정한다. 따라서 우리의 관심사는 종의 중심의 위치가 일치하는가, 즉 각 처리에서 반응변수의 분포가 동일한가(처리에 관계없이 모집단의 분포가 동일한가)를 조사하는 것이다. 여기에서 얻어진 실험 자료가 독립표본이라는 가정을 할 수 있도록 도와주는 가장 중요한 원칙이 실험의 랜덤화이다.

실험을 진행할 때는 실험 결과의 분석이 타당하고 객관적인 해석이 가능하도록 계획을 세워야 통계 방법들을 쉽게 적용할 수 있다. 아무 실험이나 과학적인 분석이 가능하지 않다. 진정한 실험은 관심 있는 입력변수가 취하는 값을 실험자가 조절할 수 있어야 하며, 따라서 이 입력변수가 출력변수에 끼치는 효과(effect)를 통계적으로 정량화할 수 있어야 한다.

예를 들어, 생물 생리학자가 기계적인 스트레스가 콩의 성장에 영향을 끼치는가를 조사하고 싶다고 하자. 콩의 묘목을 화분에 심은 후에 랜덤하게 3그룹으로 나누어서, 16일 동안 3개의 조명의 조건인 낮은 조명, 보통 조명, 밝은 조명에 노출시킨 후에, 각각의 그룹에 속한 각 작물의 총 잎의 면적을 측정하였다. 이 실험에서 입력변수는 조명의 밝기로 3개의 값을 선택했기에 처리의 수는 3이고, 조명 조건을 제외한 나머지 실험 환경이 비슷하기 때문에 일원배치법에 해당된다. 우리의 관심사는 반응변수인 작물의 총 잎의 면적의 모평균 값이 조명 조건에 관계없이 동일한가를 조사하는 것이다. 이 경우에 입력변수는 조명의 밝기이며, 각 조명의 밝기 수준마다 관측되는 작물의 총 잎의 면적이 출력변수가 된다. 이 경우, 실험자가 조절하는 조명의 밝기인자 이외의 모든 다른 조건들은 동일하게 유지해야 한다. 이 예는 관심 인자가 하나 있는 경우이다.

이번에는 관심 인자가 두 가지인 경우를 생각해 보자. 위의 콩의 성장 예에서 관심 인자가 조명의 밝기와 물리적인 스트레스 두 가지라고 하자. 조명의 밝기는 3수준이고 물리적인 스트레스는 2수준으로, 첫 번째 수준은 스트레스를 주지 않는 기준 그룹이고, 두 번째 수준은 화분을 하루에 두 번씩 흔들어 스트레스를 주는 그룹이다. 따라서 처리는 모두 여섯 가지의 2개 인자들의 수준 조합으로

처리 1: 낮은 조명, 기준
처리 2: 낮은 조명, 스트레스
처리 3: 중간 조명, 기준
처리 4: 중간 조명, 스트레스
처리 5: 중간 조명, 기준
처리 6: 중간 조명, 스트레스

이다. 이렇게 선택된 여섯 가지의 수준 조합 모두에 대해서 실험을 한다면 이 경우에 입력변수는 조절된 조명의 밝기와 물리적인 스트레스가 되며, 각 수준 조합마다 관측되는 작물의 총 잎의 면적이 출력변수가 된다. 이 같은 실험에서 일반적인 관심사는 작물의 총 잎의 면적에 미치는 조명 밝기의 효과, 물리적인 스트레스의 효과, 물리적인 스트레스의 각각의 수준에서 조명 밝기의 효과의 크기가 동일한가를 판단하는 상호작용 효과 등이 된다.

실험계획법은 이 같은 실험들을 어떻게 수행해야 최소의 노력으로 최대의 정보를 얻는가를 집중적으로 연구하는 통계학의 한 분야로서, 원래는 농업 분야에서 작물의 생산량을 최대로 하는 조건에 대한 실험 등에서 비롯되었지만, 현재는 공학 분야에서 더 많이 사용되고 있다.

때로 통계학에서는 입력변수는 **독립변수**(independent variable), 출력변수를 **종속변수**(dependent variable), 또는 **반응변수**(response variable)라고 부르기도 한다. 독립변수는 실험계획법 용어로 **인자**(factor) 혹은 **요인**이라고 부르는 것이 더 일반적이다. 인자 수준, 또는 인자 수준들의 조합을 **처리**(treatment)라고 한다. 또, 계획된 실험을 흔히 **비교실험**(comparative experiment)이라고 부르기도 한다. 비교실험에서는 연구하고 싶은 반응에 관여하는 인자들의 수준을 몇 가지 설정하여 각 수준 조합인 처리수준마다 같은 조건하에서 실험한 후 처리수준에 따라 결과된 반응값들 사이에

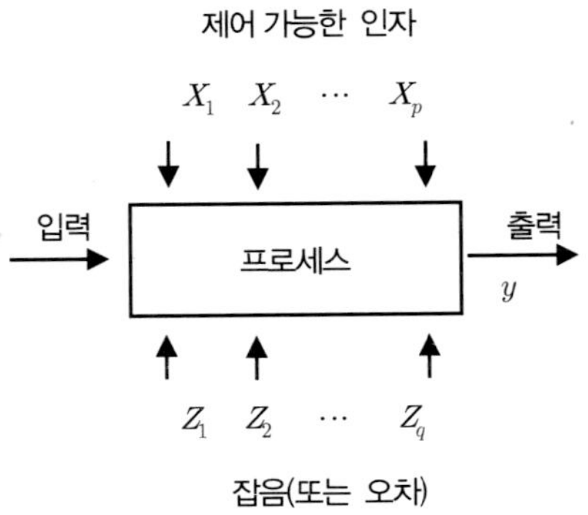

그림 1.1 프로세스의 모형도

통계적으로 유의한 차이가 있는지를 조사한다. 이때 처리를 받는 대상, 또는 실험 환경을 **실험 단위(experimental unit)**라고 한다.

앞의 예에서 보는 바와 같이 연구대상이 되는 프로세스를 그림으로 나타내 보면 〈그림 1.1〉과 같이 표현할 수 있다. 이때 제어 가능한 인자란 조명 밝기, 물리적인 스트레스 등과 같이 제어(control)가 용이하고, 재현성이 있으며, 기술적 의미를 갖는 인자를 말한다. 잡음(noise) 혹은 오차란 출력에 영향을 주고 있는 인자이지만 그 인자의 상태를 파악할 수 없는 경우나, 또는 측정오차와 같이 이유를 파악하기 어려우나 출력의 산포에 영향을 주는 원인 등을 뜻한다.

이와 같이 프로세스가 주어진 경우 설계된 실험이란 제어 가능한 인자를 연구자가 조절하였을 때 출력이 어떻게 변화하는지를 관찰하고 조사하여 프로세스를 보다 잘 이해하려는 시도로 볼 수 있다.

1.2 실험계획의 기본원리와 순서

실험에 의하여 정보가 효율적으로 획득되기 위해서는 먼저 실험설계가 제대로 이루어져야 한다. 또한 실험설계 방법에 따라서 얻어진 자료에 대한 통계적 분석방법이 달라지므로 실험설계와 통계적 분석은 서로 밀접한 관계를 갖고 있다. 실험을 통한 정보의 효율적 획득과 적절한 통계분석을 가능하게 하는 기본원리로는 실험의 랜덤화, 반복, 블록화를 들 수 있다. 아무리 복잡한 실험이라도 계획된 실험이라면 이 세 가지 원리의 반복 적용에 지나지 않는다.

(1) 랜덤화

랜덤화(randomization)는 실험단위의 배정 또는 실험순서들을 임의로, 또는 랜덤하게 결정하는 것으로 선택된 인자 외에 기타 원인들의 영향이 실험결과에 편향되게 미치는 것을 막기 위한 방안이다. 랜덤화의 기본원리는 각 처리에 대한 실험 실시의 순서가 랜덤한 메커니즘에 의해 결정되는 것이다. 실험계획법 패키지에서 각 처리에 체계적으로 일련번호를 할당하는 것을 standard order라고 하고 랜덤하게 결정된 실험실시 순서를 run order라고 하는데, run order의 순서에 해당되는 처리에서 실험실시를 통해서 실험의 랜덤화가 구현된다. 또 다른 랜덤화의 구현은 실험의 크기만큼 번호가 붙은 카드를 잘 섞은 후, 한 장씩 뒤집어서 뽑힌 번호에 해당되는 처리에서 실험하는 것이다.

만약 실험을 랜덤한 순서로 하지 않고 규칙적으로 차례대로 행한다면 실험결과에 대한 보고회를 가질 경우 차이가 난 원인이, 예를 들어 실험의 숙련도나 실험실의 기온 등과 같이 실험에서 고려하지 않은 원인들로부터 올 가능성에 대한 질문을 받으면 어느 것이 참원인인지 답변할 수 없을 것이다. 반면에 실험을 랜덤한 순서로 행하면 선택된 인자 외에 기타 원인들의 영향을 어느 정도 상쇄시킬 수 있으므로 객관성을 유지할 수 있다.

실험자료의 통계적 분석방법인 분산분석과 재현성을 검토하는 신뢰구간을 구하기에서 실험자료에 대한 중요한 가정은 반응변수나 오차가 서로 독립임을 가정한다. 랜덤화는 이러한 가정을 충족시켜주는 데 바탕이 되어 실험자료의 통계분석 결과의 타당성을 제공한다.

(2) 반복

반복(replication)은 동일한 조건하에서 실험을 두 번 이상 행함을 뜻한다. 동일한 조건하에서 수행한 실험이라도 실험결과가 반드시 동일하지는 않다. 제어 불가능한 오차가 항상 수반되기 때문이다.

반복실험을 하면 실험오차(experimental error)의 크기인 표준편차를 추정할 수 있으며, 표준편차의 추정값은 관측된 요인효과의 차이가 통계적으로 의미 있는 차이인지를 판단하는 근거가 된다. 또한 반복을 하면 요인효과를 추정하는 데 실험자료의 평균을 사용할 수 있으므로 좀 더 정밀한 효과의 추정량을 얻을 수 있다.

그러나 반복을 실시하여 실험의 횟수가 증가하면 비용이 많이 소요되므로 적절한 반복수를 결정해야 한다. 만약 실험에서 작은 요인효과의 차이도 검출해야 한다면 상대적으로 반복수가 커져야 한다. 일반적으로 반복의 크기는 실험자가 검출하고 싶은 요인의 크기에서 검정력(power)의 값이 .8 이상이 되도록 결정한다. 반응변수에 실제로 영향을 주는 핵심요인을 선별하는 것은 반응표면분석 단계에서 Design Space를 효율적으로 구축하는 데에 중요한 역할을 한다. 이와 같이 반복수는 실험오차, 비용, 요구되는 통계적 정밀도(precision) 등을 고려하여 적절히 결정해야 한다.

(3) 블록화

실험전체를 될 수 있는 한 동질적인 부분으로 나누어 여러 블록으로 나눈 후, 각 블록 내에서 요인효과를 조사하는 것을 블록화(blocking)라고 한다. 블록화는 조사연구에서 층화(stratification)와 유사한 개념이다. 예를 들어 여러 품종의 감자 수확량을 비교하고 싶을 때, 땅의 비옥한 정도에 따라 수확량의 차이가 크다는 사실을 알고 있다면 비옥한 땅, 보통, 척박한 땅을 블록으로 잡으면 된다. 각 블록마다 모든 품종의 감자를 다 심고, 나중에 분석할 때 비옥한 정도의 차이 때문에 생긴 블록효과를 제거해 버리면 순수한 품종효과만 걸러지게 된다. 만약 블록화를 하지 않고 그대로 랜덤화하면 어떤 품종은 예를 들어 척박한 땅에만 배치되는 등 제대로 비교가 안 될 수도 있다.

모든 실험설계마다 반드시 블록화를 해야 하는 것은 아니다. 그러나 블록효과가 실제로 큰 경우, 블록화를 하지 않는다면 실험오차가 과장되어 유의한 인자효과를 검출하지 못하는 경우가 있을 수 있다. 블록화를 하면 블록내에서는 동질성이 유지되며, 블록간에는 이질적이 된다. 결국, 블록화는 관심 있는 요인의 효과차이를 더 뚜렷하게 밝혀내기 위한 것으로 블록간 차이가 크면 클수록 오차분산을 줄일 수 있게 되어 블록화의 효율은 증대된다.

이제 실험계획의 순서에 관하여 생각해 보자. 실험계획법의 순서는 일반적으로 다음과 같다.

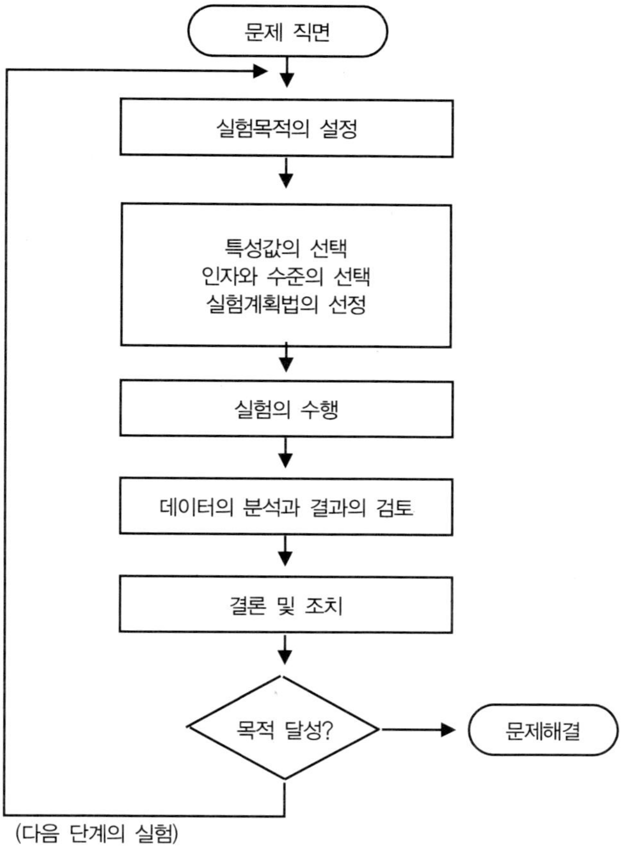

그림 1.2 실험계획법의 순서

1.3 실험계획법의 발전 과정

실험 자체는 인류의 역사와 더불어 시작되었다고 볼 수 있으나, 학문의 체계로서 발전해 온 실험계획법의 역사는 1930년대에 영국의 로담스테드 농업실험소(Rothamsted Agricultural Experimental Station)에서 근무한 R.A. Fisher로부터 시작되었다. 그는 농작물 재배실험 방법을 개발하면서 실험계획법을 체계화하였으며, 그의 저서(Fisher(1935))에 상세히 기술하여 놓았다. 이 당시 실험계획법에 크게 기여한 학자로 F. Yates, D.J. Finney, R.C. Bose 등이 있으며, 주 응용 분야는 농업과 생물 분야의 문제를 다루었다. 실험계획법의 기본원리들인 랜덤화, 반복, 블록화, 직교화

등의 이론이 정립되었고, 처리비교(treatment comparisons) 실험에 초점이 맞추어졌고, 일부실시법의 설계 방법도 연구되었다. 여기서 처리(treatment)는 한 인자의 수준일 수도 있고, 여러 개 인자들의 수준조합이 될 수도 있다.

실험계획법은 세계 제2차 대전 후에 화학공업을 주축으로 한 공업실험 방법 연구가 G.E.P. Box를 중심으로 프로세스 산업에서 응용되면서 그 영역이 확장되었다. 프로세스에서는 인자가 연속변수인 경우가 흔하며, 이 경우에는 처리비교보다는 인자의 최적조건을 찾는 문제가 중요하다. Box는 특성값을 종속변수 Y로, 인자들을 독립변수(X1, X2 등)로 보고 회귀방정식을 적합시켜 독립변수들의 최적조건을 구하는 **반응표면설계와 분석(response surface design and analysis)**을 제안하였다. Box와 Wilson(1951), Box와 Hunter(1957)의 논문은 이 분야를 개척한 대표적인 논문이다. 이 당시 실험계획법에 기여한 학자들로 K.B. Wilson, N.R. Draper, W.G. Hunter, J.S. Hunter, D.W. Behnken 등을 꼽을 수 있다. 그 후 컴퓨터의 발달과 더불어 최적설계(optimal design)에 관한 이론이 연구되었고, J. Kiefer는 이 분야 연구에 큰 기여를 하였다.

70년대에 들어서면서 기업경영에서 고객만족 차원이 강조되면서 제품의 품질변동(quality variation)을 줄이는 것이 중요한 과제가 되었다. 품질변동에 영향을 주는 각종의 잡음에 영향을 적게 받는 모수인자들의 최적조건을 찾는 실험설계가 일본의 G. Taguchi에 의하여 개척되었고, 이 방법들이 로버스트 파라미터 설계(robust parameter design)로 명명되면서 실험계획법의 새로운 분야가 개척되었다. Taguchi (1986, 1987)에서 직교배열표를 활용하는 로버스트 파라미터 설계에 대하여 광범위하게 제안하고 있으며, 이를 기업에 적용하는 방법론을 품질공학(quality engineering)이라고 명명하여 Taguchi는 하나의 학문 분야를 개척하였다. 품질공학에 기여한 이 당시 주요 학자들은 V.N. Nair, C.F.J. Wu, P.J. Ross, R.N. Kackar 등을 꼽을 수 있다.

최근에 제약회사의 신약과 유사약(Bio-similar) 개발에서 FDA의 승인을 얻기 위해서는 최적조건둘레에서 생산되는 제품의 99%에 대한 약효를 보증하는 Design Space를 구축하여 보고해야 한다. Design Space 내의 공정조건에서 생산된 제품의 99%에 대한 품질을 보증할 수 있어서 Design Space는 엔지니어들에게 최적조건에서 공정변수들의 흔들림을 어느 정도 허용할 수 있는지를 시각적으로 보여 준다. Design Space의 성공적인 구축을 위한 효율적이고 실용적인 실험설계와 실험자료의 분석을 통한 적절한 모형 찾기와 최적조건 찾기 및 Design Space 구축이 중요한 이

슈이다.

한국에는 통계학이란 학문이 들어와 연구되기 시작한 것이 70년대이며, 초기에 백운봉 등에 의하여 실험계획법이 도입되기 시작하였다. 80년대에 이르러 박성현(1984)의 책은 학계와 산업계에 실험계획법의 도입과 활용에 크게 기여하였다. 그 후 박성현(1993), 임용빈 외(1998) 등으로 실험계획법의 영역이 확장되었고, 최근에는 많은 젊은 통계학자들이 실험계획법을 연구하고 있고, 응용으로는 약학 분야, 의학 분야, 사회과학 분야, 교육 분야 등에도 실험계획법이 활발히 적용되고 있다. 산업 분야에는 기업들이 품질경영의 일환으로 6시그마(Six Sigma)를 도입하면서 실험계획법의 활용이 각종 산업에서 광범위하게 적용되고 있다고 볼 수 있다.

2 기초통계분석

모집단과 표본의 관계를 우선적으로 설명하고, 모집단을 대표하는 값인 모평균과 표본평균, 모집단의 퍼짐의 정도를 나타내는 모분산과 표본분산의 관계를 설명한다. 확률변수의 분포로서 확률분포의 개념을 설명하고, 잘 알려진 확률분포인 정규분포, t분포, F분포의 성질에 대하여 알아본다. 다음으로 통계적 추정(estimation)과 통계적 가설검정(hypothesis testing)이 무엇인지 그 기초개념을 소개하고, 이들이 실험계획법에서 어떻게 사용되는지 알아본다. 마지막으로 Minitab과 R을 사용하여 기초적 통계분석을 실시하는 예를 보여 준다.

2.1 모집단과 표본

모집단(population)이란 조사의 대상이 되는 집단 전체를 말한다. 예를 들면 현재 공정의 조건에서 생산되는 플라스틱 제품이다. **확률변수(random variable)**는 모집단의 구성원소인 각각의 플라스틱 제품에 대응되는 반응변수(response variable)로 인장강도이다. **표본(sample)**이란 모집단의 특성을 파악하기 위하여 모집단으로부터 일부분을 추출한 것을 말한다. 우리는 추출된 표본이 모집단의 축소판이 되기를 원하기에 모집단의 각 개체가 표본에 선택될 확률이 동일하게 표본을 추출하며 이를 **확률표본(random sample)**이라고 한다. 이러한 확률표본이 좋은 표본이라고 말할 수 있다.

2.2 정규분포

(1) 확률밀도함수

정규분포(normal distribution)는 모든 확률분포 중에서 대표적으로 가장 많이 쓰이는 종 모양의 분포로, 확률변수 Y의 기댓값이 μ이고 표준편차가 σ일 때 확률밀도함수(p.d.f.: probability density function)가

$$f(y) = \frac{1}{\sqrt{2\pi} \cdot \sigma} e^{-\frac{(y-\mu)^2}{2\sigma^2}} \qquad (-\infty < y < \infty \ ; \ \sigma > 0) \tag{2.1}$$

이 되는 확률변수 Y는 정규분포 $N(\mu, \sigma^2)$을 따른다고 한다. 여기서 e는 자연대수의 밑(base)으로 2.7182…인 무리수이다. 이 분포의 p.d.f.를 그래프로 그려보면 〈그림 2.1〉과 같이 모평균 μ에 대하여 좌우대칭인 종모양의 분포로 종의 중심이 μ이고 종의 모양은 산포의 정도인 σ에 의하여 결정된다. 확률밀도함수의 값은 확률변수 Y가 y 근처에서 일어날 가능성을 표시한 수치이다. 따라서 확률변수 Y의 모집단을 대표하는 값은 확률밀도함수의 값이 가장 크고 종의 중심에 위치한 모평균 μ이다. 종의 모양을 결정하는 표준편차인 σ값은 Y가 모평균인 μ 둘레에 얼마나 퍼져 있는지를 나타내는 측도로 정규분포의 대표적인 범위의 면적은 다음과 같다.

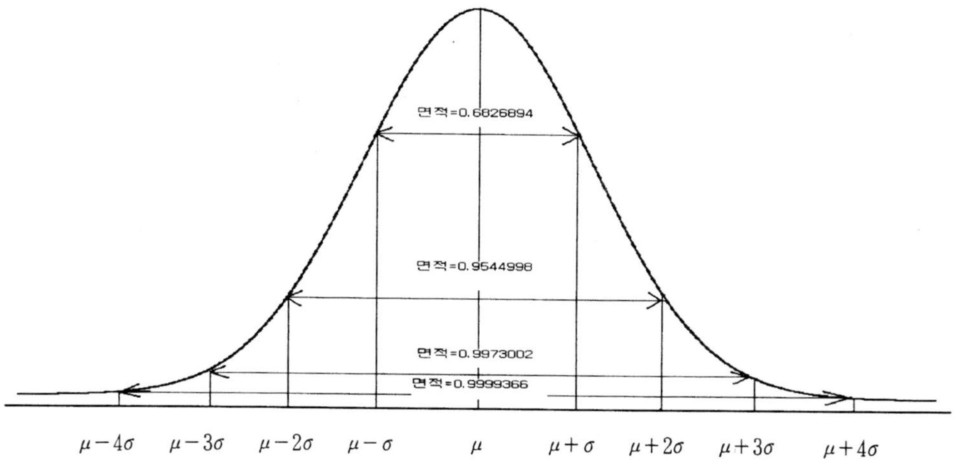

그림 2.1a 정규분포의 확률밀도함수의 그래프

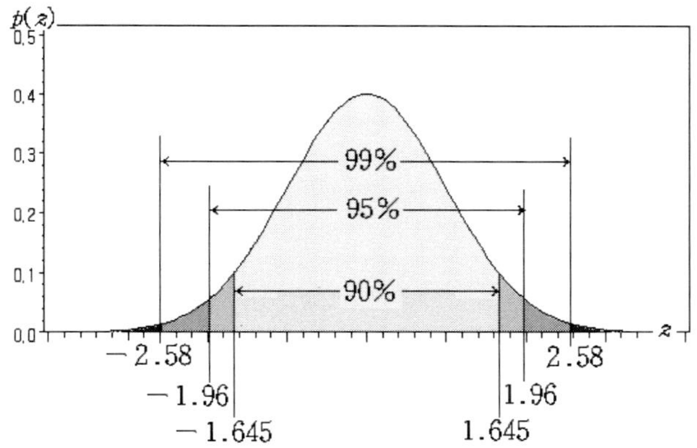

그림 2.1b 표준정규분포의 확률밀도함수의 그래프

$$
\begin{aligned}
P[\mu-\sigma &< Y < \mu+\sigma] = 0.6826894 \\
P[\mu-2\sigma &< Y < \mu+2\sigma] = 0.9544998 \\
P[\mu-3\sigma &< Y < \mu+3\sigma] = 0.9973002 \\
P[\mu-4\sigma &< Y < \mu+4\sigma] = 0.9999366
\end{aligned}
$$

(2) 확률변수의 표준화

확률변수 Y가 $N(\mu, \sigma^2)$를 따를 때 Y를 선형변환한 결과의 분포도 정규분포를 따른다. 예를 들면 Y가 온도인 경우에 온도를 화씨로 표현을 하든 혹은 섭씨로 표현을

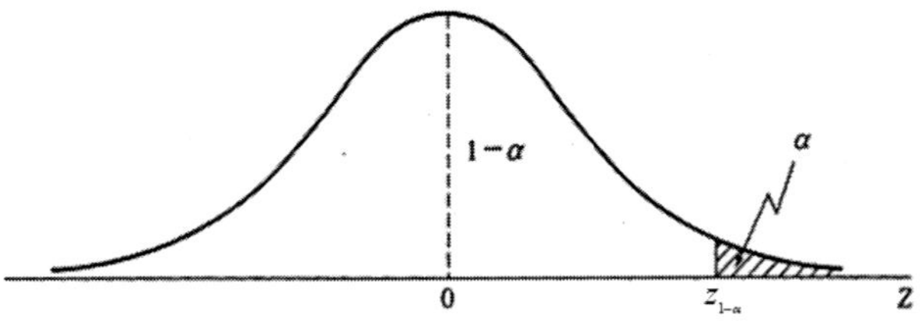

그림 2.2 표준정규분포 $N(0,1)$

하든 관계없이 온도의 분포는 동일하게 정규분포를 따른다. Y에서 모평균 μ까지의 통계적인 거리에 해당되는 표준화 혹은 변수변환

$$Z = \frac{Y-\mu}{\sigma} \tag{2.2}$$

을 하면 확률변수 Z는 $\mu=0$, $\sigma^2=1$이 되는 표준정규분포(standard normal distribution)를 따르게 되며 $N(0,1)$로 나타낸다. 그 p.d.f.는

$$f(z) = \frac{1}{\sqrt{2\pi}} e^{-\frac{1}{2}z^2} \tag{2.3}$$

과 같이 되고 표준정규분포의 확률밀도함수의 그래프는 〈그림 2.2〉에 주어진 바와 같이 0을 중심으로 좌우가 대칭인 종모양의 분포가 된다. 〈그림 2.2〉에 도시된 바와 같이 표준정규분포에서 누적확률이 $1-\alpha$가 되는 값을 $z_{1-\alpha}$로 표시한다. 이 값이 표준정규분포에서 한쪽 꼬리의 확률이 α가 되는 값이다.

2.3 모수와 통계량

정규분포를 결정하는 모수는 모집단을 대표하는 값인 모평균 μ와 확률변수 Y의 μ 둘레에 퍼짐의 척도를 나타내는 모분산 $\sigma^2 = E(Y-\mu)^2$이다. μ와 σ^2이 일반적으로 미지이기에 모집단의 축소판으로 기대되는 모집단으로부터 추출된 랜덤 표본으로부터 관측된 표본자료를 활용하여 모수를 추정해야 한다. 표본으로부터 관측된 확률변수 Y의 값을 $y_1, y_2, \ldots, y_n$라고 할 때 모평균 μ에 대응되는 표본에서 구한 값인 표본

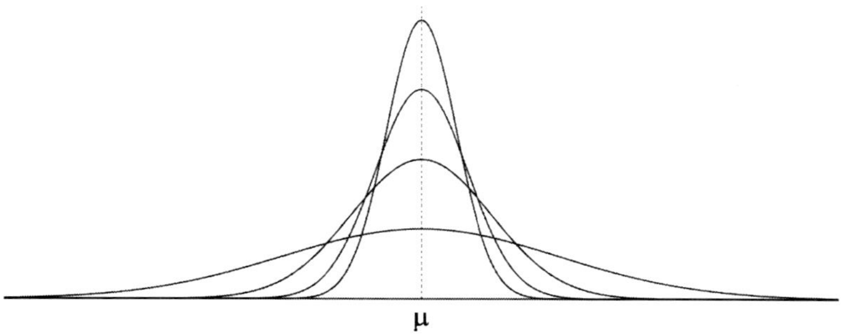

그림 2.3 $n=1,4,9,16$이고 $\sigma^2=1$인 경우에 $\overline{Y}$의 분포

통계량은 표본평균인

$$\bar{y}=\sum_{i=1}^{n}\frac{y_i}{n}$$

이고 모분산 σ^2에 대응되는 표본 통계량은 표본분산인

$$s^2=\sum_{i=1}^{n}\frac{(y_i-\bar{y})^2}{n-1}$$

이다. 표본분산은 각 자료점들의 표본평균 둘레의 편차들의 제곱합을 제곱합의 자유도인 $n-1$로 나눈 값인데, 자료의 크기인 n이 아닌 자유도 $n-1$로 나눈 이유는 표본분산 s^2이 모분산 σ^2의 불편추정량, 즉

$$\sigma^2=E(S^2) \tag{2.4}$$

이 되기 위함이다.

모집단의 분포가 정규분포인 경우, 즉 Y_i들의 분포가 서로 독립인 $N(\mu,\sigma^2)$를 따르는 경우에 표본평균 $\overline{Y}$의 분포는 $N(\mu,\frac{\sigma^2}{n})$이다. 표본의 크기 n이 커짐에 따라서 $\overline{Y}$의 분산은 작아지고 $\overline{Y}$의 분포는 모평균 μ 둘레에 조밀하게 모여 있게 되는데, 우리는 $n=1,4,9,16$이고 $\sigma^2=1$인 경우에 $\overline{Y}$의 분포를 그린 〈그림 2.3〉에서 이를 확인할 수 있다. 또한 다음의 중심극한정리(central limit theorem)에 따라서 표본평균 $\overline{Y}$의 분포는 모집단의 분포에 관계없이 정규분포를 따른다.

정리 2.1

[중심극한의 정리] 평균이 μ이고 분산이 σ^2인 임의의 확률분포를 가지는 모집단으로부터 크기 n인 랜덤 표본 $Y_1, Y_2, \cdots, Y_n$을 취했을 때, 표본평균

$$\overline{Y} = \sum_{i=1}^{n} Y_i \ / \ n$$

은 표본의 크기 n이 충분히 클 때 대략 정규분포 $N(\mu, \frac{\sigma^2}{n})$을 따른다.

2.4 t분포

모평균 μ의 추정량은 표본에서 μ에 대응되는 값인 표본평균 $\overline{Y}$이다. $\overline{Y}$에서 모평균 μ까지의 통계적인 거리에 해당되는 표준화 혹은 변수변환을 한 결과인

$$Z = \frac{\overline{Y} - \mu}{\sqrt{\frac{\sigma^2}{n}}} \tag{2.5}$$

는 표준정규분포인 $N(0, 1)$를 따른다. 그런데 모분산인 σ^2이 대부분의 경우에 미지이다. 따라서 표본평균 $\overline{Y}$를 이용하여 모평균 μ에 대한 신뢰구간과 가설을 검정하기 위해서는 미지의 모분산 σ^2을 표본에서 대응되는 값인 표본분산 S^2으로 대체해야 한다. 식 (2.5)에서 σ^2을 S^2으로 대체한 통계량

$$T = \frac{\overline{Y} - \mu}{\sqrt{\frac{S^2}{n}}} \tag{2.6}$$

의 분포는 자유도가 $(n-1)$인 t분포를 따른다. 이때 t분포의 모수는 표본분산 S^2의 자유도이다. 〈그림 2.4〉에 도시된 바와 같이 자유도가 ϕ인 t분포는 확률밀도함수가 0에서 봉우리를 하나 갖고, 0을 중심으로 좌우 대칭이다. 자유도가 ϕ인 t분포에서 누적확률이 $1-\alpha$가 되는 값을 $t_{1-\alpha}(\phi)$로 표시한다. 이 값은 자유도가 ϕ인 t분포에

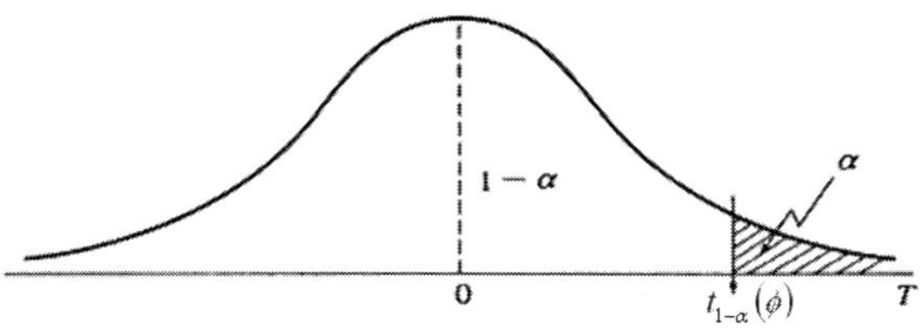

그림 2.4 t분포

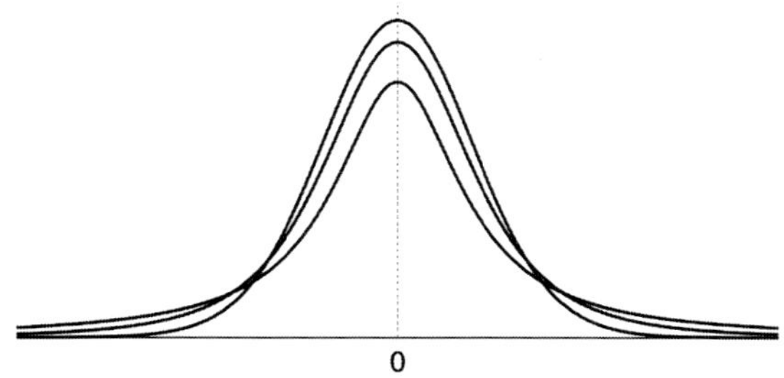

그림 2.5 자유도가 3, 8, 24인 경우의 t분포

서 한쪽 꼬리의 확률이 α가 되는 값이다. 표본의 크기 n이 커짐에 따라서 표본분산 S^2은 모분산 σ^2에 수렴한다. 따라서 자유도가 커짐에 따라서 t분포는 표준정규분포에 수렴한다. 자유도가 3, 8, 24인 경우의 t분포의 그림이 〈그림 2.5〉에 주어진다.

2.5 χ^2분포와 F분포

편차들의 제곱합과 관련된 분포가 χ^2분포이다. 이때 카이제곱 분포를 결정하는 모수는 제곱합의 자유도이다. 또한 두 개의 서로 독립인 제곱합의 비와 관련된 분포가 F분포이다. F분포를 결정하는 모수는 분자 제곱합의 자유도와 분모 제곱합의 자유도이다.

예를 들면, $Y_1, Y_2, \ldots, Y_n$들의 분포가 서로 독립인 $N(\mu, \sigma^2)$를 따르는 경우에 모분산 σ^2의 정보는 각 Y_i의 표본평균 $\overline{Y}$ 둘레의 편차들의 제곱합인 $\sum_{i=1}^{n}(Y_i - \overline{Y})^2$에 있다. 이 편차들의 제곱합을 σ^2으로 나눈 통계량

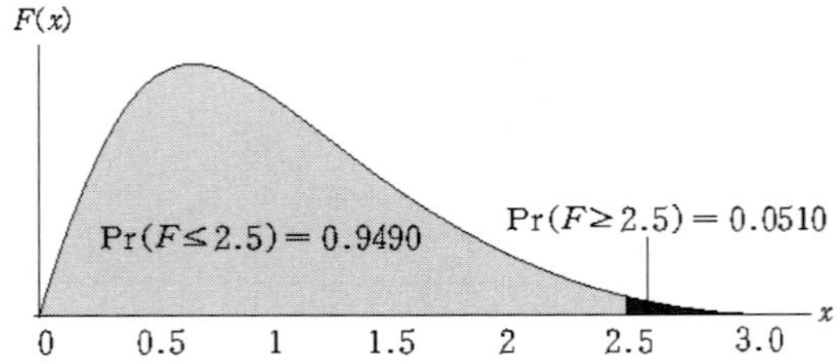

그림 2.6 자유도가 24, 12인 F분포

$$\chi^2 = \sum_{i=1}^{n} \frac{(Y_i - \overline{Y})^2}{\sigma^2} = \frac{(n-1)S^2}{\sigma^2}$$

는 자유도가 $n-1$인 χ^2을 따른다.

V_1이 자유도가 ν_1인 카이제곱 분포를 따르고, V_2가 자유도가 ν_2인 카이제곱 분포를 따르면, 자유도 하나당 V_1과 V_2의 비인

$$F = \frac{V_1/\nu_1}{V_2/\nu_2}$$

는 자유도가 ν_1, ν_2인 F분포를 따른다. 부록 〈표 A.3〉에는 자유도가 ν_1, ν_2인 F분포에서 누적확률이 $1-\alpha$가 되는, 즉 오른쪽 꼬리의 확률이 α가 되는 다음과 같은 $F_{1-\alpha}(\phi_1, \phi_2)$의 값이 수록되어 있다.

$$P[F \geqq F_{1-\alpha}(\phi_1, \phi_2)] = \alpha$$

〈그림 2.6〉은 자유도가 24, 12인 F분포의 확률밀도함수 그래프이다.

2.6 통계적 추정

랜덤 표본의 데이터로부터 어떤 모수 θ를 추정할 때 단일의 값이 되도록 추정하는 추정량(또는 통계량)을 점추정량(point estimator)이라고 부르고 $\hat{\theta}$로 표시한다. 모평균 μ와 모분산 σ^2의 점추정량으로 흔히 $\hat{\mu} = \overline{Y}$, $\widehat{\sigma^2} = S^2$를 사용한다. 점추정량의 값을 점추정값(point estimator)이라고 부른다.

모수의 참값과 점추정값은 일치하는 경우가 거의 없다. 따라서 모수가 포함되리라고 예상되는 구간을 구하여 점추정을 대신할 수도 있다. 이와 같이 어떤 구간이 모수를 포함하고 있을 것이라고 추정하는 것을 구간추정(interval estimation)을 한다고 말한다. 이 구간이 모수를 포함시킬 확률을 신뢰수준(confidence level) 또는 신뢰계수(confidence coefficient)라고 부르며, 이 구간을 신뢰구간(confidence interval)이라고도 부른다. 이 구간의 상한과 하한을 신뢰한계(confidence limit)라고 부르며, 신뢰한계도 점추정량과 마찬가지로 표본 데이터에서 산출되므로 통계량이다.

신뢰한계는 통계량이므로 표본에 따라서 신뢰구간이 달라지며, 그 폭은 신뢰계수에 따라 달라진다. 신뢰계수가 95 %라고 하면 신뢰구간이 모수를 그 구간 안에 포함시킬 확률이 0.95라는 뜻이다. 모평균 μ의 신뢰구간을 구하는 방법을 알아보자.

(1) 모분산 σ^2을 아는 경우

모평균 μ의 점추정량은 표본에서 μ에 대응되는 값인 표본평균 $\overline{Y}$이다. $\overline{Y}$에서 모평균 μ까지의 통계적인 거리에 해당되는 표준화 혹은 변수변환을 하면 앞에서 언급한 바와 같이

$$Z = \frac{\overline{Y} - \mu}{\sqrt{\dfrac{\sigma^2}{n}}}$$

는 표준정규분포인 $N(0,1)$를 따른다. 따라서 표준정규분포의 95% 신뢰구간을 구하면, 식 (2.5)에서 모평균 μ를 제외한 나머지 값들인 $\overline{Y}$와 σ^2은 알고 있는 값이기에 신뢰구간에 대한 식을 μ에 대해서 정리하면 μ의 95% 신뢰구간이 얻어진다.

표준정규분포의 95% 신뢰구간을 구해 보자. 표준정규분포의 신뢰구간에 속할 후보자는 일어날 가능성이 가장 높은, 즉 확률밀도함수의 값의 크기 순서로 결정된다. 〈그림 2.1b〉에 주어진 바와 같이 표준정규분포의 확률밀도함수는 0을 중심으로 봉우리가 하나이고 좌우 대칭으로 0에서 멀리 떨어짐에 따라서 확률밀도함수의 값은 기하급수적으로 작아진다. 따라서 0을 중심으로 대칭적으로 구간을 넓히다가 양쪽 꼬리의 확률의 합이 0.05가 되는 값인 $[-z_{.975}, z_{.975}]$, 즉 $[-1.96, 1.96]$이 표준정규분포의 95 % 신뢰구간이다. 정리하면,

$$0.95 = P[-1.96 \leq \frac{\overline{X}-\mu}{\frac{\sigma}{\sqrt{n}}} \leq 1.96]$$
$$= P[-1.96\frac{\sigma}{\sqrt{n}} \leq \overline{X}-\mu \leq 1.96\frac{\sigma}{\sqrt{n}}]$$
$$= P[\overline{X}-1.96\frac{\sigma}{\sqrt{n}} \leq \mu \leq \overline{X}+1.96\frac{\sigma}{\sqrt{n}}]$$

가 된다. 이 의미는 구간 [신뢰하한, 신뢰상한]=$[\overline{X}-1.96\frac{\sigma}{\sqrt{n}}, \overline{X}+1.96\frac{\sigma}{\sqrt{n}}]$이 모평균 μ를 이 구간 안에 포함시킬 확률이 0.95라는 뜻이다.

유사하게 모집단이 정규분포를 따르고 표준편차 σ를 알고 있는 경우, $1-\alpha$의 신뢰계수를 갖는 모평균 μ의 신뢰구간은

$$\overline{X} \pm z_{1-\alpha/2}\frac{\sigma}{\sqrt{n}} \tag{2.7}$$

가 된다.

(2) 모분산 σ^2을 모르는 경우

실제로는 모분산 σ^2을 모르고 있는 경우가 대부분이며, 이런 경우에는 식 (2.5)를 사용할 수 없다. 모집단이 정규분포를 하고 있으나 σ^2를 모르는 경우에 μ의 신뢰구간을 구하는 방법을 알아보자.

$\overline{Y}$에서 모평균 μ까지의 통계적인 거리에 해당되는 표준화 혹은 변수변환

$$Z = \frac{\overline{Y}-\mu}{\sqrt{\frac{\sigma^2}{n}}}$$

에서 미지의 모분산 σ^2을 표본에서 대응되는 값인 표본분산 S^2으로 대체해야 한다. t분포에서 언급한 바와 같이 식 (2.5)에서 σ^2을 S^2으로 대체한 통계량

$$T = \frac{\overline{Y}-\mu}{\sqrt{\frac{S^2}{n}}}$$

의 분포는 자유도가 $(n-1)$인 t분포를 따른다. 자유도가 $(n-1)$인 t분포의 95% 신뢰구간을 구해 보자. t분포의 신뢰구간에 속할 후보자는 일어날 가능성이 가장 높

은, 즉 확률밀도함수의 값의 크기 순서로 결정된다. 〈그림 2.4〉에 주어진 바와 같이 t분포의 확률밀도함수는 표준정규분포와 유사하게 0을 중심으로 봉우리가 하나이고 좌우 대칭으로 0에서 멀리 떨어짐에 따라서 확률밀도함수의 값은 점진적으로 작아진다. 따라서 0을 중심으로 대칭적으로 구간을 넓히다가 양쪽 꼬리의 확률의 합이 0.05가 되는 값인 $[-t_{.975}(n-1), t_{.975}(n-1)]$이 자유도 $n-1$인 t분포의 95% 신뢰구간이다. 따라서 신뢰계수가 $1-\alpha$인 모평균 μ의 신뢰구간은,

$$\overline{Y} \pm t_{1-\alpha/2}(n-1)\sqrt{\frac{S^2}{n}} \tag{2.8}$$

이다.

2.7 통계적 가설검정

2.7.1 통계적 가설검정의 개념

모집단의 모수의 값에 대하여 어떤 가설(hypothesis)을 설정하고, 이 가설의 성립 여부를 랜덤 표본의 데이터로 판단하여 통계적 결정을 내리는 것을 통계적 가설검정(statistical hypothesis testing)이라고 부른다. 검정은 추정과는 대조적으로 모집단에 관한 가설이 먼저 설정되며, 이 가설이 옳은가의 여부를 판단하기 위하여 모수에 대응되는 표본 데이터에서 얻은 통계량의 값과 가정된 모수의 값의 통계적 거리를 계산하여 가설의 성립 여부를 판단하는 것이다.

가설에는 다음의 두 종류가 있다.

- 귀무가설(H_0로 표시; null hypothesis): 종래에 믿어오던 사실 또는 일반적 통념
- 대립가설(H_1으로 표시; alternative hypothesis): 새로운 주장, 새로운 학설 등

표본을 측정하여 얻어진 결과에 의해 귀무가설을 부정할 때에는 그 가설을 기각(reject)한다고 하고, 귀무가설을 부정하지 못할 때에는 그 가설을 채택(accept)한다고 말한다. 여기서 유의해야 할 것은 귀무가설이 기각되지 않았다고 해서 반드시 이 가설이 옳다는 뜻은 아니다. 단지 표본측정의 결과로 볼 때 귀무가설을 기각할 만한

표 2.1 가설검정의 결과

검정결과 \ 미지의 실제 현상	H_0가 사실인 경우	H_0가 거짓인 경우
H_0를 채택	옳은 결정	제2종 오류(β)
H_0를 기각	제1종 오류(α)	옳은 결정

충분한 이유가 없기 때문이며 이 경우에는 기각판정을 보류한 것에 불과하다고 해석하여도 좋은 경우가 많고, '귀무가설을 기각할 수 없다'라고 표현한다.

가설검정의 결과를 나누어 보면 〈표 2.1〉과 같이 분석자의 결정은 귀무가설(H_0)을 채택하거나 기각하는 두 가지 결정(action)이 있고, 미지의 실제 현상은 H_0가 참인 경우와 H_0가 거짓인 두 가지 경우가 있다. $4(=2\times 2)$가지의 가능한 경우는 귀무가설(H_0)이 사실인 경우에 이를 채택하거나 기각하는 두 가지 결정이 있고, 또 귀무가설이 거짓인 경우에 이를 채택하거나 기각하는 두 가지 결정이 있다. 4가지의 모든 가능한 경우 중에서, 잘못된 결정을 내리는 경우는 두 가지로서 참인 H_0를 기각하는 결정을 내린 때와 거짓인 H_0를 채택하는 때이다. 전자의 경우는 **제1종 오류(type I error)**를 범했다고 하고, 후자의 경우에는 **제2종 오류(type II error)**를 범했다고 한다.

제1종 오류를 범할 최대허용확률을 α로 표시하며, 이를 **유의수준(level of significance)**이라 하고, 제2종 오류를 범할 확률을 β로 표시하여 $(1-\beta)$의 값을 **검정력(power of test)**이라고 하는데. 검정력은 H_0가 거짓인 경우의 미지의 모수 값에 종속한다. 검정력(또는 검출력)이란 검정하려는 귀무가설이 옳지 않은 경우에 이를 기각하는 확률이므로 귀무가설이 참이 아니라는 사실을 검출해 내는 확률이 된다. 통계적 가설검정은 참인 귀무가설을 기각하는 제1종의 오류를 줄이고 귀무가설이 참이 아닌 경우에 제2종의 오류를 줄이는, 즉 검정력을 크게 하는 것이 바람직하다.

귀무가설이 세워지면 표본을 측정하여 그 가설을 기각할 것인가 채택할 것인가를 결정하기 위한 통계량을 정해야 하는데, 이러한 통계량을 **검정통계량(test statistic)**이라고 한다. 검정통계량은 귀무가설에서의 모수의 값과 모수의 점추정량과의 통계적인 거리로 정의된다. 통계적인 거리가 가까우면, 관측된 점추정량의 값이 귀무가설에서의 모수값을 지지하여 H_0를 채택하는 결정을 내리고, 통계적인 거리가 멀면 점추정량의 값이 귀무가설에서의 모수값과 동떨어진 형태를 보이기에 H_0를 기각하는 결정을 내린다. 여기서 문제는 통계적 거리가 어느 정도 멀리 떨어져야 H_0를 기각하는 결정을 내릴 수 있냐는 것이다. 이 값을 기각치(critical value)라고 한다. 기각치는 H_0를 참이라고 가정한 경우에, 귀무가설에서의 모수의 값과 모수의 점추정량과의 통계적인 거리인 검정통계량이 기각치보다 멀리 떨어져 있을 확률이 제1종 오류의 확률인 유의수준 α 이하가 되도록 결정한다. 귀무가설이 사실일 때 드물게 검정통계량의 값이 기각역에 위치할 가능성이 있는데, 이러한 확률은 검정의 유의수준이 되며 제1종 오류의 확률에 해당한다. 또한 귀무가설이 참이 아닌 경우에도 검정통계량의 값이 채택역에 위치할 가능성이 있는데, 이 경우는 제2종 오류에 해당한다.

2.7.2 모평균의 검정

모집단의 평균 μ의 값이 어떤 특정의 값 μ_0인지 아닌지를 검정하고 싶은 경우에 귀무가설 H_0는

$$H_0 \ : \ \mu = \mu_0$$

라 쓰고, 대립가설 H_1이 양쪽 검정인 경우에는

$$H_1 \ : \ \mu \neq \mu_0$$

라 표시한다. 모집단이 정규분포를 따르고, 모분산 σ^2이 미지인 경우에 μ에 대한 가설검정의 순서를 생각해 보자.

순서 1: 귀무가설과 대립가설을 세운다.

$$H_0 \ : \ \mu = \mu_0 \ \ v.s. \ \ H_1 \ : \ \mu \neq \mu_0$$

순서 2: 검정통계량은 모평균 μ의 점추정량인 표본평균 $\bar{y}$와 귀무가설이 참인 경우의 모평균 값인 μ_0의 통계적 거리인

$$t_0 = \frac{\bar{y} - \mu_0}{\sqrt{\frac{s^2}{n}}}$$

이다. 여기서 s^2은 표본분산의 값이다.

순서 3: $\bar{y}$와 μ_0 사이의 통계적 거리인 검정통계량 $|t_0|$가 큰 값을 가지면, $\bar{y}$가 μ_0를 지지하지 않아서, 귀무가설 H_0를 의심하고, H_0를 기각한다. 이때의

기각역은 귀무가설이 참인 경우에 기각역에 속할 확률인 유의수준이 α가 되게 하는 $|t_0| \geq t_{1-\alpha/2}(n-1)$이다.

2.7.3 가설검정에 사용되는 p값

통계 패키지에서는 분석 시에 유의수준 α를 입력하는 번거로움을 없애고, 검정의 결과를 간편하게 판단하는 방법으로 **유의확률(significant probability)**인 ***p*****값(*p*-value)**을 검정의 결과로 프린트하여 준다. p값에 대한 해석은 모평균에 대한 검정인 t검정이나, 자료의 총변동을 원인별로 분할하는 분산분석에서 효과들의 유의성을 검토하는 F검정에서나 동일하다. 예를 들어 설명하기로 한다. 다음의 가설검정을 생각해 보자.

$$H_0 : \mu = 30 \ \ v.s. \ H_1 : \mu \neq 30$$

이를 검정하기 위해 크기 $n=16$인 표본 데이터를 구해 보니 표본평균이 32.9, 표본분산이 16이다. 유의수준 0.05에서 가설검정을 하려고 한다. 이러한 모평균에 대한 가설검정에서 검정통계량의 값 t_0을 계산해 보면,

$$t_0 = \frac{\overline{y} - \mu_0}{\sqrt{s^2/n}} = (32.9 - 30.0)/1 = 2.9$$

가 된다.

유의수준 0.05에서 기각치는 $t_{0.975}(15) = 2.131$이며, 검정통계량의 값이 이 기각치보다 크므로 귀무가설을 기각하게 된다.

유의확률 p값은 귀무가설이 옳은 경우에 $p = P(|T| > t_0)$을 계산한 값으로, 귀무가설이 참인 경우에 검정통계량의 값을 기준으로 대립가설에 유리할 영역인 기각역의 확률 혹은 관측된 $\overline{y}$와 μ_0 사이의 통계적 거리가 $|t_0|$ 이상의 확률을 계산한 값으로 t분포에서 검정통계량의 값 t_0가 어디에 위치하고 있는가를 나타내는 확률이다. 만약 t_0의 위치가 기각역에 속하면, 통계적 거리가 멀리 떨어져 있어서 p값은 유의수준보다 작게 된다. 따라서 p값이 작을수록 귀무가설이 참일 가능성이 희박한 것이다. 따라서 p값을 귀무가설이 참일 가능성이라고 해석해도 무방하다. p값이 0 근처로 아주 작으면, 귀무가설이 참일 가능성이 희박하여 귀무가설을 자신 있게 기각하고, p값이 0.25 이상이면, 귀무가설이 참인 경우에도 관측된 검정통계량이 나올 가능성이 제법

높기 때문에 귀무가설을 채택한다. p값이 0.05와 0.1 사이이면 '귀무가설을 기각할 수 없다'라는 표현을 쓰고, 실험의 크기를 크게 하여 가설검정하기를 권장한다.

자유도가 15인 t분포에서 p값 $= P(|T| > 2.9) = 0.011$이므로, p값은 유의수준 0.05보다 많이 작으며, 귀무가설이 참일 가능성이 매우 희박할 정도로 관측된 $\bar{y}$와 μ_0 사이의 통계적 거리가 충분히 멀리 떨어져 있다. 따라서 유의수준 0.05에서 귀무가설을 기각하게 된다. 이 예제에서 모평균 μ의 95% 신뢰구간을 구하면

$$\bar{y} \pm t_{.975}(15)\sqrt{\frac{s^2}{n}} \Leftrightarrow 32.9 \pm 2.131\sqrt{\frac{16}{16}}$$
$$\Leftrightarrow (30.769, 35.031)$$

으로 신뢰구간에 30이 포함되지 않아서 $H_0 : \mu = 30$을 기각한다.

p값이 얼마나 작아야 귀무가설을 기각할 것인가는 검정과정에서 미리 정해야 한다. 그 기준값으로 보통 0.05, 0.01 또는 0.10을 사용하는데, 이 값을 우리는 유의수준이라고 흔히 말하고, α를 사용한다.

예제 2.1

어떤 식품회사에서 생산하는 시리얼 제품의 평균무게가 200 g인지를 검정하고 싶다. 표본을 취하여 표본평균무게를 구하니 198 g이고 표본분산은 20 g이다. 표본의 크기가 16이고 유의수준을 0.05로 잡아주면 제품의 평균무게가 200 g이라는 가설이 맞는가, 아니면 제품의 평균무게에 변화가 일어났는가?

|풀이|

$$H_0 \;: \mu = 200 \; v.s. \; H_1 \;: \mu \neq 200$$
$$\bar{y} = 198,\; s^2 = 20,\; \alpha = 0.05,\; n = 16$$

검정통계량의 값은

$$t_0 = \frac{\bar{y} - \mu_0}{\sqrt{s^2/n}} = \frac{198 - 200}{\sqrt{20/16}} = -1.789$$

이며, 유의수준 0.05의 기각역은

$$|t_0| \geq t_{.975}(15) = 2.13$$

이고, 검정통계량 t_0가 기각역에 속하지 않는다. 이제 p값을 계산해 보자. 자유도가 15인 t분포에서 $\Pr(|T|>1.789)=0.094$이다. p값이 0.05에서 0.1 사이이여서 귀무가설 H_0 : $\mu=200$를 기각할 수 없다는 결정을 내리고, 현재 표본의 자료로는 평균무게의 변화가 일어났는지 판단을 유보하고, 정확한 판단을 위해서는 추가적인 자료 수집 후에 판단을 내릴 것을 추천한다.

2.7.4 두 모집단의 모평균 비교 검정

각 모집단의 분산이 동일한 경우, 즉 등분산을 가정한 경우에 두 모집단의 모평균의 비교 검정에 대하여 설명하여 보자. 예를 들어서 시멘트 제조 회사는 시멘트 모르타르 제조의 생신라인을 두 개 가지고 있다. 엔지니어들은 주된 품질특성인 인장강도의 분포가 생산라인에 관계없이 동일한가를 알아보고 싶다. 여기서 모집단 1은 라인 1에서 제조된 시멘트의 인장강도이고, 모집단 2는 라인 2에서 제조된 시멘트의 인장강도이다. 동일한 배합 방법에 따라서 시멘트가 각 라인에서 제조되었기에 각 모집단의 분포는 정규분포를 따르고, 모분산에 따라서 결정되는 종의 모양이 동일하다, 즉 분산이 동일하다고 가정한다. 엔지니어의 관심사는 각 라인에서 제조된 시멘트의 인장강도가 동일한 확률분포를 갖는지, 즉 종의 중심의 위치인 라인 1에서의 모평균 μ_1과 라인 2에서의 모평균 μ_2가 일치하는지에 관심이 있다. 이를 검정하기 위해서 각 생산라인에서 제조된 시멘트들 중에서 10단위씩 랜덤하게 추출한다. 총 20개의 시멘트의 인장강도를 측정하는 순서는 랜덤하게 결정한다. 라인 1에서 생산된 시멘트에 1에서 10, 라인 2에서 생산된 시멘트에 11에서 20까지 일련번호를 붙인 후에, 1에서 20까지 번호 붙은 카드를 잘 섞어서 하나씩 뒤집었을 때에 나온 번호에 해당되는 시멘트의 인장강도를 측정한다. 이렇게 각 모집단에서 얻어진 자료들은 서로 독립이다.

이제 엔지니어들의 관심사인

$$H_0:\mu_1=\mu_2\ v.s.\ H_1:\mu_1\neq\mu_2 \Leftrightarrow H_0:\mu_1-\mu_2=0\ v.s.\ H_1:\mu_1-\mu_2\neq 0$$

를 가설검정하자. 모평균 μ_1과 모평균 μ_2에 대응되는 표본에서의 통계량은 각 라인에서 관측된 인장강도의 표본평균인 $\bar{y}_1$과 $\bar{y}_2$이다. 따라서 $\mu_1-\mu_2$에 대응되는 점추정량은 $\bar{y}_1-\bar{y}_2$고, $\bar{y}_1-\bar{y}_2$의 분포는 $N(\mu_1-\mu_2, \sigma^2(\frac{1}{10}+\frac{1}{10}))$이다. 2.7.2절에서 공부한 모평균의 검정에서와 마찬가지로 $\bar{y}_1-\bar{y}_2$와 귀무가설이 참인 경우의 $\mu_1-\mu_2$

‘값인 0과의 통계적 거리인 검정통계량을 구해야 한다. 그런데 모분산 σ^2이 미지이기에 각 생산라인에서 얻은 표본분산 s_1^2과 s_2^2을 활용하여 구해야 한다. 라인 1의 표본 자료로부터 구한 표본분산 s_1^2은 라인 1 자료의 표본평균 $\overline{y}_1$ 둘레의 편차의 제곱합인 $\sum_{i=1}^{10}(y_{i1}-\overline{y}_1)^2$을 자유도인 9로 나눈 값이고, 라인 2의 표본자료로부터 구한 표본분산 s_2^2은 라인 2 자료의 표본평균 $\overline{y}_2$ 둘레의 편차의 제곱합인 $\sum_{i=1}^{10}(y_{i2}-\overline{y}_2)^2$을 자유도인 9로 나눈 값으로 서로 독립이고, 모분산 σ^2의 불편추정치이다. 각 표본자료로부터 구한 모분산 σ^2의 정보를 통합하기 위해서 각 표본자료로부터 구한 표본평균 둘레의 편차의 제곱합을 자유도의 합으로 나눈 합동표본분산(pooled sample variance)

$$s_p^2 = \frac{\sum_{i=1}^{10}(y_{i1}-\overline{y}_1)^2 + \sum_{i=1}^{10}(y_{i2}-\overline{y}_2)^2}{(10-1)+(10-1)} \tag{2.9}$$

을 구한다. 합동표본분산 s_p^2을 각 표본분산으로 표현하면

$$s_p^2 = \frac{1}{2}s_1^2 + \frac{1}{2}s_2^2$$

으로 각 표본분산의 평균이다. 각 표본분산이 모분산의 불편추정치이기에 표본분산의 평균인 합동표본분산 s_p^2도 모분산 σ^2의 불편추정치이다.

검정통계량인 $\overline{y}_1-\overline{y}_2$과 귀무가설이 참인 경우의 $\mu_1-\mu_2$ 값인 0과의 통계적인 거리는

$$t_0 = \frac{\overline{y}_1-\overline{y}_2}{\sqrt{s_p^2(\frac{1}{10}+\frac{1}{10})}}$$

이고, 귀무가설이 참인 경우에 검정통계량의 분포는 자유도가 합동표본분산의 자유도인 $(10-1)+(10-1)=18$인 t분포를 따른다. 따라서 기각역은 $|t_0| \ge t_{1-\alpha/2}(18)$이다.

라인 1, 라인 2에서의 표본의 크기를 각각 n_1, n_2라고 하자. 이 경우에 가설검정의 순서는 다음과 같다.

순서 1 귀무가설과 대립가설

$$H_0: \mu_1 = \mu_2 \; v.s. \; H_1: \mu_1 \neq \mu_2 \Leftrightarrow H_0: \mu_1 - \mu_2 = 0 \; v.s. \; H_1: \mu_1 - \mu_2 \neq 0$$

순서 2 검정통계량

$$t_0 = \frac{\bar{y}_1 - \bar{y}_2}{\sqrt{s_p^2\left(\frac{1}{n_1} + \frac{1}{n_2}\right)}}$$

$$\text{여기서 } s_p^2 = \frac{\sum_{i=1}^{n_1}(y_{i1} - \bar{y}_1)^2 + \sum_{i=1}^{n_2}(y_{i2} - \bar{y}_2)^2}{(n_1 - 1) + (n_2 - 1)}$$

순서 3 기각역

$$|t_0| \geq t_{1-\alpha/2}((n_1 - 1) + (n_2 - 1))$$

예제 2.2

앞에 소개한 시멘트 공장의 예에서 엔지니어들이 각 라인에서 랜덤하게 수집된 인장강도의 자료가 〈표 2.2〉에 주어져 있다. 시멘트 공장의 2개의 생산라인에서 생산되는 시멘트의 인장강도의 분포가 동일한지 가설검정하라. 즉, 각 라인에서 생산되는 시멘트의 인장강도의 분포가 $N(\mu_j, \sigma^2)$, $j = 1,2$라고 가정한 경우에 $H_0: \mu_1 = \mu_2 \; v.s. \; H_1: \mu_1 \neq \mu_2$ 가설을 검정하라.

표 2.2 시멘트 인장강도 자료

line1, y_{i1}	line2, y_{i2}
16.9	16.6
16.4	16.8
17.2	17.4
16.4	17.1
16.5	17.0
17.0	16.9
17.0	17.3
17.2	17.0
16.6	17.1
16.6	17.3

$$\bar{y}_1 = 16.78,\ s_1^2 = 0.100,\ n_1 = 10$$
$$\bar{y}_2 = 17.05,\ s_2^2 = 0.061,\ n_2 = 10,\ s_p^2 = \frac{1}{2}(s_1^2 + s_2^2) = 0.080$$

$$\text{검정통계량}\quad t_0 = \frac{\bar{y}_1 - \bar{y}_2}{\sqrt{s_p^2\left(\frac{1}{n_1} + \frac{1}{n_2}\right)}} = \frac{-.27}{\sqrt{.080(1/10 + 1/10)}} = -2.13$$

이고, 자유도가 18인 t분포로부터 꼬리 확률이 0.05가 되는 기각치는 $t_{.975}(18) = 2.100$으로 t_0가 기각역에 속하여 라인별 인장강도의 분포가 동일하다라는 귀무가설은 유의수준 0.05에서 기각된다. 자유도가 18인 t분포로부터 계산된 p값은 $\Pr[|T(18)| \geq 2.13] = 0.047$으로 유의수준 0.05보다 작아서 귀무가설이 기각된다.

2.7.5 두 모집단의 모평균차의 신뢰구간

모평균의 차이인 $\mu_1 - \mu_2$의 신뢰구간을 구해 보자. $\mu_1 - \mu_2$에 대응되는 점추정량은 $\bar{y}_1 - \bar{y}_2$이고, $\bar{y}_1 - \bar{y}_2$의 분포는 $N(\mu_1 - \mu_2, \sigma^2(\frac{1}{n_1} + \frac{1}{n_2}))$이다. $\bar{y}_1 - \bar{y}_2$에서 모평균 $\mu_1 - \mu_2$까지의 통계적인 거리에 해당되는 표준화 혹은 변수변환에서 미지의 모분산 σ^2을 표본에서 대응되는 값인 합동표본분산 s_p^2으로 대체한 통계량

$$t = \frac{(\bar{y}_1 - \bar{y}_2) - (\mu_1 - \mu_2)}{\sqrt{s_p^2\left(\frac{1}{n_1} + \frac{1}{n_2}\right)}}$$

의 분포는 자유도가 $n_1 + n_2 - 2$인 t분포를 따른다. 자유도가 $n_1 + n_2 - 2$인 t분포의 95% 신뢰구간은 $[-t_{1-\alpha/2}(n_1 + n_2 - 2), t_{1-\alpha/2}(n_1 + n_2 - 2)]$이다. 따라서 신뢰계수가 $1 - \alpha$인 모평균의 차이 $\mu_1 - \mu_2$의 신뢰구간은

$$(\bar{y}_1 - \bar{y}_2) \pm t_{1-\alpha/2}(n_1 + n_2 - 2)\sqrt{s_p^2\left(\frac{1}{n_1} + \frac{1}{n_2}\right)} \qquad (2.10)$$

이다.

예제 2.2

(계속) 모평균의 차이인 $\mu_1 - \mu_2$의 95% 신뢰구간은

$$-0.27 \pm 2.100^* \sqrt{0.080(1/10+1/10)} \Leftrightarrow (-.004, -.536)$$

이다. 95% 신뢰구간이 0을 포함하지 않으므로

$$H_0 : \mu_1 = \mu_2 \ v.s.\ H_1 : \mu_1 \neq \mu_2 \Leftrightarrow H_0 : \mu_1 - \mu_2 = 0 \ v.s.\ H_1 : \mu_1 - \mu_2 \neq 0$$

은 기각하여 각 생산라인별로 제조되는 시멘트의 인장강도의 분포가 동일하지 않다. 즉, 모평균이 차이가 난다고 결론을 내린다.

2.8 Minitab과 R을 활용한 적용사례

Design Expert는 실험계획법을 위한 통계패키지이므로 기초통계분석용으로는 적절하지 않다. 따라서 Design Expert로의 분석은 생략하고 Minitab과 R을 사용하여 분석하는 적용사례를 보이기로 한다. Minitab에서 두 모집단의 비교 검정을 위한 분석방법은 2가지이며, 두 모집단의 분산 비교 검정을 실시한 후, 그 결과에 따라 두 모집단의 평균 비교 검정을 실시한다.

2.8.1 Minitab: 방법 1

예제 2.2를 방법 1에 따라 Minitab에서 수행하는 절차는 다음과 같다.

- C1열과 C2열에 각 10개의 라인 1 인장강도(line1)와 라인 2 인장강도(line2) 자료를 각각 입력한다.
- 메뉴에서 **[통계분석 → 기초통계(B) → 2-표본 t 검정...]**를 선택한다.
- 각 표본이 자체적인 열에 있는 경우를 선택하고, 표본 1에 line1, 표본 2에 line2를 입력하고 [옵션] 버튼을 누르고 등분선가정을 선택하고, [확인] 버튼을 클릭한다.

• 결과물

2-표본 T 검정 및 CI: strength, line

방법

μ_1: line = 1 의 평균

μ_2: line = 2 의 평균

차이: μ_1 - μ_2

이 분석에서는 분산이 같다고 가정합니다.

기술 통계량: **strength**

표본	N	평균	표준 편차	평균의 표준 오차
line1	10	16.780	0.316	0.10
line2	10	17.050	0.246	0.078

차이 추정치

차이	합동 표준 편차	차이에 대한 95% CI
-0.270	0.283	(-0.536, -0.004)

검정

귀무 가설 H_0: μ_1 - μ_2 = 0

대립 가설 H_1: μ_1 - μ_2 ≠ 0

T-값	DF	P-값
-2.13	18	0.047

검정통계량인 t값이 -2.13이고 p값이 0.047이므로 유의수준 $\alpha = 0.05$에서 귀무가설을 기각한다. 따라서 line1과 line2의 평균 인장강도에 유의한 차이가 있다. 모평균의 차이인 $\mu_1 - \mu_2$의 95% 신뢰구간은 $(-.536, -.004)$이다.

2.8.2 Minitab: 방법 2

예제 2.2를 방법 2에 따라 Minitab에서 수행하는 절차는 다음과 같다.

- C1열에 시멘트의 인장강도인 strength를, C2열에 제조된 라인의 번호인 line을 입력한다.
- 메뉴에서 **[통계분석 → 기초통계(B) → 2-표본 t 검정...]**를 선택한다.

• 두 표본이 모두 한 열에 있음을 선택하고, 표본에 'strength'를, 표본 ID에 'line'을 입력하고 [옵션] 버튼을 누르고 등분선가정을 선택하고, [확인] 버튼을 클릭한다.

• 결과물

2-표본 T 검정 및 CI: strength, line

방법

μ_1: line = 1 일 때 strength 의 평균

μ_2: line = 2 일 때 strength 의 평균

차이: $\mu_1 - \mu_2$

이 분석에서는 분산이 같다고 가정합니다.

기술 통계량: **strength**

line	N	평균	표준 편차	평균의 표준 오차
1		16.780	0.316	0.10
2	10	17.050	0.246	0.078

10

차이 추정치

차이	합동 표준 편차	차이에 대한 95% CI
-0.270	0.283	(-0.536, -0.004)

검정

귀무 가설 H_0: $\mu_1 - \mu_2 = 0$

대립 가설 H_1: $\mu_1 - \mu_2 \neq 0$

T-값	DF	P-값
-2.13	18	0.047

방법 1과 동일한 결과물을 얻는다.

2.8.3 R 활용

```
line1<- c(16.9, 16.4, 17.2, 16.4, 16.5, 17.0, 17.0, 17.2, 16.6,
16.6)
line2<- c(16.6, 16.8, 17.4, 17.1, 17.0, 16.9, 17.3, 17.0, 17.1,
17.3)
```

```
var.test(line1, line2)
##
##  F test to compare two variances
##
## data:  line1 and line2
## F = 1.644, num df = 9, denom df = 9, p-value = 0.4704
## alternative hypothesis: true ratio of variances is not equal
to 1
## 95 percent confidence interval:
##  0.4083555 6.6188821
## sample estimates:
## ratio of variances
##          1.644037
```

(1) 방법 1

```
t.test(line1, line2, paired = FALSE, var.equal = TRUE,
conf.level = 0.95)
##
##  Two Sample t-test
##
## data:  line1 and line2
## t = -2.1338, df = 18, p-value = 0.04687
## alternative hypothesis: true difference in means is not equal
to 0
## 95 percent confidence interval:
##  -0.535840211 -0.004159789
## sample estimates:
## mean of x mean of y
##     16.78     17.05
```

(2) 방법 2

```
df<- gather(data.frame(line1, line2), key="line",
value="strength")
head(df)
##    line strength
## 1 line1     16.9
## 2 line1     16.4
## 3 line1     17.2
## 4 line1     16.4
## 5 line1     16.5
## 6 line1     17.0
t.test(strength~line, df, paired = FALSE, var.equal = TRUE,
conf.level = 0.95)
##
##  Two Sample t-test
##
## data:  strength by line
## t = -2.1338, df = 18, p-value = 0.04687
## alternative hypothesis: true difference in means is not equal
to 0
## 95 percent confidence interval:
##  -0.535840211 -0.004159789
## sample estimates:
## mean in group line1 mean in group line2
##               16.78               17.05
```

연습문제

1 확률변수 Z가 표준정규분포를 따를 때, 다음 확률 또는 k값을 구하라.

(1) $P(Z > 1.96)$　　(2) $P(|Z| > 3.0)$

(3) $P(Z > k) = 0.95$　　(4) $P(|Z| < k) = 0.95$

2 한 여름 낮의 온도가 평균이 28℃이고 표준편차가 4℃인 정규분포를 따른다고 하자. 어느 한 여름 낮의 온도에 대한 다음 물음에 답하라.

(1) 26℃에서 30℃ 사이일 확률은?

(2) 35℃ 이상일 확률은?

(3) x℃ 이상일 확률이 0.025인 x는?

3 고대 그리스에서는 가로와 세로가 $1 : 0.618034[\equiv(\sqrt{5}+1)/2]$의 비인 사각형을 황금사각형이라 부르고 파르테논 신전 같은 건축물에 사용했다. 다음 자료는 Shoshoni 아메리카 인디언들이 가죽옷에 사각형 구슬 장식을 할 때 쓴 가로와 세로의 비율을 조사한 것이다.

0.693	0.662	0.690	0.606	0.570
0.749	0.672	0.628	0.609	0.844
0.654	0.615	0.668	0.601	0.576
0.670	0.606	0.611	0.553	0.933

(1) 이 비율의 모평균에 대한 95% 신뢰구간을 구하라. 이 신뢰구간에 고대 그리스의 황금비 0.618034가 포함되는가?

(2) 이 비율도 고대 그리스의 황금비와 같다고 할 수 있는가?

4 다음 데이터는 농촌지역과 도시지역의 초등학생 중 각각 30명과 32명을 무작위로 추출하여 과학탐구능력을 측정한 점수이다.

농촌지역	도시지역
15 22 18 15 12 14 21 14 15 24	17 13 12 13 14 12 13 14 16 18
19 18 16 22 16 20 21 19 13 15	13 16 13 17 16 16 18 15 14 13
12 16 14 16 14 18 16 14 13 19	15 19 14 14 19 12 17 12 21 14
	13 15

(1) 농촌지역과 도시지역 학생들의 과학탐구능력점수의 평균차에 대한 95 % 신뢰구간을 구하라.

(2) 농촌지역과 도시지역 학생들의 과학탐구능력점수는 차이가 있다고 볼 수 있는가?

5 다음 데이터는 지름이 1마이크론인 베어링을 생산하는 공장의 두 생산라인에서 생산된 베어링 중 각각 10개씩 임의 추출하여 측정한 지름이다.

1st line	1.18 1.42 0.69 0.88 1.62 1.09 1.53 1.02 1.19 1.32
2nd line	1.72 1.62 1.69 0.79 1.79 0.77 1.44 1.29 1.96 0.99

(1) 생산라인 별로 정규성을 가정할 수 있는가? 또 이상치가 있는가?

(2) 두 생산라인에서 생산되는 베어링의 지름 평균은 같다고 할 수 있는지 판정하라. 이때 이상치가 있으면 이를 제거하고 분석하여 그렇지 않을 경우와 비교하라.

3 일원배치법

일원배치법을 소개하고, 일원배치법에서 실험의 랜덤화 구현방법과 랜덤화의 필요성을 설명한다. 다음으로 일원배치법의 통계적 구조모형을 설명한 후에, 일원배치법 자료의 분석방법인 분산분석에 대하여 상세히 설명한다. 다음으로 분산분석 후의 신뢰구간 추정방법을 다룬다. 요인의 수준에서 반복수가 다른 경우와 반복수가 같은 경우의 차이점을 설명한다. 다음으로 변량요인인 경우의 모형인 변량모형을 살펴보고, 마지막으로 Design Expert와 Minitab을 사용하여 일원배치법 실험자료를 어떻게 분석하는지에 대하여 설명한다.

3.1 일원배치법이란?

2장에서 다룬 두 모평균의 비교에서 두 개의 랜덤 표본 간의 비교가 가장 간단한 경우의 일원배치법에 의한 실험계획법으로서, 서로 다른 실험조건에 해당되는 처리의 수가 2이고, 처리를 받는 대상 또는 실험 환경인 실험 단위가 모두 동질적이어서, 처리의 차이를 제외하고는 나머지 실험조건들이 거의 똑같은 경우의 실험계획법이다. 이 개념이 확장된 일원배치 완전랜덤화계획법에서는 3개 이상의 처리에서 모평균들 간에 차이가 있는가, 즉 처리효과를 비교할 수 있게 해준다. 일원배치 완전랜덤화계획법의 대표적인 경우는 처리가 단일 요인 혹은 인자의 수준으로 결정되어서, 반응값에 영향을 주는 요인이 하나이고 실험 단위가 모두 동질적(homogeneous)이어서 처리를 실험 단위에 배치할 때 제한조건이 없는 경우의 실험계획법이다. 이 실험계획법에 대한 분석의 많은 기법은 더 복잡한 실험에도 약간의 변화를 주어 적용될 수 있다.

일원배치법의 예를 들면 철강을 구입하려는 회사에서 제조업체에 따라 철강의 강도에 차이가 있는지를 조사하는 경우이다. 이때 제조업체들이 관심 요인이 된다. 실험자가 페니실린 산출량에 대한 온도의 영향에 관심이 있을 때 관심 요인은 온도이다. 요인의 수준들은 철강의 강도 예에서 각 제조업체들이고, 페니실린 산출량 예에서는 고정된 온도들이다. 또 다른 예로, 엔지니어가 어떤 화학공정의 결과로 얻어진 화공약품의 수율에 관심이 있다고 하자. 엔지니어의 실험 목적은 반응 온도의 변화에 따라서 평균 수율이 달라지는지를 확인하고 싶은 것이다. 이때 반응 온도를 제외한 다른 조건은 일정하게 해주어야 한다. 즉, 반응 온도 이외에 반응 시간, 반응 압력, 촉매의 양 등과 같은 다른 공정조건은 일정하게 고정시켜 놓고, 반응 온도만을 미리 정해진 수준에 따라서 변화시키면서 실험해야 한다. 이때 실험에 입력되는 원자재는 동질적이라고 가정한다. 이 실험에서 반응값은 수율이고 실험에 고려된 요인은 반응 온도 하나가 된다. 반응 온도 90℃, 120℃에서의 평균 수율의 비교에 관심이 있는 경우에는 2수준 일원배치법 실험이 되고, 반응 온도 90℃, 100℃, 110℃, 120℃에서의 평균 수율의 비교에 관심이 있는 경우에는 4수준 일원배치법 실험이 된다. 이 실험에서는 각각의 반응 온도에서 반복하여 실험해서 얻어지는 공정의 수율들의 값이 모집단이 된다.

일원배치 완전랜덤화계획법은 다음과 같은 경우에 흔히 쓰인다. 첫째로, 많은 요인이 반응값에 영향을 준다고 인정되지만, 우리가 관심이 있는 것은 특정한 한 개 요인만의 영향을 조사하는 경우이다. 물론 이때 반응값에 영향을 주리라 기대되는 다른 실험조건들은 가능하면 동일하게 유지해야만 한다. 둘째로, 반응값에 영향을 주는 여러 요인의 조사가 상당히 진척이 된 상태이고, 이들 요인들의 정해진 조건에서 나머지 한 요인에 대한 세밀한 영향력을 조사하고자 할 때이다. 즉, 현재 생산되는 제품의 품질 향상을 실험을 통해서 성취하려는 경우, 생산현장에서는 여러 요인의 조사가 상당히 진척된 상태이고, 공정조건의 변경이 용이하지 않아서 관심이 있는 특정한 한 개의 요인에 대해서만 수준을 변경하고 나머지 실험조건들은 동일하게 하는 경우이다.

3.2 실험의 랜덤화

일원배치법에서는 처리를 제외한 나머지 실험조건, 즉 실험 단위들이 동질적이다. 따라서 처리를 실험 단위에 배치하는 순서에 아무런 제약 조건이 없다. 일원배치법은 처리를 실험 단위에 배치하는 순서, 또는 실험 실시의 순서가 실험자의 의지에 관계없이 랜덤하게 결정되는 완전랜덤화계획법이다. 이러한 랜덤화를 통하여 실험자는 회피할 수 없는 외부 요인들의 영향을 어느 정도 상쇄시킬 수 있고, 실험자료들이 독립이라는 가정을 어느 정도 충족시킬 수 있게 된다.

예를 들어 4수준, 반복 5회의 실험인 경우에 실험 실시 순서의 랜덤화가 어떻게 이루어지는가를 생각해 보자.

- **단계 1** : 각 실험조건에 일련번호를 할당한다.
  A_1에 1에서 5번, A_2에 6에서 10번, A_3에 11에서 15, A_4에 16에서 20번까지 할당된 표가 〈표 3.1〉에 주어져 있다.

표 3.1 랜덤화를 위한 번호 부여

		실험의 반복				
요인수준	A_1	1	2	3 ①	4 ②	5
	A_2	6	7 ⑤	8	9	10
	A_3	11	12	13	14 ④	15
	A_4	16	17	18	19	20 ③

- **단계 2** : 1에서 20까지의 20개의 숫자의 랜덤한 배열을 구한다.
  1에서 20까지의 20개의 숫자의 모든 가능한 배치방법인 20! 개수만큼의 숫자의 배열 중에서 우리는 한 배열을 랜덤하게 선택해야만 한다. 즉, 랜덤한 배열을 구해야 한다. 이를 쉽게 할 수 있는 한 가지 방법은 20개의 쪽지나 20개의 구슬에 1에서 20까지의 숫자를 각각 적은 다음에, 주머니에 넣어서 충분히 잘 섞은 다음 하나씩 랜덤 추출하여 뽑힌 숫자를 나열하는 방법이다. 이는 현장에서 직접 손쉽게 적용할 수 있는 실용적인 방법이다. 이와 같이 구한 랜덤한 숫자의 배열이

  $$3,\ 4,\ 20,\ 14,\ 7,\ 16,\ \cdots$$

  이라고 하자.

- **단계 3** : 실험의 실시 순서는 단계 2에서 만들어진 랜덤한 배열의 숫자가 나온 순서대로 실험을 실시한다.
  〈표 3.1〉에서 3번에 해당되는 A_1을 첫 번째로 실시하고, 두 번째로 4번에 해당되는 A_1, 세 번째로 20번에 해당되는 A_4를 실시한다. 이와 같은 방법으로 계속해서 실험 순서를 처리수준별로 정리하면

  $$\text{실험 순서} : A_1,\ A_1,\ A_4,\ A_3,\ A_2,\ A_4,\ \cdots$$

  가 되고, 〈표 3.1〉에 실험의 실시 순서가 원형숫자로 표시되어 있다.

단계 2의 1에서 20 사이의 랜덤한 배열을 구하는 또 다른 쉬운 방법은 한 벌의 카드에서 스페이드, 클로버, 다이아몬드, 하트를 각각 1에서 5까지 5장씩 뽑아서 잘 섞은 후에, 한 장씩 한 장씩 뒤집어서 스페이드이면 A_1, 클로버이면 A_2, 다이아몬드이면 A_3, 하트이면 A_4를 실험하는 규칙을 정하고, 만일 첫 번째 카드가 다이아몬드 4이면, A_3에 배치된 4번째 실험 단위를 가지고 실험을 실시하면 된다.

만일 랜덤화를 하지 않고, 표 3.1에서 부여된 번호대로 차례차례 실험을 실시하여 번호 1–5에 해당되는 대한 실험을 5회에 걸쳐 먼저 실시하고, 그 다음에 번호 6–10에 해당되는 A_2를 실시하고, 마찬가지로 A_3, A_4를 5회씩 차례대로 실험을 실시하면, 요인의 수준변경을 최소한으로 하기 때문에 실험자가 실험하기 편할지 모르지만, 요인 A의 수준간 차이와 5회씩 실험을 연속적으로 실시함으로 생길 수 있는 실험 환경의 차이와 구분할 수 없는 경우가 생길 수 있다. 예를 들어 한 개의 원료 로트를 가지고 5회 실험을 실시할 수 있다고 하자. 실험 자료를 분석한 결과, 요인 A의 수준간 차이가 있다는 결론을 얻었을 때에, 반응값들의 차이가 진짜로 요인 A의 수준간 차이에서 오는 것인지, 아니면 A의 수준간에는 차이가 없는데 실험 환경의 차이에 해당되는 원료 로트들 간의 순도의 차이에서 온 것인지 구분할 수 없다. 그러나 실험 순서를 완전 랜덤화하면, 원료 로트 간의 차이는 서로 상쇄되어 요인 수준 간의 차이를 명확히 가려낼 수 있다.

3.3 일원배치법의 자료구조와 구조모형

랜덤하게 실험된 자료를 요인 A의 처리 수준별로 모아서 정리한다. 요인 A의 수준이 a개로서, A_1, $\cdots$, A_a이고, 각 수준에서 반복수가 똑같이 r인 일원배치법의 실험 자료가 〈표 3.2〉에 정리되어 있다. 일원배치법의 자료구조는 행이 처리수준, 열이 반복을 나타낸다. 반응값 x의 첨자가 실험조건을 표시하는데, 첫 번째 첨자가 처리수준을, 두 번째 첨자가 반복을 나타내어, x_{ij}는 수준 A_i에서 j번째 반복실험된 반응값이다. 예를 들면, x_{21}은 수준 A_2에서 첫 번째로 산출된 반응값이다. 따라서 〈표 3.2〉의 각 행에는 해당 수준에서 실험된 반응값들이 나열되어 있다. $T_{i.}$와 $\overline{x}_{i.}$는 각각 수준 A_i에서 실험된 r개 데이터의 합과 평균이다. 그리고 T와 $\overline{\overline{x}}$는 ar개의 전체 데이터의 합과 평균이다. 여기서 다루는 요인 A는 고정요인라고 가정하고, 변량요인의 경우는 다음에 다루기로 한다.

각 행의 r개의 반응값은 각각의 모집단에서 얻어진 랜덤표본으로 볼 수 있다. 예를 들어, 1행에 주어진 r개의 데이터 x_{11}, $\cdots$, x_{1r}은 수준 A_1의 모집단에서 얻어진 반응값들의 랜덤표본으로 $N(\mu_1,\ \sigma_E^2)$를 따른다. 따라서 이 모집단의 대표값은 평균 μ_1

표 3.2 일원배치법의 데이터의 구조

		실험의 반복	합계	평균
요인의 수준	A_1	x_{11} x_{12} $\cdots$ x_{1r}	$T_{1\cdot}$	$\overline{x}_{1\cdot}$
	A_2	x_{21} x_{22} $\cdots$ x_{2r}	$T_{2\cdot}$	$\overline{x}_{2\cdot}$
	$\vdots$	$\vdots$	$\vdots$	$\vdots$
	A_a	x_{a1} x_{a2} $\cdots$ x_{ar}	$T_{a\cdot}$	$\overline{x}_{a\cdot}$
			T	$\overline{\overline{x}}$

이다. j번째 반복실험된 반응값 x_{1j}를 식으로 표현하면,

$$x_{1j} = \mu_1 + (x_{1j} - \mu_1)$$

이고, 우변의 두 번째 항 $(x_{1j} - \mu_1)$를 ε_{1j}라 하자. 즉,

$$\varepsilon_{1j} = x_{1j} - \mu_1 \ . \tag{3.1}$$

이때 ε_{1j}는 반응값 x_{1j}와 모평균 μ_1과의 차이로 우리가 설명할 수 없는 부분인 실험오차에 상당하는 부분으로 ε_{1j}의 분포는 x_{1j}의 분포를 중심이 0이 되도록 평행이동한 분포를 따른다. 즉, 평균 0, 분산이 σ_E^2인 정규분포를 따르고, 서로 독립이다. 앞에서 이미 설명한 바와 같이, 실험 순서의 랜덤화에 의해서 오차의 독립성을 가정할 수 있다. 〈그림 3.1〉에서는 반응값 x_{1j}를 모평균 μ_1과 오차 ε_{1j}의 합으로 표시한 다음 관계를 시각적으로 잘 보여 준다.

$$x_{1j} = \mu_1 + \varepsilon_{1j}$$

요인 A의 다른 수준들 A_2, $\cdots$, A_a에서도 수준 A_1의 경우와 똑같은 방법으로 설명할 수 있으므로, $a=4$인 경우의 4개의 모집단의 분포를 도시한 것이 〈그림 3.2〉와 같이 주어진다. 〈그림 3.2〉에서 주어진 4개의 분포의 모양은 똑같다. 즉 분포를 평행이동하면 각각의 분포가 정확하게 일치한다.

수준 A_1의 경우와 똑같은 방법으로, 수준 A_i의 경우에 j번째 반복실험된 반응값 x_{ij}를 식으로 표현하면

$$x_{ij} = \mu_i + \varepsilon_{ij} \tag{3.2}$$

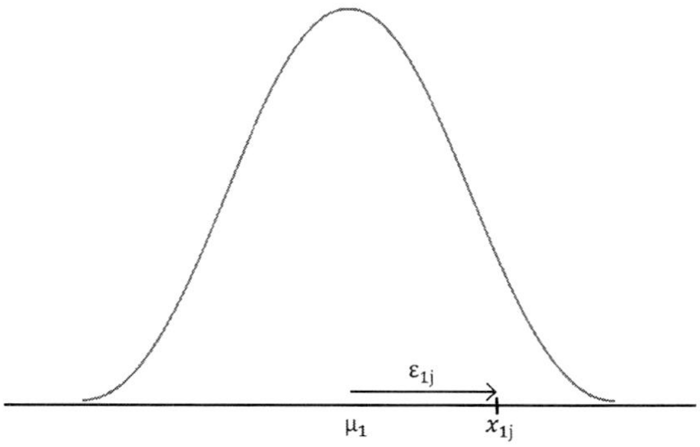

그림 3.1 A_1에서의 반응값의 분포

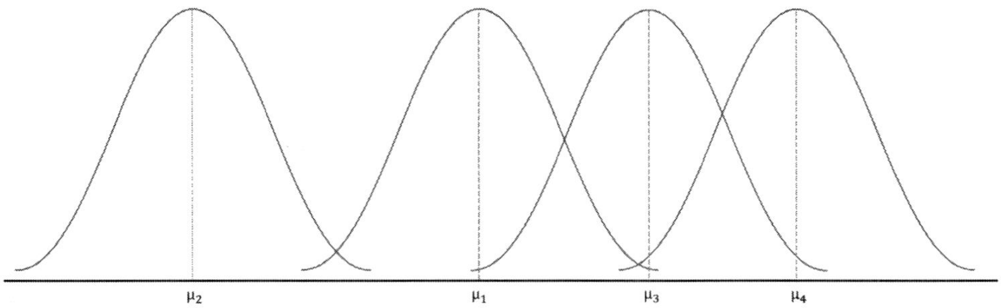

그림 3.2 수준 A_i, i=1, 2, 3, 4에서의 모집단 분포

이다. 식 (3.2)에서 우리들의 목표는 각 수준에서의 모평균들을 상대적으로 비교하는 것이다. 두 개의 모평균 $\mu_j - \mu_k$의 비교에서는 각각의 표본평균의 차이가 0 근처인지를 비교한다. 그런데 3개 이상의 모평균을 동시에 비교해야 하는 경우에는 표본평균의 차이만으로는 원하는 정보를 얻을 수 없다. 따라서 각 수준에서의 모평균들을 비교하는 기준값이 필요하고, 기준값으로는 각 수준에서 실험된 반응값 전체의 모평균인

$$\mu = \sum_1^a \frac{\mu_i}{a}$$

를 선택한다. 수준 A_i에서의 모평균 μ_i와 수준들을 비교하는 기준값인 전체 모평균 μ간의 차이를

$$\alpha_i = \mu_i - \mu \tag{3.3}$$

로 표현하면, α_i는 수준 A_i에서의 모평균 μ_i가 전체 모평균 μ와 어느 정도의 차이가 나는가를 나타내는 수치로서, 수준효과 또는 요인 A의 **주효과**(main effect)라고 부른다. 요인 A의 주효과를 이용하여 식 (3.2)를 표현하면,

$$\begin{aligned} x_{ij} &= \mu_i + \varepsilon_{ij} \\ &= \mu + (\mu_i - \mu) + \varepsilon_{ij} \\ &= \mu + \alpha_i + \varepsilon_{ij} \end{aligned}$$

가 된다. 여기서 주효과 α_i의 합인 $\sum_1^a \alpha_i$는 0이 되는데, 그 이유는 각 수준에서의 모평균 μ_i와 전체 모평균 μ 간의 편차합이 0이기 때문이다. 또, 오차 ε_{ij}는 평균 0, 분산이 σ_E^2인 정규분포를 따르고, 서로 독립이다. 이를 정리하면, 일원배치 데이터의 구조모형은

$$x_{ij} = \mu + \alpha_i + \varepsilon_{ij}, \quad i = 1, \cdots, a \;;\; j = 1, \cdots, r \tag{3.4}$$

단, $\varepsilon_{ij} \sim N(0, \sigma_E^2)$이며, 서로 독립이고, $\sum_1^a \alpha_i = 0$이다.

일원배치법 구조모형의 오차항의 가정을 구체적으로 언급하면 다음의 네 가지로 정리될 수 있다.

① 정규성 : 오차 ϵ_{ij}의 분포는 정규분포를 따른다.
② 독립성 : 오차들은 서로 독립이다.
③ 불편성 : 오차의 기댓값은 0으로 치우침이 없다.
④ 등분산성 : 오차의 분산은 σ_E^2으로, 요인의 수준과 실험의 반복에 관계없이 일정하다.

3.4 분산분석

a개의 모평균에 차이가 있는가를 검정하는 것은 a개의 수준효과에 차이가 있는가를 검정하는 것과 같으므로 다음과 같이 표시될 수도 있다.

$$H_0 \; : \; \alpha_1 = \alpha_2 = \cdots = \alpha_a = 0$$
$$H_1 \; : \; \text{적어도 한 } \alpha_i \text{는 0이 아니다.} \tag{3.5}$$

식 (3.5)에 주어진 가설은 자료의 총변동을 급간(그룹간)변동과 급내(그룹내)변동으로 분할하여 요인이 특성값에 유의한 영향을 미치는가를 검정하는 방법인 분산분석을 통하여 검정할 수 있다. 지금부터 분산분석의 개념과 절차에 대하여 알아보기로 하자.

3.4.1 총변동의 분할

변동을 정의하려면 어느 값으로부터의 산포인가를 나타내는 자료의 중심과 각 자료가 중심으로부터 얼마나 떨어져 있는가를 나타내는 거리의 개념이 필요하게 된다. 실험조건에 대한 아무런 정보 없이 반응변수의 관측값에 대한 정보만 주어졌다면, 반응값들을 대표하는 값은 총평균 $\overline{\overline{x}}$ 이고 반응값 x_{ij} 의 총평균 $\overline{\overline{x}}$ 로부터의 거리인 총편차가 불확실성을 나타내는 측도이다. 그런데 반응값 x_{ij} 가 수준 A_i에서 실험된 반응값이라는 정보가 주어지면, 반응값 x_{ij} 를 대표하는 값은 A_i에서 실험된 반응값들의 평균인 $\overline{x}_{i.}$ 이고 불확실성을 나타내는 편차인 잔차는 $x_{ij} - \overline{x}_{i.}$ 이다. 즉 총편차는 요인 A의 동일한 수준에서 반복실험했을 때 생기는 잔차와 수준효과 α_i 에 기인하는 편차로 다음과 같이 분해할 수 있다.

$$x_{ij} - \overline{\overline{x}} = (\overline{x}_{i\cdot} - \overline{\overline{x}}) + (x_{ij} - \overline{x}_{i\cdot}) \tag{3.6}$$
$$\text{총편차} = (\alpha_i \text{에 기인하는 편차}) + (\text{잔차})$$

식 (3.6)의 양변을 동시에 제곱하여 전체 ar 개의 데이터의 제곱의 합을 구하면

$$\sum_i \sum_j (x_{ij} - \overline{\overline{x}})^2 = \sum_i r\,(\overline{x}_{i\cdot} - \overline{\overline{x}})^2 + \sum_i \sum_j (x_{ij} - \overline{x}_{i\cdot})^2 \tag{3.7}$$

이 성립한다. 여기서 좌변을 **총제곱합** 또는 **총변동**이라 부르고 SS_T 로 표현한다. 식 (3.7)의 우변의 첫 번째 항은 각 수준효과의 차이에 기인하는 편차들의 제곱합이므로 **처리제곱합** 또는 **급간변동**이라고 부르고 SS_A 로 나타내준다. 우변의 두 번째 항은 각 처리수준 내에서의 편차들의 제곱합이므로 **잔차제곱합**, 오차제곱합 또는 **급내변동**이라고 부르고 SS_E 로 표현한다. 따라서

$$SS_T = SS_A + SS_E \tag{3.8}$$

의 관계가 성립하고, 총변동이 요인 A 에 의한 변동과 잔차변동으로 분할되었다고 한다. 요인 A 의 수준에 따라서 반응변수의 모평균이 차이가 나면, 즉 주효과 A 가 유의하면, 요인 A 의 수준간 반응변수의 평균의 산포를 반영하는 급간변동인 SS_A 는 커지고, 불확실성을 나타내는 급내변동 혹은 잔차변동인 SS_E는 작아진다.

실제로 데이터로부터 SS_T, SS_A, SS_E를 계산할 때는 일일이 편차들을 계산한 다음에 제곱합을 구하는 것보다 다음의 간편계산법을 사용하면 간단하며, 식 (3.9)의 CT 를 총평균에 대한 수정항이라 부른다.

$$CT = \frac{T^2}{ar} = ar\bar{\bar{x}}^2 \tag{3.9}$$

$$SS_T = \sum_i \sum_j x_{ij}^2 - CT \tag{3.10}$$

$$SS_A = \sum_i \frac{T_{i\cdot}^2}{r} - CT \tag{3.11}$$

$$SS_E = SS_T - SS_A \tag{3.12}$$

3.4.2 자유도의 분할

각 **제곱합의 자유도**는 제곱을 한 편차의 개수에서 선형제약조건의 수를 뺀 것으로 정의되므로 〈표 3.3〉에 의하여 구할 수 있다.

〈표 3.3〉에서 보는 바와 같이 총제곱합의 자유도 ϕ_T는 총편차의 개수가 ar인데 총편차의 합은 0이라는 제약조건 때문에 처음 $ar-1$ 개의 총편차가 주어지면 마지막 편차

표 3.3 각 제곱합의 자유도

제곱합	편차의 개수	선형제약조건	자유도
총제곱합	ar	$\sum_i \sum_j (x_{ij} - \bar{\bar{x}}) = 0$	$ar-1$
처리제곱합	a	$\sum_{i=1}^{a} (\bar{x}_{i\cdot} - \bar{\bar{x}}) = 0$	$a-1$
잔차제곱합	ar	$\sum_{j=1}^{r} (x_{ij} - \bar{x}_{i\cdot}) = 0$ $i = 1,2,\cdots,a$	$a(r-1)$

의 값은 자동으로 결정되어서 $\phi_T = ar-1$이 된다. 마찬가지로 처리제곱합의 자유도는 SS_A가 a개의 (α_i에 기인하는 편차)의 제곱합으로 결정되는데 그룹간 편차들의 합은 0이라는 제약조건 때문에 $\phi_A = a-1$이다. SS_E는 각각의 처리수준에서 구한 r개의 잔차제곱합을 합한 값이다. 그런데 각 처리수준에서 잔차의 합은 0이라는 제약조건 때문에 $\phi_E = a \times (r-1)$이다. 총변동이 원인별로 분할되는 것과 마찬가지로 〈표 3.3〉에서 보는 바와 같이 총제곱합의 자유도 ϕ_T는 처리제곱합의 자유도 ϕ_A와 잔차제곱합의 자유도 ϕ_E로 분할됨을 알 수 있다. 다시 말해서 우리는 다음 결과를 얻게 된다.

$$\phi_T = \phi_A + \phi_E \tag{3.13}$$

3.4.3 평균제곱의 기댓값과 F검정

평균제곱(Mean Square: MS)은 자유도 1개당 제곱합이므로 요인 A와 잔차에 대한 평균제곱은 SS_A와 SS_E를 각각의 자유도로 나누어서 다음과 같이 구해진다.

$$MS_A = \frac{SS_A}{a-1} \tag{3.14}$$

$$MS_E = \frac{SS_E}{a(r-1)} \tag{3.15}$$

요인 A의 평균제곱 MS_A와 잔차의 평균제곱 MS_E의 기댓값은 다음과 같다고 알려져 있으며 유도과정은 생략하기로 한다.

$$E(MS_A) = \sigma_E^2 + r\sum_{i=1}^{a}\frac{\alpha_i^2}{(a-1)} \tag{3.16}$$

$$E(MS_E) = \sigma_E^2 \tag{3.17}$$

식 (3.17)로부터 잔차의 평균제곱 MS_E는 σ_E^2의 불편추정량임을 알 수 있다. 요인 A의 평균제곱 MS_A는 귀무가설 $H_0 : \alpha_1 = \alpha_2 = \cdots = \alpha_a = 0$하에서는 식 (3.16)의 우변 두 번째 항이 0이 되어 σ_E^2의 불편추정량이 되지만 귀무가설이 성립하지 않으면 MS_A의 기댓값이 σ_E^2보다 커진다는 것을 알 수 있다. 따라서 $H_0 : \alpha_1 = \alpha_2 = \cdots = \alpha_a = 0$의 가설에 대한 검정통계량은 두 평균제곱의 비인

표 3.4 분산분석표

요인	제곱합	자유도	평균제곱	F_0	$F(\alpha)$
A	SS_A	$a-1$	MS_A	$\dfrac{MS_A}{MS_E}$	$F_{1-\alpha}(a-1, a(r-1))$
E	SS_E	$a(r-1)$	MS_E		
T	SS_T	$ar-1$			

$$F_0 = \frac{MS_A}{MS_E} \tag{3.18}$$

가 되고, F_0의 값이 커지면 귀무가설을 기각하게 된다.

또한 귀무가설이 사실일 때 검정통계량 F_0는 자유도 (ϕ_A, ϕ_E)인 F분포를 한다는 것이 알려져 있다. 따라서 대립가설이 사실일 때 MS_A가 MS_E보다 상대적으로 크게 되리라 기대되므로 기각역은 다음과 같이 주어진다.

$$F_0 > F_{1-\alpha}(\phi_A, \phi_E) \tag{3.19}$$

3.4.4 분산분석표의 작성

앞에서 다룬 총제곱합과 자유도의 분할, 평균제곱, 요인효과의 차이가 없다는 귀무가설에 대한 검정통계량과 기각역을 표로 정리한 것이 분산분석표이며, 〈표 3.4〉와 같은 형태를 갖는다.

〈표 3.4〉의 분산분석표에서 F_0의 값이 $F_{1-\alpha}(a-1, a(r-1))$보다 크게 되어 귀무가설을 기각할 때 요인이 특성값에 유의한 영향을 미친다고 말할 수 있으며 요인의 수준효과가 존재한다 혹은 수준에서 모평균이 차이가 난다고 통계적으로 결론을 내릴 수 있게 된다.

예제 3.1

어느 의류 제조회사에서는 직물의 긁힘에 대한 저항력을 측정하기 위하여 검사 대상을 마모도 검사기계에 몇 사이클 돌린 후 감소된 무게를 그램으로 측정한다. 이 회사는 원단 납품업체 A_1, A_2, A_3, A_4의 제품을 마모도의 측면에서 비교하고자 한다. 이를 위하여 각각의 납품업체의 제품 중 4개를 랜덤으로 선택하여 일원배치법에 의해 실험한 결과 〈표 3.5〉와 같은 자료를 얻었다. 납품업체들 간

마모도에 유의한 차이가 있는지를 분산분석을 통하여 검정해 보라.

표 3.5 마모도 검사 데이터

		반복				$T_{i\cdot}$	$\bar{x}_{i\cdot}$
	A_1	1.93	2.38	2.20	2.25	8.76	2.19
납품	A_2	2.55	2.72	2.75	2.70	10.72	2.68
업체	A_3	2.40	2.68	2.32	2.28	9.68	2.42
	A_4	2.33	2.38	2.28	2.25	9.24	2.31
						38.4	2.40

|풀이|

① 가설의 설정

H_0 : $\alpha_1 = \alpha_2 = \alpha_3 = \alpha_4 = 0$(직물 마모도에 차이가 없다)

H_1 : 모든 α_i가 0은 아니다(직물 마모도에 차이가 있다)

② 제곱합과 자유도의 계산

$$CT = \frac{T^2}{ar} = \frac{38.4^2}{16} = 92.16$$

$$SS_T = \sum_i \sum_j x_{ij}^2 - CT$$

$$= (1.93)^2 + (2.38)^2 + \cdots + (2.25)^2 - 92.16$$

$$= 0.7626$$

$$SS_A = \sum_i \frac{T_{i\cdot}^2}{r} - CT$$

$$= \frac{1}{4}(8.76^2 + 10.72^2 + 9.68^2 + 9.24^2) - 92.16$$

$$= 0.5240$$

$$SS_E = SS_T - SS_A = 0.7626 - 0.5240 = 0.2386$$

$$\phi_T = ar - 1 = 16 - 1 = 15$$

$$\phi_A = a - 1 = 4 - 1 = 3$$

$$\phi_E = \phi_T - \phi_A = 15 - 3 = 12$$

③ 분산분석표의 작성

표 3.6 분산분석표

요인	제곱합	자유도	평균제곱	F_0	$F(0.01)$
A	0.5240	3	0.1747	8.78^{**}	5.95
E	0.2386	12	0.0199		
T	0.7626	15			

분산분석표에서 검정통계량 F_0의 값이 유의수준 $\alpha=0.01$에서의 F분포값인 $F_{0.99}(3,12)=5.95$보다 크므로 귀무가설을 기각한다. 따라서 납품업체에 따라 직물 마모도에 차이가 있다고 결론 내린다. p값은 $\Pr[F(3,12)>8.78]=.002$ 이다.

일반적으로 요인 A의 수준효과가 유의수준 $\alpha=0.05$에서만 유의하면 계산된 F_0에 *를, $\alpha=0.01$에서 유의한 경우에는 **를 붙여서 표시한다.

3.5 분산분석 후의 추정

분산분석을 한 후 요인 A가 특성값에 유의한 영향을 끼친다는 것을 알게 되면 모평균 추정의 문제에 관심을 갖게 된다. 우선 요인 A의 각 수준에서의 모평균의 추정에 대하여 알아보기로 하자.

수준 A_i에서의 모평균 $\mu_i=\mu+\alpha_i$의 추정값은 수준 A_i에서의 특성값들의 평균인 $\overline{x}_{i\cdot}$이고, 특성값들의 분포가 $N(\mu_i,\sigma_E^2)$이기 때문에 $\overline{x}_{i\cdot}$의 분포는 $N(\mu_i,\sigma_E^2/r)$임을 알 수 있다. 여기서 오차의 분산 σ_E^2는 미지이기 때문에 σ_E^2의 불편추정값인 MS_E로 추정을 하면 요인 A의 i번째 수준에서의 모평균의 $100(1-\alpha)\%$ 신뢰구간은

$$\overline{x}_{i\cdot}\pm t_{1-\alpha/2}(\phi_E)\sqrt{\frac{MS_E}{r}} \tag{3.20}$$

으로 주어진다. 이때 신뢰구간의 폭은 오차의 자유도가 클수록, 또 MS_E값이 작을수록 줄어들 것이다. 또한 실험의 반복수 r이 어느 수준에서나 같기 때문에 신뢰구간의 폭은 어느 수준에서나 일정하다.

원단의 마모도가 가장 작은 업체는 A_1이다. 재현성을 확인하기 위해서 A_1업체의

원단 한 단위를 랜덤하게 선택하여 마모도 검사를 실행하여 얻어질 미래의 관측치 x_0의 신뢰구간을 구해보자. 우선 x_0는 A_1에서의 모평균 μ_1에 미래의 관측오차 ϵ_0가 추가되어 관측된다. 그런데 μ_1의 신뢰구간은 실험자료의 평균인 $\bar{x}_{1.}$에 근거하여 식 (3.20)에 주어진 바와 같이 계산되고, $\bar{x}_{1.}$와 미래의 관측오차 ϵ_0가 서로 독립이기 때문에 A_1에서 얻어질 미래의 관측치 x_0의 신뢰구간은 μ_1의 신뢰구간에서 불확실성을 나타내는 분산의 추정치가 미래의 관측오차의 분산의 추정치인 MS_E가 추가된 값으로 대체되어

$$\bar{x}_{1.} \pm t_{1-\alpha/2}(\phi_E)\sqrt{\frac{MS_E}{r} + MS_E} \tag{3.21}$$

이다.

재현성 실험의 정밀도를 높이는 방법은 재현성 실험을 m, $m \geq 2$회 실시하는 것이다. 이때 얻어질 미래의 관측치들의 평균 $\overline{x_0}$의 신뢰구간은 μ_1의 신뢰구간에서 불확실성을 나타내는 분산의 추정치가 $\overline{x_0}$의 분산의 추정치인 MS_E/m가 추가된 값으로 대체되어

$$\bar{x}_{1.} \pm t_{1-\alpha/2}(\phi_E)\sqrt{\frac{MS_E}{r} + \frac{MS_E}{m}}$$

이다.

예제 3.1

(계속) 〈예제 3.1〉의 직물 마모도 예에서 각 수준에서의 직물 마모도 모평균의 95% 신뢰구간을 구하라.

|풀이|

$$\text{신뢰구간의 폭 : } t_{0.975}(12)\sqrt{\frac{MS_E}{r}} = 2.179\sqrt{\frac{0.0199}{4}} = 2.179 \times 0.071 = 0.1537$$

따라서 식 (3.20)을 이용할 때 각각의 수준에서 직물 마모도의 모평균의 95% 신뢰구간은 다음과 같다.

μ_1 : 2.19 ± 0.1537
μ_2 : 2.68 ± 0.1537
μ_3 : 2.42 ± 0.1537

$$\mu_4 \ : \ 2.31 \ \pm \ 0.1537$$

A_1에서 얻어질 미래의 관측치 x_0의 신뢰구간은

$$2.19 \pm 2.179\sqrt{\frac{0.0199}{4}+0.0199} \quad \Leftrightarrow \quad 2.19 \pm 0.3437$$

이다. 따라서 미래의 관측치 x_0가 이 신뢰구간에 속하면, 재현성이 있다고 판단한다.

지금부터 수준 A_i와 A_j에서의 모평균의 차이인 $(\mu_i - \mu_j)$의 $100(1-\alpha)\%$ 신뢰구간을 구하는 문제를 생각해 보자.

모평균의 차이 $(\mu_i - \mu_j)$의 추정값은 수준 A_i와 A_j에서의 특성값들의 평균의 차이인 $(\overline{x}_{i\cdot} - \overline{x}_{j\cdot})$이다. 또한 식 (3.4)에 주어진 데이터의 구조모형으로부터 $(\overline{x}_{i\cdot} - \overline{x}_{j\cdot})$의 분포는 $N(\mu_i - \mu_j\,,\, 2\sigma_E^2/r)$임을 알 수 있다. 여기서 오차의 분산 σ_E^2는 미지이기 때문에 σ_E^2의 불편추정량인 MS_E로 추정하면 $(\mu_i - \mu_j)$의 $100(1-\alpha)\%$ 신뢰구간은

$$(\overline{x}_{i\cdot} - \overline{x}_{j\cdot}) \pm t_{1-\alpha/2}(\phi_E)\sqrt{\frac{2MS_E}{r}} \tag{3.22}$$

으로 주어진다. 신뢰구간과 가설검정과의 관계를 이용하여 $H_0: \mu_i - \mu_j = 0$, 즉 $H_0: \mu_i = \mu_j$를 검정할 수 있다. 식 (3.22)에서 구한 신뢰구간에 0이 포함되어 있지 않으면 $H_0: \mu_i = \mu_j$를 기각한다. 다시 말해서 식 (3.22)의 첫 번째 항의 절댓값인 $|\overline{x}_{i\cdot} - \overline{x}_{j\cdot}|$가 다음 조건을 만족하면 H_0을 기각한다.

$$|\overline{x}_{i\cdot} - \overline{x}_{j\cdot}| > t_{1-\alpha/2}(\phi_E)\sqrt{\frac{2MS_E}{r}} \tag{3.23}$$

이와 같이 두 수준간의 차이가 유의하려면 최소한 자료평균의 차이가 식 (3.23)의 우변의 값보다 커야 하므로 이 값을 **최소유의차(least significant difference; LSD)**라고 부른다.

예제 3.1

(계속) 〈예제 3.1〉의 직물 마모도 실험에서 최소유의차(LSD)를 이용하여 어떤 수준 간에 차이가 유의한지를 알아보라.

|풀이|

$$\text{최소유의차 : } LSD = 2.179\sqrt{\frac{2\times 0.0199}{4}} = 0.2174$$

두 수준에서의 자료평균의 차이가 0.2174보다 크면 두 수준에서의 직물마모도가 유의수준 $\alpha = 0.05$ 에서 차이가 있다고 결론 내린다. 그 결과를 정리하면 다음과 같다.

$$\bar{x}_{1\cdot} - \bar{x}_{2\cdot} = 2.19 - 2.68 = -0.49^*$$

$$\bar{x}_{1\cdot} - \bar{x}_{3\cdot} = 2.19 - 2.42 = -0.23^*$$

$$\bar{x}_{1\cdot} - \bar{x}_{4\cdot} = 2.19 - 2.31 = -0.12$$

$$\bar{x}_{2\cdot} - \bar{x}_{3\cdot} = 2.68 - 2.42 = 0.26^*$$

$$\bar{x}_{2\cdot} - \bar{x}_{4\cdot} = 2.68 - 2.31 = 0.37^*$$

$$\bar{x}_{3\cdot} - \bar{x}_{4\cdot} = 2.42 - 2.31 = 0.11$$

따라서 A_1과 A_2, A_1과 A_3, A_2와 A_3, A_2와 A_4 간에는 차이가 있는 것으로 판단된다.

3.6 반복수가 같지 않은 실험

앞에서는 일원배치법의 각 수준에서 반복수가 일정하게 r 인 경우를 다루었는데, 실제의 일원배치법에서는 여러 가지 이유로 각 수준마다 반복수가 다른 데이터를 얻게 되는 경우가 있다. 이런 자료를 불균형자료라고 하며 주로 다음과 같은 경우에 발생한다.

- 실험 도중 불의의 사고 또는 실험자의 실수로 특성값을 관측하지 못하는 경우
- 관심 요인의 특정 수준에서 더 높은 정도(precision)를 얻기 위해 더 많은 반복을 취한 경우

이 절에서는 이와 같이 처리마다 반복수가 같지 않은 불균형자료의 분석방법에 대하여 알아보자.

반복수가 같지 않은 일원배치법의 총실험횟수를 N이라고 하면

$$N = r_1 + r_2 + \cdots + r_a \tag{3.24}$$

이다. 반복수가 같지 않은 일원배치법의 자료의 구조, 구조모형과 분산분석은 반복수

r 대신 각 수준에서의 반복수 r_i를 대체한 것을 제외하고는 기본적으로 반복수가 같은 경우와 똑같다.

$$x_{ij} = \mu + \alpha_i + \epsilon_{ij}$$

$$i = 1, \cdots, a \quad j = 1, \cdots, r_i$$

반복수가 같지 않은 일원배치법에서의 변동의 계산, 자유도 계산, 분산분석표는 다음과 같이 정리될 수 있다.

3.6.1 변동의 계산

$$CT = \frac{T^2}{N}$$

$$SS_T = \sum_i \sum_j x_{ij}^2 - CT$$

$$SS_A = \sum_i \frac{T_{i\cdot}^2}{r_i} - CT$$

$$SS_E = SS_T - SS_A$$

3.6.2 자유도 계산

$$\phi_T = N - 1$$

$$\phi_A = a - 1$$

$$\phi_E = \phi_T - \phi_A = N - a$$

3.6.3 분산분석표의 작성

표 3.7 반복수가 같지 않은 일원배치법의 분산분석표

요인	제곱합	자유도	평균제곱	F_0	$F(\alpha)$
A	SS_A	$a-1$	MS_A	MS_A/MS_E	$F_{1-\alpha}(a-1, n-a)$
E	SS_E	$N-a$	MS_E		
T	SS_T	$N-1$			

분산분석의 검정력은 균형 데이터일 때 최대가 되기 때문에 가능하면 균형 데이터를 얻는 것이 바람직하다.

예제 3.2

다음은 4종류의 식단에 따른 식이요법이 혈액응고시간에 영향을 주는지 파악하는 실험이다.

(1) 실험목적 : 4종류의 식단 A_1, A_2, A_3, A_4에 따른 식이요법이 동물의 혈액응고시간에 영향을 주는가를 파악하고자 한다.

(2) 실험의 랜덤화 및 자료의 수집

① 실험단위를 처리에 랜덤하게 배치한다.

단계 1: 24마리의 동물에 1번에서 24번까지 일련번호를 할당한다.

단계 2: 1번에서 24번까지 번호가 붙은 카드를 뒤집어 놓고 잘 섞은 다음에 하나씩 뒤집어서 난수를 생성하여 24개의 번호의 랜덤한 배열(permutation)을 구한다.

단계 3: 처음 6개의 난수에 해당되는 동물에 A_1을 배치하고, 다음 6개의 난수에 해당되는 동물에 A_2를, 다음 동물 6마리에 A_3를, 나머지 6마리에 A_4를 배치한다.

② 혈액응고시간 측정순서 : 두 달 동안 각각의 식단에 따라서 먹이를 준 다음, 각각의 동물에서 혈액표본을 채취한다. 그런데 A_1에 할당된 동물 한 마리가 실험과 관련이 없는 질병으로 3주 만에 죽어서, A_1에서의 반복수는 5가 되어서 실험을 계획할 때 반복수가 같도록 계획하였지만, 얻어진 실험 데이터는 실험의 반복수가 $r_1 = 5$, $r_2 = 6$, $r_3 = 6$, $r_4 = 6$인 반복수가 다른 실험이 되었다. 이 경우의 혈액응고시간의 검사순서 역시 랜덤한 순서로 실시한다. 다시 말해서 A_1, A_2, A_3, A_4에 배치된 23마리의 동물에 일련번호를 붙인 다음에 1에서 23 사이의 23개 번호의 랜덤한 배열을 앞의 단계 2에서와 같은 방법으로 구하여, 나온 번호에 해당되는 동물의 혈액표본의 순서로 검사한다.

4종류의 식단 A_1, A_2, A_3, A_4에 따라서 사육된 23마리의 동물로부터 채취된 혈액표본을 랜덤하게 검사하여 얻어진 실험 데이터가 〈표 3.8〉에 주어져 있다.

표 3.8 혈액응고시간 데이터

		실험의 반복
요인의 수준	A_1	62 60 63 59 61
	A_2	63 67 71 64 65 66
	A_3	68 66 71 67 68 68
	A_4	56 62 60 61 63 64

이 데이터를 Minitab의 **[통계분석 → 분산분석 → 일원분산분석..]**을 실행시켜서 얻은 분산분석표가 아래와 같다.

표 3.9 혈액응고시간 분산분석표

요인	제곱합	자유도	평균제곱	F_0	p-value
A	218.6087	3	72.8696	13.31**	.000
E	104.0000	19	5.4737		
T	322.6087	22			

분산분석표에서 p-value가 0.000으로 아주 작으므로, 즉 검정통계량 F_0 의 값이 유의수준 $\alpha = 0.01$ 에서의 F분포값인 $F_{0.99}(3,10) = 5.01$보다 크므로 귀무가설을 기각한다. 따라서 식이요법에 따라 혈액응고시간에 차이가 있다고 결론 내린다.

③ A_i 수준에서의 모평균 μ_i 의 95 % 신뢰구간

$$\overline{x}_{i\cdot} \pm t_{0.975}(\phi_E) \cdot \sqrt{\frac{MS_E}{r_i}}$$

$r_1 = 5\,, r_2 = r_3 = r_4 = 6$, $t\,(19\ ;0.025\,) = 2.093$이고 $MS_E = 5.4737$을 대입하면,

μ_1 의 95% 신뢰구간 : $61 \pm 2.093 \cdot \sqrt{\frac{5.4737}{5}} \Leftrightarrow 61 \pm 2.1899$

μ_2 의 95% 신뢰구간 : $66 \pm 2.093 \cdot \sqrt{\frac{5.4737}{6}} \Leftrightarrow 66 \pm 1.9991$

μ_3 의 95% 신뢰구간 : 68 ± 1.9991

μ_4 의 95% 신뢰구간 : 61 ± 1.9991

이다. 각 수준의 반복수에 따라서 신뢰구간의 폭이 달라진다. 반복수가 많은 수준에서 자료평균의 표준편차의 추정치인 $\sqrt{MS_E / r_i}$ 가 작아지기 때문에 신뢰구간의 폭이 좁아져서 정밀도가 높은 신뢰구간을 얻고 반복수가 상대적으로 적은 수준에서는 $\sqrt{MS_E / r_i}$ 가 커지기 때문에 신뢰구간의 폭이 넓어진다.

3.7 변량모형

변량모형(random model)은 **랜덤모형**이라고도 부른다. 변량모형은 요인 A가 실험일, 원료로트, 블록, 원자재의 배치(batch) 등과 같이 요인의 수준들이 고정되지 않고 수준들의 모집단에서 랜덤하게 선택되는 랜덤요인인 경우의 구조 모형이다. 랜덤모형에서는 요인 A의 수준들이 랜덤하게 선택되기 때문에 각각의 수준의 값들이 기술적인 의미를 갖지 못하게 되고, 그 결과 우리는 수준들 간의 산포의 크기에 주로 관심을 갖게 된다. 다시 말해서 요인의 수준들의 동질성 여부를 검정하고, 요인수준들 간의 산포가 존재해서 이질적인 경우에는 자료의 총분산 중에서 순수하게 수준 간의 산포에만 기인하는 분산의 비율인 기여율의 추정에 관심을 갖게 된다.

식 (3.25)에 주어진 랜덤모형의 구조모형은 요인 A의 수준들이 랜덤하기 때문에 분산이 σ_A^2 인 정규분포를 따른다는 점을 제외하고 고정모형인 경우와 동일하다.

$$x_{ij} = \mu + \alpha_i + \epsilon_{ij} \tag{3.25}$$

$\alpha_i \sim N(0, \sigma_A^2)$이고, 서로 독립

$\epsilon_i \sim N(0, \sigma_E^2)$이고, 서로 독립

α_i와 ϵ_{ij} : 서로 독립

일원배치법인 경우 랜덤모형에서의 변동의 계산, 자유도의 계산, F검정은 고정모형과 동일하다. 다시 말해서 식 (3.26)에 주어진 바와 같이 가설에만 차이가 나고 이를 검정하기 위한 분산분석표의 작성은 고정모형과 동일하다.

$$H_0 : \ \sigma_A^2 = 0 \ \ v.s. \ \ H_1 : \sigma_A^2 > 0 \tag{3.26}$$

분산분석을 통한 가설검정 결과 귀무가설을 기각하면 σ_A^2 의 추정에 관심을 갖게 된다. 이를 위하여 유도과정은 생략하기로 하고 평균제곱의 기댓값을 구하면

$$E(MS_A) = \sigma_E^2 + r\sigma_A^2 \tag{3.27}$$

$$E(MS_E) = \sigma_E^2 \tag{3.28}$$

으로 주어진다. 이 식으로부터 σ_E^2의 불편추정치 s_E^2와 σ_A^2의 불편추정치 s_A^2은

$$s_E^2 = MS_E \tag{3.29}$$

$$s_A^2 = \frac{1}{r}(MS_A - MS_E) \tag{3.30}$$

임을 알 수 있다.

랜덤모형의 구조모형으로부터 데이터의 총분산은 요인 A 의 수준들의 분산과 오차의 분산의 합으로 다음과 같이 표현된다.

$$\begin{aligned} Var(x_{ij}) &= Var(a_i) + Var(e_{ij}) \\ &= \sigma_A^2 + \sigma_E^2 \end{aligned} \tag{3.31}$$

따라서 총분산의 추정치는 σ_A^2, σ_E^2을 식 (3.29)와 (3.30)에서 구한 불편추정치 s_A^2와 s_E^2으로 대체하여

$$s_{total}^2 = s_A^2 + s_E^2 \tag{3.32}$$

로 구한다.

데이터의 총분산 중에서 요인 A 의 수준간 산포에만 기인하는 비율인 기여율 ρ 는

$$\rho = \frac{\sigma_A^2}{\sigma_A^2 + \sigma_E^2} \times 100\ (\%) \tag{3.33}$$

로 정의된다. 따라서 기여율 ρ 의 추정치는

$$\hat{\rho} = \frac{s_A^2}{s_{total}^2} \times 100\ (\%) \tag{3.34}$$

이다.

예제 3.3

화학약품 회사에서는 매년 원자재의 수백 개의 배치(batch)를 정제하여 순도가 높은 화학약품을 만든다. 원자재의 품질을 관리하기 위해서 수백 개의 배치 중에서 5개의 배치를 랜덤하게 선택하고 선택된 배치당 3개의 시료를 채취한 후에 이를 정제하여 순도를 측정한다. 이러한 실험을 통해 배치 간의 순도의 산포가 어느 정도 되는지를 파악하라.

선택된 15개의 시료에 대한 순도의 측정은 랜덤하게 실시하였고, 그 결과 〈표 3.10〉의 데이터를 얻었다.

표 3.10 배치 데이터에 의한 화학약품의 순도

	1	74	76	75
	2	68	71	72
batch	3	75	77	77
	4	72	74	73
	5	79	81	79

|풀이|

〈표 3.10〉의 대부분의 데이터가 75 근처이기 때문에 제곱합의 계산을 간단하게 하기 위하여 다음과 같이 데이터 변환을 하였다.

$$y_{ij} = x_{ij} - 75$$

변환된 데이터는 〈표 3.11〉에 주어져 있으며, 이와 같이 변환된 데이터와 원래 데이터의 제곱합은 동일하다.

표 3.11 변환된 데이터

					$T_{i\cdot}$
	1	−1	1	0	0
	2	−7	−4	−3	−14
batch	3	0	2	2	4
	4	−3	−1	−2	−6
	5	4	6	4	14

① 가설의 설정

H_0 : $\sigma_A^2 = 0$ (배치 간에 산포가 존재하지 않는다) v.s.

H_1 : $\sigma_A^2 > 0$ (배치 간에 산포가 존재한다)

② 제곱합과 자유도의 계산

$$CT = \frac{(-2)^2}{15} = 0.27$$

$$SS_T = \sum_i \sum_j y_{ij}^2 - CT$$

$$= (-1)^2 + 1^2 + \cdots + 4^2 - 0.27$$

$$= 165.73$$

$$SS_A = \sum_i \frac{T_{i\cdot}^2}{r} - CT$$

$$= \frac{1}{3}\left[0^2 + (-14)^2 + 4^2 + (-6)^2 + 14^2\right] - 0.27$$

$$= 147.74$$

$$SS_E = SS_T - SS_A$$

$$= 165.73 - 147.74$$

$$= 17.99$$

$$\phi_T = ar - 1 = 15 - 1 = 14$$

$$\phi_A = a - 1 = 5 - 1 = 4$$

$$\phi_E = \phi_T - \phi_A = 10$$

③ 분산분석표의 작성

표 3.12 분산분석표

요인	제곱합	자유도	평균제곱	F_0	$F(0.01)$
A	147.74	4	36.94	20.52**	5.99
E	17.99	10	1.80		
T	165.73	14			

분산분석표에서 검정통계량 F_0의 값이 유의수준 $\alpha = 0.01$에서의 F분포값인 $F_{0.99}(4, 10) = 5.99$보다 크므로 귀무가설을 기각한다. 따라서 배치 간의 산포가 존재하여 배치가 동질적이지 않다고 결론 내린다.

④ 기여율의 추정치 계산

$$s_E^2 = MS_E = 1.80$$

$$s_A^2 = \frac{1}{3}(MS_A - s_E^2) = \frac{1}{3}(36.94 - 1.80) = 11.71$$

$$s_{total}^2 = s_A^2 + s_E^2 = 11.71 + 1.80 = 13.51$$

$$\hat{\rho} = \frac{s_A^2}{s_{total}^2} \times 100 = \frac{11.71}{13.51} = 86.7(\%)$$

따라서 데이터의 총분산 중에서 86.7 %는 순수하게 배치 간의 산포 탓으로 설명할 수 있고 13.3 %만이 배치 내의 오차의 산포에 기인한다.

3.8 Design Expert, Minitab과 R 활용

● Design Expert 활용

예제 3.1

(Design Expert 실습) Design Expert를 활용하면 분산분석 후의 추정문제와 오차항의 진단까지 단계별로 분석을 할 수 있다. 아래 그림에 나와 있는 순서대로 실험계획을 설계한 다음

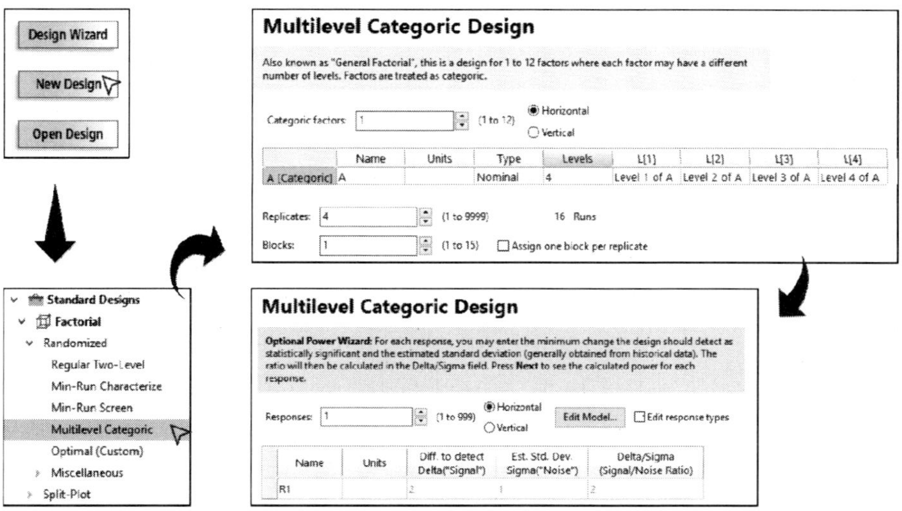

실험의 설계표에 출력된 Run 번호인 랜덤화 순서대로 실험을 한 후 입력을 마친

다. 입력을 하는 단계에서는 Std 순서대로 정렬을 하는 것이 편하다. Std 셀에 마우스 오른쪽 버튼을 눌러 선택하면 된다.

Std	Block	Run	Factor 1 A:A	Response 1 R1
1	Block 1	14	Level 1 of A	1.93
2	Block 1	13	Level 2 of A	2.55
3	Block 1	16	Level 3 of A	2.4
4	Block 1	11	Level 4 of A	2.33
5	Block 1	6	Level 1 of A	2.38
6	Block 1	3	Level 2 of A	2.72
7	Block 1	2	Level 3 of A	2.68
8	Block 1	5	Level 4 of A	2.38
9	Block 1	15	Level 1 of A	2.2
10	Block 1	8	Level 2 of A	2.75
11	Block 1	7	Level 3 of A	2.32
12	Block 1	12	Level 4 of A	2.28
13	Block 1	4	Level 1 of A	2.25
14	Block 1	10	Level 2 of A	2.7
15	Block 1	1	Level 3 of A	2.28
16	Block 1	9	Level 4 of A	2.25

다음으로 왼쪽 창에 위치한 Analysis 가지의 반응변수인 R1을 선택하면 다음과 같이 오른쪽 창에 5개의 버튼(혹은 탭)이 있는 화면이 나올 것이다.

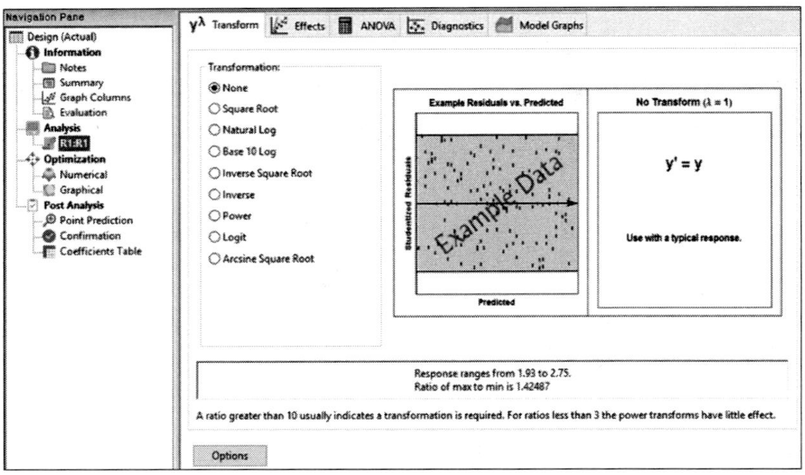

먼저 Transform은 특성값을 변환할 필요가 있는지를 판단하는 탭이다. 특성값의 최소값과 최대값의 비가 1.42 정도로 rule of thumb의 기준인 10을 넘어가지 않기에 특성값을 변환하지 않아도 된다. 두 번째 버튼인 Effects 버튼을 클릭하여 모형에 들어가는 항을 선택한다. 요인 A는 m으로 오차항은 e로 선택한다.

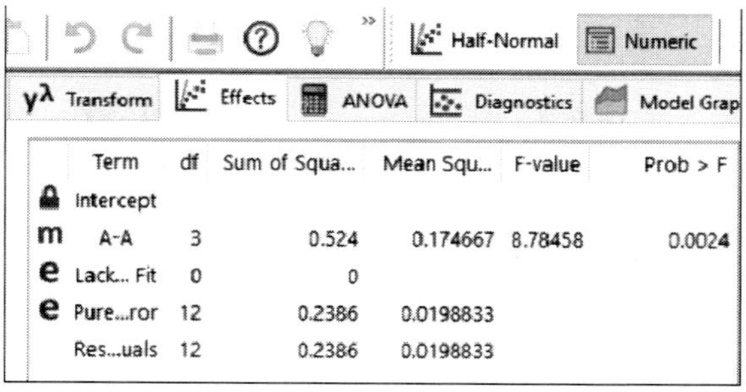

다음 버튼인 ANOVA 버튼을 클릭하면, 분산분석표, 모형적합통계량과 처리 그룹간의 모평균 비교에 관한 정보를 제공한다. 예를 들면, 자료의 총변동 중에서 처리 그룹간 변동의 비율인 결정계수 R^2의 크기를 보여준다.

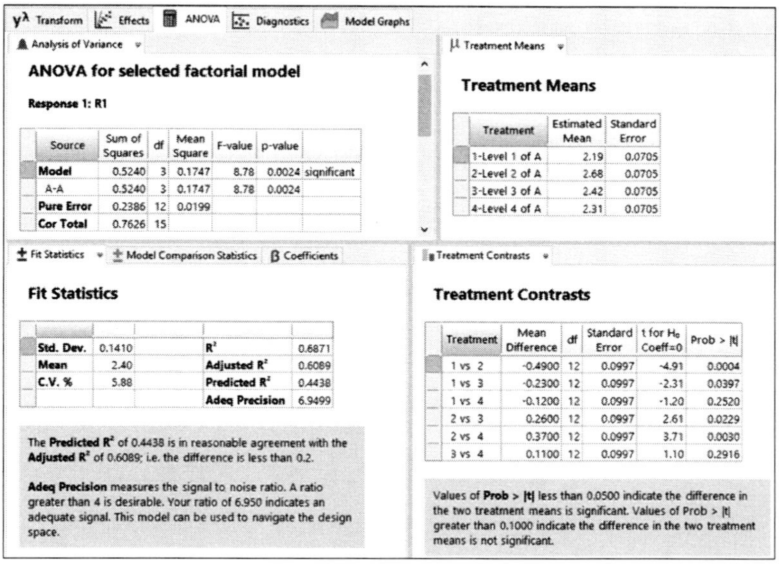

Treat Contrasts 창에서는 요인수준(혹은 처리)에 따른 평균 간의 차이에 대한 결과물을 볼 수 있다. 5% 유의수준에서 보면 1 vs 2, 1 vs 3, 2 vs 3, 2 vs 4의 평균의 차이가 유의함을 알 수 있다. 또한 본문에서 손으로 계산된 결과와 일치함을 알 수 있다.

다음 버튼인 Diagnostics 버튼을 클릭하여 표준화잔차의 정규확률그림과 잔차그림을 볼 수 있다. 정규확률그림에서 점들이 직선을 중심으로 모여 있으며 잔차와 예측치들의 산점도에서 표준화잔차들이 ±3 범위 내에서 어떤 특정한 패턴 없이 0을 중심으로 모여 있음을 알 수 있어 오차항에 대한 가정이 타당하고 모형이 적절함을 지지한다.

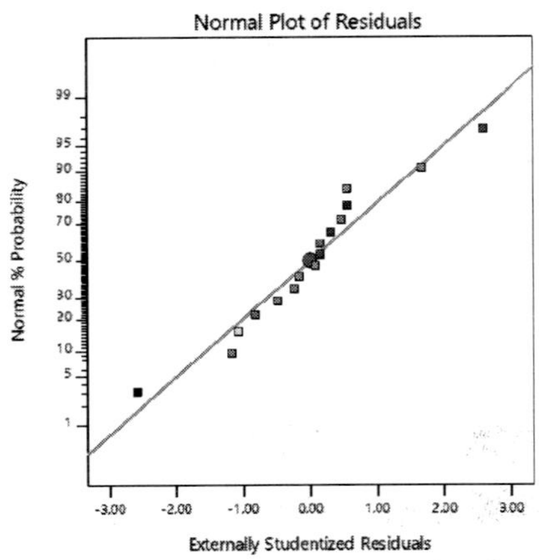

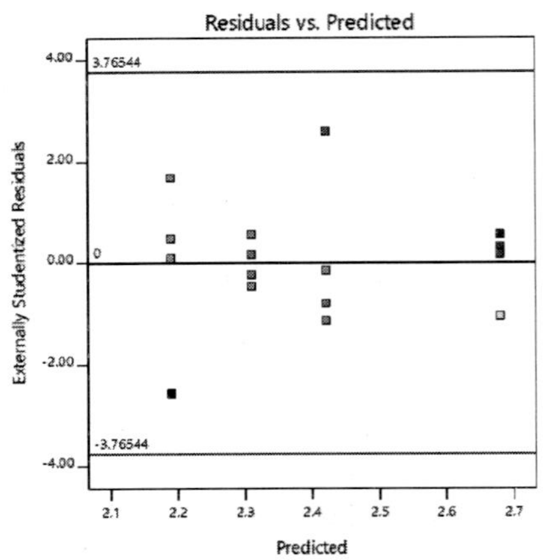

또한 마지막 [Model Graph] 버튼을 누르면 요인 수준별 자료와 그 평균값, 수준별 모평균에 대한 신뢰구간을 나타내주는 그림을 얻는다. 1 vs 2, 1 vs 3, 2 vs 3, 2 vs 4의 신뢰구간이 겹치지 않기 때문에 해당 그룹간에 평균의 차이가 유의수준 5%에서 유의함을 시각적으로 확인할 수 있다.

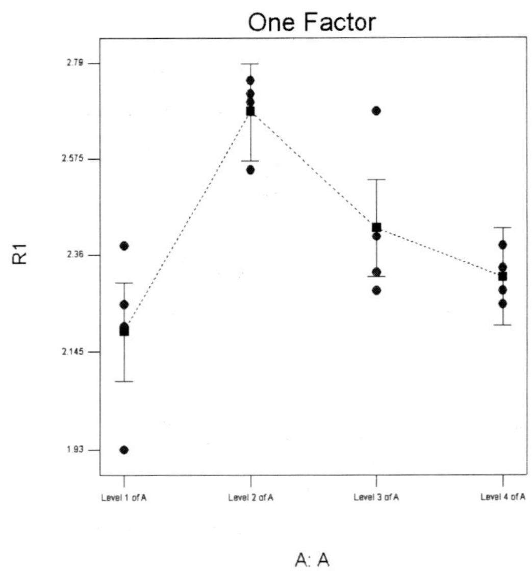

Post Analysis 가지의 Point Prediction을 클릭하면 수준별 평균에 대한 신뢰구간(Confidence Interval: CI)과 생산된 제품의 99%에 대한 특성치의 품질을 보증하는 허용구간(Tolerence Interval: TI)의 정보를 제공한다. 아래 그림은 요인 A의 첫 번째 수준에서의 CI와 TI이다. 모평균에 대한 95% 신뢰구간인 CI는 (2.04, 2.34)이고, TI는 (1.51, 2.87)로 A_1 제품 중에서 99%의 마모도가 이 구간에 속할 확률이 0.95이다.

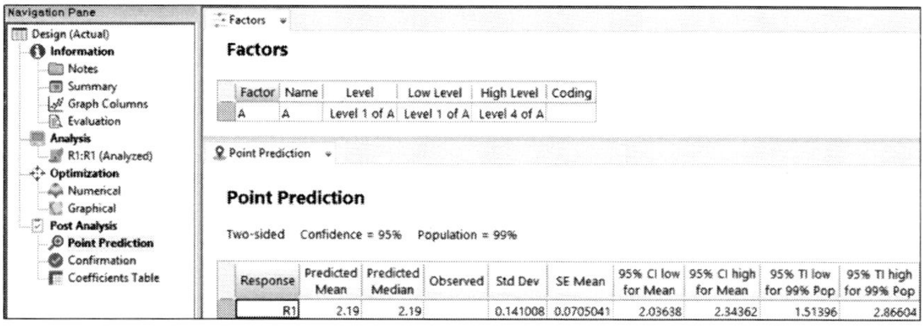

재현성 확인을 위한 관측값에 대한 예측구간(Prediction Interval: PI)을 구하기 위해서는 Confirmation을 클릭한다. 이렇듯 Design Expert를 이용하면 분석의 단계별로 모든 결과가 눈에 펼쳐져 실험자들이 손쉽게 분석할 수 있다.

●Minitab 활용

예제 3.1

(Minitab 실습) 이와 같은 분석을 Minitab을 이용하여 분석해 보자. 먼저 Minitab을 구동시켜 Worksheet 창에 다음과 같이 자료를 입력한다.

↓	C1 factor	C2 response
1	1	1.93
2	1	2.38
3	1	2.20
4	1	2.25
5	2	2.55
6	2	2.72
7	2	2.75
8	2	2.70
9	3	2.40
10	3	2.68
11	3	2.32
12	3	2.28
13	4	2.33
14	4	2.38
15	4	2.28
16	4	2.25

다음으로 [통계분석 → 분산분석 → 일원분산분석]을 선택하여 [반응 변수]에 특성값의 변수명을 그리고 [요인]에는 요인 이름을 삽입한다. [OK] 버튼을 누르면

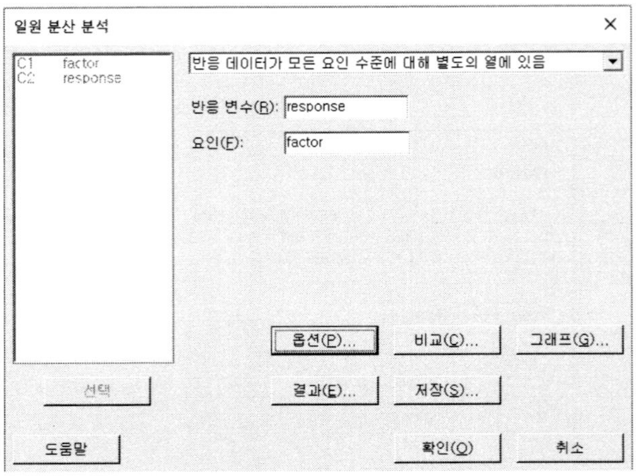

분산분석표 및 각 수준(즉, 처리)에서의 평균에 대한 신뢰구간을 볼 수 있다. 본문에서 구한 처리평균에 대한 신뢰구간과 일치하는 신뢰구간 그림이다.

일원 분산 분석: response 대 factor

방법

귀무 가설	모든 평균이 동일합니다.
대립 가설	평균이 모두 같지 않음
유의 수준	α = 0.05

분석을 위해 분산이 같다고 가정되었습니다.

요인 정보

요인	수준	값
factor	4	1, 2, 3, 4

분산 분석

출처	DF	Adj SS	Adj MS	F-값	P-값
factor	3	0.5240	0.17467	8.78	0.002
오차	12	0.2386	0.01988		
총계	15	0.7626			

모형 요약

S	R-제곱	R-제곱(수정)	R-제곱(예측)
0.141008	68.71%	60.89%	44.38%

평균

factor	N	평균	표준 편차	95% CI
1	4	2.1900	0.1892	(2.0364, 2.3436)
2	4	2.6800	0.0891	(2.5264, 2.8336)
3	4	2.4200	0.1804	(2.2664, 2.5736)
4	4	2.3100	0.0572	(2.1564, 2.4636)

합동 표준 편차 = 0.141008

response 대 **factor** 의 구간 그림

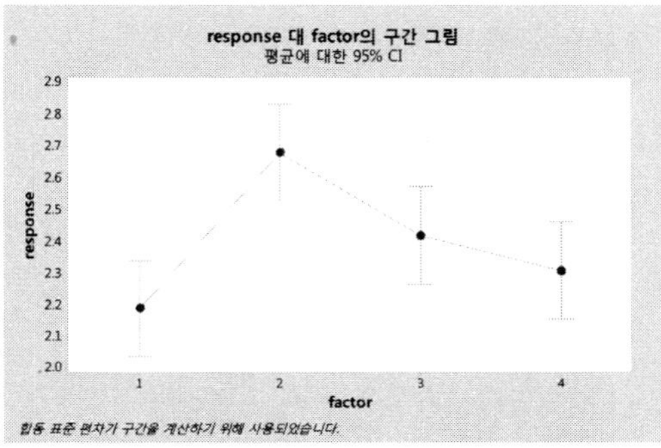

또한 [비교] 버튼을 눌러 다음과 같이 입력하면

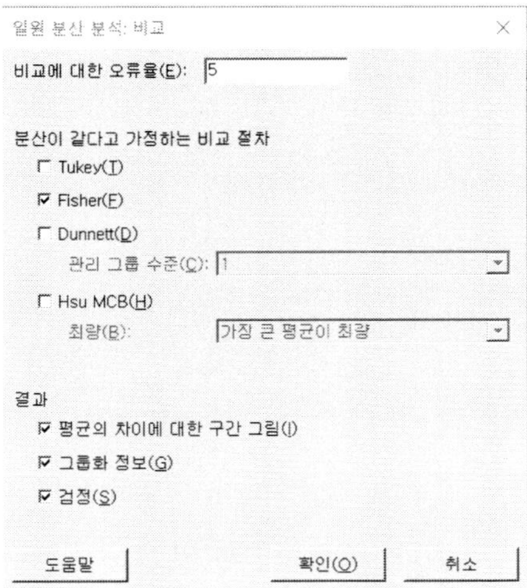

다음과 같은 최소유의차(LSD) 방법에 의해 처리간의 평균에 대한 신뢰구간을 구할 수 있다. 0을 포함하고 있지 않은 쌍이 1 vs 2, 1 vs 3, 2 vs 3, 2 vs 4임을 알 수 있다. 본문에서 계산된 내용과 일치한다.

Fisher 쌍별 비교

Fisher LSD 방법 및 **95%** 신뢰구간을 사용한 그룹화 정보

factor	N	평균	그룹화	
2	4	2.6800	A	
3	4	2.4200	B	
4	4	2.3100	B	C
1	4	2.1900		C

문자를 공유하지 않는 평균들은 유의하게 서로 다릅니다.

평균의 차이에 대한 **Fisher** 개별 검정

수준의 차이	평균의 차이	차이의 표준 오차	95% CI	T-값	수정된 P-값
2 - 1	0.4900	0.0997	(0.2728, 0.7072)	4.91	0.000
3 - 1	0.2300	0.0997	(0.0128, 0.4472)	2.31	0.040
4 - 1	0.1200	0.0997	(-0.0972, 0.3372)	1.20	0.252
3 - 2	-0.2600	0.0997	(-0.4772, -0.0428)	-2.61	0.023
4 - 2	-0.3700	0.0997	(-0.5872, -0.1528)	-3.71	0.003
4 - 3	-0.1100	0.0997	(-0.3272, 0.1072)	-1.10	0.292

동시 신뢰 수준 = 81.57%

Fisher 개별 **95% CI**

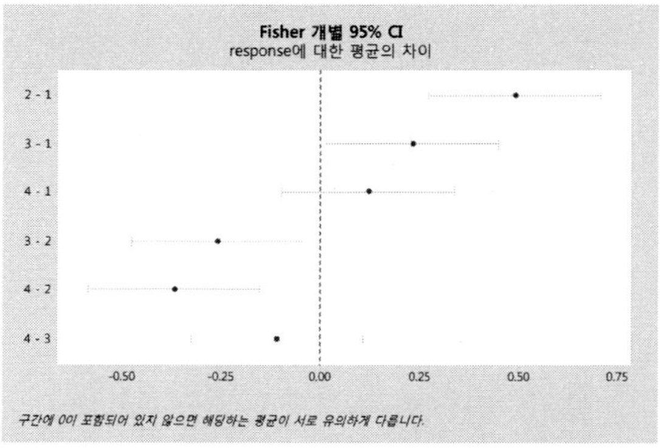

또한 [그래프] 버튼을 눌러 잔차의 정규확률도(Normal Plot of Residuals)과 잔차 대 적합치(Residual versus fits) 항목을 체크하여 오차의 가정에 대해서도 확인해 볼 수 있을 것이다.

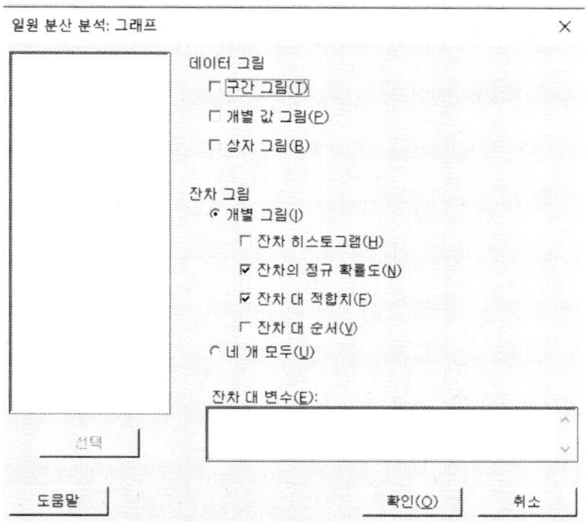

정규확률 그림에서 모든 점들이 직선 둘레에 몰려 있고 잔차 대 적합치 그림에서 0을 중심으로 표준화잔차들이 ±3 사이 폭에서 무작위로 흐트러져 있으면 오차에 대한 가정의 타당성을 확인하여 볼 수 있다. 다음 그림도 이러한 상황이라고 할 수 있다.

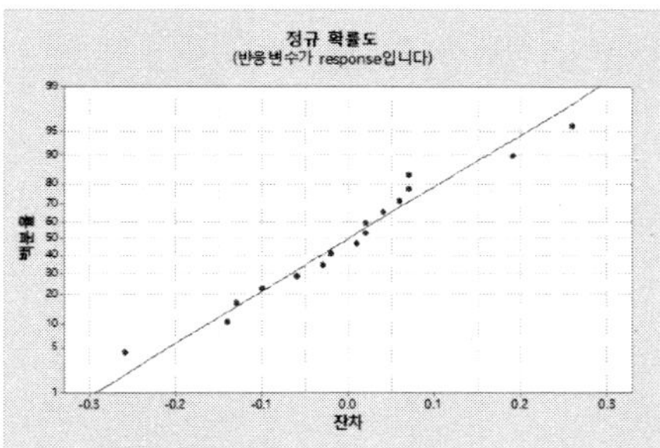

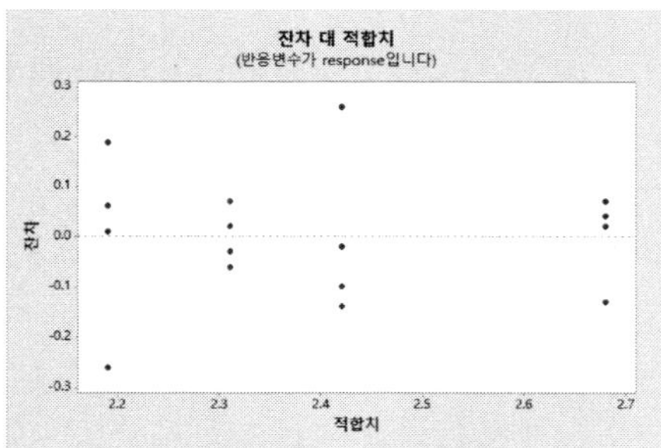

●R 활용

예제 3.1

(R 실습) 다음과 같이 자료의 Data를 같이 만든다.

```
factor<- as.factor(rep(c(1:4), each=4))
response<- c(1.93, 2.38, 2.20, 2.25,
             2.55, 2.72, 2.75, 2.70,
             2.40, 2.68, 2.32, 2.28,
             2.33, 2.38, 2.28, 2.25)

df<- data.frame(factor=factor, response= response)
```

일원분산분석을 진행한다. 결과는 아래와 같다.

```
model<- aov(response ~ factor, data=df)
summary(model)
```

```
##             Df Sum Sq Mean Sq F value  Pr(>F)
## factor       3 0.5240 0.17467   8.785 0.00235 **
## Residuals   12 0.2386 0.01988
## ---
## Signif. codes:  0 '***' 0.001 '**' 0.01 '*' 0.05 '.' 0.1 ' ' 1
```

최소유의차(LSD) 방법에 의해 처리간의 평균에 대한 신뢰구간을 구할 수 있다.

```
LSD.test(model, "factor", group=FALSE, console = TRUE)
```

```
## Study: model ~ "factor"
##
## LSD t Test for response
##
## Mean Square Error:  0.01988333
##
## factor,  means and individual ( 95 %) CI
##
##   response        std r      LCL      UCL  Min  Max
## 1     2.19 0.18920888 4 2.036385 2.343615 1.93 2.38
## 2     2.68 0.08906926 4 2.526385 2.833615 2.55 2.75
## 3     2.42 0.18036999 4 2.266385 2.573615 2.28 2.68
## 4     2.31 0.05715476 4 2.156385 2.463615 2.25 2.38
##
## Alpha: 0.05 ; DF Error: 12
## Critical Value of t: 2.178813
```

본문에서 구한 처리평균에 대한 신뢰구간과 일치하는 신뢰구간 그림이다.

```
df1<- df %>% group_by(factor) %>%
  summarise(mean=mean(response), sd= sd(response))

#Boxplot
ggplot(df, aes(x=factor, y=response)) +
  geom_boxplot() +
  geom_line(data=df1, aes(x=factor, y=mean, group=1),
          size=1.5, col="#9ACBF9") +
  geom_point(data=df1, aes(x=factor, y=mean), col="darkblue",
size=3) +
  theme_bw()
```

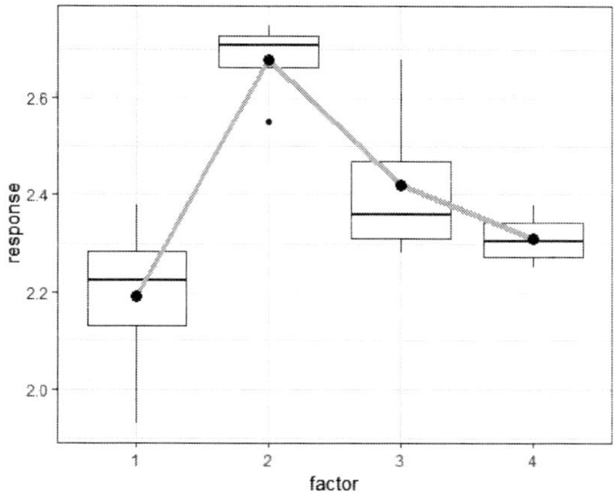

최소유의차(LSD) 방법에 의해 처리간의 평균에 대한 신뢰구간을 이용한 그룹화 정보와 신뢰구간 그림은 아래와 같다.

```
model<- aov(response ~ factor, data=df)
result1<- LSD.test(model, "factor", group=TRUE)
result1$groups; plot(result1)
```

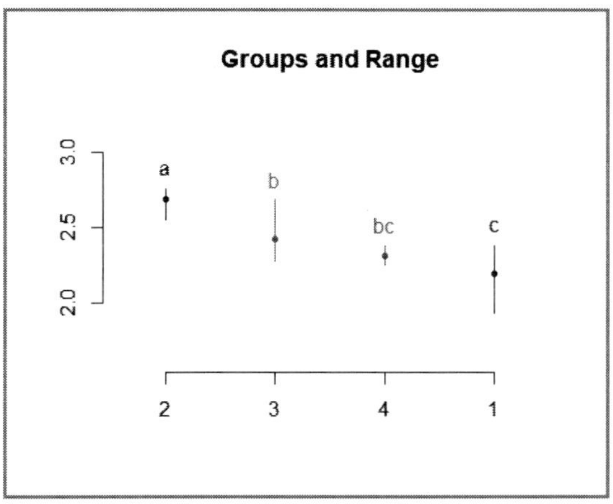


```
##   response groups
## 2     2.68      a
## 3     2.42      b
## 4     2.31     bc
## 1     2.19      c
```

최소유의차(LSD) 방법에 의해 처리간의 평균에 대한 신뢰구간을 구할 수 있다.

```
result2<- LSD.test(model, "factor", group=FALSE, console = TRUE)
```

```
## Comparison between treatments means
##
##         difference pvalue signif.         LCL         UCL
## 1 - 2        -0.49 0.0004     *** -0.70724487 -0.27275513
## 1 - 3        -0.23 0.0397       * -0.44724487 -0.01275513
## 1 - 4        -0.12 0.2520         -0.33724487  0.09724487
## 2 - 3         0.26 0.0229       *  0.04275513  0.47724487
## 2 - 4         0.37 0.0030      **  0.15275513  0.58724487
## 3 - 4         0.11 0.2916         -0.10724487  0.32724487
```

잔차의 정규확률도(Normal Plot of Residuals)와 잔차 대 적합치(Residual versus fits) 그림은 다음과 같다.

```
plot(model, which=1:2)
```

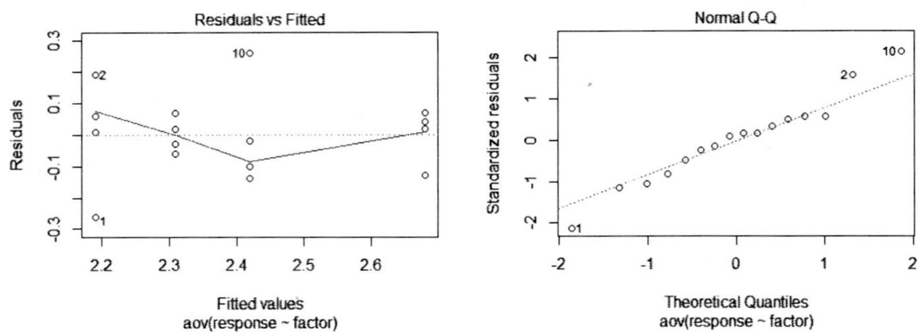

●Minitab 활용

예제 3.3

(Minitab 실습) 다음은 Minitab의 결과물이다.

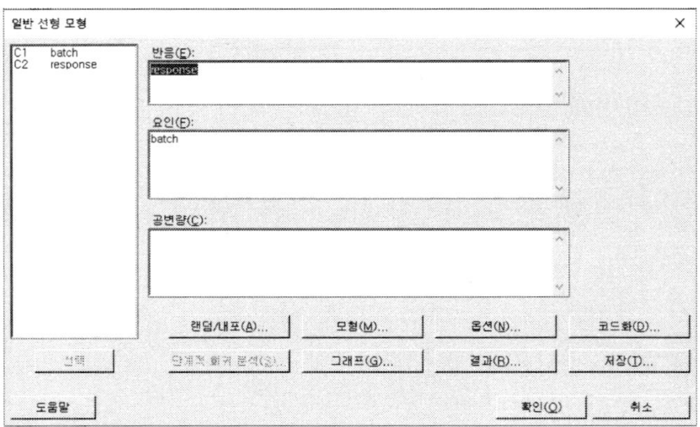

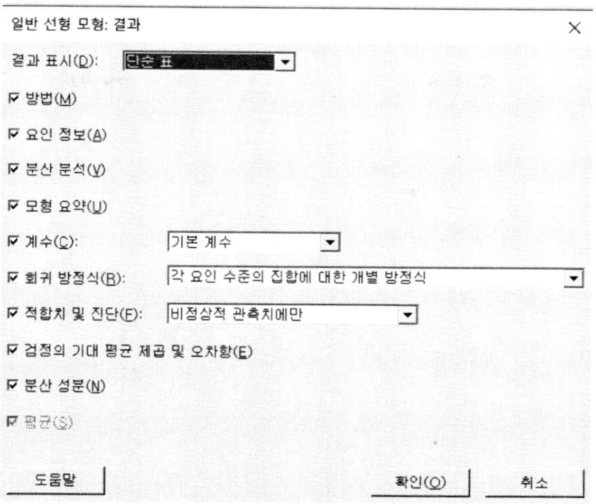

일반선형모형: response 대 batch

요인 정보

요인	유형	수준	값
batch	랜덤	5	1, 2, 3, 4, 5

분산분석

출처	DF	Adj SS	Adj MS	F-값	P-값
batch	4	147.73	36.933	20.52	0.000
오차	10	18.00	1.800		
총계	14	165.73			

모형 요약

S	R-제곱	R-제곱(수정)	R-제곱(예측)
1.34164	89.14%	84.79%	75.56%

비정상적 관측치에 대한 적합치 및 진단

관측	response	적합치	잔차	표준화잔차	
4	-7.000	-4.667	-2.333	-2.13	R

R 큰 잔차

수정된 제곱합을 사용하는 기대평균 제곱

	출처	각 항에 대한 기대 평균 제곱
1	batch	(2) + 3.0000 (1)
2	오차	(2)

수정된 제곱합을 사용하는 검정에 대한 오차항

	출처	오차 DF	오차 MS	오차평균 제곱의 합성
1	batch	10.00	1.8000	(2)

수정된 제곱합을 사용한 분산 성분

출처	분산	총계의 %	표준편차	총계의 %
batch	11.7111	86.68%	3.42215	93.10%
오차	1.8	13.32%	1.34164	36.50%
총계	13.5111		3.67575	

s_A^2, s_E^2에 대한 계산결과가 나왔다. 손으로 계산된 결과와 일치함을 알 수 있다.

연습문제

1 화학약품의 수율을 향상시키기 위하여 반응온도 200 ℃, 220 ℃, 240 ℃에서 반복 4회의 일원배치법 실험을 실시하였다. 이때 잔차제곱합의 자유도는 얼마인가?

2 반복 2회의 2수준 일원배치법 실험에서 각 수준에서의 특성값들의 합계가 15, 23이다. 요인 A에 의한 변동은 얼마인가?

3 3개의 서로 다른 형태의 유리관에 대해서 각 유리관 형태에서 8개를 랜덤하게 선택하여 가열시킬 때 가열되는 데 걸리는 시간(초)을 랜덤한 순서로 측정하여 얻은 실험 데이터가 다음과 같다.

유리관 형태									
	A_1	19	20	23	20	26	18	18	35
	A_2	20	20	32	27	40	24	22	18
	A_3	16	15	18	26	19	17	19	18

① 분산분석표를 작성하라.

② 각각의 모평균에 대한 95% 신뢰구간을 구하라.

③ 유의수준 α=0.05에서 최소유의차(LSD)를 구하라. 실험결과를 얻기 전에 유리관 형태 A_1과 A_2의 비교에 관심이 있는 경우에 차이가 있다고 판단하는가?

4 교습방법에 따라서 학생들의 성취도가 달라지는가를 조사하기 위해서 30명의 학생을 다음의 6개의 그룹에 각 5명씩 랜덤하게 할당하였다.

처리	교습방법의 묘사
1	현재의 교재
2	선생님과 교재 A
3	기계와 교재 A
4	선생님과 교재 B
5	기계와 교재 B

학기말에 평가 점수가 기록되었고 통계량의 일부가 다음과 같다.

	처리				
	1	2	3	4	5
합계	120	600	720	240	420

처리변동=340, 총변동=465

① 구조모형과 검정할 가설을 세워라.

② 분산분석표를 작성하고 유의수준 $\alpha = 0.05$에서 처리효과가 있는지를 검정하라.

5 플라스틱 제품을 만드는 회사에서는 4개의 업체로부터 원자재를 공급받고 있다. 이 회사에서는 원자재 제조회사(A)에 따른 플라스틱 제품의 내구성이 동일한가를 조사하려고 한다. 각 제조회사의 원자재를 랜덤하게 4 단위씩 선택하여, 공정을 랜덤하게 진행시켜서 생산된 총 16개 플라스틱 제품의 내구성을 측정하여 얻은 실험자료에 대해서 자료의 총변동과 인자 A의 수준별 내구성의 합계를 구한 결과, $SS_T = 310.8$, $T_1 = 58$, $T_2 = 38.9$, $T_{3.} = 51.2$, $T_{4.} = 72.5$이다.

(1) 분산분석표를 작성하라.

(2) 내구성이 가장 강하리라 기대되는 원자재 제조회사의 원료로 만들어진 플라스틱 제품으로부터 관측될 내구성에 대한 95% 신뢰구간을 구하라.

(3) 두 특정 원자재 제조회사에서 생산된 플라스틱 제품의 내구성의 모평균이 동일한가에 관한 가설검정에 관심이 있다. 이를 위해서 제조회사별로 생산된 제품의 실험자료의 평균의 차이에 대한 최소유의차(LSD)를 유의수준 0.05에서 구하라.

6 3개의 처리를 갖는 일원배치 완전랜덤화 설계법의 실험결과 다음과 같은 자료

를 얻었다. 제곱합을 계산하고 분산분석표를 작성하라.

처리1	19	18	21	18		
처리2	16	11	13	14	11	
처리3	13	16	28	11	15	11

7 방직회사에서는 수많은 직조기를 설치하여 직물을 생산한다. 그리고 공정관리자는 직조기가 균일하여 생산된 직물들이 일정한 강도를 유지하기 바란다. 그런데 공정관리를 하다 보니, 동일제조기에서 생산된 직물간의 강도 변동뿐 아니라, 직조기간에도 상당한 강도변동이 있다고 의심되었다. 이를 조사하기 위하여, 직조기 4대를 랜덤으로 선정하여, 각 직조기마다 생산된 직물에 대하여 4회의 강도 측정을 하였다. 데이터는 다음과 같다.

	직조기			
	1	2	3	4
직물강도	98	91	96	95
	97	90	95	96
	99	93	97	99
	96	92	95	98

① 분산분석하라.

② 만약 직조기에 따라 차이가 있다면, 총분산 중 직조기 차이에 기인하는 분산이 차지하는 비율인 기여율을 추정해 보아라.

8 어떤 부품에 대하여 다수의 로트(lot)에서 랜덤하게 3로트(A1, A2, A3)를 골라 각 로트에서 또한 랜덤하게 7개씩을 임의추출하여 그 치수(mm)를 특정한 결과 다음과 같은 값을 얻었다.

요인의 수준	A_1	A_2	A_3
데이터	15.4	14.8	15.5
	15.2	14.9	15.4
	15.0	14.7	15.3
	15.3	15.0	15.2
	15.2	14.8	15.4
	14.9	14.9	15.5
	15.1	15.0	15.0

① 요인 A는 모수요인인가, 변량요인인가?

② 로트간 부품치수의 차이가 있다고 할 수 있는가?

③ 로트간 및 로트내의 산포의 크기를 나타내는 σ_A^2과 σ_E^2을 각각 점추정하라.

4 이원배치법

반응치에 영향을 주리라 기대되는 요인의 수가 2개이고 실험단위가 동질적이어서 실험의 랜덤화에 제약조건이 없는 실험계획을 이원배치법이라고 한다. 이 장에서는 반복이 있는 이원배치법의 가장 커다란 관심사 중 하나인 요인 A, B 간에 상호작용효과의 의미를 해석하고, 분산분석법을 통해서 요인 A, B의 주효과와 상호작용효과의 유의성을 검토한다. 또한 고정요인과 랜덤요인이 섞여 있는 경우의 모형인 혼합모형의 경우에 분산분석법과 F-검정통계량을 결정하는 데 활용되는 평균제곱의 기댓값을 구하는 규칙인 EMS 규칙을 소개한다.

4.1 이원배치법 개요

이원배치법이란 반응값에 영향을 미치리라고 생각되는 요인의 수가 2개이고, 각 요인 수준 조합인 처리에서 모두 실험하는 경우를 말한다. 요인 A, B의 수준수가 각각 a, b인 경우에 요인수준의 모든 가능한 조합인 처리의 수, 즉 총실험조건의 수는 $a\times b$이다. 각 처리마다 반복수가 r인 실험을 실행하는 경우에 전체 실험의 횟수 N은 $a\times b\times r$회가 된다. 일원배치법에서 실험의 랜덤화와 마찬가지로 처리를 제외한 나머지 실험조건들이 비슷한 경우에 $N=a\times b\times r$회의 전체 실험이 랜덤하게 선택된 처리 순서에 의해 실시되어야 한다. 요인들의 조합인 $a\times b$개의 처리에서 하나를 랜덤하게 선택하고, 선택된 각각의 수준조합 A_iB_j에서 r회 계속 반복실험하는 랜덤화는 후에 배우게 될 분할법의 하나로 전체 $a\times b\times r$회를 랜덤하게 행하는 것과 다르고 분산분석의 절차도 다르게 된다. 즉, 실험의 랜덤화가 어떻게 이루어졌는가에 따라서 실험자료의 분석방법도 달라진다.

이원배치법의 가장 커다란 관심사의 하나는 요인 A, B 간에 상호작용(interaction)이 존재하는가이다. 요인 A, B의 수준조합인 처리 A_iB_j에서의 처리효과가 요인 A의 i번째 수준에서의 효과와 요인 B의 j번째 수준에서의 효과만으로 설명될 수 없는 경우에, 즉 요인 A, B의 특정 수준조합에서 상승 또는 하강효과가 존재하면 이것(상호작용효과)을 파악할 필요가 있다. 그 다음 관심사는 요인 A, B의 수준 변경에 따라서 반응치의 평균이 달라지는가, 즉 주효과 A, B의 유의성을 검토하는 것이다. 우리는 분산분석법을 통해서 요인 A, B간에 상호작용효과와 요인 A, B의 주효과의 유의성을 검토할 수 있다.

이원배치법의 간단한 예는 화합물 공정에서 반응변수인 효율이 반응온도뿐만 아니라 촉매의 양에 따라서 영향을 받으리라 기대되는 경우이다.

4.2 실험의 랜덤화

실험계획의 중요한 목적 중 하나는 실험자료의 분석 결과를 발표했을 때에, 동일한 분야의 전문가들로부터 의견의 일치성을 얻는 것이다. 즉, 관련 분야의 당사자들이 반응치의 모평균들 간의 차이가 난 원인이 실험계획에서 고려된 요인수준들의 차이에만 기인한다는 결론을 내릴 수 있도록 실험이 설계되어야 한다. 처리효과의 차이를 제외하고 나머지 실험조건들은 동질적이 되도록 노력하지만, 동일하게 유지하지 못한 제3의 중요한 요인이 존재하는 경우에 대비해야 한다. 이 효과가 각각의 처리에 골고루 작용해서 서로 상쇄되도록 도와주는 방법이 실험의 랜덤화이다. 또한 랜덤화를 통해서 실험자료의 독립성을 얻을 수가 있어서 실험자료의 분석방법인 분산분석의 타당성을 제공한다.

이원배치법의 실험의 랜덤화는 각 처리가 요인 A, B의 수준조합인 A_iB_j에 의해서 결정된다는 점만을 제외하고, 일원배치법과 동일하다. 즉, 일원배치법에서의 실험의 랜덤화와 마찬가지로 처리를 실험단위에 배치하는 순서 또는 실험실시의 순서는 실험자의 의지에 관계없이 랜덤한 매커니즘에 의해 결정되는 완전확률화계획법이다.

예를 들어 요인 A, B의 수준수가 2, 3이고 각각의 처리에서 반복수가 2인 총 실험횟수가 $2 \times 3 \times 2 = 12$인 이원배치법 실험의 경우에 실험순서의 랜덤화가 어떻게 이루어지는가를 생각해 보자.

- **단계 1** : 각각의 실험조건에 1에서 12 사이의 일련번호를 할당한다. (Std order)
- **단계 2** : 1에서 12까지 12개의 숫자의 랜덤한 배열을 구한다. (Run order)
  이를 쉽게 할 수 있는 한 방법은 1번에서 12번까지 번호가 붙은 12장의 카드를 잘 섞어서 한 장씩 뒤집어서 나온 순서대로 12개의 숫자들의 배열을 구한다. 이와 같이 구한 랜덤한 배열이 3, 8, 11, 5, 2, ...이라고 하자.
- **단계 3** : 실험실시의 순서는 단계 2에서 구해진 랜덤한 배열의 숫자에 해당되는 실험조건의 순서로 실험을 실시한다.

〈표 4.1〉에서 3번에 해당되는 A_1B_2에서 첫 번째로 실시하고, 두 번째로 8번에 해

표 4.1 랜덤화를 위한 번호 부여

요인 A \ 요인 B	B_1	B_2	B_3
A_1	1 2 ⑤	3 ① 4	5 ④ 6
A_2	7 8 ②	9 10	11 ③ 12

당되는 A_2B_1, 세 번째로 11번에 해당되는 A_2B_3에서 실험을 실시한다. 이와 같은 방법으로 계속해서 실험순서를 처리수준별로 정리하면

$$A_1B_2,\quad A_2B_1,\quad A_2B_3,\quad A_1B_3,\quad A_1B_1,\ \ldots$$

가 되고, 〈표 4.1〉에 실험실시의 순서가 원형숫자로 표시되어 있다.

4.3 고정모형(A, B: 고정요인)

4.3.1 구조모형

랜덤하게 실험된 이원배치법의 실험자료를 요인 A, B의 수준조합(처리순서)별로 일목요연하게 정리한 이원배치법의 자료 구조는 〈표 4.2〉와 같다.

〈표 4.2〉의 이원배치법의 실험자료를 처리순서로 재배치하여 일원배치법의 자료구

표 4.2 이원배치법의 자료의 구조

요인 A \ 요인 B	B_1	B_2	…	B_b
A_1	x_{111} x_{112} $\vdots$ x_{11r}	x_{121} x_{122} $\vdots$ x_{12r}	… … …	x_{1b1} x_{1b2} $\vdots$ x_{1br}
A_2	x_{211} x_{212} $\vdots$ x_{21r}	x_{221} x_{222} $\vdots$ x_{22r}	… … …	x_{2b1} x_{2b2} $\vdots$ x_{2br}
…		…		
A_a	x_{a11} x_{a12} $\vdots$ x_{a1r}	x_{a21} x_{a22} $\vdots$ x_{a2r}	… … …	x_{ab1} x_{ab2} $\vdots$ x_{abr}

표 4.3 일원배치법의 자료구조로 표현

실험반복 \ 처리수준	A_1B_1	A_1B_2	$\cdots$	A_aB_b
1	x_{111}	x_{121}	$\cdots$	x_{ab1}
2	x_{112}	x_{122}	$\cdots$	x_{ab2}
$\vdots$		$\vdots$	$\vdots$	
r	x_{11r}	x_{12r}	$\cdots$	x_{abr}

조로 표현된 표가 ⟨표 4.3⟩이다. 따라서 이원배치법 자료에 대한 통계모형은 일원배치법의 모형으로 다음과 같이 표현될 수 있다.

$$x_{ijk} = \mu + \tau_{ij} + \epsilon_{ijk} \tag{4.1}$$

모형 (4.1)에서 x_{ijk}는 요인 A의 i번째 수준과 요인 B의 j번째 수준에서 k번째 반복으로 관측된 반응값이다. τ_{ij}는 요인 A의 i번째 수준과 요인 B의 j번째 수준에서의 처리효과이다. 오차에 대해서는 전과 마찬가지로 서로 독립인 $N(0, \sigma_E^2)$를 따른다고 가정한다. 그런데 τ_{ij}는 A_iB_j에서의 처리효과이기에 요인 A의 i번째 수준효과 α_i와 요인 B의 j번째 수준효과 β_j로 설명될 수 있다. 그러고도 설명되지 않는 나머지 부분이 요인 A, B 간의 상호작용효과 $(\alpha\beta)_{ij}$로 다음과 같이 정의된다.

$$(\alpha\beta)_{ij} = \tau_{ij} - \alpha_i - \beta_j \tag{4.2}$$

따라서 이원배치법 자료에 대한 통계모형은 다음과 같이 표현될 수 있다.

$$\begin{aligned} x_{ijk} &= \mu + \tau_{ij} + \epsilon_{ijk} \\ &= \mu + \alpha_i + \beta_j + (\alpha\beta)_{ij} + \epsilon_{ijk} \end{aligned} \tag{4.3}$$

이와 같이 각 수준 조합에서 반복을 하면 이제는 각 요인의 주효과뿐만 아니라 두 요인 간의 상호작용의 효과도 구할 수 있다. 요인들의 특정한 수준조합에서만 일어나는 상승 혹은 하강 효과를 두 요인 간의 **상호작용효과(interaction effects)**라 한다. 즉, 요인 A의 효과의 크기가 요인 B의 수준 값에 따라 변화하는 경우에 요인 A, B 간에는 상호작용 혹은 교호작용이 있다고 한다. 예를 들면, B_1에서 A효과의 크기와 B_2에서 A효과의 크기가 다른 경우이다.

예를 들어. 플라스틱 강도를 우리가 관심을 갖는 특성값 혹은 반응변수라고 할 때

성형온도가 영향을 미치리라 생각되어 일원배치법 실험을 하였다. 그 결과 흥미영역(region of interest) 내에서 성형 온도가 높아지면 플라스틱 강도가 강해지는 경향이 있음을 알았다. 또 촉매량도 플라스틱 강도에 영향을 미치리라 생각되어 일원배치법 실험을 하였다. 그 결과 촉매량이 많아지면 플라스틱 강도가 강해지는 경향이 있음을 알았다. 이때 성형온도도 높고 촉매량도 많은 곳에서 플라스틱 강도가 가장 강하다고 결론 내릴 수 있을까? 만약 두 요인 사이에 상호작용이 없다면 그렇겠지만, 두 요인 사이에 상호작용이 존재하면 다른 엉뚱한 곳에서 플라스틱 강도가 가장 강할 수 있다.

또 다른 예를 들어보자. 스트레스를 해소하기 위한 방법으로 노래(A)와 술(B)의 효과를 평가하려 한다. 술을 마시지 않은 상태에서의 노래의 효과는 노래방에 가서 얻는 즐거움에 의해 측정이 되고, 술을 마신 상태에서의 노래의 효과는 단란주점에 가서 얻는 즐거움의 정도에 의해서 평가가 된다. 노래방과 단란주점에서 얻는 즐거움의 정도에 차이가 있다면 〈그림 4.1〉와 같이 술을 마셨는지의 여부(B_2 혹은 B_1)에 따라 노래효과의 크기가 달라졌기 때문에, 즉 B_2에서 노래효과의 크기인 $\mu_{22}-\mu_{12}$가 B_1에서의 노래효과의 크기인 $\mu_{21}-\mu_{11}$보다 크기 때문에 A_2B_2에서 노래효과와 술효과만으로 설명할 수 없는, 즉 노래와 술이 만났을 때에 **상승효과(boostinng effects)** 혹은 시너지 효과가 존재하여 노래와 술 간에는 **상호작용효과** $A\times B$가 존재한다. B_2에서 노래효과의 크기와 B_1에서의 노래효과의 크기가 동일하다면, 〈그림 4.2〉와 같이 요인 B의 수준값인 음주 여부에 관계없이 A효과의 크기가 동일하기 때문에 상호작용효과 $A\times B$가 존재하지 않는다.

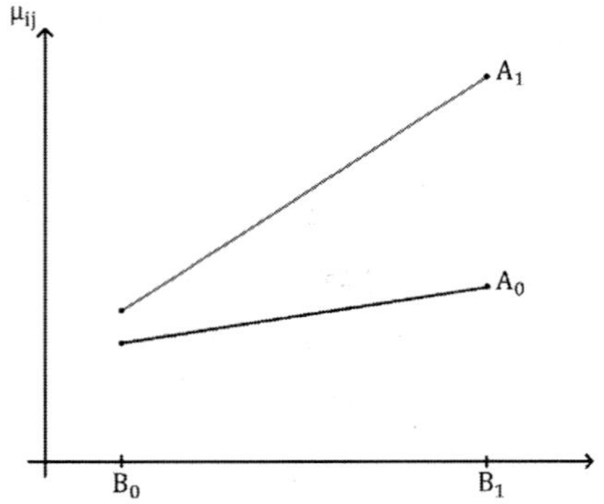

그림 4.1 상호작용효과 $A\times B$가 존재하는 경우의 상호작용효과 그림

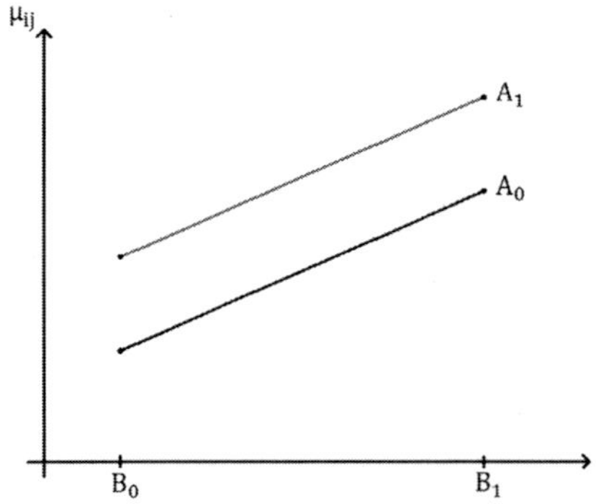

그림 4.2 상호작용효과 $A\times B$가 존재하지 않는 경우의 상호작용효과 그림

4.3.2 분산분석

이원배치법에서 우리는 요인 A와 B가 특성값에 영향을 주는가 하는 문제와 요인 A, B 간에 상호작용이 존재하는가 하는 문제에 관심을 갖게 된다. 이를 가설로 표현하면 다음과 같다.

① H_0 : $\alpha_1 = \alpha_2 = \cdots = \alpha_a = 0$
   H_1 : 적어도 한 α_i는 0이 아니다.

② H_0 : $\beta_1 = \beta_2 = \cdots = \beta_b = 0$
   H_1 : 적어도 한 β_j는 0이 아니다.

③ H_0 : 모든 $(\alpha\beta)_{ij} = 0$
   H_1 : $(\alpha\beta)_{ij}$ 중 적어도 하나는 0이 아니다.

위의 가설은 분산분석표를 작성하여 검증할 수 있다. 우선 다음과 같은 기호를 약속하자.

$$T_{i..} = \sum_j \sum_k x_{ijk}, \qquad \bar{x}_{i..} = T_{i..}/br \qquad i = 1, 2, \cdots, a$$

$$T_{.j.} = \sum_i \sum_k x_{ijk}, \qquad \bar{x}_{.j.} = T_{.j.}/ar \qquad j = 1, 2, \cdots, b$$

$$T_{ij.} = \sum_k x_{ijk}, \qquad \bar{x}_{ij.} = T_{ij.}/r$$

$$T = \sum_i \sum_j \sum_k x_{ijk}, \qquad \bar{\bar{x}} = T/abr$$

분산분석의 요체는 총변동을 실험에서 고려된 원인별로 분할하는 것이다. 앞 절에서 언급한 바와 같이 요인 A, B의 수준수가 각각 a, b인 반복이 있는 〈표 4.2〉의 이원배치법 자료를 〈표 4.3〉의 일원배치법 구조의 자료로 재배치하면 처리의 수가 $a \times b$개인 일원배치법으로 볼 수 있다. 따라서 관측치 x_{ijk}의 총평균 $\bar{\bar{x}}$로부터의 거리인 총편차는 처리 그룹간의 편차와 처리 그룹내의 편차로 다음과 같이 분해된다.

$$(x_{ijk} - \bar{\bar{x}}) = (\bar{x}_{ij.} - \bar{\bar{x}}) + (x_{ijk} - \bar{x}_{ij.}) \tag{4.4}$$

위의 식을 제곱하여 모든 i, j, k에 대하여 합하면 일원배치법의 분산분석에서 배운 바와 같이 총변동은 다음과 같이 분할된다.

$$\sum_i \sum_j \sum_k (x_{ijk} - \overline{\overline{x}})^2 \tag{4.5}$$
$$= \sum_i \sum_j \sum_k (\overline{x}_{ij.} - \overline{\overline{x}})^2 + \sum_i \sum_j \sum_k (x_{ijk} - \overline{x}_{ij.})^2$$

이때 총변동 SS_T는 처리 그룹인 AB 간 변동 SS_{AB}(혹은 SS_{Trt})와 잔차변동 SS_E로 분할되었다고 하고 다음과 같이 계산한다.

① 총변동 : $SS_T = \sum_i \sum_j \sum_k (x_{ijk} - \overline{\overline{x}})^2$

$$= \sum_i \sum_j \sum_k x_{ijk}^2 - CT \tag{4.6}$$

여기서 CT는 총평균에 대한 수정항으로 $CT = T^2 / abr$이다.

② AB간의 변동 : $SS_{AB} = \sum_i \sum_j \sum_k (\overline{x}_{ij.} - \overline{\overline{x}})^2$

$$= \sum_i \frac{T_{ij.}^2}{r} - CT \tag{4.7}$$

③ 잔차변동 : $SS_E = \sum_i \sum_j \sum_k (x_{ijk} - \overline{x}_{ij.})^2$

$$= SS_T - SS_{AB} \tag{4.8}$$

그런데, 처리가 요인 A와 요인 B의 수준들의 결합임을 알면 처리 그룹간 변동인 (또는 AB 간의 변동) SS_{AB}의 일부는 요인 A의 변동 SS_A와 요인 B의 변동 SS_B로 설명할 수 있다. 식 (4.2)에서 상호작용효과가 처리효과에서 요인 A, B의 주효과를 뺀 나머지로 정의된 바와 같이, SS_{AB} 중에서 SS_A와 SS_B를 제외한 남는 부분, 즉 요인 A, B의 주효과만으로 설명될 수 없는 부분이 상호작용에 의한 변동 $SS_{A\times B}$이다. 이제 AB(혹은 처리 Trt) 간의 변동 SS_{AB}를 요인 A의 변동 SS_A, 요인 B의 변동 SS_B, 상호작용에 의한 변동 $SS_{A\times B}$로 분할해 보기로 하자. 처리 그룹간의 편차인 $(\overline{x}_{ij.} - \overline{\overline{x}})$는 다음과 같이 분해된다.

$$(\overline{x}_{ij.} - \overline{\overline{x}}) = (\overline{x}_{i..} - \overline{\overline{x}}) + (\overline{x}_{.j.} - \overline{\overline{x}}) + (\overline{x}_{ij.} - \overline{x}_{i..} - \overline{x}_{.j.} + \overline{\overline{x}}) \tag{4.9}$$

위의 식을 제곱하여 모든 i, j, k에 대하여 합하면 다음과 같다.

$$\sum_i \sum_j \sum_k (\bar{x}_{ij.} - \bar{\bar{x}})^2$$

$$= \sum_i \sum_j \sum_k (\bar{x}_{i..} - \bar{\bar{x}})^2 + \sum_i \sum_j \sum_k (\bar{x}_{.j.} - \bar{\bar{x}})^2$$

$$+ \sum_i \sum_j \sum_k (\bar{x}_{ij.} - \bar{x}_{i..} - \bar{x}_{.j.} + \bar{\bar{x}})^2 \tag{4.10}$$

이때 AB 간의 변동은 요인 A의 변동, 요인 B의 변동, 상호작용효과 $A \times B$의 변동으로 분할됨을 알 수 있다. 변동에 대한 간편 계산법은 다음과 같다.

① 요인 A의 변동 : $SS_A = \sum_i \sum_j \sum_k (\bar{x}_{i..} - \bar{\bar{x}})^2$

$$= \sum_i \frac{T_{i..}^2}{br} - CT \tag{4.11}$$

② 요인 B의 변동 : $SS_B = \sum_i \sum_j \sum_k (\bar{x}_{.j.} - \bar{\bar{x}})^2$

$$= \sum_j \frac{T_{.j.}^2}{ar} - CT \tag{4.12}$$

③ 상호작용효과 $A \times B$의 변동 : $SS_{A \times B} = \sum_i \sum_j \sum_k (\bar{x}_{ij.} - \bar{x}_{i..} - \bar{x}_{.j.} + \bar{\bar{x}})^2$

$$= SS_{AB} - SS_A - SS_B \tag{4.13}$$

결국 총변동 SS_T가 다음과 같이 분할됨을 알 수 있다.

$$SS_T = SS_{AB} + SS_E$$

$$= SS_A + SS_B + SS_{A \times B} + SS_E \tag{4.14}$$

각 변동의 자유도는 제곱을 한 서로 다른 편차의 개수에서 선형제약조건의 수를 뺀 것이므로 다음과 같이 주어진다.

총변동의 자유도 : $\phi_T = abr - 1$

AB 간 변동의 자유도 : $\phi_{AB} = ab - 1$

잔차변동의 자유도 : $\phi_E = \phi_T - \phi_{AB} = ab(r-1)$

요인 A 변동의 자유도 : $\phi_A = a - 1$

요인 B 변동의 자유도 : $\phi_B = b - 1$

상호작용의 변동의 자유도 : $\phi_{A \times B} = \phi_{AB} - \phi_A - \phi_B$

$$= \phi_A \times \phi_B = (a-1)(b-1)$$

이때 SS_T의 자유도가 $SS_A, SS_B, SS_{A\times B}, SS_E$의 자유도의 합으로 분할됨을 알 수 있다.

평균제곱 $MS_A, MS_B, MS_{A\times B}, MS_E$는 $SS_A, SS_B, SS_{A\times B}, SS_E$를 각각의 자유도로 나누어준 값이다. 분산분석표에서 $F_0 = MS_A / MS_E$가 $F_{1-\alpha}(\phi_A, \phi_E)$보다 크면 요인 A가 특성값에 유의한 영향을 준다고 하고, $F_0 = MS_B / MS_E$가 $F_{1-\alpha}(\phi_B, \phi_E)$보다 크면 요인 B가 특성값에 유의한 영향을 준다고 말한다.

상호작용에 대한 귀무가설 H_0 : 모든 $(\alpha\beta)_{ij} = 0$가 참인 경우에 $F_0 = MS_{A\times B} / MS_E$는 자유도$(\phi_{A\times B}, \phi_E)$인 F분포를 따르므로 귀무가설에 대한 기각역은 $F_0 > F_{1-\alpha}(\phi_{A\times B}, \phi_E)$로 주어진다. 만약 기각되면 두 요인 A, B 사이에 상호작용이 존재한다고 말한다. 이상의 결과를 요약하면 〈표 4.4〉와 같은 분산분석표를 작성할 수 있다. AB 간의 변동 SS_{AB}는 분산분석표에는 나타나지 않는다.

이원배치법의 가설검정의 순서는 우선 상호작용효과의 유의성을 검토한다. 유의확률인 p값(p-value)이 대략 0.25 이상일 경우에는 상호작용효과가 존재하지 않아서 요인 A의 주효과의 크기가 요인 B가 어떠한 수준값을 취하든지 간에 관계없이 똑같다고 판단하고 오차항에 풀링한다. 그 다음에 요인 A, B의 주효과에 대한 유의성을 검토한다. 상호작용효과가 유의하면, 주효과 자체의 유의성 검정이 요인 A, B의 주효과의 크기 비교에 따른 상대적인 중요성을 가늠하는 것을 제외하고는 커다란 의미가 없다. 이미 요인 A의 주효과의 크기가 요인 B의 수준값에 따라서 달라지거나 요인 B의 주효과의 크기가 요인 A의 수준값에 따라서 달라진다는 사실을 알았기 때문이다.

표 4.4 반복이 있는 이원배치법의 분산분석표

요 인	제곱합	자유도	평균제곱	F_0
요인 A	SS_A	$a-1$	MS_A	MS_A / MS_E
요인 B	SS_B	$b-1$	MS_B	MS_B / MS_E
상호작용 $A\times B$	$SS_{A\times B}$	$(a-1)(b-1)$	$MS_{A\times B}$	$MS_{A\times B} / MS_E$
E	SS_E	$ab(r-1)$	MS_E	
T	SS_T	$abr-1$		

예제 4.1

4종류의 사료와 3종류의 돼지품종이 체중증가에 미치는 영향을 조사하고자 각 수준의 조합마다 3회씩 반복하여 전체 36번의 실험을 랜덤하게 행하여 다음 자료를 얻었다. 분산분석표를 작성하고 각 요인과 상호작용의 영향을 분석하라.

표 4.5 돼지 체중증가량

사료 \ 품종	B_1			B_2			B_3		
A_1	64,	66,	70	72,	81,	64	74,	51,	65
A_2	65,	63,	58	57,	43,	52	47,	58,	67
A_3	59,	68,	65	66,	71,	59	58,	39,	42
A_4	58,	41,	46	57,	61,	53	53,	59,	38

|풀이|

(1) 가설의 설정

① H_0 : $\alpha_1 = \alpha_2 = \cdots = \alpha_4 = 0$

H_1 : 적어도 한 α_i는 0이 아니다.

② H_0 : $\beta_1 = \beta_2 = \beta_3 = 0$

H_1 : 적어도 한 β_j는 0이 아니다.

③ H_0 : 모든 $(\alpha\beta)_{ij} = 0$

H_1 : 적어도 $(\alpha\beta)_{ij}$중 하나는 0이 아니다.

(2) 수치변환

계산을 간단히 하기 위하여 각각의 자료에서 60을 빼주는 수치변환을 하자. 이러한 수치변환을 해도 변동의 값에는 변함이 없다.

표 4.6 수치변환 후의 자료

사료 \ 품종	B_1			B_2			B_3		
A_1	4,	6,	10	12,	21,	4	14,	−9,	5
A_2	5,	3,	−2	−3,	−17,	−8	−13,	−2,	7
A_3	−1,	8,	5	6,	11,	−1	−2,	−21,	−18
A_4	−2,	−19,	−14	−3,	1,	−7	−7,	−1,	−22

(3) $T_{ij.}$ 표의 작성

표 4.7 $T_{ij.}$ 표

B / A	B_1	B_2	B_3	$T_{i..}$
A_1	20	37	10	67
A_2	6	−28	−8	−30
A_3	12	16	−41	−13
A_4	−35	−9	−30	−74
$T_{.j.}$	3	16	−69	−50= T

(4) 변동의 계산

$$CT = \frac{T^2}{abr} = \frac{2500}{36} = 69.44$$

$$SS_T = \sum_i \sum_j \sum_k x_{ijk}^2 - CT$$

$$= 34848 - 69.44 = 3778.56$$

$$SS_{AB} = \sum_i \sum_j \frac{T_{ij.}^2}{r} - CT$$

$$= 2346.67 - 69.44 = 2277.23$$

$$SS_E = SS_T - SS_{AB} = 1501.33$$

$$SS_A = \sum_i \frac{T_{i..}^2}{br} - CT$$

$$= \frac{1}{9}\{67^2 + (-30)^2 + (-13)^2 + (-74)^2\} - 69.44 = 1156.56$$

$$SS_B = \sum_j \frac{T_{.j.}^2}{ar} - CT$$

$$= \frac{1}{12}\{3^2 + 16^2 + (-69)^2\} - 69.44 = 349.39$$

$$SS_{A\times B} = SS_{AB} - SS_A - SS_B = 771.28$$

(5) 자유도의 계산

총변동의 자유도 : $\phi_T = abr - 1 = 35$

요인 A : $\phi_A = a - 1 = 3$

요인 B : $\phi_B = b - 1 = 2$

상호작용 $A\times B$: $\phi_{A\times B}=(a-1)(b-1)=6$

잔차 : $\phi_E=ab(r-1)=24$

(6) 분산분석표의 작성

표 4.8 돼지 체중증가량 자료 분산분석표

요 인	제곱합	자유도	평균제곱	F_0
A(사료)	1156.56	3	385.52	6.16*
B(품종)	349.39	2	174.70	2.79
$A\times B$(상호작용)	771.28	6	128.55	2.05
E	1501.33	24	62.56	
T	3778.56	35		

(7) 우선 사료의 종류와 품종 사이에 상호작용효과에 대한 p값(유의확률)은 0.098로 유의수준 5%에서 사료의 종류와 품종 사이에 상호작용이 있다는 결론을 내릴 수는 없다. 그러나 p값이 0.1 미만이므로 품종에 따라 사료가 주는 효과의 크기가 약간은 다를 가능성이 존재하기 때문에 상호작용효과가 존재할 가능성은 유보적이다. 주효과의 유의성 검정결과를 보면, 사료의 종류에 따라 체중증가에 유의한 차이가 있으나 돼지 품종에 따라서는 체중증가에 차이가 있다는 결론을 내릴 수 없다. 품종에 대한 유의확률은 0.081로 약간의 영향력을 행사하는 듯하다.

지금부터 요인 A ,B의 각 수준조합에서 한 번씩만 실험하는 경우에 대하여 알아보자. 만약 반복수 $r=1$이면 〈표 4.4〉의 분산분석표에서 잔차변동의 자유도 $\phi_E=0$이 된다. 또한 식 (4.1)의 구조모형에서 k가 항상 1이어서 교호작용효과 $(\alpha\beta)_{ij}$와 오차 ϵ_{ij1}의 구분이 불가능하기에, 두 항을 묶어서 오차항으로 간주한다. 따라서 $r=1$인 경우의 통계모형은 다음과 같다.

$$x_{ij}=\mu+\alpha_i+\beta_j+\epsilon_{ij} \tag{4.15}$$

모형 (4.15)에 대한 총변동의 분해는 다음과 같다.

$$SS_T=SS_A+SS_B+SS_E$$

여기서 SS_T, SS_A, SS_B의 계산식은 식 (4.6), (4.11), (4.12)에서 $r=1$인 경우와 동일하여 다음과 같이 계산하고, 자유도 역시 동일하다.

표 4.9 반복수가 1인 이원배치법의 분산분석표

요인	제곱합	자유도	평균제곱	F_0
요인 A	SS_A	$a-1$	MS_A	MS_A/MS_E
요인 B	SS_B	$b-1$	MS_B	MS_B/MS_E
E	SS_E	$(a-1)(b-1)$	MS_E	
T	SS_T	$ab-1$		

① 총변동 : $SS_T = \sum_i \sum_j (x_{ij} - \overline{\overline{x}})^2$

$$= \sum_i \sum_j x_{ij}^2 - CT \tag{4.16}$$

여기서 CT는 수정항으로 $CT = T^2/ab$이다.

② 요인 A의 변동 : $SS_A = \sum_i \sum_j (\overline{x}_{i.} - \overline{\overline{x}})^2$

$$= \sum_i \frac{T_{i.}^2}{b} - CT \tag{4.17}$$

③ 요인 B의 변동 : $SS_B = \sum_i \sum_j (\overline{x}_{.j} - \overline{\overline{x}})^2$

$$= \sum_j \frac{T_{.j}^2}{a} - CT \tag{4.18}$$

④ 잔차변동 : $SS_E = \sum_i \sum_j (x_{ij} - \overline{x}_{i.} - \overline{x}_{.j} + \overline{\overline{x}})^2$

$$= SS_T - SS_A - SS_B \tag{4.19}$$

이를 정리하면 〈표 4.9〉와 같은 분산분석표를 작성할 수 있다.

4.4 혼합모형(A : 고정요인, B :랜덤요인)

요인이 둘 이상일 때 고려해야 할 사항 중 하나는 통계모형의 유형 구분이다.

요인은 요인 수준값이 고정인가 아니면 수준들의 모집단에서 랜덤하게 선택되었는

가에 따라서 고정요인과 랜덤요인으로 구분된다. 통계모형은 고려된 요인이 모두 고정요인인가, 랜덤요인인가 혹은 고정요인과 랜덤요인이 혼합되었는가에 따라서 고정모형(fixed model), 랜덤모형(random model)과 혼합모형(mixed model)의 세 가지로 구분한다.

지금까지 두 요인이 모두 고정요인인 고정모형에 대하여 살펴보았고, 지금부터 어떤 특성값에 영향을 주는 2개의 요인 중에서 요인 A는 고정요인이고 다른 요인 B는 랜덤요인인 혼합모형의 경우에 대하여 살펴보기로 하자.

혼합모형이나 고정모형은 변동 $SS_T, SS_A, SS_B, SS_{A\times B}, SS_E$를 구하는 것이나 자유도 $\phi_T, \phi_A, \phi_B, \phi_{A\times B}, \phi_E$를 구하는 데 차이가 없다. 그러나 평균제곱의 기대치에 약간의 차이점이 있으며, 이 차이로 인하여 분산분석표에서 F검증에 다른 점이 나타나게 된다. 4.5절에서 다룰 평균제곱의 기댓값을 구하는 방법에 의하면

$$E(MS_A) = \sigma_E^2 + r\sigma_{A\times B}^2 + br\sigma_A^2 \tag{4.20}$$

$$E(MS_B) = \sigma_E^2 + ar\sigma_B^2 \tag{4.21}$$

$$E(MS_{A\times B}) = \sigma_E^2 + r\sigma_{A\times B}^2 \tag{4.22}$$

$$E(MS_E) = \sigma_E^2 \tag{4.23}$$

이다. 여기서 $\sigma_A^2 = \sum_i \alpha_i^2/(a-1)$은 고정요인 A의 수준효과인 α_i들 간의 산포의 크기이다. $\sigma_B^2, \sigma_{A\times B}^2, \sigma_E^2$는 확률변수 $\beta_j, (\alpha\beta)_{ij}, \epsilon_{ijk}$의 분산을 의미하는데 반응변수의 분산을 계산할 때에는 고정요인을 상수, 랜덤요인을 확률변수로 간주하면 된다. 혼합모형의 경우 고정모형과 비교하여 분산분석표의 검정통계량 F가 어떻게 달라지는가 알아보기로 하자. 요인 A가 특성값에 영향을 주는가를 가설검증하고자 할 때 가설은

H_0 : $\alpha_1 = \alpha_2 = \cdots = \alpha_a = 0$
H_1 : 적어도 한 α_i는 0이 아니다.

로 주어지고 이는 다음과 같이 표현될 수 있다.

H_0 : $\sigma_A^2 = 0$
H_1 : $\sigma_A^2 > 0$

이를 검증하기 위하여 고정모형의 경우와 같이 F비가 MS_A / MS_E로 주어지면 어떻게 될까? 분모 MS_E, 분자 MS_A에 기댓값을 취해 보면

$$\frac{E(MS_A)}{E(MS_E)} = \frac{\sigma_E^2 + r\sigma_{A\times B}^2 + br\sigma_A^2}{\sigma_E^2} \tag{4.24}$$

이 되고, 만약 귀무가설이 옳아서 $\sigma_A^2 = 0$이라고 할지라도 $\sigma_{A\times B}^2$가 큰 값을 갖는다면 F비는 큰 값을 갖게 될 것이다. 다시 말해서 MS_A / MS_E를 F비로 하면 F비가 큰 값이 나왔을 때 그것이 σ_A^2 때문인지 $\sigma_{A\times B}^2$ 때문인지 알기 어려우므로 MS_A / MS_E는 H_0 : $\sigma_A^2 = 0$이라는 가설을 검증하는 데는 적절하지 못하다. 그러면 F비가 $MS_A / MS_{A\times B}$로 주어지면 어떻게 될까? 분모 $MS_{A\times B}$, 분자 MS_A에 기댓값을 취해 보면

$$\frac{E(MS_A)}{E(MS_{A\times B})} = \frac{\sigma_E^2 + r\sigma_{A\times B}^2 + br\sigma_A^2}{\sigma_E^2 + r\sigma_{A\times B}^2} \tag{4.25}$$

이 되고, 만약 귀무가설이 옳아서 $\sigma_A^2 > 0$이면 F비가 큰 값이 나올 것으로 기대될 것이다. 그러므로 F비의 값은 $MS_A / MS_{A\times B}$로 되는 것이 타당하고, 귀무가설하에서는 $F_0 = MS_A / MS_{A\times B}$가 자유도 $(\phi_A, \phi_{A\times B})$인 F분포를 따른다고 알려져 있으므로 기각역은 $F_0 = MS_A / MS_{A\times B} > F_{1-\alpha}(\phi_A, \phi_{A\times B})$로 주어진다. 결국 고정모형과 다른 점은 요인 A가 특성값에 유의한 영향을 주는가를 검증할 때 F비에서 MS_A를 MS_E로 나누는 것이 아니라 $E(MS_A)$에서 σ_A^2항을 제외한 나머지 항들을 기댓값으로 갖는 $MS_{A\times B}$로 나눈다는 것이 다르다는 점에 유의해야 한다. 이상의 결과를 정리하면 〈표 4.10〉과 같은 혼합모형의 경우 분산분석표를 작성할 수 있다.

표 4.10 이원배치법의 분산분석표(A : 고정요인, B : 랜덤요인)

요인	제곱합	자유도	평균제곱	F_0
요인 A	SS_A	$a-1$	MS_A	$MS_A / MS_{A\times B}$
요인 B	SS_B	$b-1$	MS_B	MS_B / MS_E
상호작용 $A\times B$	$SS_{A\times B}$	$(a-1)(b-1)$	$MS_{A\times B}$	$MS_{A\times B} / MS_E$
E	SS_E	$ab(r-1)$	MS_E	
T	SS_T	$abr-1$		

예제 4.2

어떤 화학제품의 불순물에 대한 영향을 조사하기 위하여 원료의 모든 로트 B를 랜덤으로 3로트 택하고, 첨가량 A를 A_1, A_2, A_3 3수준으로 변화시켜, 반복 2회의 $3\times3\times2=18$ 회의 실험 전체를 랜덤화하여 실험을 행한 결과 〈표 4.11〉과 같은 자료를 얻었다. 분산분석표를 작성하라.

표 4.11 화학제품의 불순물의 양

첨가량 \ 로트	B_1		B_2		B_3	
A_1	1.0	0.3	3.2	2.6	1.3	1.9
A_2	4.2	3.3	6.1	5.3	3.1	4.1
A_3	5.3	6.2	6.6	7.1	6.0	6.4

|풀이|

(1) $T_{ij.}$ 표의 작성

A \ B	B_1	B_2	B_3	$T_{i..}$
A_1	1.3	5.8	3.2	10.3
A_2	7.5	11.4	7.2	26.1
A_3	11.5	13.7	12.4	37.6
$T_{.j.}$	20.3	30.9	22.8	$74=T$

(2) 변동의 계산

$$CT=\frac{T^2}{abr}=\frac{5476}{18}=304.22$$

$$SS_T=\sum_i\sum_j\sum_k x_{ijk}^2-CT$$

$$=381.1-304.22=76.88$$

$$SS_{AB}=\sum_i\sum_j\frac{T_{ij.}^2}{r}-CT$$

$$=378.66-304.22=74.44$$

$$SS_E=SS_T-SS_{AB}=2.44$$

$$SS_A=\sum_i\frac{T_{i..}^2}{br}-CT$$

$$=\frac{1}{6}(10.3^2+26.1^2+37.6^2)-304.22=62.62$$

$$SS_B = \sum_j \frac{T_{.j.}^2}{ar} - CT$$

$$= \frac{1}{6}(20.3^2 + 30.9^2 + 22.8^2) - 304.22 = 10.24$$

$$SS_{A\times B} = SS_{AB} - SS_A - SS_B = 1.58$$

(3) 자유도의 계산

총변동의 자유도 : $\phi_T = abr - 1 = 17$

요인 A : $\phi_A = a - 1 = 2$

요인 B : $\phi_B = b - 1 = 2$

상호작용 $A\times B$: $\phi_{A\times B} = (a-1)(b-1) = 4$

잔차 : $\phi_E = ab(r-1) = 9$

(4) 분산분석표의 작성

요인	제곱합	자유도	평균제곱	F_0
A(첨가량)	62.62	2	31.31	79.26**
B(로트)	10.24	2	5.12	18.89**
$A\times B$(상호작용)	1.58	4	0.395	1.46
E	2.44	9	0.271	
T	76.88	17		

(5) 상호작용효과에 대한 p값은 $\Pr[F(4,9) > 1.46]=0.29$로 0.25보다 큰 값을 갖기에 상호작용효과가 존재하지 않는다. 주효과인 첨가량과 로트에 따라 불순물에 매우 유의한 차이가 존재한다.

요인의 수가 많은 요인배치법에서 2요인 간의 상호작용, 3요인 간의 상호작용 등 상호작용효과들을 모두 구하게 되는데, 고차의 상호작용효과가 유의하지 않은 경우가 흔히 있다. 이때 유의하지 않은 상호작용효과의 변동과 자유도를 오차에 의한 변동과 자유도에 풀링(pooling), 즉 합해주어서 오차의 자유도를 높임으로써 검출력을 향상시키자는 것을 '오차항에의 풀링'이라고 한다.

하지만 상호작용이 유의하지 않게 나왔다고 해서 반드시 풀링시켜야 되는 것은 아니다. 상호작용을 오차항에 풀링할 것인가의 여부에는 일정한 규칙은 없지만 실용적으로 실무자들이 많이 사용하는 원칙은 다음과 같다.

① $F_0 \leqq F_{.75}(\phi_{A\times B}, \phi_E)$ (즉, p값이 0.25 이상인 경우): 오차항에 풀링한다.

② $F_{.75}(\phi_{A\times B}, \phi_E) \leq F_0 < F_{.9}(\phi_{A\times B}, \phi_E)$ (즉, p값이 0.1에서 0.25 사이인 경우): 기술적으로 검토해서 풀링여부를 정한다. (때때로 풀링)

③ $F_{.9}(\phi_{A\times B}, \phi_E) \leq F_0$(즉, p값이 0.1 미만인 경우): 오차항에 풀링하지 않는다.

즉, 상호작용효과의 p값(p-value)을 검토하여 p값이 0.25 이상이면 무조건 풀링하고, p값이 0.10 이하이면 풀링하지 않는다. 상호작용효과가 오차항에 풀링된 경우에 관련된 주효과를 오차항에 풀링할 것인가에 대해서도 동일한 원칙을 따른다. 그런데 상효작용효과 $A\times B$가 유의한 경우에는 주효과 A의 p값이 0.25 이상의 큰 값이 나와도 절대로 풀링하지 않는다. 그 이유는 요인 B의 수준값에 따라서 주효과 A의 크기가 달라진다는 사실을 알았기 때문에 관련된 주효과가 모형에 포함되어야 한다.

이와 같이 오차항에의 풀링 여부는 분석자의 주관이 많이 들어가는 문제이므로 풀링하기 전의 분산분석표와 풀링한 후의 분산분석표를 다 작성해 보고, 검증결과에 차이가 나는지 혹은 잔차그림이 여전히 이상적인 모양을 나타내고 있는지 확인해 보는 것도 한 가지 방법이다.

4.5 분산분석 후의 추정

분산분석을 한 후 처리수준에서 모평균 추정에 대하여 알아보기로 하자. 반응변수가 수율이나 배터리의 수명인 경우에는 반응변수의 평균을 가장 크게 하는 처리수준인 최적조건을 구하고, 최적조건에서 반응변수의 모평균에 대한 신뢰구간을 구하고 재현성을 확인하는 데 관심이 있게 된다. 상호작용효과 $A\times B$의 존재 여부(유의성)에 따라서 처리수준 A_iB_j에서의 모평균인 μ_{ij}의 추정량이 달라지고, 신뢰구간의 폭도 달라진다.

(1) 상호작용효과 $A\times B$가 존재하는 경우

상호작용효과 $A\times B$가 유의함의 의미는 주효과 A의 크기가 B의 수준값에 따라서 달라지거나 주효과 B의 크기가 A의 수준 값에 따라서 달라진다는 의미이기 때문에 주효과 A, B를 모형에 포함시킨다. 따라서 처리수준 A_iB_j에서의 모평균인 μ_{ij}는

$$\mu_{ij} = \mu + \alpha_i + \beta_j + (\alpha\beta)_{ij} = \mu + \tau_{ij}$$

가 되고 μ_{ij}의 추정량은 A_iB_j에서의 특성값들의 평균인 $\overline{x}_{ij.}$이고, $\overline{x}_{ij.}$의 분포는 $N(\mu_{ij}, \sigma_E^2/r)$이다. 여기서 오차의 분산 σ_E^2는 미지이기 때문에 σ_E^2의 불편추정값인 MS_E로 추정을 하면 A_iB_j에서의 모평균의 $100(1-\alpha)\%$ 신뢰구간은

$$\overline{x}_{ij.} \pm t_{1-\alpha/2}(ab(r-1))\sqrt{\frac{MS_E}{r}} \tag{4.26}$$

으로 주어진다. 이때 신뢰구간의 폭은 오차의 자유도가 클수록, 또 MS_E값이 작을수록 줄어들 것이다. 또한 실험의 반복수 r이 어느 수준에서나 같기 때문에 신뢰구간의 폭은 어느 수준에서나 일정하다.

A_1B_2가 최적조건이라고 하자. A_1B_2에서 재현성 확인 실험을 해서 얻어질 미래의 관측치 x_0의 신뢰구간을 구해 보자. 우선 x_0는 A_1B_2에서의 모평균 μ_{12}에 미래의 관측오차 ϵ_0가 추가되어 관측된다. 그런데 μ_{12}의 신뢰구간은 실험자료의 평균인 $\overline{x}_{12.}$에 근거하여 식 (4.26)에 주어진 바와 같이 계산되고, $\overline{x}_{12.}$와 미래의 관측오차 ϵ_0가 서로 독립이기 때문에 A_1B_2에서 얻어질 미래의 관측치 x_0의 신뢰구간은 μ_{12}의 신뢰구간에서 불확실성을 나타내는 분산의 추정치가 관측오차의 분산의 추정치인 MS_E가 추가된 값으로 대체되어

$$\overline{x}_{1.} \pm t_{1-\alpha/2}(ab(r-1))\sqrt{\frac{MS_E}{r} + MSE} \tag{4.27}$$

이다.

(2) 상호작용효과 $A\times B$가 존재하지 않는 경우

상호작용효과 $A\times B$가 존재하지 않고 주효과 A, B만 유의한 경우는 이원배치법의 모형에서 $(\alpha\beta)_{ij}\equiv 0$이다. 따라서 처리수준 A_iB_j에서의 모평균인 μ_{ij}는

$$\mu_{ij} = \mu + \alpha_i + \beta_j \tag{4.28}$$

이다. μ, α_i, β_j의 추정량은 각각 $\overline{\overline{x}}$, $\overline{x}_{i..} - \overline{\overline{x}}$, $\overline{x}_{.j.} - \overline{\overline{x}}$이다. 이 추정량을 식 (4.28)에 대체하면 μ_{ij}의 불편추정량은

$$\widehat{\mu_{ij}} = \overline{\overline{x}} + (\overline{x}_{i..} - \overline{\overline{x}}) + (\overline{x}_{.j.} - \overline{\overline{x}})$$

$$= \bar{x}_{i..} + \bar{x}_{.j.} - \bar{\bar{x}}$$

이다. $\widehat{\mu_{ij}}$는 3개의 자료평균인 $\bar{x}_{i..}$, $\bar{x}_{.j.}$, $\bar{\bar{x}}$ 들의 결합으로 μ_{ij}의 불편추정량이고, 정규분포를 따른다. $\widehat{\mu_{ij}}$의 분산은

$$Var(\widehat{\mu_{ij}}) = \frac{\sigma_E^2}{n_e}$$

로 주어지는데 여기서 n_e는 $\widehat{\mu_{ij}}$의 유효반복수로

$$\frac{1}{n_e} = \frac{1}{br} + \frac{1}{ar} - \frac{1}{abr}$$

로 계산이 되고, $n_e = abr/(a+b-1)$이다. 정리하면, $\widehat{\mu_{ij}}$의 분포는 $N(\mu_{ij}, \sigma_E^2/n_e)$이다. 여기서 오차의 분산 σ_E^2는 미지이기 때문에 σ_E^2의 불편추정값인 MS_E로 추정을 하면 A_iB_j에서의 모평균의 $100(1-\alpha)\%$ 신뢰구간은

$$\bar{x}_{ij.} \pm t_{1-\alpha/2}(\phi_E)\sqrt{\frac{MS_E}{n_e}} \tag{4.29}$$

으로 주어진다. 여기서 MS_E의 자유도인 ϕ_E는 $(abr-1)-(a-1)-(b-1) = abr - a - b + 1$이다. 이 경우의 최적조건은 요인 A의 수준별 자료평균에서 가장 좋은 조건을 구하고, 요인 B의 수준별 자료평균에서 가장 좋은 조건을 구하여 최적조건이 결정된다. 최적조건에서 재현성 실험을 1회 실시할 경우의 얻어질 미래의 관측치 x_0의 신뢰구간은

$$\bar{x}_{1.} \pm t_{1-\alpha/2}(\phi_E)\sqrt{\frac{MS_E}{n_e} + MSE}$$

이다.

4.6 평균제곱의 기댓값을 구하는 방법

4.3절과 4.4절에서 공부한 바와 같이 이원배치법의 모형이 고정모형인가 혼합모형인가에 따라서 고정요인의 주효과의 유의성에 대한 검정통계량이 달라지므로 분산분석표도 달라진다. 가설을 검증하는 데 필요한 검정통계량을 알기 위해서는 평균제곱의 기댓값을 구해야 한다. 이를 정의에 따라 유도하려면 그 과정이 다소 복잡하므로 이를 일정한 규칙에 의하여 구할 수 있는 방법을 살펴보기로 하자. 이 방법은 삼원배치법뿐 아니라, 지분실험법(nested design), 분할구설계(split-plot design) 등과 같이 균형된 실험에 적용할 수 있다.

고정요인의 경우에 수준변화에 따른 효과들 간의 산포의 측도는 효과의 제곱합을 자유도로 나누어 표시하는데, 예를 들어 요인 A, B가 모두 고정요인인 경우에 요인 A의 산포의 측도 σ_A^2와 상호작용 $A \times B$의 산포의 측도 $\sigma_{A\times B}^2$는

$$\sigma_A^2 = \frac{\sum_i \alpha_i^2}{a-1},$$

$$\sigma_{A\times B}^2 = \frac{\sum_i \sum_j (\alpha\beta)_{ij}^2}{(a-1)(b-1)}$$

이 된다. 만약 요인 A가 랜덤요인이면 주효과 α_i는 확률변수이고 α_i의 분산을 σ_A^2라고 쓴다. 혼합모형에서는 상호작용에 1개 이상의 랜덤요인이 포함되어 있으면 상호작용효과를 확률변수로 간주한다.

예를 들면, 이원배치법(A : 고정요인, B : 랜덤요인)에서 평균제곱의 기댓값을 표를 통하여 단계별로 구하는 방법은 다음과 같다. 우선 통계모형에서 반복을 나타내는 첨자 k는 실험조건을 결정하는 A의 수준인 i와 B의 수준인 j가 주어져야 의미를 갖기 때문에 오차항이 $\epsilon_{k(ij)}$로 표현되어 다음과 같이 주어진다.

$$x_{ijk} = \mu + \alpha_i + \beta_j + (\alpha\beta)_{ij} + \epsilon_{k(ij)} \qquad (4.30)$$

$$i = 1, 2, \cdots, a \qquad j = 1, 2, \cdots, b \qquad k = 1, 2, \cdots, r$$

(1) 다음 표에서와 같이 1열에 순서대로 α_i, β_j, $(\alpha\beta)_{ij}$, $\epsilon_{k(ij)}$를 써넣는다. 이것들은 식 (4.30)에 있는 자료의 구조모형에서 μ항을 제외하고 나머지 항들에 해당되는

것을 차례로 적은 것이다. 여기서 오차항의 $k(ij)$의 의미는 요인 A와 B의 수준이 정해진 후에 반복이 이루어지므로 이렇게 표시한 것이다. 즉 반복을 나타내는 첨자 k가 의미를 갖기 위해서는 요인 A, B의 수준값인 i, j가 주어져야 하기에 $k(ij)$로 표시한다.

	a F i	b R j	r R k
α_i			
β_j			
$(\alpha\beta)_{ij}$			
$\epsilon_{k(ij)}$			

다음으로 행에는, 첫째 행에 순서대로 요인 A의 수준수(a), 요인 B의 수준수(b), 반복의 크기(r)를 쓴다. 다음 행에 요인의 종류(고정요인이면 F(fixed), 랜덤요인이면 R(random))를 표시하는데, A는 고정요인이라 F, B는 랜덤요인이라 R, 반복은 랜덤요인이라 R을 쓴다. 마지막으로 그 요인에 사용되는 첨자인 i, j, k를 쓴다. 이제 우리가 해야 할 일은 4개 행과 3개 열로 만들어지는 $4 \times 3 = 12$칸의 빈 공간을 숫자로 채우는 일이다.

(2) 행에 있는 첨자 중에서 괄호 속에 있는 것이 있으면 그 첨자와 같은 열의 첨자를 찾아 만나는 곳에 1을 적는다.

	a F i	b R j	r R k
α_i			
β_j			
$(\alpha\beta)_{ij}$			
$\epsilon_{k(ij)}$	1	1	

(3) 각 열별로 열의 첨자와 같은 첨자를 포함하는 행의 항들을 찾아 고정요인이면 0, 랜덤요인이면 1을 적는다.

	a F i	b R j	r R k
α_i	0		
β_j		1	
$(\alpha\beta)_{ij}$	0	1	
$\epsilon_{(ij)k}$	1	1	1

(4) 다음으로 나머지 빈칸에는 해당 열의 1행에 있는 수준수(또는 반복수)를 기입한다.

	a F i	b R j	r R k
α_i	0	b	r
β_j	a	1	r
$(\alpha\beta)_{ij}$	0	1	r
$\epsilon_{(ij)k}$	1	1	1

(5) 마지막으로 위에서 만들어진 표를 이용하여 평균제곱의 기댓값을 구한다. 먼저 $E(MS_A)$를 구하려면 대응되는 주효과는 α_i이기에 관련된 첨자는 i이다. $4\times3=12$ 칸으로 구성된 숫자표에서 첨자 i가 있는 열을 가리고 $4\times2=8$칸의 숫자표만 보이게 한다. 이제 각 행별로 첨자 i가 있는 행만 골라 α_i, $(\alpha\beta)_{ij}$, $\epsilon_{k(ij)}$를 선택하고 그 행에 적힌 숫자를 곱한다. 그러면 $b\times r$, $1\times r$, 1×1을 얻게 된다. $E(MS_A)$는 i가 있는 행의 산포의 측도(랜덤이면 분산)인 $\sigma^2_A, \sigma^2_{A\times B}, \sigma^2_E$을 차례로 $br, r, 1$과 곱하여 합한 것이 된다. 즉, $E(MS_A) = br\sigma^2_A + r\sigma^2_{A\times B} + \sigma^2_E$이다. 같은 요령으로 β_j행의 $E(MS_B)$를 구하려면 j가 있는 두 번째 열을 가리고, 각 행별로 첨자 j가 있는 행만 골라 적힌 숫자를 곱한다. 그 결과 ar, 0, 1을 얻는다. $E(MS_B)$는 j가 있는 행의 산포의 측도(랜덤이면 분산)인 $\sigma^2_B, \sigma^2_{A\times B}, \sigma^2_E$를 차례로 ar, 0, 1과 곱하여 합치면 $E(MS_B) = ar\sigma^2_B + \sigma^2_E$이 된다.

다음으로 $(\alpha\beta)_{ij}$행의 $E(MS_{A\times B})$를 구하려면 i와 j가 있는 1, 2열을 제외하고, i와 j가 동시에 있는 행은 3, 4번째 행뿐이므로 r, 1을 얻는다. $E(MS_{A\times B})$는 $\sigma^2_{A\times B}, \sigma^2_E$를 r, 1과 각각 곱하여 합치면 $E(MS_{A\times B}) = r\sigma^2_{A\times B} + \sigma^2_E$이 된다.

표 4.12 반복이 있는 이원배치법의 평균제곱의 기댓값(혼합모형)

	a F i	b R j	r R k	평균제곱의 기댓값
α_i	0	b	r	$\sigma_E^2 + r\sigma_{A\times B}^2 + br\sigma_A^2$
β_j	a	1	r	$\sigma_E^2 + ar\sigma_B^2$
$(\alpha\beta)_{ij}$	0	1	r	$\sigma_E^2 + r\sigma_{A\times B}^2$
$\epsilon_{(ij)k}$	1	1	1	σ_E^2

또 마지막 행의 기댓값은 언제나 $E(MS_E) = \sigma_E{}^2$이다. 이상의 결과를 정리하면 〈표 4.12〉와 같다.

예제 4.3

반복수 $r = 1$ 인 혼합모형(또는 랜덤화블록설계)의 경우 각 평균제곱의 기댓값을 구해 보라.

|풀이|

자료의 구조모형은

$$x_{ij} = \mu + \alpha_i + \beta_j + \epsilon_{(ij)}$$

이며 평균제곱의 기댓값은 〈표 4.13〉과 같다.

표 4.13 랜덤화블록설계의 평균제곱의 기댓값

	a F i	b R j	평균제곱의 기댓값
α_i	0	b	$\sigma_E^2 + b\sigma_A^2$
β_j	a	1	$\sigma_E^2 + a\sigma_B^2$
$\epsilon_{(ij)}$	1	1	σ_E^2

4.7 Design Expert, Minitab과 R 활용

●Design Expert 활용

〈예제 4.1〉의 실험을 생성하기 위해 Design Expert에서 다음과 같이 실험계획을 설계한다.

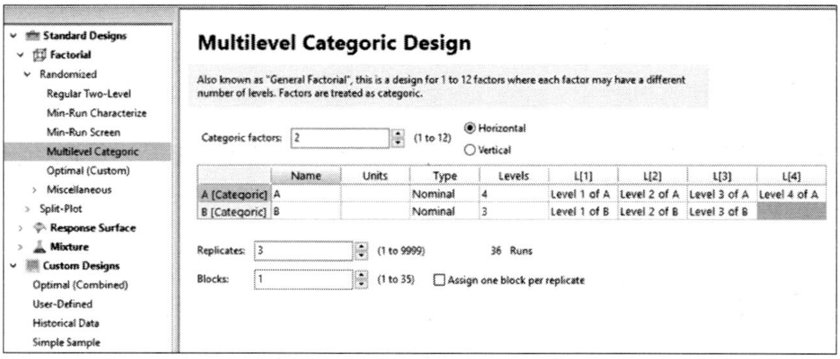

실험의 설계표에 출력된 Run 번호인 랜덤화 순서대로 실험을 한 후 입력을 마친다. 입력을 하는 단계에서는 Std 순서대로 정렬을 하는 것이 편하다. Std 셀에 마우스 오른쪽 버튼을 눌러 선택하면 된다.

Std	Run	Factor 1 A:A	Factor 2 B:B	Response 1 R1
1	13	Level 1 of A	Level 1 of B	64
2	30	Level 2 of A	Level 1 of B	65
3	10	Level 3 of A	Level 1 of B	59
4	19	Level 4 of A	Level 1 of B	58
5	14	Level 1 of A	Level 2 of B	72
6	6	Level 2 of A	Level 2 of B	57
7	5	Level 3 of A	Level 2 of B	66
8	22	Level 4 of A	Level 2 of B	57
9	31	Level 1 of A	Level 3 of B	74
10	28	Level 2 of A	Level 3 of B	47
11	9	Level 3 of A	Level 3 of B	58
12	35	Level 4 of A	Level 3 of B	53
13	1	Level 1 of A	Level 1 of B	66
14	16	Level 2 of A	Level 1 of B	63
15	25	Level 3 of A	Level 1 of B	68
16	20	Level 4 of A	Level 1 of B	41
17	32	Level 1 of A	Level 2 of B	81
18	33	Level 2 of A	Level 2 of B	43
19	11	Level 3 of A	Level 2 of B	71
20	21	Level 4 of A	Level 2 of B	61
21	17	Level 1 of A	Level 3 of B	51
22	2	Level 2 of A	Level 3 of B	58
23	23	Level 3 of A	Level 3 of B	39
24	29	Level 4 of A	Level 3 of B	59
25	7	Level 1 of A	Level 1 of B	70
26	8	Level 2 of A	Level 1 of B	58
27	4	Level 3 of A	Level 1 of B	65
28	27	Level 4 of A	Level 1 of B	46
29	24	Level 1 of A	Level 2 of B	64
30	12	Level 2 of A	Level 2 of B	52
31	36	Level 3 of A	Level 2 of B	59
32	3	Level 4 of A	Level 2 of B	53
33	15	Level 1 of A	Level 3 of B	65
34	18	Level 2 of A	Level 3 of B	67
35	26	Level 3 of A	Level 3 of B	42
36	34	Level 4 of A	Level 3 of B	38

다음으로 왼쪽 창에 위치한 Analysis 가지의 반응변수인 R1을 선택하여 Transform이 필요하지 않는 것을 확인하고, [Effects] 탭에서 모형에 A, B, AB를 모두 포함시킨다.

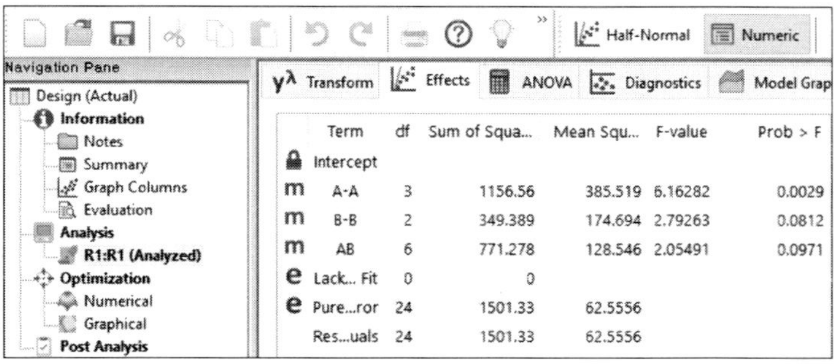

	Term	df	Sum of Squa...	Mean Squ...	F-value	Prob > F
	Intercept					
m	A-A	3	1156.56	385.519	6.16282	0.0029
m	B-B	2	349.389	174.694	2.79263	0.0812
m	AB	6	771.278	128.546	2.05491	0.0971
e	Lack... Fit	0	0			
e	Pure...ror	24	1501.33	62.5556		
	Res...uals	24	1501.33	62.5556		

[ANOVA] 탭을 클릭하여 보면, 분산분석표의 A, B, AB 각각의 효과에 대한 검정 통계량인 F_0 값이 6.16, 2.79, 2.05이다.

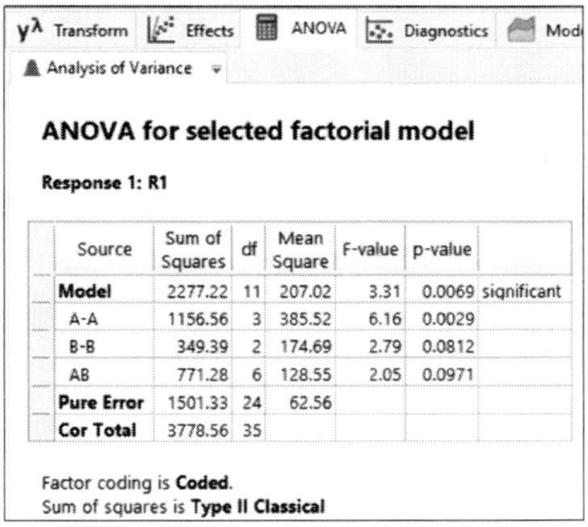

ANOVA for selected factorial model

Response 1: R1

Source	Sum of Squares	df	Mean Square	F-value	p-value	
Model	2277.22	11	207.02	3.31	0.0069	significant
A-A	1156.56	3	385.52	6.16	0.0029	
B-B	349.39	2	174.69	2.79	0.0812	
AB	771.28	6	128.55	2.05	0.0971	
Pure Error	1501.33	24	62.56			
Cor Total	3778.56	35				

Factor coding is **Coded**.
Sum of squares is **Type II Classical**

상호작용효과에 대한 유의확률은 0.0971이 된다. 따라서 품종에 따라 사료가 주는 효과의 크기가 약간은 다를 수도 있지만, 유의수준 5%에서 사료의 종류와 품종 사이에 상호작용이 있다는 결론을 내릴 수는 없다.

주효과의 유의성 검정결과를 보자. 마찬가지로 요인 A인 사료의 종류에 대한 유의확률은 .0029으로 아주 작은 값이 얻어져서, 사료의 종류에 따라 체중증가에 유의한 차이가 있으나 돼지 품종에 따라서는 체중증가에 차이가 있다는 결론을 내릴 수 없다. 품종에 대한 유의확률은 0.0812로 약간의 영향력을 행사하는 것으로 보인다.

●Minitab 활용

돼지체중 증가량의 〈예제 4.1〉의 자료를 아래와 같이 Minitab의 Data에 입력하고, 이원배치법의 분산분석표를 얻기 위해서 다음의 Minitab 수행절차를 실행한다.

[통계분석 → 실험계획법 → 요인 → 요인 설계 생성...]을 누른다.

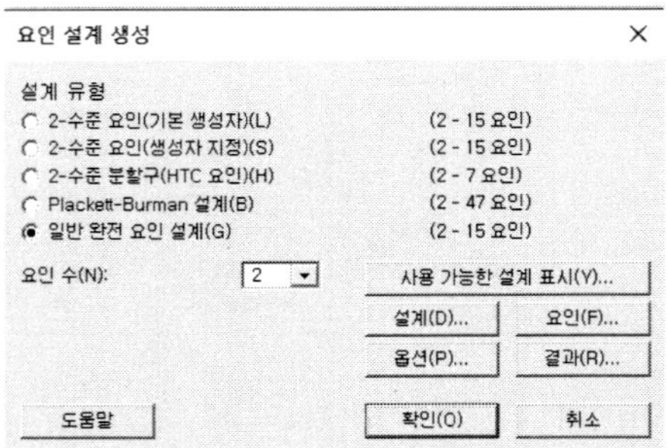

또한 [설계] 버튼을 눌러, 수준 개수와 반복실험 횟수를 입력한다. [요인] 버튼을 눌러 유형을 텍스트로 바꿔준다.

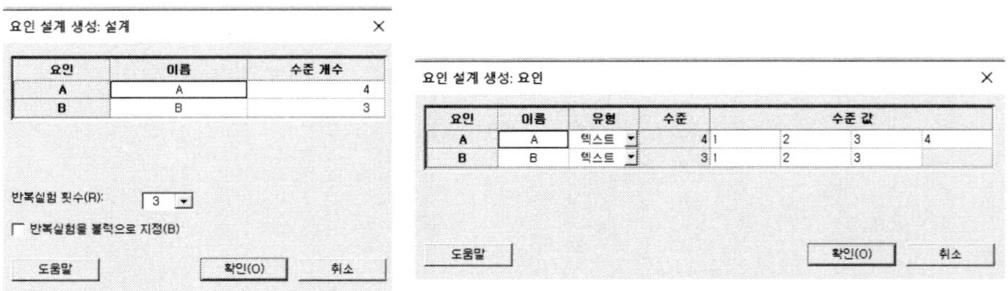

실험을 설계한 뒤, response를 Data에 입력하고 이원배치법의 분산분석표를 얻기 위해서 다음의 Minitab 수행절차를 실행한다.

[통계분석 → 실험계획법 → 요인 → 요인설계분석...]을 누른다.

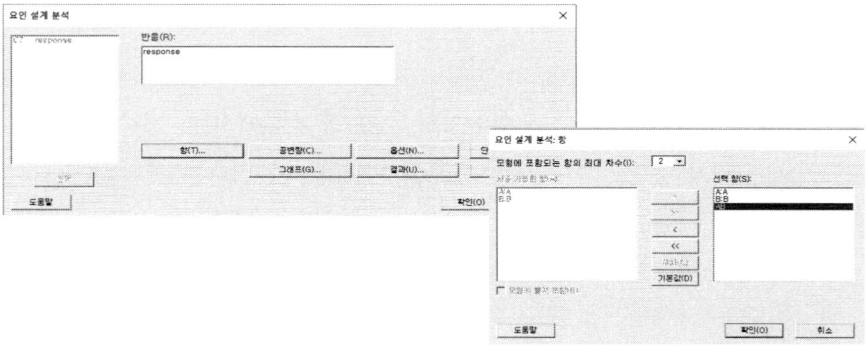

[반응(R)]을 response로 선택한다. [항(T)]를 선택한 후, 최대 차수를 2로 선택하여 교호작용까지 포함하여 모든 항목을 모형에 포함시킨다. [확인] 버튼을 누르면 다음과 같은 분산분석표를 얻을 수 있다.

분산분석

출처	DF	Adj SS	Adj MS	F-값	P-값
모형	11	2277.2	207.02	3.31	0.007
선형	5	1505.9	301.19	4.81	0.003
A	3	1156.6	385.52	6.16	0.003
B	2	349.4	174.69	2.79	0.081
2차 교호작용	6	771.3	128.55	2.05	0.097
A*B	6	771.3	128.55	2.05	0.097
오차	24	1501.3	62.56		
총계	35	3778.6			

분산분석표의 MSA, MSB, MS Interaction을 MSE으로 나누면 각각의 효과에 대한 검정통계량인 F_0값이 6.16, 2.79, 2.05이다. 사료와 돼지 품종간의 상호작용효과에 대한 유의확률인 p값 0.097을 Minitab을 이용하여 구해 보자.

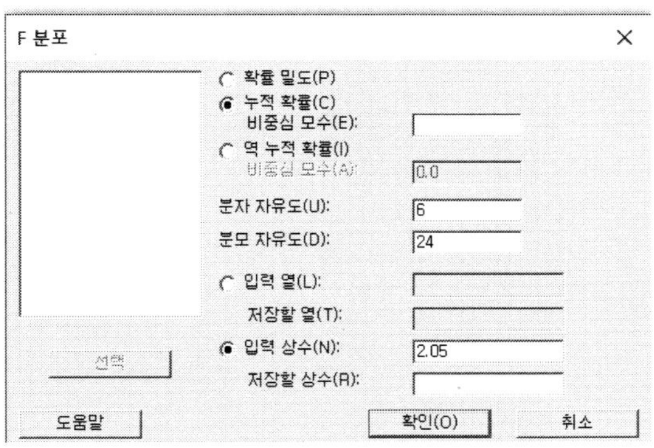

- Minitab의 **[계산→확률 분포→F...]**을 선택한다.
- 누적 확률, 분자 자유도: 6, 분모 자유도: 24, 입력 상수: 2.05를 입력한다.
- [확인] 버튼을 클릭한다.

결과로 누적확률 .903이 얻어지고 상호작용효과에 대한 p값은 1−0.093=0.097이 된다. 따라서 품종에 따라 사료가 주는 효과의 크기가 약간은 다를 수도 있지만, 유의수준 5%에서 사료의 종류와 품종 사이에 상호작용이 있다는 결론을 내릴 수는 없다.

주효과의 유의성 검정결과를 보자. 마찬가지로 요인 A인 사료의 종류에 대한 p값은 .003으로 아주 작은 값이 얻어져서, 사료의 종류에 따라 체중증가에 유의한 차이가 있으나 돼지 품종에 따라서는 체중증가에 차이가 있다는 결론을 내릴 수 없다. 품종에 대한 유의확률은 0.081로 약간의 영향력을 행사하는 것으로 보인다.

●R 활용

돼지체중 증가량의 〈예제 4.1〉의 자료의 Data를 아래와 같이 만든다.

```
a<- as.factor(rep(c(1:4), each=9))
b<- as.factor(rep(c(1:3), each=3))
response<- c(64, 66, 70, 72, 81, 64,
            74, 51, 65, 65, 63, 58,
            57, 43, 52, 47, 58, 67,
            59, 68, 65, 66, 71, 59,
            58, 39, 42, 58, 41, 46,
            57, 61, 53, 53, 59, 38)
df<- data.frame(a=a, b=b, response=response)
```

이원배치법의 분산분석표는 아래와 같다.

```
model<- aov(response ~ a*b, data=df)
summary(model)
```

```
##             Df Sum Sq Mean Sq F value  Pr(>F)
## a            3 1156.6   385.5   6.163 0.00294 **
## b            2  349.4   174.7   2.793 0.08121 .
## a:b          6  771.3   128.5   2.055 0.09712 .
## Residuals   24 1501.3    62.6
## ---
## Signif. codes:  0 '***' 0.001 '**' 0.01 '*' 0.05 '.' 0.1 ' ' 1
```

연습문제

1 A는 고정요인으로 2수준, B는 랜덤요인으로 3수준인 반복 2회의 이원배치법 실험에서 요인 B의 평균제곱이 9.55, 잔차의 평균제곱이 0.309일 때에 $\sigma_{\rm B}^2$의 추정치 $\widehat{\sigma_{\rm B}^2}$의 값은?

2 요인 A, B 모두 고정요인인 반복이 있는 이원배치법의 실험에서 다음의 분산분석표를 얻었다. 빈칸을 채워라.

요 인	제곱합	자유도	평균제곱	F_0
A	( )	3	( )	( )
B	26	3	( )	( )
$A\times B$	9.6	( )	( )	( )
E	12	( )	( )	
T	107.6	31		

3 반복이 있는 이원배치법의 실험에서 다음의 분산분석표를 얻었다. 빈칸을 채워라. 단 A는 고정요인이고 B는 랜덤요인이다.

요 인	제곱합	자유도	평균제곱	F_0
A	3.33	3	( )	( )
B	0.16	( )	( )	( )
$A\times B$	( )	6	( )	( )
E	0.32	( )	( )	
T	7.39	23		

4 어떤 합금의 강도를 공정온도의 3수준과 주조시간의 3수준에서 2회씩 관측하

여 다음과 같은 반복이 있는 이원배치법의 자료를 얻었다. 분산분석표를 작성하고 각 요인과 상호작용의 효과에 대하여 조사하라.

온도 \ 주조시간	B_1		B_2		B_3	
A_1	61.0	60.2	64.1	63.2	65.2	66.1
A_2	63.3	62.7	66.2	65.4	66.6	67.2
A_3	61.3	61.9	63.2	64.2	66.0	66.4

5 반복 2회 실험을 실시하여 다음 데이터를 얻었는데, 이것을 이용하여 상호작용 $A \times B$의 변동 $SS_{A \times B}$를 구하라.

$$SS_T = 15.14,\ SS_A = 4.12,\ SS_B = 5.20,\ SS_{AB} = 12.32$$

6 반복 4회의 2×3 이원배치법에서, 요인 A는 랜덤요인이고, 요인 B는 고정요인이다. EMS_B를 구하고 주효과 B에 대한 검정통계량을 구하라.

7 석고의 종류(A)와 석고 첨가량(B)이 시멘트의 강도에 영향을 주는지를 검토하기 위해 반복 2회의 이원배치법 실험을 실시한 결과가 다음과 같다.

	B_1	B_2	B_3	합계
A_1	48, 40	30, 34	9, 12	173
A_2	63, 52	26, 18	10, 12	181
합계	203	108	43	354

자료의 총변동인 $SS_T = 3,659$이다.

(1) 실험실시 순서가 어떻게 결정되는지(실험의 랜덤화)를 구체적으로 설명하라.

(2) 이 실험계획법의 구조모형은?

(3) 분산분석표를 작성하라.

(4) 상호작용효과 $A \times B$의 그림을 그리고, $A \times B$의 유의성 여부를 그림을 활용하여 설명하라.

(5) 주효과 A의 p값이 0.65임이 알려졌을 때에, 주효과 A에 대한 오차항으로 풀링 여부를 결정하라.

5 랜덤화블록설계, 라틴정방설계와 분할법

실험단위 또는 실험환경들이 차이가 날 수도 있는 경우에는 동질적인 실험단위들끼리 모아서 블록으로 나눈 후, 각 블록내에 처리를 랜덤하게 배치하여 실험을 실시한다. 그러면 실험단위들 간의 차이를 오차에서 분리하여 추정할 수 있기 때문에 일원배치법에 비해 오차의 크기를 줄일 수가 있다. 따라서 처리효과들 간에 약간의 차이가 존재해도 이를 검출할 수가 있어서 실험의 정밀성을 높일 수 있다. 블록요인이 하나인 경우가 랜덤화블록설계이고 블록요인이 둘인 경우가 라틴정방설계이다. 요인 A(Hard-to-change factor)의 수준 변경이 비용이 많이 들거나 시간이 오래 걸리고, 요인 B(Easy-to-change factor)의 수준 변경이 쉬운 경우의 실용적인 실험설계를 생각해 보자. 이 경우에 실용적인 실험설계는 각 반복에서 수준 변경이 어려운 요인 A의 수준을 랜덤하게 결정하고 결정된 요인 A의 수준을 고정시키고 수준 변경이 용이한 요인 B의 수준을 랜덤하게 순차적으로 배치하여 실험을 실시하는 것이다. 이 실험을 **분할법(split-plot design)**이라고 한다.

5.1 랜덤화블록설계

실험 전체를 될 수 있는 한 동질적인(homogeneous) 부분인 여러 블록으로 나눈 후, 즉 동질적인 실험단위들을 모아서 **블록**을 만든 후, 각 블록 내에서 요인효과를 조사하는 것을 **블록화(blocking)**라고 한다. **랜덤화 블록설계**는 블록화를 통하여 관심 있는 요인의 수준간 효과 차이를 더욱 확실히 알고자 하는 데 이용된다.

완전 랜덤화계획에서는 실험단위들이 비슷해야 하는 요구조건이 있는데, 만일 이 가정이 맞지 않는다면 동질적인 실험단위들을 모아서 블록화하는 편이 좋다. 완전 랜덤화계획의 한 가지 예로 콩의 수확량을 높일 수 있는 3가지 비료의 효능을 비교하고 싶다고 하자. 또 비료마다 3회씩 반복실험을 한다고 하자. 이 경우 모두 9군데의 농지를 확보하여 각 농지마다 랜덤하게 비료를 배정하면 소기의 목적을 달성할 수 있다. 이와 같이 완전 랜덤화계획으로 실험을 한다면 〈표 5.1〉과 같은 형식의 실험계획을 고려할 수 있다.

그런데 농지 1, 2, 3은 보통 흙이고, 농지 4, 5, 6은 진흙, 농지 7, 8, 9는 모래흙이라고 가정해 보자. 이때 비료의 효능이 토질에 따라서 차이가 난다면 완전 랜덤화계획에서는 심각한 결점이 파생된다. 앞서 제시한 실험계획을 살펴보면 비료 I은 농지 8, 2, 3에 배정되었고, 따라서 진흙땅에는 비료 I이 전혀 사용되지 않았다. 또한 비료 III은 농지 5, 7, 6에 배정되었기 때문에 보통 흙에는 비료 III이 전혀 사용되지 않았음을 알 수 있다. 이런 경우에 분산분석 결과 비료들 간에 차이가 존재한다는 결론을 얻었더라도 그것이 정말로 비료 간 차이인지 아니면 토질의 차이 때문에 그렇게 된 것인지 알 방법이 없다.

이런 문제를 해결하는 쉬운 방법은 일부러 각 토질마다 3가지 비료가 골고루 나타나게끔 농지를 배정하는 것이다. 즉, 보통흙의 3 단위의 토지에 3가지 비료를 랜덤하게 배치하고, 다음으로 진흙과 모래흙의 3단위의 토지에 각각 3가지 비료를 랜덤하

표 5.1 완전 랜덤화 계획의 예

비료		
I	II	III
농지 8	농지 9	농지 5
농지 2	농지 1	농지 7
농지 3	농지 4	농지 6

표 5.2 랜덤화 완전블록 계획의 예

토질	비료		
	I	II	III
보통	농지 2	농지 3	농지 1
진흙	농지 4	농지 6	농지 5
모래	농지 9	농지 8	농지 7

게 배치한다. 일부러 각 토질마다 3가지 비료가 골고루 나타나게 실험계획을 만드는 것은 완전 랜덤화를 제한하는 것이다. 그러나 이러한 제한을 가함으로써 토질이 콩 수확량에 미치는 영향을 서로 상쇄시켜서 제거하고, 순수한 비료효과만의 비교가 가능하게 된다.

이 경우 토질을 블록이라고 하며, 블록개념을 이용하는 실험계획법 중에서 가장 간단한 형태를 랜덤화 블록설계라고 한다. 〈표 5.2〉에서 제시하는 실험계획이 랜덤화 블록설계의 일례이다.

랜덤화 블록설계에서는 동질적인 실험단위들을 블록으로 간주하여 블록의 효과를 제거한 다음에 처리효과의 유의성을 검증하기 때문에 통계분석이 더 정밀해진다. 블록내의 실험단위에 해당되는, 보통 흙에 속하는 농지 1, 2, 3은 서로 동질적이다. 진흙에 속하는 농지 4, 5, 6과 모래에 속하는 7, 8, 9도 마찬가지로 동질적이다. 반면에 블록간의 실험단위들인 진흙에 속하는 농지 4, 5, 6과 모래에 속하는 7, 8, 9는 서로 이질적일 수 있다.

이 같은 랜덤화 블록설계에서 토질을 블록요인이라고 부른다. 또한 블록내의 실험단위들은 동질적이고, 블록간의 실험단위들 간에는 서로 이질적이라고 간단히 표현한다.

랜덤화 블록설계의 설계방식은 그림 5.1과 같다. 이때 a는 처리의 개수이다. 전체 실험은 b개의 블록으로 나누어지고, 각 블록마다 a개의 실험단위가 존재한다. 각 블

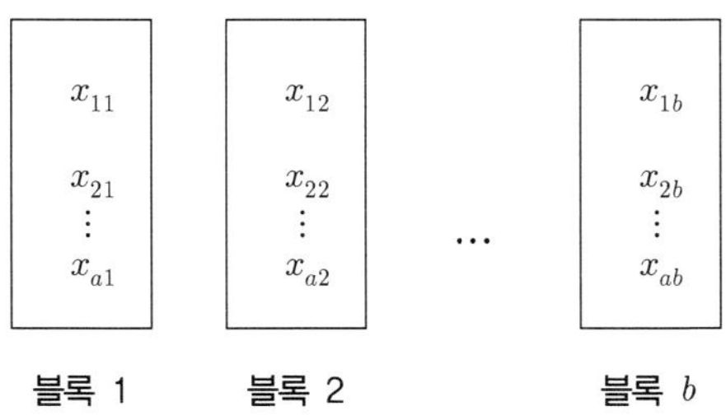

그림 5.1 랜덤화 블록설계

록에 속한 실험단위들은 가능한 동질적이고, 블록간 실험단위들은 이질적일 수도 있다. 각 블록마다 독립적인 랜덤화가 이루어져서 처리가 블록내의 실험단위에 랜덤하게 배치되며, 블록내에서 각 처리는 한 번씩만 나타난다.

랜덤화 블록설계를 고려할 때 특히 주목해야 하는 사실은 블록요인은 단순히 처리요인, 즉 관심요인의 효과를 더 잘 알기 위하여 삽입된다는 점이다. 즉, 우리가 알고 싶어 하는 것은 본질적으로 비료들 간의 효능비교이다. 토질에 따라서 콩 수확량이 차이가 있느냐 없느냐 하는 것은 주요 관심대상이 아니다. 단지 토질들 간의 차이가 비료 간 효능 비교를 불명확하게 만들 수 있기 때문에 토질을 블록요인으로 간주하는 것뿐이다. 블록요인효과의 유의성에는 크게 관심은 없지만 블록간 효과 차이가 클수록 랜덤화 블록설계의 정밀성과 효율성은 커진다.

랜덤화 블록설계의 모형은 다음과 같이 표현될 수 있다.

$$X_{ij} = \mu + \tau_i + \rho_j + \epsilon_{ij} \qquad (5.1)$$

$$i = 1, 2, \cdots, a \qquad j = 1, 2, \cdots, b$$

모형 (5.1)에서 μ는 전체평균, τ_i는 고정요인인 관심요인의 i번째 수준의 효과, ρ_j는 블록요인의 j번째 수준의 효과이다. ϵ_{ij}는 오차항으로 서로 독립인 $N(0, \sigma_E^2)$를 따른다.

모형 (5.1)에서 우리의 관심가설은

H_0 : $\tau_1 = \tau_2 = \cdots = \tau_a = 0$

H_1 : 적어도 한 τ_i는 0이 아니다.

이다. 블록요인은 처리효과의 비교를 더 잘하기 위하여 사용한 것으로써 블록효과의 유무에는 관심이 없다. 다만 블록간 효과 차이가 크면 랜덤화 블록설계의 효율이 증대된다. 다시 말해서 블록에 대한 유의성 검증은 불필요하다. 관심요인이 요인 A라고 가정한다.

랜덤화 블록설계의 모형 (5.1)은 4장에서 언급한 바와 같이 반복이 없는 이원배치법의 혼합모형과 동일하다. 따라서 총변동 SS_T와 총변동의 자유도 ϕ_T가 다음과 같이 분할되고 계산된다.

$$SS_T = SS_A + SS_{Block} + SS_E \qquad (5.2)$$

① 총변동 : $SS_T = \sum_i \sum_j (x_{ij} - \overline{\overline{x}})^2$

$$= \sum_i \sum_j x_{ij}^2 - CT \qquad (5.3)$$

여기서 CT는 수정항으로 $CT = T^2/ab$이다.

② 요인 A의 변동 : $SS_A = \sum_i \sum_j (\overline{x}_{i.} - \overline{\overline{x}})^2$

$$= \sum_i \frac{T_{i.}^2}{b} - CT \qquad (5.4)$$

③ 블록요인 $Block$의 변동 : $SS_{Block} = \sum_i \sum_j (\overline{x}_{.j} - \overline{\overline{x}})^2$

$$= \sum_j \frac{T_{.j}^2}{a} - CT \qquad (5.5)$$

④ 잔차변동 : $SS_E = \sum_i \sum_j (x_{ij} - \overline{x}_{i.} - \overline{x}_{.j} + \overline{\overline{x}})^2$

$$= SS_T - SS_A - SS_{Block} \qquad (5.6)$$

총변동의 자유도 : $\phi_T = ab - 1$

요인 A 변동의 자유도 : $\phi_A = a - 1$

블록요인 $Block$ 변동의 자유도 : $\phi_{Block} = b - 1$

잔차변동의 자유도 : $\phi_E = (a-1)(b-1)$

평균제곱 MS_A, MS_{Block}, MS_E는 SS_A, SS_{Block}, SS_E를 각각의 자유도로 나누어 준 값이다. 그리고 요인 A에 대한 귀무가설 $H_0 : \tau_1 = \cdots = \tau_a = 0$하에서는 $F_0 = MS_A/MS_E$가 자유도 (ϕ_A, ϕ_E)인 F분포를 따르므로 요인 A에 대한 귀무가설의 기각역은 $F_0 > F_{1-\alpha}(\phi_A, \phi_E)$로 주어진다. 이때 기각되면 요인 A가 특성값에 유의한(significant) 영향을 준다고 말한다. 이 결과를 정리하면 〈표 5.3〉과 같은 분석표를 작성할 수 있다.

블록간에 서로 이질적일수록 랜덤화 블록설계를 적용한 것이 완전 랜덤화법에 비하여 잔차변동을 줄일 수 있으므로 효율적인 실험이 된다. 만약 블록간에 별 차이가 없다면 완전랜덤화법에 비하여 자유도가 $a(b-1)-(a-1)(b-1) = b-1$만큼 줄게 되어 검출력이 나빠질 수 있다. 이 경우에 블록요인에 대해서는 블록효과에 대한 p값을 검토하여 유의확률이 0.25 이상이면 오차항에 풀링한다. 즉, 블록효과가 존재하지

표 5.3 랜덤화 블록설계의 분산분석표

요인	제곱합	자유도	평균제곱	F_0
요인 A	SS_A	$a-1$	MS_A	MS_A/MS_E
블록요인 $Block$	SS_{Block}	$b-1$	MS_{Block}	
E	SS_E	$(a-1)(b-1)$	MS_E	
T	SS_T	$ab-1$		

않는다고 판단한다. 따라서 랜덤화 블록설계의 모형 (5.1)에서 $\rho_j \equiv 0$이 되어 일원배치법의 모형과 같아지고, 풀링한 후의 분산분석표도 일원배치법의 분산분석표와 동일하게 된다.

예제 5.1

플라스틱 제품의 강도에 대한 영향을 조사할 목적으로, 랜덤하게 4일간을 택하고, 각 일마다 마지막 공정에서의 가열온도 A를 $A_1 = 70$ ℃, $A_2 = 80$ ℃, $A_3 = 90$ ℃로 랜덤하게 변화시켜 실험한 후 제품강도를 측정한 결과 다음과 같았다. 분산분석하라.

표 5.4 플라스틱 제품의 강도

온도 \ 실험일	$Block_1$	$Block_2$	$Block_3$	$Block_4$	합	평균
A_1	98.0	99.0	98.6	97.6	393.2	98.3
A_2	97.7	98.0	98.2	97.3	391.2	97.8
A_3	96.5	97.9	96.9	96.7	388.0	97.0
합	292.2	294.9	293.7	291.6	1172.4	
평 균	97.4	98.3	97.9	97.2		97.7

|풀이|

(1) 변동의 계산

$$CT = \frac{T^2}{ab} = \frac{1172.4^2}{12} = 114543.48$$

$$SS_T = \sum_i \sum_j x_{ij}^2 - CT$$

$$= 114549.7 - 114543.48 = 6.22$$

$$SS_A = \sum_i \frac{T_{i.}^2}{b} - CT$$

$$= \frac{1}{4}(393.2^2 + 391.2^2 + 388.2^2) - CT = 3.44$$

$$SS_{Block} = \sum_j \frac{T_{.j}^2}{a} - CT$$

$$= \frac{1}{3}(292.2^2 + 294.9^2 + 293.7^2 + 291.6^2) - CT = 2.22$$

$$SS_E = SS_T - SS_A - SS_{Block} = 0.56$$

(2) 자유도의 계산

총변동 : $\phi_T = ab - 1 = 11$

요인A : $\phi_A = a - 1 = 2$

블록요인$Block$: $\phi_{Block} = b - 1 = 3$

잔차 : $\phi_E = \phi_T - \phi_A - \phi_{Block} = 6$

(3) 분산분석표의 작성

요 인	제곱합	자유도	평균제곱	F_0
A	3.44	2	1.72	18.5**
$Block$	2.22	3	0.74	
E	0.56	6	0.093	
T	6.22	11		

(4) F 분포표에서 $F_{0.99}(2,6) = 10.9$이므로 분산분석결과 요인 A는 유의수준 $\alpha = 0.01$에서 유의하다. 즉 가열온도 따라 제품의 강도에 차이가 있음을 알 수 있다.

요인이 2개인 랜덤화 블록계획법도 유사하게 설명이 된다. 요인A의 수준의 개수가 a 그리고 요인 B의 수준의 개수가 b인 즉 처리의 개수가 ab인 랜덤화 블록계획법은 당연히 블록의 크기를 ab로 정해야 한다. 아래 그림은 각각의 인자의 수준이 2개이고 블록의 개수가 3 그리고 블록의 크기는 4인 랜덤화 블록계획법으로 처리는 각 블록별로 랜덤하게 배치되었다.

Block1	Block2	Block3
A_2B_1	A_1B_1	A_2B_2
A_1B_2	A_2B_2	A_1B_1
A_2B_2	A_1B_2	A_1B_2
A_1B_1	A_2B_1	A_2B_1

랜덤화 블록계획법 모형은 이원배치법의 모형에 블록효과가 추가된 모형으로

$$x_{ijk} = \mu + \tau_{ij} + \rho_k + \epsilon_{ijk} \quad i = 1,2, \ j = 1,2, \ k = 1,2,3 \tag{5.7}$$

이며 τ_{ij}는 $\alpha_i + \beta_j + (\alpha\beta)_{ij}$로 분해가 된다. 역시 이원배치법과 비교하면 오차항에서 블록효과를 분리하여 오차의 크기가 작아지는 효과를 얻고자 하는 것이다. 실험자료의 분석은 이원배치법의 분산분석에서 잔차변동이 랜덤화 블록계획법의 블록간 변동과 잔차변동으로 분할된다. SS_A, SS_B, $SS_{A \times B}$는 이원배치법과 동일한 방법으로 구한다.

5.2 라틴정방설계

라틴정방설계 또는 **라틴방격법**(Latin Square Design)은 실험단위의 동질성을 분류할 수 있는 블록요인이 2개 있는 경우에 앞 절에서 다룬 랜덤화 블록설계의 개념이 확장된 실험계획이다. 라틴정방설계에서는 규칙적인 두 방향의 블록화를 용인하여 처리효과의 유의성을 탐지하는 데 장애가 되는 2가지 변동의 근원을 제거한다.

라틴정방설계는 원래 농업 실험에서 방향성을 갖는 두 가지 변동의 근원을 제거하려는 목적으로 고안되었다.

예를 들면, 5가지 비료 A, B, C, D, E가 감자 생산에 미치는 효과를 판정하고 싶다고 하자. 그런데 감자생산량은 비료뿐만 아니라 토양의 비옥도를 반영하는 토질에 따라서도 영향을 받을 수 있다. 만일 토양의 습윤도가 행을 따라 변화하고 있으며, 또 토지의 비옥도가 열을 따라 일정치 않다고 해 보자. 이 경우에 공정한 실험를 위하여 일정 구획의 농지를 확보하고, 농지에 5 × 5의 격자선을 그어 모두 25개의 시험구를 만든다. 물론 이때 농지나 시험구가 반드시 정사각형일 필요는 없다.

각 행은 토양의 습윤도가 동질적인 블록이고 각 열은 토지의 비옥도가 동질적인 또 다른 종류의 블록이기에 각 행블록과 열블록에 5개의 처리가 골고루 나오기를 원한

열

		1	2	3	4	5
	I	A	B	C	D	E
	II	C	D	E	A	B
행	III	E	A	B	C	D
	IV	B	C	D	E	A
	V	D	E	A	B	C

그림 5.2 5 × 5 라틴정방설계

다. 〈그림 5.2〉의 라틴정방설계의 배열을 보면 각 행과 열마다 처리들이 정확히 한 번씩만 나타나고 있다.

이와 같은 실험구내 두 방향의 토지의 비옥도 차이로 인한 감자 생산량의 변동은 라틴정방설계로 제거할 수 있다.

즉, 이 실험에서 우리의 목적은 감자 생산에 미치는 5가지 비료의 효과를 사정하는 것이다. 그런데 실험용 농지에 두 방향의 비옥도 차이가 존재하고 있다면, 두 방향의 비옥도 차이를 행블록과 열블록으로 잡아 토지의 비옥도가 감자 생산에 미치는 영향을 제거한 다음 비료 효과만을 보겠다는 것이다.

이러한 라틴정방설계의 기본 개념은 다른 상황에도 응용할 수 있다.

예를 들어, 4대의 자동차와 4명의 운전기사가 자동차의 주행 능력을 향상시킨다는 4가지 휘발유 첨가제(A, B, C, D)의 성능 차이를 평가하는 실험에 동원된 경우를 생각해 보자.

그런데 비록 자동차들이 동일 모델이더라도 주행 성능이 같지는 않을 것이다. 또 운전기사들에게는 사전에 정해진 방식대로 주행해야 된다는 지침이 주어지나, 운전기사마다 자동차를 다루는 능력에 다소간의 차이가 존재한다. 그렇다면, 제대로 휘발유 첨가제의 성능 차이를 평가하려면 무엇보다 자동차 간 차이와 운전기사 간 차이를 먼저 제거해야 할 것이다.

이런 경우에도 라틴정방설계를 사용할 수 있으며, 〈그림 5.3〉에 이 상황에 적용할 수 있는 4×4 라틴정방설계를 도시하였다.

일반적으로 $p \times p$ **라틴정방**이란 p개의 행(row)과 p개의 열(column)을 갖는 정사

자동차

		1	2	3	4
	I	A	B	D	C
운전 기사	II	D	C	A	B
	III	B	D	C	A
	IV	C	A	B	D

그림 5.3 4 × 4 라틴정방설계

각형인데, 행과 열이 교차하여 이루는 p^2개의 위치에는 각 위치마다 처리에 대응되는 p개의 라틴 글자 중 하나를 포함하며, 또 각 글자는 각 행과 열에서 단 한 번만 나타난다.

행블록 요인을 R, 열블록 요인을 C, 관심 요인을 Trt로 표기할 때 $p \times p$ 라틴정방설계에 대한 통계모형은 다음과 같다.

$$x_{ijk} = \mu + \rho_i + \gamma_j + \tau_k + \epsilon_{ijk}, \quad (i,j,k = 1,\cdots,p) \tag{5.8}$$

여기서 ρ_i는 i번째 행의 효과, γ_j는 j번째 열의 효과, τ_k는 k번째 처리의 효과다.

모형 (5.8)에서 첨자는 i, j, k의 세 개가 있지만 실제 얻게 되는 데이터 수는 p^2개임을 유의하라. 이렇게 자유도가 부족하기 때문에 라틴정방설계에서 상호작용 효과는 검증하지 못한다. 이 설계로는 오로지 주효과만의 통계적 유의성을 검증할 수 있다. 그렇더라도 실험 자체가 간단한 것이 장점이다.

또, 이 실험에서는 주어진 행블록과 열블록의 실험단위에 모든 처리수준들이 골고루 하나씩만 배치되어야 하기에 관심 요인과 행블록, 열블록의 수준수가 반드시 모두 같아야 한다.

분산분석표를 만들기 위한 제곱합 및 자유도의 분할 공식은 다음과 같다.

$$SS_T = SS_R + SS_C + SS_{Trt} + SS_E$$

$$p^2 - 1 = (p-1) + (p-1) + (p-1) + (p-1)(p-2)$$

여기서

$$SS_T = \sum_{i=1}^{p}\sum_{j=1}^{p}\sum_{k=1}^{p}(x_{ijk} - \bar{\bar{x}})^2 = \sum_{i=1}^{p}\sum_{j=1}^{p}\sum_{k=1}^{p} x_{ijk}^2 - \frac{T^2}{p^2} \tag{5.9}$$

표 5.5 $p \times p$ 라틴정방설계에 대한 분산분석표

변인	제곱합	자유도	평균제곱	F
R(행블록)	SS_R	$p-1$	MS_R	
C(열블록)	SS_C	$p-1$	MS_R	
Trt	SS_{Trt}	$p-1$	MS_{Trt}	MS_{Trt}/MS_E
Error	S_{SE}	$(p-2)(p-1)$	MS_E	
Total	SS_T	p^2-1		

$$SS_R = \sum_{i=1}^{p}\sum_{j=1}^{p}\sum_{k=1}^{p}(\bar{x}_{i..} - \bar{\bar{x}})^2 = \frac{1}{p}\sum_{i=1}^{p} T_{i..}^2 - \frac{T^2}{p^2} \tag{5.10}$$

$$SS_C = \sum_{i=1}^{p}\sum_{j=1}^{p}\sum_{k=1}^{p}(\bar{x}_{.j.} - \bar{\bar{x}})^2 = \frac{1}{p}\sum_{j=1}^{p} T_{.j.}^2 - \frac{T^2}{p^2} \tag{5.11}$$

$$SS_{Trt} = \sum_{i=1}^{p}\sum_{j=1}^{p}\sum_{k=1}^{p}(\bar{x}_{..k} - \bar{\bar{x}})^2 = \frac{1}{p}\sum_{k=1}^{p} T_{..k}^2 - \frac{T^2}{p^2} \tag{5.12}$$

$$SS_E = SS_T - SS_R - SS_C - SS_{Trt} \tag{5.13}$$

처리요인에 대한 유의성 검증을 위한 귀무가설은 다음과 같이 설정된다.

$$H_0: \tau_1 = \tau_2 = \cdots = \tau_p = 0$$

유의수준을 α라고 하자. 관심요인의 수준간 효과 차이에 대한 검정통계량 F는 다음과 같다.

$$F = \frac{MS_{Trt}}{MS_E}$$

그리고 $F > F_{1-\alpha}(p-1, (p-2)(p-1))$면 귀무가설을 기각하고 처리수준간 효과 차이가 존재한다고 결론 내린다.

라틴정방설계에 대한 분산분석표는 〈표 5.5〉에 정리하였다.

예제 5.2

5가지 로켓 추진제(Trt)의 성능을 비교하고자 한다. 원료 한 뭉치로 한 번에 5가지 추진제를 모두 만들 수 있다. 그런데 원료(R) 품질이 균일하지 않은 문제가 있다. 또 추진제는 제조 기사들이 배합하는데, 기사(C)에 따라 숙련도나 경험이

달라 최종 추진제의 성능 평가에 영향을 줄 수 있다. 결국 이 실험에서 추진제의 성능 평가를 제대로 하려면 원료 간의 변동과 기사간 변동을 제거해야 하며, 이를 해결하고자 5×5 라틴정방설계를 채용해야 한다. 〈표 5.6〉은 코딩된 데이터로 라틴정방설계에 따른 실험결과를 나타낸다. 어느 요인이 효과가 있는지 파악해 보자.

표 5.6 로켓 추진제 데이터

원료 뭉치	기사 1	기사 2	기사 3	기사 4	기사 5
I	$A=-1$	$B=-5$	$C=-6$	$D=-1$	$E=-1$
II	$B=-8$	$C=-1$	$D=5$	$E=2$	$A=11$
III	$C=-7$	$D=13$	$E=1$	$A=2$	$B=-4$
IV	$D=1$	$E=6$	$A=1$	$B=-2$	$C=-3$
V	$E=-3$	$A=5$	$B=-5$	$C=4$	$D=6$

|풀이|

제곱합 계산을 위하여 먼저 행합, 열합, 처리합, 총합을 구해 보자.

행	행합	열	열합	라틴 글자	처리합
I	$T_{1\cdot}=-14$	I	$T_{\cdot 1\cdot}=-18$	A	$T_{\cdot 1}=18$
II	$T_{2\cdot}=9$	II	$T_{\cdot 2\cdot}=18$	B	$T_{\cdot 2}=-24$
III	$T_{3\cdot}=5$	III	$T_{\cdot 3\cdot}=-4$	C	$T_{\cdot 3}=-13$
IV	$T_{4\cdot}=3$	IV	$T_{\cdot 4\cdot}=5$	D	$T_{\cdot 4}=24$
V	$T_{5\cdot}=7$	V	$T_{\cdot 5\cdot}=9$	E	$T_{\cdot 5}=5$
				총합	$T=10$

식 (5.9)~(5.13)의 손계산 공식을 사용하면 각 제곱합은 다음과 같이 계산된다.

$$SS_T = 680-\frac{(10)^2}{25}=676.00$$

$$SS_R = \frac{1}{5}[(-14)^2+9^2+5^2+3^2+7^2]-\frac{(10)^2}{25}=68.00$$

$$SS_C = \frac{1}{5}[(-18)^2+18^2+(-4)^2+5^2+9^2]-\frac{(10)^2}{25}=150.00$$

$$SS_{Trt} = \frac{1}{5}[18^2+(-24)^2+(-13)^2+24^2+5^2]-\frac{(10)^2}{25}=330.00$$

$$SS_E = 676.00-68.00-150.00-330.00=128.00$$

따라서 〈표 5.7〉과 같은 분산분석표를 얻는다.

표 5.7 추진제 데이터에 대한 분산분석표

변인	제곱합	자유도	평균제곱	F
원료(행블록)	68.00	4	17.00	
기사(열블록)	150.00	4	37.50	
추진제	330.00	4	82.50	7.73**
오차	128.00	12	10.67	
총	676.00	24		

결국 추진제간 차이가 극히 유의함을 알 수 있다. 즉, 추진제 제조 공식에 따라 성능 차이가 난다. 제곱합을 기준으로 판단하면 원료의 변동은 적은 편이지만, 기사간 변동은 제법 크다. 따라서 기사를 블록 요인으로 잡은 것은 그만한 가치가 있다.

5.3 라틴정방의 구축

라틴정방을 시행하려면 다음의 두 단계를 거쳐서, 반드시 기본형 설계를 랜덤화한 다음 사용해야 한다. 일단계는 두 개의 블록요인의 수준을 행번호와 열번호에 랜덤하게 배치하는 것이다. 일차적으로 두 개의 블록요인을 각각 행과 열에 랜덤하게 배치하고, 그 다음에 행과 열들의 순서를 각각의 블록요인의 수준에 랜덤하게 대응시키는 것이다.

두 번째 단계는 기본형 설계에서 먼저 행들의 순서를 랜덤 배열하고, 다시 열들의 순서를 랜덤 배열한다. 마지막으로 관심 요인의 처리 수준들을 영문 알파벳들에 랜덤 배정한다.

예를 들어, 3 × 3 라틴정방의 기본형을 랜덤화하는 다음 도식을 보라.

$$\begin{matrix} A & B & C \\ B & C & A \\ C & A & B \end{matrix} \quad \Rightarrow \quad \begin{matrix} B & C & A \\ A & B & C \\ C & A & B \end{matrix} \quad \Rightarrow \quad \begin{matrix} A & B & C \\ C & A & B \\ B & C & A \end{matrix}$$

기본형　　　　행의 랜덤화　　　　열의 랜덤화

이 도식을 보면, 우선 기본형을 기준으로 행들의 배열을 랜덤하게 바꾸었다. 그 결과 원래 첫 번째 행이 두 번째 행이 되었고, 원래 두 번째 행은 첫 번째 행이 되었고, 세 번째 행은 변동이 없었다.

행의 랜덤화가 끝나면 다시 열을 랜덤화한다. 그 결과, 1열→2열, 2열→3열, 3열→1열로 배치가 바뀌었다.

이렇게 결과된 정방설계에 나타난 영문 알파벳 글자 A, B, C들에 관심 요인의 처리 수준들을 랜덤 배정하면 정방설계에 대한 랜덤화가 완료된다.

이하에서는 몇 가지 정방에 대하여 기본형 라틴정방설계들을 소개한다.

(1) 3 × 3

$$\begin{matrix} A & B & C \\ B & C & A \\ C & A & B \end{matrix} \qquad \begin{matrix} A & B & C \\ C & A & B \\ B & C & A \end{matrix}$$

(2) 4 × 4

$$\begin{matrix} A & B & C & D \\ B & A & D & C \\ C & D & A & B \\ D & C & B & A \end{matrix} \qquad \begin{matrix} A & B & C & D \\ D & C & B & A \\ B & A & D & C \\ C & D & A & B \end{matrix} \qquad \begin{matrix} A & B & C & D \\ C & D & A & B \\ D & C & B & A \\ B & A & D & C \end{matrix}$$

(3) 5 ×5

$$\begin{matrix} A & B & C & D & E \\ B & C & D & E & A \\ C & D & E & A & B \\ D & E & A & B & C \\ E & A & B & C & D \end{matrix} \qquad \begin{matrix} A & B & C & D & E \\ C & D & E & A & B \\ E & A & B & C & D \\ B & C & D & E & A \\ D & E & A & B & C \end{matrix} \qquad \begin{matrix} A & B & C & D & E \\ D & E & A & B & C \\ B & C & D & E & A \\ E & A & B & C & D \\ C & D & E & A & B \end{matrix} \qquad \begin{matrix} A & B & C & D & E \\ E & A & B & C & D \\ D & E & A & B & C \\ C & D & E & A & B \\ B & C & D & E & A \end{matrix}$$

(4) 6 × 6

$$\begin{matrix} A & B & C & D & E & F \\ B & A & F & E & C & D \\ C & F & B & A & D & E \\ D & C & E & B & F & A \\ E & D & A & F & B & C \\ F & E & D & C & A & B \end{matrix}$$

5.4 분할법

분할법(split-plot design)은 실험의 용이성을 목적으로 실험의 랜덤화에 제약조건이 붙는 경우의 실험계획법이다. 예를 들면 반복 3회의 2×2 이원배치법에서 각 처리에서 실험의 순서는 랜덤하게 결정이 된다. 그런데 실제 실험에서 실험조건의 변경은 용이하지 않다. 엔지니어들이 선호하는 실험순서는 4개의 처리수준의 순서를 랜덤하게 결정하고, 결정된 처리수준에서 연속으로 3회 실험을 실시한다. 이 실험을 **분할법 I**이라고 부른다. 또 다른 경우는 요인 A의 수준 변경이 비용이 많이 들거나 시간이 오래 걸리는 경우이다. 이 경우에는 각 반복에서 요인 A의 수준을 랜덤하게 결정하고 결정된 요인 A의 수준을 고정시키고 수준 변경이 용이한 요인 B의 수준을 랜덤하게 결정하여 실험을 실시하는 것이다. 이 실험을 **분할법 II**라 부르는데 일반적으로 이 실험을 분할법이라고 한다.

5.4.1 분할법 I

분할법 I은 우선 실험조건의 변경에 많은 비용이 발생되는 경우 적용할 수 있다. 이 실험은 두 단계로 구성된다. 먼저 모든 가능한 처리들 중에서 하나를 랜덤하게 선택하고, 선택된 처리로 실험조건을 고정시키고, 이 조건에서 실험을 연속해서 반복하는 것이다. 여기서 랜덤화는 ab개의 모든 처리들의 실험 순서를 랜덤하게 정하는 것이다. 이원배치법에서의 실험의 랜덤화와의 커다란 차이점은 이원배치법에서는 실험을 할 때마다 처리의 순서가 달라질 수 있기에 실험조건을 자주 바꿔야 하는 반면에 분할법 I에서는 실험조건이 랜덤하게 결정되면, 해당조건에서 실험을 연속해서 실시하기 때문에 실험이 용이하다. 반복 3회의 2×2 이원배치법에서 하나의 처리(즉, 요인 A와 요인 B의 수준 조합)에서 실험이 끝나고 다른 처리에서 실험을 위한 세팅에 필요한 비용이나 조건이 매우 까다로울 수가 있다. 이럴 경우는 일단 세팅된 처리 조건에서 반복된 실험을 하는 것이 효율적일 수 있다. 즉 인자 A와 인자 B의 조합인 처리를 랜덤하게 배정하고 배정된 순서대로 실험을 하되 고정된 실험조건인 처리에서 연속해서 실험을 3회 연속 실시하는 것이다. 실험조건의 변경에 어려움이 있다면 이러한 방법이 훨씬 효율적이다. 〈그림 5.4〉는 반복 3회의 2×2 이원배치법을 분할법 I으로 설계한 실험실시의 순서를 나타낸다. 즉, 총 처리의 개수는 $2 \times 2 = 4$개로 이를 랜덤하게 배치한 뒤 선택된 처리에서 3회 반복한 실험이다. 각각의 고정된 처리

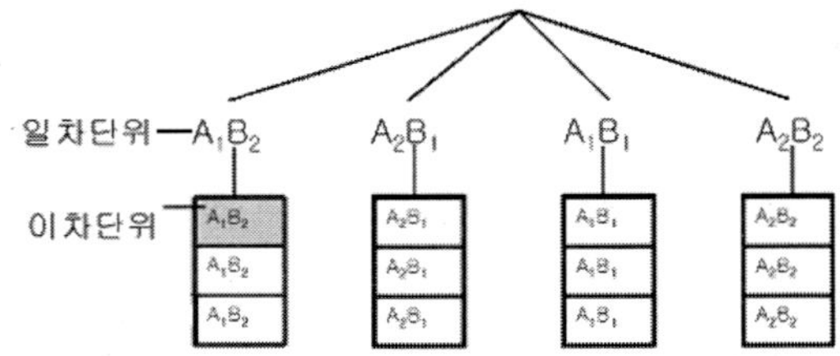

그림 5.4 분할법 I의 실험 실시 순서

묶음을 일차단위로, 주어진 처리에서 연속해서 실험을 하면 이때 각각의 실험단위를 이차단위로 부른다.

〈그림 5.4〉에 주어진 분할법 I의 모형을 생각해 보자. 4개의 처리가 랜덤하게 그 순서가 정해지므로 일단 일차적으로 일차단위인 각 처리 묶음에 대한 일차단위에 대한 모형을 생각해 보자. 먼저 일차단위 오차항은 4개의 실험조건의 변경과 관련된 실험환경의 차이에 기인하는 오차로 $\epsilon_{1(ij)}$로 표시한다. 일차단위에 대한 모형은 반복이 없는 2×2 이원배치법 모형과 동일하고, 일차단위 오차항 $\epsilon_{1(ij)}$은 상호작용효과 $(\alpha\beta)_{ij}$와 교락이 되어 구분이 불가능하다. 한편으로는 같은 처리조건하에서 반복되어 실험되었기 때문에 발생하는 오차도 있을 것이다. 이러한 오차를 이차단위 오차라고 하고 $\epsilon_{2(ijk)}$로 표시한다. 모형으로는 다음과 같이 쓸 수 있다.

$$X_{ijk} = \mu + \alpha_i + \beta_j + \boxed{\varepsilon_{1(ij)} + (\alpha\beta)_{ij}} + \varepsilon_{2(ijk)} \tag{5.14}$$

여기서 $i = 1,2,\ j = 1,2,\ k = 1,2,3$이다. 주효과 A는 일차단위에 배치된 A_1B_1, A_1B_2 그룹과 A_2B_1, A_2B_2 그룹에서의 실험 자료평균의 차이로 추정되기 때문에 일차단위 오차는 주효과A와 주효과 B를 위한 검정에 이용된다. 그리고 이차단위 오차는 일차단위 오차와 교락이 되어 있는 상호작용효과 $A \times B$의 검정에 이용된다. 그런데 각 처리 그룹인 A_iB_j에서 3회 2차단위의 반복이 있기 때문에 $SS_{A \times B}$는 이원배치법과 동일한 방법으로 구할 수 있는데, 이는 일차단위 오차의 변동인 SS_{E1}과 교락이 되어서 구분이 불가능하다. 따라서 이 실험설계는 상호작용효과 $A \times B$의 존재 가능성이 희박할 경우에 효율적인 실험설계 방법이다. 요인 A의 수준이 a, B의 수준이 b 반복 r회의 분할법 I 실험의 분산분석표가 〈표 5.8〉에 주어진다.

표 5.8 분할법 I의 분산분석표

요인	제곱합	자유도	평균제곱	F_0
요인 A	SS_A	$a-1$	MS_A	MS_A / MS_{E1}
요인 B	SS_B	$b-1$	MS_B	MS_B / MS_{E1}
$E1(+A\times B)$	$SS_{E1(+A\times B)}$	$(a-1)(b-1)$	$MS_{E1(+A\times B)}$	MS_{E1} / MS_{E2}
$E2$	SS_{E2}	$ab(r-1)$	MS_{E2}	
T	SS_T	$abr-1$		

예제 5.3

요인 A를 반응온도 그리고 요인 B를 중간원료제조회사라고 하자. 각각의 인자의 수준은 각각 3개이다. 9개의 처리를 랜덤하게 배치한 다음 처리가 고정되면 반복하여 2개의 특성값인 화학약품의 생성률을 얻었다. 〈표 5.9〉가 얻어진 데이터이다. 자료의 구조는 이원배치법으로 동일하지만 데이터를 얻는 과정은 완전히 다르고, 분석방법도 달라진다.

표 5.9 화학약품의 생성률

원료제조회사	온도		
	A_1	A_2	A_3
B_1	81.0	84.1	85.2
	80.2	83.2	86.1
B_2	83.3	86.2	86.6
	82.7	85.4	87.2
B_3	81.3	83.2	86.0
	81.9	84.2	86.4

|풀이|

〈표 5.9〉에 주어진 실험자료를 가지고 이원배치법과 동일한 방법으로 SS_T, SS_A, SS_B, $SS_{A\times B}$, SS_E를 계산한다. 여기서 잔차제곱합인 SS_E는 이차단위 잔차제곱합인 SS_{E2}가 되고, 일차단위 오차 $E1$은 상호작용효과 $A\times B$와 교락이 되어서 $SS_{E1}(+SS_{A\times B})$으로 표시한다. 분할법 I으로 실행된 화학약품의 생성률 자료의 분산분석표가 〈표 5.10〉에 주어진다.

표 5.10 분할법 I으로 실행된 화학약품의 생성률 자료의 분산분석표

요인	제곱합	자유도	평균제곱	F_0
요인 A	61.81	2	30.91	85.71
요인 B	11.96	2	5.98	16.59
$E1(+A \times B)$	1.44	4	0.36	1.26
$E2$	2.57	9	0.29	
T	77.79	17		

주효과 A의 p값은 0.00으로 매우 작고, B의 p값은 0.01로 작은 값을 가져서 온도의 변화에 따라서 생성률이 크게 영향을 받고, 원료제조회사에 따라서 생성률이 달라짐을 알 수 있다. 일차단위 오차 $E1(+A \times B)$의 p값은 0.35로 큰 값을 가져서 무시할 수가 있고, 따라서 상호작용효과 $A \times B$ 도 존재하지 않는다. 따라서 이 실험에서는 분할법 I으로 편하게 실험을 하고, 온도와 원료제조회사의 주효과만 존재한다는 사실을 얻었으니 일석이조인 셈이다.

5.4.1 분할법 II

요인 A(Hard-to-change factor)의 수준 변경이 비용이 많이 들거나 시간이 오래 걸리고, 요인 B(Easy-to-change factor)의 수준 변경이 쉬운 경우의 실용적인 실험설계를 생각해 보자. 이 경우에는 각 반복에서 수준 변경이 어려운 요인 A의 수준을 랜덤하게 결정하고 결정된 요인 A의 수준을 고정시키고 수준 변경이 용이한 요인 B의 수준을 랜덤하게 순차적으로 배치하여 실험을 실시하는 것이다. 이 실험을 **분할법 II**라고 부르는데 일반적으로 이 실험을 **분할법(split-plot design)**이라고 한다. 농업실험의 예를 들면, 4개의 관개(irrigation) 방법(요인 A)와 4가지 비료 종류(요인 B)가 옥수수 수확량에 미치는 효과를 알아보기 위한 실험을 생각하자. 이 실험에서 관개방법은 작은 농경지에는 적용되지 못하는 특성을 가지고 있기 때문에 단위면적의 토지마다 관개방법이 랜덤하게 결정되는 이원배치법을 실시하는 것은 불가능하다. 따라서 4단위의 토지를 열블록으로 묶어서 우선 각 열블록에 관개방법(요인 A)을 랜덤하게 배치하고, 랜덤하게 배치된 관계방법을 열블록의 4단위의 토지에 적용한 후에, 각 단위의 토지에 비료의 종류를 랜덤하게 배치한다. 두 번째 16 단위의 농토에도 동일한 방법을 적용하여 실험을 실시한다.

이런 분할법은 비단 농업분야뿐 아니라 공업 분야에도 많은 응용성이 있다. 예를

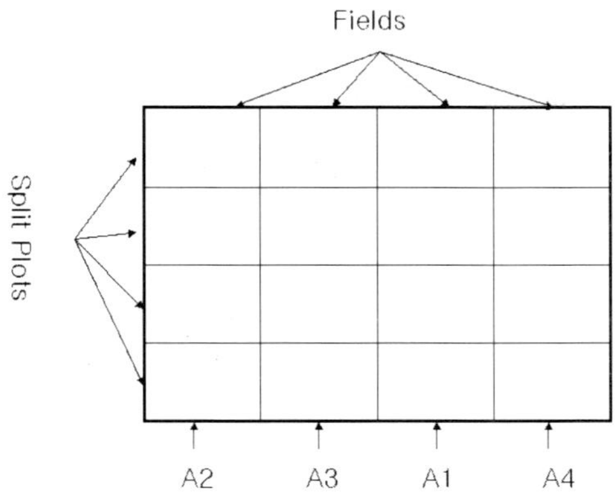

그림 5.5 반복 1의 주구에 수준변경이 어려운 요인 A 배치

들어 제지공장의 예를 들어보자. 2가지 방법의 공정(요인 A)과 2가지 온도수준(요인 B)이 제품의 강도에 미치는 영향을 조사하기 위해 반복 3회의 실험을 준비하고 있다. 먼저 공정 (A) 방법의 변경에 시간과 비용이 많이 들어서 일차적으로 요인 A의 수준을 랜덤하게 선택한 후 공정 방법을 선택된 수준값으로 고정하고, 2 수준의 온도(요인 B)를 랜덤하게 배열하여 선택된 온도에서 순차적으로 실험을 실시한다. 이와 같은 과정을 3일에 걸쳐 반복한다면 두 단계의 랜덤화의 과정은 〈그림 5.6〉과 같이 표현된다.

이 분할법 II의 모형을 생각해 보자. 우선 주구에 대한 모형은 반복인 Rep를 블록으로 하고 각 블록에 2수준 요인 A를 배치한 랜덤화 블록계획법과 동일하고 주구에 대한 모형도 랜덤화 블록계획법의 모형과 동일하다. 이 모형에서 Rep 효과를 r_k로 표시하면 주구 오차인 $\epsilon_{1(ik)}$는 Rep과 A의 상호작용효과인 $(r\alpha)_{ik}$와 교락이 되어 구분이 불가능하다. 랜덤화 블록계획법과 마찬가지로 주구에 배치된 주효과 A는 주구 오차로 유의성을 검정한다. 다음으로 분할구에 대한 모형은 분할구에 배치된 효과인

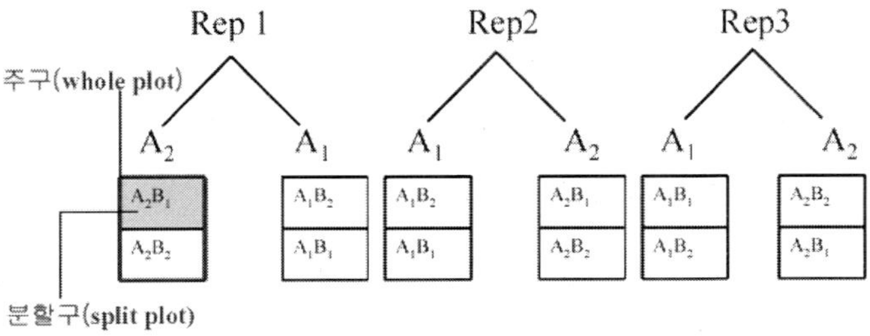

그림 5.6 반복 3회의 분할법 II의 두 단계의 랜덤화의 과정

β_j, 상호작용효과 $(\alpha\beta)_{ij}$와 분할구 오차인 $\epsilon_{2(ijk)}$를 포함한다. 분할구에 배치된 A_iB_j가 각 반복에서 1회씩 총 3회 실험되었기에 상호작용효과 $A\times B$를 구할 수 있고, 분할구에 배치된 효과인 B와 $A\times B$는 분할구 오차로 유의성을 검정한다. 이를 정리하면, **분할법 II의 모형**은 다음과 같다.

$$x_{ijk}=\mu+r_k+\alpha_i+\boxed{(r\alpha)_{ik}+\varepsilon_{1(ik)}}+\beta_j+(\alpha\beta)_{ij}+\varepsilon_{2(ijk)}$$

$\varepsilon_{1(ik)}$: 주구 오차 & A*Rep 와 교락.

$\varepsilon_{2(ijk)}$: 분할구 오차 (5.15)

여기서 $k=1,2,3,\ i=1,\ j=1,2$이다.

예제 5.4

어떤 전자부품을 오븐 속에 넣고 몇 분간 고온으로 가열한 다음 부품이 정상 작동한 수명을 측정한다. 여기서 관심 요인은 오븐의 온도 A와 가열 시간 B이다. 즉, 이런 실험을 통하여 온도와 가열시간이 부품의 특성(예를 들어 수명)에 어떤 영향을 끼치는지 알고 싶다. 그런데 오븐 온도는 수준변경이 어려운 요인이지만 가열시간은 수준변경이 용이한 요인이다. 실용적인 실험설계는 오븐온도를 랜덤하게 선택하여 정해진 온도로 가열한 다음, 부품 3개를 동시에 오븐에 넣고 5분 후에 1개를 꺼내고, 10분 후에 다시 1개를 꺼내고, 15분 후에 남은 1개를 마저 꺼내서 수명 검사를 하는 것이다. 두 단계의 랜덤화 과정은 다음과 같이 표현된다.

반복 1

A_3	A_2	A_1	A_4
B_2	B_1	B_3	B_1
B_3	B_3	B_1	B_3
B_1	B_2	B_2	B_2

반복 2와 반복 3에도 동일한 방법으로 실험실시.

그림 5.7 분할법 II의 두 단계의 랜덤화 과정

두 단계의 랜덤화 과정을 거친 분할법 II에 의한 전자부품수명 자료가 〈표 5.11〉에 주어진다.

표 5.11 전자부품 수명 자료

반복 R	가열시간 B(분)	온도 A (°F)			
		580	600	620	640
I	5	217	158	229	223
	10	233	138	186	227
	15	175	152	155	156
II	5	188	126	160	201
	10	201	130	170	181
	15	195	147	161	172
III	5	162	122	167	182
	10	170	185	181	201
	15	213	180	182	199

|풀이|

〈표 5.11〉에 주어진 실험자료를 가지고 이원배치법과 동일한 방법으로 SS_T, SS_R, SS_A, SS_B, $SS_{A\times B}$를 계산한다. 주구오차인 $\epsilon_{1(ik)}$는 Rep과 A의 상호작용효과인 $(r\alpha)_{ik}$와 교락이 되어 주구오차의 변동 SS_{E1}은 $SS_{R\times A}$과 동일하여

$$SS_{E1} = SS_{R\times A} = SS_{RA} - SS_R - SS_A$$

로 구해지고, 분할구오차 변동은

$$SS_{E2} = SS_T - (SS_R + SS_A + SS_{E1} + SS_B + SS_{A\times B})$$

이고, 분산분석표가 〈표 5.12〉와 같다.

표 5.12 부품의 수명 자료에 대한 분산분석표

변인	제곱합	자유도	평균제곱	F_0
반복	1962.7	2	981.4	
온도	12494.3	3	4164.8	14.08
주구오차	1773.9	6	295.7	0.48
시간	566.2	2	283.1	0.46
온도 × 시간	2600.4	6	433.4	0.70
세구오차	9933.3	16	620.8	
총	29331	35		

주구에 배치된 주효과 A는 p값이 0.004로 매우 유의하여 부품의 수명에 커다란 영향을 주고, 주효과 B, 상호작용효과 $A \times B$와 주구오차는 F 값이 1 미만(p값이 0.6 이상)으로 세구 오차항에 풀링할 수 있다. 따라서 부품의 수명은 부품이 노출된 오븐 온도에만 영향을 받고, 노출시간에는 영향을 받지 않는다.

5.5 Design Expert, Minitab과 R 활용

예제 5.1

● Design Expert 활용

〈예제 5.1〉의 데이터를 입력하기 위해 다음과 같이 실험계획을 설계한다. 이때 반복을 하나의 Block으로 취급하도록 체크한다.

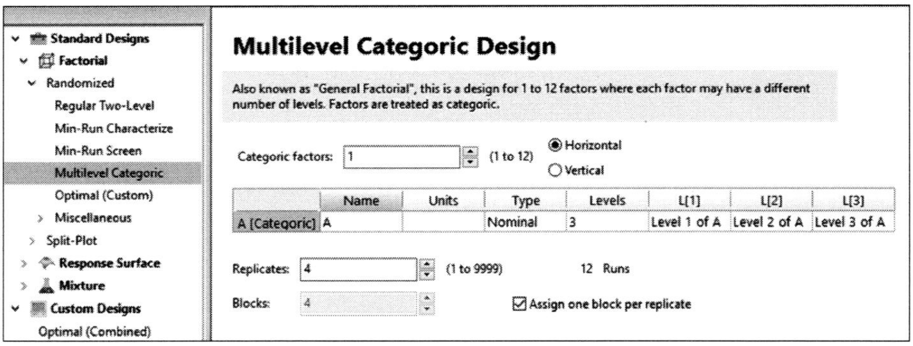

Std 순서대로 정렬시킨 뒤, 데이터를 입력한다.

Std	Block	Run	Factor 1 A:A	Response 1 R1
1	Block 1	3	Level 1 of A	98
2	Block 1	1	Level 2 of A	97.7
3	Block 1	2	Level 3 of A	96.5
4	Block 2	4	Level 1 of A	99
5	Block 2	6	Level 2 of A	98
6	Block 2	5	Level 3 of A	97.9
7	Block 3	9	Level 1 of A	98.6
8	Block 3	7	Level 2 of A	98.2
9	Block 3	8	Level 3 of A	96.9
10	Block 4	10	Level 1 of A	97.6
11	Block 4	12	Level 2 of A	97.3
12	Block 4	11	Level 3 of A	96.7

Analysis 가지의 반응변수 R1을 선택하고 [ANOVA] 탭을 선택하면 관심 있는 요인의 효과가 유의한지 알 수 있다.

yλ Transform | Effects | ANOVA | Diagnostics | Model Graphs

Analysis of Variance

ANOVA for selected factorial model

Response 1: R1

Source	Sum of Squares	df	Mean Square	F-value	p-value	
Block	2.22	3	0.7400			
Model	3.44	2	1.72	18.43	0.0027	significant
A-A	3.44	2	1.72	18.43	0.0027	
Residual	0.5600	6	0.0933			
Cor Total	6.22	11				

Factor coding is **Coded**.
Sum of squares is **Type II Classical**

주효과와 Block 효과의 크기가 주어지고, 관심요인인 가열온도(A)의 유의확률은 0.0027로 아주 작은 값을 가져서 가열온도에 따라서 강도가 차이가 있다고 결론을 내린다.

● Minitab 활용

〈예제 5.1〉의 랜덤화블록설계의 자료를 Minitab의 Worksheet에 입력한다.

↓	C1	C2	C3
	intensity	temp	day
1	98.0	70	1
2	97.7	80	1
3	96.5	90	1
4	99.0	70	2
5	98.0	80	2
6	97.9	90	2
7	98.6	70	3
8	98.2	80	3
9	96.9	90	3
10	97.6	70	4
11	97.3	80	4
12	96.7	90	4

분산분석표를 얻기 위해서 다음의 Minitab 절차를 실행한다.

- **[통계분석 → 분산분석 → 일반선형모형...]**을 선택한다.

- 반응을 intensity, 요인을 A, B로 선택한다. 그리고 교호작용 없이 블록인자인 Day를 random factor로 지정한다.
- [OK]를 클릭한다.

여기서 반복이 있는 이원배치법에서 보여준 실행절차인 Twoway 대신 General Linear Model을 선택한 이유는 각각의 효과에 대한 F_0값과 유의확률값의 출력결과를 보기 위함이다.

일반 선형 모형: intensity 대 temp, day

요인 정보

요인	유형	수준	값
temp	고정	3	70, 80, 90
day	랜덤	4	1, 2, 3, 4

분산 분석

출처	DF	Adj SS	Adj MS	F-값	P-값
temp	2	3.4400	1.72000	18.43	0.003
day	3	2.2200	0.74000	7.93	0.016
오차	6	0.5600	0.09333		
총계	11	6.2200			

관심요인인 가열온도(A)의 유의확률은 0.003으로 아주 작은 값을 가져서 가열온도에 따라서 강도가 차이가 있다고 결론을 내린다.

예제 5.4

● Design Expert 활용

〈예제 5.4〉의 실험설계를 생성하기 위해 Design Expert의 왼쪽 창에서 [Split–Plot] → [Multilevel Categoric]을 선택하고, 다음과 같이 실험계획을 설계한다. 수준 변경이 어려운 오븐의 온도(A) 요인은 [Change] 탭을 클릭하여 Hard로 바꿔주고, 상대적으로 수준 변경이 쉬운 가열 시간(B)은 Easy로 설정한다. 반복 횟수는 3이고, 블록을 반복으로 취급하도록 설정한다.

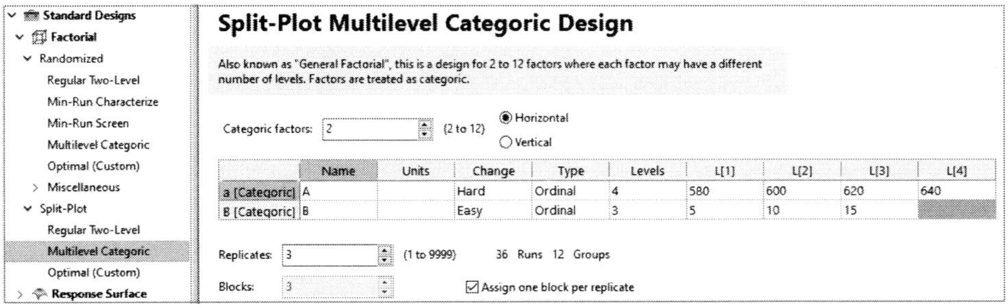

[Next] 클릭 후, 블록의 이름이 반복을 나타내도록 Rep 1, Rep 2, Rep 3로 입력한다. 반응변수의 이름은 수명(Time)으로 입력하고 실험설계를 마친다.

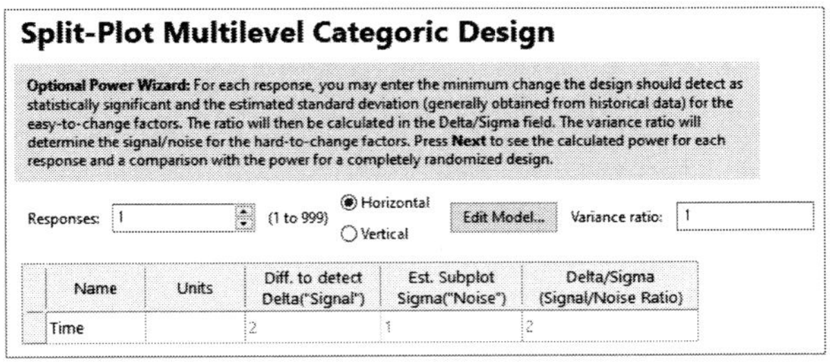

〈표 5.11〉의 자료를 다음과 같이 입력한다. 입력을 하는 단계에서는 Std 순서대로 정렬하는 것이 편하다. Std 셀에 마우스 오른쪽 버튼을 눌러 선택하면 된다.

Std	Block	Group	Run	Factor 1 a:A	Factor 2 B:B	Response 1 Time
1	Rep 1	4	10	580	5	217
2	Rep 1	4	11	580	10	233
3	Rep 1	4	12	580	15	175
4	Rep 1	3	7	600	5	158
5	Rep 1	3	8	600	10	138
6	Rep 1	3	9	600	15	152
7	Rep 1	1	1	620	5	229
8	Rep 1	1	2	620	10	186
9	Rep 1	1	3	620	15	155
10	Rep 1	2	5	640	5	223
11	Rep 1	2	4	640	10	227
12	Rep 1	2	6	640	15	156
13	Rep 2	8	24	580	5	188
14	Rep 2	8	22	580	10	201
15	Rep 2	8	23	580	15	195
16	Rep 2	7	19	600	5	126
17	Rep 2	7	20	600	10	130
18	Rep 2	7	21	600	15	147
19	Rep 2	5	13	620	5	160
20	Rep 2	5	14	620	10	170
21	Rep 2	5	15	620	15	161
22	Rep 2	6	18	640	5	201
23	Rep 2	6	17	640	10	181
24	Rep 2	6	16	640	15	172

[Analysis] 탭에서 반응변수인 [Time]을 선택하면 ANOVA Table을 확인할 수 있다. Design Expert에서의 분할구 분산분석은 restricted maximum likelihood estimation(RMLE) 방법을 이용한다. 분산분석표에서 주구 오차항의 분산인 σ_{E1}^2의 추정치가 음수로 나와서 $\sigma_{E1}^2 = 0$으로, 주구 오차는 분할구 오차로 풀링된다. 따라서 주구에 배치된 효과 A와 분할구에 배치된 효과들을 검정하기 위한 오차항의 자유도는 $\phi_E = \phi_{E1} + \phi_{E2} = 6 + 16 = 22$이고, 주구에 배치된 요인 A만 p값이 .001로 매우 작아 유의하고, 분할구 오차항에 배치된 효과들의 p값은 0.57 이상으로 오차항에 풀링할 수 있다.

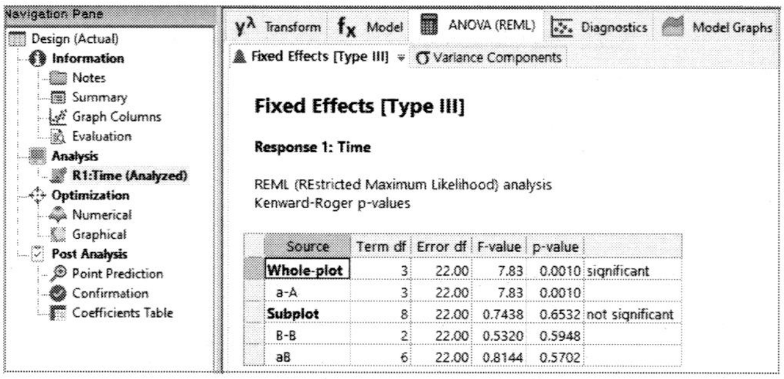

Fixed Effects [Type III]

Response 1: Time

REML (REstricted Maximum Likelihood) analysis
Kenward-Roger p-values

Source	Term df	Error df	F-value	p-value	
Whole-plot	3	22.00	7.83	0.0010	significant
a-A	3	22.00	7.83	0.0010	
Subplot	8	22.00	0.7438	0.6532	not significant
B-B	2	22.00	0.5320	0.5948	
aB	6	22.00	0.8144	0.5702	

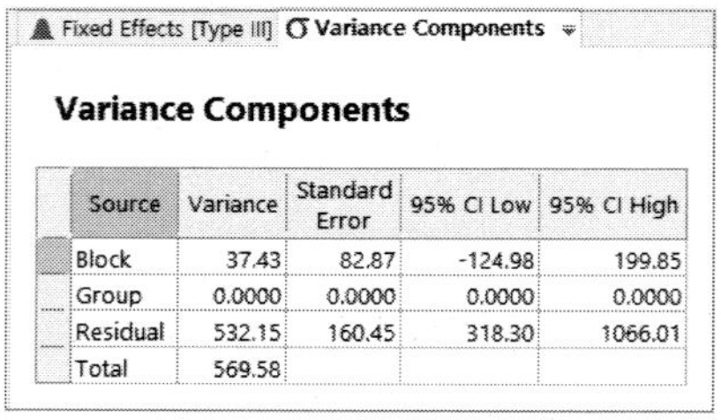

Variance Components

Source	Variance	Standard Error	95% CI Low	95% CI High
Block	37.43	82.87	-124.98	199.85
Group	0.0000	0.0000	0.0000	0.0000
Residual	532.15	160.45	318.30	1066.01
Total	569.58			

주효과 그림을 분석하여 보아도 인자 A만 각 수준별 평균의 차이가 보일뿐, 인자 B인 경우는 그렇지 않다.

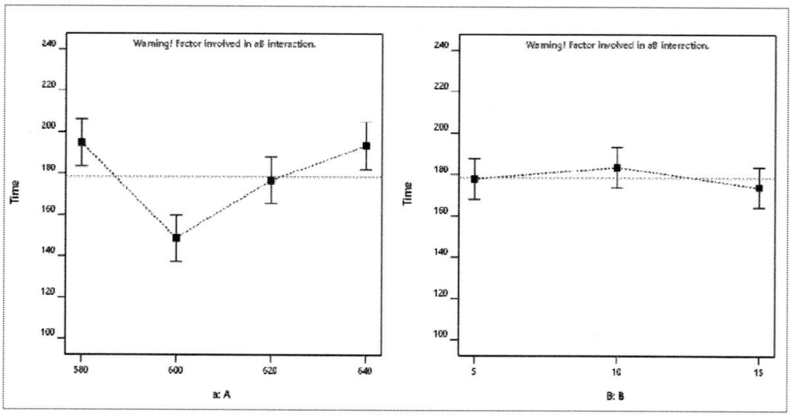

[f_X Model] 버튼을 클릭하고, B와 aB를 더블클릭하여 오차항으로 둔다. 다음 버튼인 [ANOVA] 버튼을 클릭하면 최종적으로 인자 A만 포함된 모형을 다음과 같이 보여 준다.

Fixed Effects [Type III] | Variance Components

Fixed Effects [Type III]

Response 1: Time

REML (REstricted Maximum Likelihood) analysis
Kenward-Roger p-values

Source	Term df	Error df	F-value	p-value	
Whole-plot	3	30.00	8.40	0.0003	significant
a-A	3	30.00	8.40	0.0003	

Fixed Effects [Type III] | Variance Components

Variance Components

Source	Variance	Standard Error	95% CI Low	95% CI High
Block	40.46	82.47	-121.18	202.11
Group	0.0000	0.0000	0.0000	0.0000
Residual	495.80	128.01	316.61	885.84
Total	536.26			

● Minitab 활용

〈표 5.11〉의 분할법 II 자료를 다음과 같이 입력한 후

	C1	C2	C3	C4	C5-T	C6-T	C7
	표준 순서	런 순서	점 유형	Rep	A	B	time
1	1	29	1	1	580	5	217
2	2	31	1	1	580	10	233
3	3	28	1	1	580	15	175
4	4	27	1	1	600	5	158
5	5	33	1	1	600	10	138
6	6	36	1	1	600	15	152
7	7	25	1	1	620	5	229
8	8	26	1	1	620	10	186
9	9	30	1	1	620	15	155
10	10	35	1	1	640	5	223
11	11	32	1	1	640	10	227
12	12	34	1	1	640	15	156
13	13	23	1	2	580	5	188
14	14	22	1	2	580	10	201
15	15	21	1	2	580	15	195
16	16	20	1	2	600	5	126

[분산분석 → 일반선형모형]에서 Rep, A, Rep*A, B, A*B를 지정한 다음 Rep는 랜덤으로 설정한다.

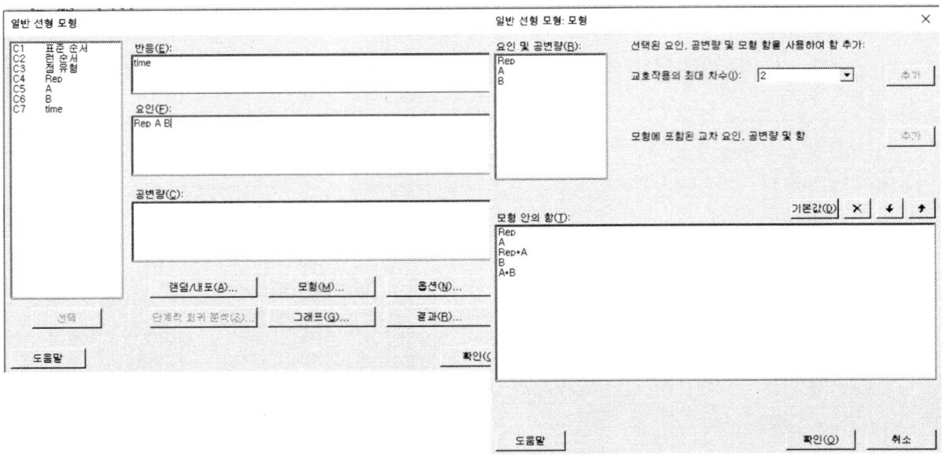

분산분석표에서 일차단위의 오차항 및 인자 A, 그리고 인자 A와 인자 B의 교호작용 모두 유의하지 않게 나온다.

일반 선형 모형: **time** 대 **Rep, A, B**

요인 정보

요인	유형	수준	값
Rep	랜덤	3	1, 2, 3
A	고정	4	580, 600, 620, 640
B	고정	3	5, 10, 15

분산 분석

출처	DF	Adj SS	Adj MS	F-값	P-값
Rep	2	1962.7	981.4	3.32	0.107
A	3	12494.3	4164.8	14.09	0.004
Rep*A	6	1773.9	295.7	0.48	0.816
B	2	566.2	283.1	0.46	0.642
A*B	6	2600.4	433.4	0.70	0.655
오차	16	9933.3	620.8		
총계	35	29331.0			

주효과 그림을 분석하여 보아도 인자 A만 각 수준별 평균의 차이가 보일뿐 인자 B인 경우는 그렇지 않다.

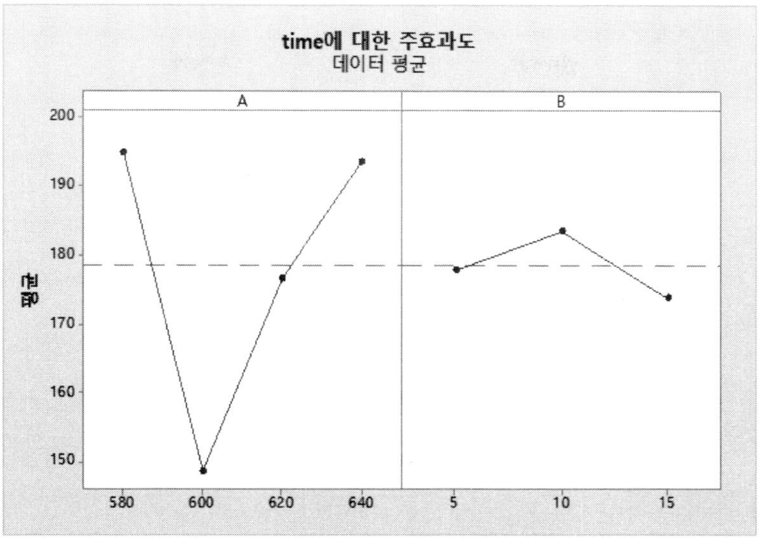

최종적으로 인자 A만 포함된 모형을 보여 준다.

일반 선형 모형: **time** 대 **Rep, A**

요인 정보

요인	유형	수준	값
Rep	랜덤	3	1, 2, 3
A	고정	4	580, 600, 620, 640

분산 분석

출처	DF	Adj SS	Adj MS	F-값	P-값
Rep	2	1963	981.4	1.98	0.156
A	3	12494	4164.8	8.40	0.000
오차	30	14874	495.8		
총계	35	29331			

● R 활용

〈예제 5.4〉 분할법 II 자료의 Data를 만든다.

```
rep<- as.factor(rep(c(1:3), each=12))
a<- as.factor(rep(c(580, 600, 620, 640), each=3, times=3))
b<- as.factor(rep(c(5, 10, 15), times=12))

time<-c(217, 233, 175, 158, 138, 152, 229, 186, 155, 223, 227, 156,
        188, 201, 195, 126, 130, 147, 160, 170, 161, 201, 181, 172,
        162, 170, 213, 122, 185, 180, 167, 181, 182, 182, 201, 199)

df<- data.frame(rep=rep, a=a, b=b, time=time)
```

분산분석표를 얻기 위해서 다음의 R code를 실행한다.

```
model<- aov(time ~ rep + a*b + Error(rep:a), data=df)
summary(model)
```

```
## Error: rep:a
##           Df Sum Sq Mean Sq F value Pr(>F)
## rep        2   1963     981   3.319  0.107
## a          3  12494    4165  14.086  0.004 **
## Residuals  6   1774     296
## ---
## Signif. codes:  0 '***' 0.001 '**' 0.01 '*' 0.05 '.' 0.1 ' ' 1
##
## Error: Within
##           Df Sum Sq Mean Sq F value Pr(>F)
## b          2    566   283.1   0.456  0.642
## a:b        6   2600   433.4   0.698  0.655
## Residuals 16   9933   620.8
```

주효과 그림은 다음과 같다.

```
df1<- df %>% group_by(a) %>% summarise(mean.y=mean(time))
df2<- df %>% group_by(b) %>% summarise(mean.y=mean(time))
df.new<- data.frame(effect=c(rep("A", 4), rep("B", 3)),
level=as.factor(c(df1$a, df2$b)), mean.y=c(df1$mean.y,
df2$mean.y))

ggplot(df.new, aes(x=level, y=mean.y)) +
  geom_line(aes(group=1)) + geom_point() + facet_wrap(~effect )
```

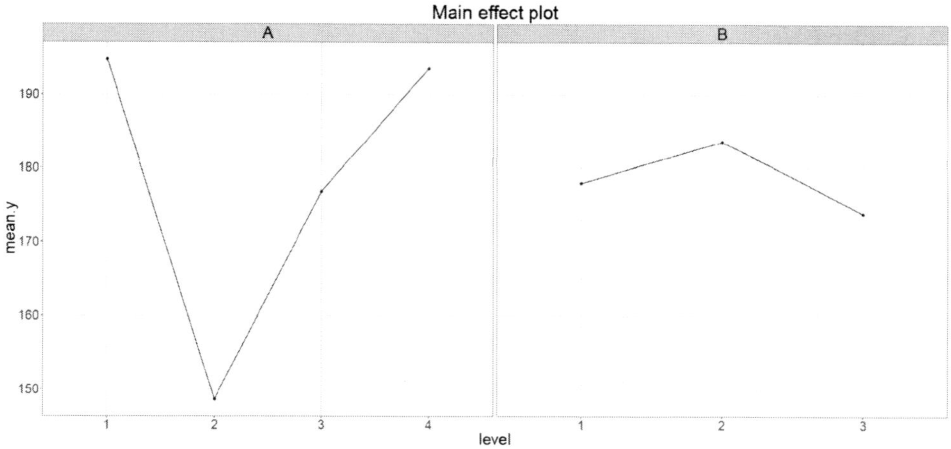

최종적으로 인자 A만 포함된 모형을 보여 준다.

```
model<- aov(time ~ rep + a , data=df)
summary(model)
```

```
##             Df Sum Sq Mean Sq F value   Pr(>F)    
## rep          2   1963     981   1.979 0.155794    
## a            3  12494    4165   8.400 0.000334 ***
## Residuals   30  14874     496                     
## ---
## Signif. codes:  0 '***' 0.001 '**' 0.01 '*' 0.05 '.' 0.1 ' ' 1
```

연습문제

1 라틴정방설계의 수준수를 k라고 하면, 총실험수는?

2 제품의 합성수율에 대한 영향을 조사할 목적으로, 랜덤하게 5일간 ($B_1 B_2, \cdots, B_5$)을 택하고, 각 일마다 촉매량 (A_1, A_2, A_3)로 랜덤하게 변화시켜 실험한 후 수율을 조사한 결과 다음과 같다. 분석하라.

촉매량 \ 실험일	B_1	B_2	B_3	B_4	B_5
A_1	78.3	77.1	78.2	78.1	77.7
A_2	79.3	78.2	80.1	79.7	79.3
A_3	77.0	78.0	77.4	78.4	77.1

3 재료와 제조 방법을 달리하여 제조한 4종류의 케이크(A, B, C, D)의 부드러운 정도를 평가한다. 반죽을 혼합하는 사람(열)과 반죽이 오븐 안에 놓이는 위치(행)에 따르는 차이를 제거하기 위하여 4 × 4 라틴정방실험을 설계하였다. 즉, 4사람이 각각 동시에 서로 다른 종류의 케이크 반죽을 혼합하여 사등분한 다음, 선택된 라틴정방으로 결정된 오븐 내 위치에 놓고 케이크를 구웠다. 구워진 케이크의 부드러운 정도는 기구를 이용하여 자동 계측하였다. 데이터를 분석하라.

행(오븐내 위치)	열(반죽하는 사람)			
	1	2	3	4
1	C 21	B 47	A 31	D 49
2	A 35	D 49	C 29	B 44
3	B 42	A 38	D 51	C 27
4	D 53	C 25	B 40	A 32

4 5 × 5 라틴정방설계법에서 오차항의 자유도는?

5 어떤 제품에 대해서 2수준의 재료의 배합(A)과 3수준의 처리 방법(B)이 품질 특성인 신도에 주는 영향을 측정하는 실험을 계획한다. 실험순서는 재료의 배합을 먼저 랜덤하게 선택하여 결정하고, 선택된 재료의 배합에서 3개의 처리 방법을 랜덤하게 선택하여 실험을 실시한다. 그 다음에 두 번째로 랜덤하게 선택된 재료의 배합에서도 3수준인 처리 방법을 랜덤한 순서로 결정하여, 실험을 각각 실시한다. 동일한 과정을 반복(r = 2) 실시해서 얻어진 총 12개의 실험자료를 분석하려 한다.

(1) 이 실험계획법의 모형을 써라.

(2) 위의 실험자료를 2개의 재료의 배합(A), 3개의 처리방법(B), 2회 반복(r)을 인자로 취급하여, 인자 3개의 반복이 없는 3원배치법으로 분석하여 얻은 분산분석표가 다음과 같다. 이 분산분석표를 활용하여, (1)의 실험계획법모형에 대한 분산분석표를 다시 작성하라.

Source	DF	Seq SS	Adj SS	Adj MS	F	P
A	1	0.12000	0.12000	0.12000	144.00	0.007
B	2	3.01500	3.01500	1.50750	1809.00	0.001
r	1	0.05333	0.05333	0.05333	64.00	0.015
A*B	2	0.96500	0.96500	0.48250	579.00	0.002
A*r	1	0.00333	0.00333	0.00333	4.00	0.184
B*r	2	0.37167	0.37167	0.18583	223.00	0.004
Error	2	0.00167	0.00167	0.00083		
Total	11	4.53000				

6 회귀분석

6.1 회귀분석의 기본 개념

많은 사회, 과학 분야의 연구에서 우리가 관심이 있는 한 변수가 관련된 다른 여러 변수들에 의해 영향을 받는지를 조사하는 것은 흥미로운 일이다. 사실 변수들 간에 간단한 함수관계가 존재할지도 모르는 일이다. 예를 들면 한 화학공정의 결과 얻은 산출량이 공정온도에 따라서 어떻게 변화하는가를 알아보는 경우, 페인트의 불순도가 페인트를 휘젓는 속도에 따라서 영향을 받는가를 알아보는 경우, 또는 중고차의 가격이 나이, 주행거리, 차종에 따라서 얼마나 설명 또는 예측이 잘 되는가를 살펴보는 경우 등이 있다.

위와 같은 예에서 두 종류의 변수들을 구분할 수 있다. 불순도, 중고차의 가격 등과 같이 우리가 관심이 있는 변수를 **종속변수(dependent variable)** 또는 **반응변수(response variable)**라고 하고, 휘젓는 속도, 나이, 주행거리, 차종 등과 같이 반응변수를 설명하는 데 도움이 되는 변수를 **독립변수(independent variable)** 혹은 **설명변수(explanatory variable)** 또는 **회귀변수(regressor variable)**라고 부른다. 반응변수와 설명변수들 간의 함수관계를 주어진 자료를 통하여 분석하는 방법을 **회귀분석(regression analysis)**이라고 한다.

회귀분석은 일반적으로 통계적 모형의 설정으로부터 시작된다. 예를 들어 어떤 화학공정에서 공정온도(x)가 증가하면 수율(Y)이 향상되는 경향이 있다는 사실이 알려져 있는 경우를 가정해 보자. 두 변수 사이에는 어느 정도의 직선관계가 있지만 수율이 공정온도만으로 완벽히 설명되지 않는다면 수율은 공정온도와의 관계에서 직선관계로 결정되는 부분과 미지의 오차의 합으로 되어 있다고 생각할 수 있다. 이러한 관계를 통계적 관계라고 한다. 경향을 반영하는 부분을 통계적 모형을 이용하여 표현하면 다음과 같은 단순선형회귀모형(simple linear regression model)으로 나타낼 수 있다.

$$Y = \beta_0 + \beta_1 x + \varepsilon \tag{6.1}$$

모형 (6.1)은 반응변수 Y를 설명변수 x에 대한 일차식으로 설명하려는 회귀모형이며, ε은 측정오차이다. 그리고 설명변수 x는 실험자가 오차 없이 그 값을 정확히 조절할 수 있다고 가정한다. 반면에 주어진 x값에 대응되는 반응변수 Y의 값을 측정하는 데는 항상 오차가 존재하며, 이 오차를 ε으로 표기하고 $N(0,\sigma^2)$ 분포를 따른다고 가정한다. 그리고 β_0와 β_1은 알지 못하는 값으로서 우리가 주어진 자료

$(x_i, y_i),\ i=1,\ldots,n$의 분석을 거쳐 그 값을 추정하려는 상수이며, 회귀계수(regression coefficient), 또는 모수(parameter)라고 부른다.

단순선형회귀모형을 분석하는 절차를 단순회귀분석이라고 한다. 하지만 반응변수를 설명하는데 있어 하나의 설명변수로는 충분하지 않은 경우가 대부분이며, 설명력 있는 여러 개의 설명변수들을 잘 선택하여 이들의 함수로써 회귀모형을 만들어야 할 때가 많다. 예를 들어 주가를 설명하는 변수에는 기업의 순이익 이외에도 내부유보, 부채비율, 매출액 등 많은 변수가 있을 수 있고, 중고차의 가격이 나이, 주행거리, 차종에 따라서 얼마나 설명 또는 예측이 잘 되는가를 살펴보는 경우 등이다. 이와 같이 반응변수의 변화를 설명하기 위하여 k개($k \geq 2$)의 설명변수가 사용된 경우를 다중선형회귀모형(multiple linear regression model)이라고 하며 다음과 같이 쓸 수 있다.

$$Y = \beta_0 + \beta_1 x_1 + \beta_2 x_2 + \cdots + \beta_k x_k + \varepsilon \tag{6.2}$$

물론 $k=1$일 때 모형 (6.2)는 단순선형회귀모형이 된다.

선형회귀모형이라고 할 때에는 언제나 회귀모형이 회귀계수인 β_i들에 대하여 선형임을 뜻한다. 따라서 다음과 같은 모형도 선형회귀모형의 범주에 속한다.

$$Y = \beta_0 + \beta_1 x + \beta_2 x^2 + \cdots + \beta_k x^k + \varepsilon \tag{6.3}$$

특히 모형 (6.3)과 같은 형식을 다항회귀모형(polynomial regression model)이라고 부르며, 반응변수와 설명변수와의 관계가 곡선관계인 경우를 포함하고자 할 때 사용된다. 이와 같은 회귀모형을 바탕으로 다양한 회귀분석의 활용이 가능하다. 예를 들면 반응변수에 영향을 주리라 기대되는 많은 설명변수들 중에서 핵심적인 소수의 설명변수를 선별할 수 있으며, 반응변수와 설명변수들 사이의 관계식을 도출하여 주어진 설명변수들의 값에서 반응변수의 평균를 예측하는 데 사용할 수 있고, 바람직한 반응변수의 평균값를 위한 설명변수들의 최적 조건을 선정하기 위한 목적으로도 사용할 수 있다. 우선 앞으로 다루게 될 회귀분석의 절차에 대하여 간략히 정리해 보기로 하자.

- **단계 1** : 반응변수와 설명변수들의 관계를 적절히 설명해 주리라 기대되는 모형을 설정한다. 이때 모형에는 오차항에 대한 가정이 포함된다.
- **단계 2** : 데이터를 통하여 회귀계수를 추정함으로써 적합된 모형(fitted model)을 도출한다. 이때 흔히 최소제곱법이 활용된다.

- **단계 3** : 추정된 회귀계수와 회귀식에 대하여 분산분석을 실시하고, R^2, $adj-R^2$ R^2_{pred}, C_p, AIC, BIC 등과 같은 모형 평가 통계량을 구한다.
- **단계 4** : 가정된 모형에 대한 타당성을 확인하기 위해서 잔차 그림을 통해서 모형의 적절성을 검토한다. 이때 문제가 발견되면 변수변환 등의 조치를 취한 후 적절한 전 단계로 돌아가거나 이 모형을 적절한 모형의 후보모형에서 제외시킨다.
- **단계 5** : 잔차그림에 하자가 없는 모형들 중에서 모형 평가 통계량을 비교하여 적절한 모형의 우선순위를 정한다. 최종적으로 가능하면 두 개 이상의 적절한 모형을 추천하고, 각각의 도출된 회귀식을 이용하여 반응변수 값을 예측하거나 최적조건을 구하는 데 활용한다.

6.2 산점도

반응변수와 설명변수 사이에 관계식을 유도하기 전에 먼저 결정해야 할 일은 관계식의 함수형태가 직선식인지 아니면 곡선효과가 존재하는 이차식인지 등을 결정하는 일이다. 이러한 관계식의 함수형태는 자료에 대한 이론적 토대, 경험 혹은 산점도에 의해 결정될 수 있다. 이중 특히 산점도는 자료의 개략적인 형태를 한눈에 보여 주기 때문에 관계식의 함수형태를 결정하는 데 가장 손쉽게 사용될 수 있다. 산점도(scatter diagram)란 n쌍의 관측값 (x_i, y_i)들을 이차원 좌표평면에 점으로 표시한 것이다. 보통 설명변수 x를 수평축에, 반응변수 y를 수직축에 표시한다.

예제 6.1

어떤 화학공정의 결과 얻어진 산출량에 미치는 공정온도의 영향에 대한 연구가 행해져 실험결과로 다음과 같이 코드화된 표 6.1의 자료를 얻게 되었다.

표 6.1 화학공정의 공정온도와 산출량

시행순서(i)	공정온도(x)	산출량 (y)
1	3	6
2	2	5
3	6	12
4	8	17
5	4	9
6	5	11
7	6	14
8	3	7
9	7	15
10	6	13

공정온도를 독립변수 x로 하고 산출량을 종속변수 Y로 택하여 산점도를 그려보면 〈그림 6.1〉과 같다. 〈그림 6.1〉은 공정온도 x의 증가에 따라 산출량 Y가 점점 증가하는 관계를 명확하게 제시하고 있고, 대략 그 관계가 직선임을 짐작할 수 있다. 그러나 선형관계가 완벽하지는 않다. 예를 들면 $x=6$에서의 흩어진 세 개의 점은 산출량 Y의 모든 변이도가 공정온도 x만으로는 설명이 되지 않는 것을 말한다. 이러한 관계를 통계적 관계(statistical relation)라고 부른다.

〈그림 6.2〉와 같은 산점도를 얻었을 경우에는 x와 Y의 통계적인 관계가 직선이 아니라 곡선임을 나타낸다.

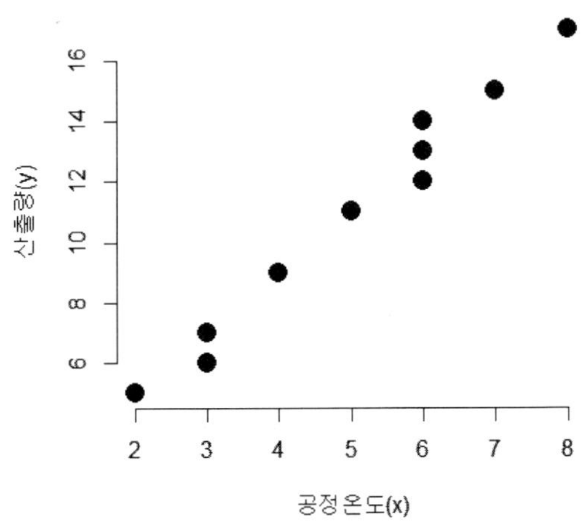

그림 6.1 공정온도와 산출량의 산점도

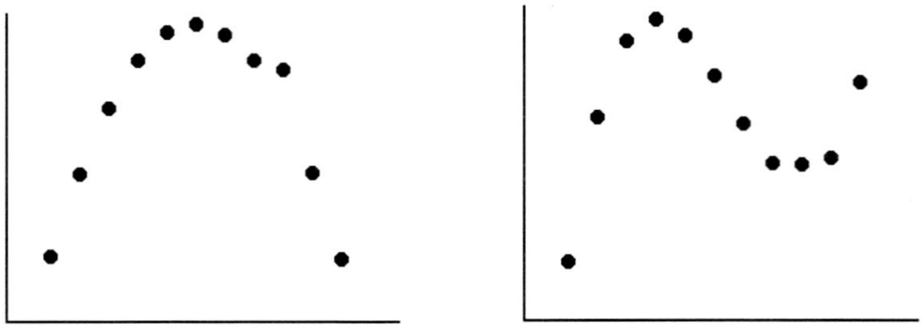

그림 6.2 곡선관계를 나타내는 자료의 산점도

6.3 단순선형회귀분석

단순선형회귀분석은 반응변수 y와 회귀변수 x 간의 관계를 가장 간단한 관계식인 일차식으로 파악하려는 통계 분석법으로 단순선형회귀모형은 다음과 같이 요약할 수 있다.

$$y = \beta_0 + \beta_1 x + \epsilon \tag{6.4}$$

여기서

y = 반응변수. 관측에 오차가 따른다.

x = 회귀변수. 오차 없이 실험자가 수준값을 조절할 수 있다.

β_0, β_1 = 회귀계수. 데이터에서 추정해야 할 모수이다.

ε = 오차이고 $N(0,\sigma^2)$을 따른다고 가정한다. 오차분산 σ^2의 값은 알지 못한다.

모형 (6.4)하에서 두 변수 (x,y)에 대한 n개의 관측 $(x_1,y_1),(x_2,y_2),\ldots,\ (x_n,y_n)$을 얻었다고 가정하자. 그러면 모형 (6.4)는 다시 (6.5)와 같이 표현될 수 있다.

$$y_i = \beta_0 + \beta_1 x_i + \epsilon_i\,,\quad i = 1,2,\cdots,n \tag{6.5}$$

여기서 오차항 ϵ_i들은 서로 독립이며 평균이 0이고 분산이 σ^2인 동일한 정규분포를 따른다. 이때 정규분포의 분산 σ^2 역시 자료에서 추정해야 하는 미지의 모수이다. 이때 y_i의 분포는 오차의 분포를 종모양 분포의 중심이 $\beta_0 + \beta_1 x_i$가 되도록 평행이동하였으므로 역시 정규분포를 따르며, $y_i \sim N(\beta_0+\beta_1 x_i, \sigma^2)$, $i=1,2,\cdots,n$이다. 즉 설명변수 x의 값이 x_i로 주어진 경우 반응변수 y 모집단은 종 모양의 정규분포를 따르는데, 평균은 직선상의 값인 $\beta_0+\beta_1 x_i$이고, 분포의 모양은 x의 값에 관계없이 동일하다.

식 (6.5)의 양변에 기댓값을 취하면

$$E(y_i)=\beta_0+\beta_1 x_i, \quad i=1,2,\cdots,n \tag{6.6}$$

가 되며, 회귀분석에서 우리가 시도하는 첫 번째 분석 과정은 식 (6.6)의 두 회귀계수 β_0과 β_1을 추정하는 것이다. 선형회귀분석에서 β_0은 흔히 절편(intercept), β_1은 독립변수 x에 대한 **기울기(slope)**라고 부른다.

자료로부터 β_0, β_1의 추정값을 구하여 그것들을 각각 b_0, b_1으로 표기한다고 가정하자. 이때, 우리가 자료로부터 추정하려던 회귀식은

$$\hat{y_i}=b_0+b_1 x_i, \quad i=1,2,\cdots,n \tag{6.7}$$

과 같이 표기되며, 식 (6.7)을 **적합된 회귀직선(fitted regression line)**이라고 부른다. 식 (6.7)에서 $\hat{y_i}$는 회귀변수의 값이 x_i일 때 적합된 회귀선에 의거한 반응변수 y_i에 대한 예측값이다. 원래의 값 y_i와 적합된 회귀선에 의하여 예측된 $\hat{y_i}$의 값이 일치하는 경우는 거의 없으며, 특히 이 두 값의 차이를 잔차(residual)라고 부른다. 앞으로 잔차는 e_i로 표기한다.

$$e_i=y_i-\hat{y_i}, \quad i=1,2,\cdots,n \tag{6.8}$$

잔차는 오차 ϵ_i의 추정값이며, 회귀선이 자료에 얼마나 잘 적합되는지를 판단하는 중요한 도구이고 오차의 가정인 서로 독립이고 $N(0,\sigma^2)$를 따르는지를 확인하는 데 활용된다.

회귀계수 β_0, β_1은 **최소제곱법(least squares method)**을 사용하여 추정한다. 최소제곱법은 주어진 자료에 잘 적합되는 회귀계수를 찾는 한 가지 방법이다. 우리는 산점도에 나타난 자료점들이 회귀직선 주위에 조밀하게 있도록, 즉 자료점들을 잘 대표하는 회귀직선의 가울기와 절편을 결정하고 싶다. 이를 위한 계량적인 방법으로, 각 자료점에서 y_i와 회귀직선상의 값인 $\beta_0+\beta_1 x_i$의 차이인 오차들의 제곱합을 최소로 하는 회귀계수의 추정값을 구하는 것이다. 즉, 각각의 자료점에서 추정된 회귀직선 사이의 거리의 제곱을 모두 합한 값이 최소가 되도록 회귀계수들이 추정된다.

모형 (6.5)에서 오차항 ϵ_i는 다음과 같이 표현할 수 있다.

$$\epsilon_i = y_i - (\beta_0 + \beta_1 x_i)$$

최소제곱법에서는 오차들의 제곱합을 최소로 하는 회귀계수를 추정하는데, 오차들의 제곱의 합은 식 (6.9)와 같이 쓸 수 있다.

$$\sum_{i=1}^{n} \epsilon_i^2 = \sum_{i=1}^{n} [y_i - (\beta_0 + \beta_1 x_i)]^2 \equiv Q \tag{6.9}$$

그렇다면 Q를 최소화하는 β_0과 β_1의 추정값을 어떻게 구할 수 있을까? 식 (6.9)는 아래로 볼록인 2차식으로 convex 함수이기에 정상점(stationay point)에서 최소값을 갖는다. 따라서 식 (6.9)를 최소화하기 위하여 Q를 β_0과 β_1에 대하여 각각 편미분한 후 결과되는 식을 0으로 놓고 β_0과 β_1에 대하여 풀면 되는데, 실제로 Q를 β_0과 β_1에 대하여 편미분한 결과를 정리하면 식 (6.10)과 같은 연립방정식을 얻게 되며, 식 (6.10)을 **정규방정식(normal equations)**이라고 부른다.

$$\frac{\partial Q}{\partial \beta_0} = 0 \quad \Leftrightarrow \quad \sum_{i=1}^{n} [y_i - (\beta_0 + \beta_1 x_i)] = 0 \tag{6.10}$$

$$\frac{\partial Q}{\partial \beta_1} = 0 \quad \Leftrightarrow \quad \sum_{i=1}^{n} x_i \, [y_i - (\beta_0 + \beta_1 x_i)] = 0$$

연립방정식 (6.10)을 β_0과 β_1에 대하여 풀어, 그 결과를 b_0와 b_1으로 표기하면, 다음과 같은 β_0와 β_1에 대한 최소제곱추정량(least squares estimator)을 구할 수 있다.

$$b_1 = \frac{S_{xy}}{S_{xx}}, \qquad b_0 = \overline{y} - b_1 \overline{x} \tag{6.11}$$

여기서

$$\overline{y} = \sum_{i=1}^{n} y_i / n, \qquad \overline{x} = \sum_{i=1}^{n} x_i / n$$

$$S_{xy} = \sum_{i=1}^{n} (x_i - \overline{x})(y_i - \overline{y})$$

$$S_{xx} = \sum_{i=1}^{n} (x_i - \overline{x})(x_i - \overline{x}) = \sum_{i=1}^{n} (x_i - \overline{x})^2$$

참고로, b_0와 b_1은 각각 β_0, β_1에 대한 불편추정치이다.

식 (6.11)을 식 (6.7)에 대입하면 $\hat{y_i} = \overline{y} + b_1(x_i - \overline{x})$가 되어 추정된 회귀직선은 $(\overline{x}, \overline{y})$를 지난다.

예제 6.2

화학공정에서 어떤 생성물의 불순도는 화학물질을 얼마나 빨리 휘저어 주는가에 따라 달라진다고 한다. 다음 표는 휘젓는 장치의 회전률(x)과 그때 발생하는 불순도(y)를 측정한 데이터이다. 산점도를 그려보고, 단순선형회귀모형 $y = \beta_0 + \beta_1 x + \epsilon$을 가정하여 회귀계수와 적합된 회귀직선을 구하라.

x (rpm)	20	22	24	26	28	30	32	34	36	38	40	142
y (%)	8.4	9.5	11.8	10.4	13.3	14.8	13.2	14.7	16.4	16.5	18.9	18.5

〈그림 6.3〉는 생성물의 불순도 데이터에 대한 산점도이다. 이 산점도를 보면 x와 y 간에는 선형 관계가 존재하는 것을 알 수 있다. 따라서 회귀모형 $y = \beta_0 + \beta_1 x + \epsilon$이 데이터에 잘 적합될 것으로 기대된다.

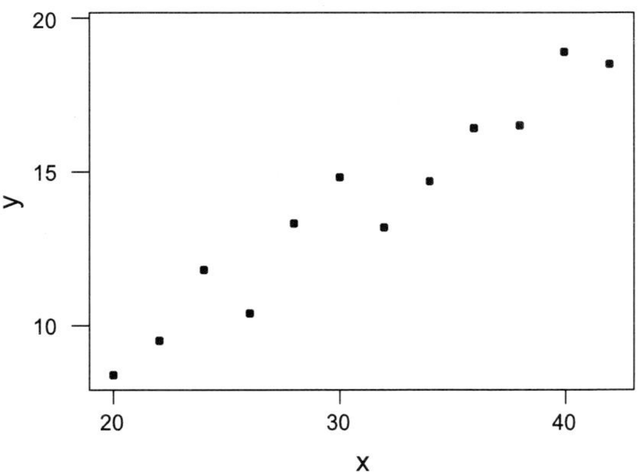

그림 6.3 생성물의 불순도 데이터에 대한 산점도

최소제곱법을 사용하여 회귀계수를 구해 보자.

$$n = 12, \quad \overline{x} = 31, \quad \overline{y} = 13.87$$

$$S_{xx} = 572, \quad S_{xy} = 261.2$$

따라서 추정된 회귀계수와 적합된 회귀직선은 다음과 같다.

$$\widehat{\beta_1} = b_1 = \frac{S_{xy}}{S_{xx}} = \frac{261.2}{572} = 0.4566$$

$$\widehat{\beta_0} = b_0 = \overline{y} - b_1\overline{x} = 13.87 - 0.4566 \times 31 = -0.2879$$

$$\hat{y} = -0.2879 + 0.4566x$$

6.4 회귀직선의 유의성 검정

6.3절에서는 최소제곱법을 이용한 회귀계수의 추정 문제를 다루었다. 회귀계수를 추정하여 주어진 데이터에 회귀직선을 적합시킨 연후에 대두되는 중요한 문제는, 이와 같이 적합된 회귀직선이 얼마나 자료에 잘 들어맞는지를 확인하는 것이다. 애써 회귀직선을 적합하였더라도 회귀 관계가 통계적으로 유의하지 않다면 더 이상의 분석을 진행할 필요가 없기 때문이다.

만일 두 변수 사이에 회귀 관계가 없다면 당연히 반응변수의 값은 설명변수 값의 변화에 전혀 영향을 받지 않아야 한다. 단순선형회귀모형에서 설명변수 값의 변화를 반응변수로 보내는 부분은 바로 회귀계수 β_1이다. 절편 β_0은 설명변수 x의 값에 전혀 상관이 없다. 결국, 두 변수 사이에 회귀관계가 없다면 β_1의 값은 0이 될 것이다. 이 경우 축소된 모형은

$$y_i = \beta_0 + \epsilon_i \tag{6.12}$$

과 같이 쓸 수 있으며, 흔히 β_0라는 표현 대신에 모평균 μ로 표시한다. 모형 (6.12) 하에서 최소제곱법으로 β_0의 추정량 b_0을 계산해 보면 $b_0 = \overline{y}$가 된다. 다시 말해서, 회귀관계가 전혀 없다면 설명변수 x의 값에 관계없이 반응변수 y의 모집단은 하나이

고, 모평균의 추정치는 표본평균이기에, y_i값의 예측치는 자료평균인 $\overline{y}$이고, 자료평균에 의해서 설명할 수 없는 부분인 y_i값의 불확실성의 측도인 총편차는 $y_i - \overline{y}$이다. 단순선형회귀모형인 식 (6.5)를 가정하면, i번째 자료점에서의 예측치가 추정된 회귀직선상의 값인 $\hat{y_i}$임을 고려하여, 총편차를 회귀직선에 의해서 설명할 수 있는 부분인 $\hat{y_i} - \overline{y}$과 설명할 수 없는 부분인 $y_i - \hat{y_i}$으로 다음과 같이 분해할 수 있다.

$$y_i - \overline{y} = (y_i - \hat{y}_i) + (\hat{y}_i - \overline{y}) \tag{6.13}$$

여기서 좌우의 식들은 서로 동일하다. 식 (6.13)의 의미를 다시 살펴보면

(관측값과 평균과의 차이) = (관측값과 적합된 값과의 차이)
+ (적합된 값과 평균과의 차이)

라고 할 수 있다. 관측값과 적합된 값과의 차이는 바로 잔차이다. 그리고 잔차는 회귀직선에 의해서도 설명할 수 없는 부분으로 관측값의 회귀직선 둘레의 오차에 대한 추정값이므로 이 값은 작으면 작을수록 좋다. 따라서 회귀직선이 자료에 잘 적합되려면, 총편차인 (관측값과 평균과의 차이)가 대부분 회귀직선에 의해 설명된 부분에 해당되는 (적합된 값과 평균과의 차이)로 나타나야 한다.

이러한 기본적인 아이디어는 실험계획의 분산분석에서 나타나는 제곱합의 분할 형태로 귀착되어 식 (6.13)의 양변을 제곱하여 각 자료점에서 합하면, 식 (6.14)와 같이 자료의 총제곱합이 잔차제곱합과 회귀직선에 의해서 설명되는 회귀제곱합으로 분할된다.

$$\begin{aligned} \sum_{i=1}^{n}(y_i - \overline{y})^2 &= \sum_{i=1}^{n}[(y_i - \hat{y_i}) + (\hat{y_i} - \overline{y})]^2 \\ &= \sum_{i=1}^{n}(y_i - \hat{y_i})^2 + \sum_{i=1}^{n}(\hat{y_i} - \overline{y})^2 \\ \Leftrightarrow \quad SS_T \quad &= \quad SS_E \quad + \quad SS_R \\ \Leftrightarrow \quad \text{총제곱합} \quad &= \quad \text{잔차제곱합} + \text{회귀제곱합} \end{aligned} \tag{6.14}$$

그리고 총제곱합의 자유도도 다음과 같이 잔차제곱합의 자유도와 회귀제곱합의 자유도의 합으로 분할된다.

$$n-1 = (n-2) + 1$$

$$\phi_T = \phi_E + \phi_R$$

또한 자유도 하나당 제곱합의 크기인 회귀제곱평균 MS_R과 잔차제곱평균 MS_E는 SS_R과 SS_E를 각각의 자유도로 나누어 구한다.

식 (6.14)에서 각 제곱합을 계산하는 공식은 다음과 같이 요약된다.

$$SS_T = \sum_{i=1}^{n}(y_i - \bar{y})^2 = S_{yy}$$

$$SS_R = \sum_{i=1}^{n}(\hat{y} - \bar{y})^2 = b_1^2 S_{xx} (= b_1 S_{xy})$$

$$SS_E = \sum_{i=1}^{n}(y_i - \hat{y})^2 = S_{yy} - b_1^2 S_{xx}$$

$\phi_R = 1$인 이유는 회귀제곱합 SS_R이 설명변수 x에 의해서 추가로 설명되는 변동으로 관측값들의 함수인 $b_1^2 S_{xx}$이고, b_1은 관측값들의 선형함수이다. SS_R이 하나의 관측값들의 선형함수의 제곱으로 표시되어서 $\phi_R = 1$이다. 잔차제곱합 SS_E는 n개의 잔자들의 제곱합인데, 각 자료점에서 잔차를 구하기 위해서 β_0, β_1의 최소제곱추정치인 b_0, b_1를 사용하였다. 즉, n개 중에서 2개를 사용하였기에 $\phi_E = n-2$이다.

그리고 SS_E는 SS_T와 SS_R을 먼저 계산한 다음 SS_T에서 SS_R을 빼서 구하는 것이 편하다.

총제곱합 SS_T는 '관측값과 평균과의 차이'에 대한 제곱합으로, 관측치들이 평균에서 얼마나 벗어나 있는지를 재는 측도로서 각 자료점에서 반응변수들의 값만 주어졌을 때에 불확실성의 측도이다. 회귀제곱합 SS_R은 '적합된 값과 평균과의 차이'에 대한 제곱합으로, 총변동 중 회귀직선으로 설명할 수 있는 부분이다. 오차(또는 잔차)제곱합 SS_E는 '관측값과 적합된 값과의 차이'에 대한 제곱합으로, 총변동 중 회귀직선으로 설명이 불가능한, 즉 회귀직선 둘레의 오차에 기인한 변동이다.

따라서 주어진 자료에 회귀직선이 잘 적합된다는 것은, 직관적으로 SS_T에서 SS_R이 차지하는 부분이 상대적으로 크고, 반면에 SS_E가 차지하는 부분은 상대적으로 작다는 것을 뜻한다.

총변동에서 회귀변동이 차지하는 비율을 결정계수(coefficient of determination)

라고 하며 R^2로 표기한다. 즉,

$$R^2 = \frac{SS_R}{SS_T} = 1 - \frac{SS_E}{SS_T}. \tag{6.15}$$

R^2의 값은 언제나 0 이상이고 1 이하이다. 자료에 회귀직선이 잘 적합되면 결정계수의 값은 1에 가까울 것이고, 그렇지 않으면 결정계수의 값은 0에 가깝게 된다. 결정계수는 관측치와 예측치 사이의 피어슨 상관계수의 제곱이다. 따라서 회귀직선이 자료에 잘 적합된다는 것은 결정계수의 값이 크다는 것을 의미하며, 또 결정계수의 값이 크다는 것은 예측치와 관측치가 거의 일치함을 의미한다.

이상의 제곱합 분할에 대한 기본적인 아이디어를 토대로 회귀직선의 유의성 검증법을 생각해 보자. 우선 회귀직선의 유의성은 회귀계수 β_1의 유의성과 동일하다. 따라서 귀무가설과 대립가설은 다음과 같이 세운다.

$$H_0 : \text{회귀 관계가 없다} \quad \Leftrightarrow \quad H_0 : \beta_1 = 0$$

$$H_1 : \text{회귀 관계가 있다} \qquad\qquad H_1 : \beta_1 \neq 0$$

회귀제곱합이 크면 귀무가설 $H_0 : \beta_1 = 0$를 의심하고 대립가설을 지지한다. 회귀제곱합이 어느 정도 큰 값을 가져야 귀무가설을 기각할 수 있을까? 우리는 회귀평균제곱과 불확실성을 나타내는 오차의 분산인 σ^2의 불편추정치인 MS_E와 비교하여 우연히 나오기에 큰 값을 가지면 귀무가설을 기각한다. 귀무가설이 옳으면 검정통계량 $F_0 = MS_R/MS_E$는 자유도$(1, n-2)$인 F분포를 따르는 것이 알려져 있으므로 기각역은 $F_0 > F_{1-\alpha}(1, n-2)$으로 주어진다. 이상의 결과를 요약하면 다음과 같은 분산분석표를 작성할 수 있다.

〈표 6.2〉의 분산분석표에서 EMS 항목을 보면 β_1이 0이 아니면 $MS_R \gg MS_E$를 기대하게 하고, F_0의 값이 커질 것으로 예상됨을 알 수 있다. 다시 말해서 F_0의 값이

표 6.2 분산분석표: 회귀의 유의성 검정

변인	제곱합	자유도	평균제곱	EMS	F_0
회귀	$SS_R = b_1^2 S_{xx}$	1	MS_R	$\sigma^2 + \beta_1^2 S_{xx}$	MS_R/MS_E
오차	SS_E	$n-2$	MS_E	σ^2	
총	$SS_T = S_{yy}$	$n-1$			

크면 추정된 회귀직선이 유의하다고 할 수 있다. 또한 $E(MS_E)=\sigma^2$이므로 MS_E는 오차분산 σ^2에 대한 불편추정량이다.

예제 6.3

〈예 6.1〉의 자료에서 회귀의 유의성을 검정해 보자. 적합된 모형은 $\hat{y} = -0.2879+0.4566x$였다. 이때 $S_{yy}=127.733, SS_R=b_1^2 S_{xx}=(0.4566^2)\times 572 =119.26$이 되며, 따라서 $SS_E=S_{yy}-SS_R=127.73-119.26=8.47$이다. 이를 정리한 분산분석표가 〈표 6.3〉에 주어진다. 유의수준을 0.01이라고 할 때 F 분포표에서 $F_{.99}(1,10)=10.0$이므로 귀무가설을 기각하고 $\beta_1 \neq 0$이라고 결론 내린다. $\hat{\sigma}^2=0.847$이고, $R^2=119.26/127.73=0.93$이다.

표 6.3 페인트 자료에 대한 분산분석표: 회귀의 유의성 검정

변인	제곱합	자유도	평균제곱	F_0
회귀	119.26	1	119.26	140.80
오차	8.47	10	0.847	
총	127.73	11		

마지막으로 회귀계수 β_1, $x=x_1$에서의 반응변수의 기댓값 $E(y_1)$와 $x=x_0$에서 관측될 미래의 관측치 y_0에 대한 100(1−α)% 신뢰구간을 정리한다. 먼저 β_1의 추정치인 b_1은 서로 독립인 정규분포를 따르는 y_i들의 선형함수이기 때문에 b_1의 분포는 정규분포인 $N(\beta_1,\sigma^2/S_{xx})$를 따른다. 마찬가지로 i번째 자료점 x_i에서의 예측치 $\hat{y_i}$의 분포는 $N(\beta_0+\beta_1 x_i, \sigma^2(\frac{1}{n}+\frac{(x_i-\overline{x})^2}{S_{xx}}))$를 따른다는 사실을 주목할 때에 다음의 결과를 얻는다.

① β_1에 대한 100(1−α)% 신뢰구간

$$\left[b_1 \pm t_{1-\alpha/2}(n-2)\sqrt{\frac{MS_E}{S_{xx}}}\right] \tag{6.16}$$

② $x=x_1$에서 $E(y_1)$에 대한 100(1−α)% 신뢰구간

$$\left[(b_0 + b_1 x_1) \pm t_{1-\alpha/2}(n-2)\sqrt{MS_E\left(\frac{1}{n} + \frac{(x_1 - \bar{x})^2}{S_{xx}}\right)}\right] \quad (6.17)$$

③ $x = x_0$에서 관측된 미래의 관측치 y_0에 대한 100(1−α)% 신뢰구간

$$\left[(b_0 + b_1 x_0) \pm t_{1-\alpha/2}(n-2)\sqrt{MS_E\left(\frac{1}{n} + \frac{(x_0 - \bar{x})^2}{S_{xx}} + 1\right)}\right] \quad (6.18)$$

6.5 다중선형회귀분석

단순선형회귀분석에서는 반응변수의 예측에 사용되는 설명변수가 하나였다. 그러나 실제상황에서는 반응변수에 영향을 미치는 설명변수가 둘 이상으로 많을 수 있다. 이제 설명변수가 두 개 이상인 경우에 대한 다중선형회귀분석에 대하여 간단히 해설한다. 예를 들면 중고차의 가격이 나이, 주행거리, 차종에 따라서 얼마나 설명 또는 예측이 잘 되는가를 살펴보는 경우에 중고차의 가격이 반응변수이고 중고차의 나이, 주행거리, 차종에 따른 등급이 설명변수들이다.

6.1.1절에서도 소개하였지만, k개의 설명변수 $x_1, x_2, \cdots, x_k$과 반응변수 y에 대한 다중선형회귀모형은 식 (6.19)와 같이 쓸 수 있다.

$$y = \beta_0 + \beta_1 x_1 + \beta_2 x_2 + \ldots + \beta_k x_k + \epsilon, \qquad \epsilon \sim N(0, \sigma^2) \quad (6.19)$$

회귀모형 (6.19)에 대응되는 자료의 형태가 〈표 6.4〉에 나와 있다.

〈표 6.4〉의 자료 구조에서 관측치의 총 개수는 n개로 이 값은 $(k+1)$ 이상이어야

표 6.4 다중선형회귀에 대한 자료 구조

회귀변수				반응변수
x_1	x_2	$\cdots$	x_k	y
x_{11}	x_{21}	$\cdots$	x_{k1}	y_1
x_{12}	x_{22}	$\cdots$	x_{k2}	y_2
$\vdots$	$\vdots$	$\ddots$	$\vdots$	$\vdots$
x_{1n}	x_{2n}	$\cdots$	x_{kn}	y_n

한다. 즉, $n \geq k+1$을 만족해야 한다. 연립방정식에서 방정식의 개수보다 미지수의 개수가 더 많으면 구할 수 없듯이, 회귀분석에서도 관측의 개수 n이 추정해야 할 회귀계수들의 개수가 $k+1$개보다 작으면 정상적인 분석을 할 수 없다. 자료로부터 다중선형회귀모형 (6.19)의 회귀계수를 추정하는데 단순회귀분석에서와 같이 최소제곱법을 사용한다. 따라서 각각의 자료점에서 관측값 y_i와 대응되는 회귀평면상의 값 사이의 거리의 제곱을 합한 값이 최소가 되도록 회귀계수들이 추정된다. 다중선형회귀분석은 행렬식을 이용하여 비교적 간단하게 표현할 수는 있지만, 손계산이 어렵기 때문에 어쩔 수 없이 통계패키지에 분석을 의존해야 한다.

각각의 자료점에서의 반응변수에 대한 예측치는

$$\hat{y_i} = b_0 + b_1 x_{1i} + b_2 x_{2i} + \cdots + b_k x_{ki}, \quad i = 1, \cdots, n \tag{6.20}$$

이다. 단순선형회귀분석과 동일하게 자료의 총편차를 회귀평면 둘레의 불확실성을 나타내는 편차인 잔차와 회귀평면에 의해서 설명할 수 있는 편차로 다음과 같이 분해할 수 있다.

$$y_i - \overline{y} = (y_i - \hat{y}_i) + (\hat{y}_i - \overline{y})$$

총편차의 양변을 제곱하여 각 자료점에서 합하면, 식 (6.21)과 같이 자료의 총제곱합이 잔차제곱합과 회귀평면에 의해서 설명되는 회귀제곱합으로 분할된다.

$$\sum_{i=1}^{n}(y_i - \overline{y})^2 = \sum_{i=1}^{n}[(y_i - \hat{y_i}) + (\hat{y_i} - \overline{y})]^2 \tag{6.21}$$

$$= \sum_{i=1}^{n}(y_i - \hat{y_i})^2 + \sum_{i=1}^{n}(\hat{y_i} - \overline{y})^2$$

$$\Leftrightarrow \qquad SS_T = SS_E + SS_R$$

$$\Leftrightarrow \qquad \text{총제곱합} = \text{잔차제곱합} + \text{회귀제곱합}$$

그리고 총제곱합의 자유도도 다음과 같이 잔차제곱합의 자유도와 회귀제곱합의 자유도의 합으로 분할된다.

$$n-1 = (n-k-1) + k$$

$$\phi_T = \phi_E + \phi_R$$

표 6.5 분산분석표: 다중선형회귀의 유의성 검정

요인	제곱합	자유도	평균제곱	F_0
회귀	SS_R	k	MS_R	MS_R/MS_E
오차	SS_E	$n-k-1$	MS_E	
계	SS_T	$n-1$		

또한 자유도 하나당 제곱합의 크기인 회귀제곱평균 MS_R과 잔차제곱평균 MS_E는 SS_R과 SS_E를 각각의 자유도로 나누어 구한다.

회귀제곱합이 크면 귀무가설 $H_0 : \beta_1 = \beta_2 = \cdots = \beta_k = 0$를 의심하고 대립가설을 지지한다. 우리는 회귀평균제곱과 불확실성을 나타내는 오차의 분산인 σ^2의 불편추정치인 MS_E와 비교하여 우연히 나오기에 큰 값을 가지면 귀무가설을 기각한다. 귀무가설이 옳으면 검정통계량 $F_0 = MS_R/MS_E$는 자유도$(k, n-k-1)$인 F분포를 따르는 것이 알려져 있으므로 기각역은 $F_0 > F_{1-\alpha}(k, n-k-1)$으로 주어진다. 이상의 결과를 요약하면 표 6.5와 같은 분산분석표를 작성할 수 있다.

단순회귀와 마찬가지로 총제곱합에서 회귀제곱합이 차지하는 비율을 결정계수(coefficient of determination) R^2이라고 하고, 식 (6.15)에 정의된 바와 같이

$$R^2 = \frac{SS_R}{SS_T} = 1 - \frac{SS_E}{SS_T}$$

이다. 자료들이 추정된 회귀평면 둘레에 조밀하게 분포하면, 잔차제곱합이 0에 가까운 값을 갖고 결정계수 R^2의 값은 1에 가운데 값을 갖는다. 우리는 적합력이 좋은 회귀모형들을 비교하는 통계량으로 R^2을 활용할 수 있다. 예를 들면 각각의 설명변수로 구성된 k개의 단순선형회귀모형들 중에서 적합력이 가장 좋은 단순회귀모형을 추천하고자 할 때에 R^2이 가장 큰 단순선형회귀모형을 선택할 것이다. 그런데 회귀모형에 설명변수가 추가되면 잔차제곱합은 감소하고, 따라서 R^2이 증가한다. 예를 들면 설명변수 x_1만 있는 모형의 R^2의 값은 설명변수 x_1, x_2가 있는 중회귀모형의 R^2의 값보다 작다. 회귀모형에 설명변수가 많아지면 R^2값은 커지지만, 회귀모형은 복잡해진다. 회귀모형의 복잡성을 감수할 정도로 R^2의 값이 충분히 커졌는지를 판단해야 하는데, 이를 도와주는 통계량이 설명변수들의 개수를 반영한 **수정된 결정계수** $adj-R^2$으로 다음과 같이 정의 된다.

$$adj-R^2 = 1-\frac{SS_E/(n-k-1)}{SS_T/(n-1)} = 1-\frac{MS_E}{SS_T}\times(n-1) \tag{6.22}$$

회귀모형에 설명력이 없는 설명변수가 추가되면 수정된 결정계수 $adj-R^2$의 값은 오히려 감소한다. 따라서 여러 개의 설명변수들의 개수가 다른 회귀모형을 비교하는 통계량으로 $adj-R^2$이 활용된다.

6.6 회귀진단

지금까지 자료를 바탕으로 회귀모형을 설정하여 회귀식을 추정하고 추정된 회귀식의 정도(precision)를 검토하는 분석과정에 대하여 알아보았다. 이러한 분석과정은 설정된 모형과 가정이 적절하며, 자료를 신뢰할 수 있다는 전제하에서 이루어진 것이다. 만약 이러한 전제를 충족하지 못하고 있는 상황이라면 잘못된 분석결과를 얻을 수도 있다. 미래의 관측치에 대한 재현성을 얻기 위해서 적절한 회귀모형 찾기가 중요한 과제이고, 적절한 회귀모형을 찾는다는 것은 오차항이 서로 독립이고 $N(0,\sigma^2)$ 분포를 따르는지, 즉 모평균의 크기와 관계없이 등분산 가정을 만족하는지를 확인하는 것이다. 이와 같은 검토과정을 회귀진단(regression diagnostics)이라고 한다. 회귀진단은 각각의 자료점이 분석결과에 어떠한 영향을 미치는가를 알아보는 자료진단(data diagnostics)과 설정된 모형이 적절한 모형인가를 파악해 보는 모형진단(model diagnostics)으로 구분된다.

자료진단은 다음과 같이 이상값(outlier), 영향관측값(influential observation), high leverage point의 존재 여부를 검토하는 과정이다.

(1) 이상값의 검출

반응변수값 중에는 측정상의 과오, 실험상의 과오, 또는 자료를 입력할 때의 실수 등으로 지나치게 커지거나 작아져서 이상값이 되는 경우가 있다. 이상값은 유사한 환경의 다른 자료점에 비해서 반응변수의 값이 동 떨어진 행동을 보이는 자료점으로 진단 통계량은 **외표준화잔차**($R-studentized$ residual)의 값의 절댓값이 3 이상인 자료점이다.

(2) 영향관측값의 검출

각각의 관측값이 회귀선을 결정하는 데 같은 정도의 기여를 하는 것이 아니다. 다시 말해서 회귀분석의 결과는 소수의 관측값에 의하여 크게 영향 받을 수 있다. 영향관측값의 검출은 자료점을 교대로 제거시켜가면서 제거전과 제거후의 분석 결과가 어떻게 변하는가를 검토해 보면 알 수 있다. 예를 들어 Cook 통계량이나 DFFITS는 자료점을 교대로 제거해 갈 때 추정된 회귀계수값의 차이를 반영하고 있으며, 상대적으로 값이 크면 영향관측값으로 판단한다. 이와 같이 영향관측값을 식별하면 자료의 특성을 파악하고 분석결과를 해석하는 데 도움이 된다.

(3) high leverage point의 검출

설명변수들의 공간에서 한 자료점이 자료점들의 대표값인 중앙점에서 얼마나 멀리 떨어져 있는가를 나타내는 지표 값인 h_{ii}가 $2(k+1)/n$ 이상이면 high leverage point이라고 하는데, 이 자료점의 특성은 다른 자료점들에 비해 회귀계수를 추정하는 데에 영향력을 많이 발휘하는 것으로 알려져 있다.

우리가 모든 자료점들이 정확하게 입력되었는지를 확인할 수는 없기에, 이상점, 영향관측값과 high leverage points에 대해서는 정확한 입력 여부를 확인하고, 이상값이 검출되면 우선 원인을 파악해 보고, 경우에 따라서 다시 실험하거나 또는 이상원인이 파악되면, 제거한다.

모형진단(model diagnostics)은 가정된 모형이 적절한 모형인가를 확인하는 진단방법이다. 적절한 회귀모형 찾기는 오차항이 서로 독립이고 $N(0,\sigma^2)$ 분포를 따르는지, 즉 평균의 크기와 관계없이 등분산 가정을 만족하는지를 확인하는 것이다. 오차는 구할 수 없지만, 오차의 추정치가 잔차이다. 오차의 가정을 확인하기 위해서 오차에 대응되는 표준화 잔차(studentized residuals)의 그림을 그려서 오차에 대한 가정을 시각적으로 확인한다. 우선 오차의 정규성을 확인하기 위해서 표준화 잔차의 정규확률그림을 그려서 직선성을 확인한다. 다음으로 오차항이 서로 독립이고 등분산 가정을 만족하는지를 확인하기 위해서 표준화 잔차와 예측치의 산점도를 그려서 산점도가 ± 3 이내의 밴드에서 랜덤하게 움직이는지를 확인한다.

6.7 모형평가통계량과 적절한 모형 찾기

지금까지 반응변수를 설명하고 있는 설명변수의 수 k개가 고정되어 있는 경우의 분석과정을 다루어 왔다. 하지만 설명변수의 수가 많은 경우 어떤 변수를 모형에 포함시킬 것인가 하는 문제가 생긴다. 이를 변수선택(variable selection)이라고 한다. 변수선택을 할 때는 반응변수에 영향을 미칠 수 있는 중요한 설명변수가 빠짐없이 포함되어 반응변수를 잘 설명할 수 있어야 한다. 반면에 너무 많은 변수가 모형에 포함되면 모형이 지나치게 복잡해지고 예측력이 저하될 수 있으므로 가능한 범위 내에서 적은 수의 설명변수를 포함시켜야 한다. 이러한 원칙은 서로 이율배반적이므로 적절한 판단기준을 택하여 변수선택을 해야 한다. k개의 설명변수 중에서 p개의 설명변수를 선택하고자 할 때 널리 사용되는 판단기준에는 다음과 같은 것들이 있다.

(1) 결정계수(coefficient of determination)

결정계수는 모형의 설명력을 나타내므로 큰 값을 갖도록 변수를 선택하는 것이 바람직하다. 하지만 결정계수는 p가 증가함에 따라 점점 커져 모든 변수가 포함될 때 최대가 된다. 따라서 결정계수의 증가 속도가 둔화되는 시점에서 p를 선택한다. 결국 결정계수는 다소 주관적이므로 객관성이 결여될 소지가 있다.

(2) 수정된 결정계수(adjusted coefficient of determination)

수정된 결정계수는 식 (6.22)에서도 알 수 있듯이 p의 증가함수가 아니므로 결정계수의 단점을 보강하기 위하여 흔히 사용된다. 또한 수정된 결정계수를 최대로 만드는 p의 값은 잔차평균제곱(residual mean square)을 최소로 만든다. 다시 말해서 수정된 결정계수와 잔차평균제곱은 동일한 판단기준이다.

(3) $PRESS_p$(PRediction Error Sum of Squares)

$PRESS_p$는 p개의 설명변수가 포함된 모형에서 i번째 관측값 y_i와 i번째를 제외한 나머지 $n-1$개의 관측값을 이용하여 구한 i번째 자료점에서 $E(y_i)$의 추정값 $\hat{y}_{i(-i)}$의 차이인 $PRESS$ 잔차 $e_{i(-i)} = y_i - \hat{y}_{i(-i)}$를 구한 후에, 각 자료점에서 $PRESS$ 잔차를 제곱하여 합한 값으로,

$$PRESS_p = \sum_{i=1}^{n}(y_i - \hat{y}_{i(-i)})^2 \qquad (6.23)$$
$$= \sum e_{i(-i)}^2$$

이다. $PRESS$ 잔차 $e_{i(-i)}$의 크기가 작을수록 회귀모형이 i번째 자료점에서 예측력이 좋은 모형을 의미하므로 $PRESS_p$의 값이 작은 모형이 바람직하다.

(4) Mallows의 C_p

Mallows의 C_p는 $p-1$을 설명변수의 수, n을 데이터의 수, SSE_p를 $p-1$개의 설명변수를 포함한 모형에서의 잔차제곱합이라고 할 때

$$C_p = \frac{SSE_p}{\hat{\sigma}_F^2} - (n-2p) \qquad (6.24)$$

으로 주어지며, 여기서 $\hat{\sigma}_F^2$은 잠재적인 설명변수들을 모두 포함한 완전모형에서의 잔차평균제곱이다. C_p는 각 자료점에서 예측치 $\hat{y}_i$의 $E(Y_i)$에 대한 평균오차제곱(Mean Squared Error)의 합을 최소로 하는 기준과 동치이기에, C_p를 최소로 하는 모형이 자료점에서의 예측력이 좋은 모형이다. 식 (6.24)에서 설명력이 좋기 위해서 SSE_p가 작아야 하지만, 이 경우에는 설명변수의 개수가 커져서 모형이 복잡해질 수 있기에 모형의 복잡성에 대한 penalty가 $2p$로 추가되어 설명력과 모형의 간결성의 균형점을 찾는 시도임을 확인할 수 있다.

(5) AIC_p와 BIC_p 기준

수정된 결정계수 $adj-R_p^2$, C_p와 같이 모형의 복잡성에 penalty를 주는 기준인 Akeike's Information Criterion(AIC_p)과 Bayesian Information Criterion (BIC_p)는 다음과 같이 정의된다.

$$AIC_p = n\ln SSE_p - n\ln n + 2p \qquad (6.25)$$
$$BIC_p = n\ln SSE_p - n\ln n + [\ln n]p \qquad (6.26)$$

p가 증가함에 따라서 식 (6.25)와 (6.26)의 첫 번째 항인 SSE_p가 작아지지만, 모형이 복잡해지기에 이에 대한 penalty가 서로 다른 scale로 추가된다. AIC_p와 BIC_p를 작게 하는 모형이 바람직한 모형이다.

7 2수준 요인배치법

요인배치법(factorial design)은 모든 요인의 각각의 수준조합에서 실험이 이루어지므로 여러 요인들의 주효과와 상호작용효과를 동시에 추정하는 데 널리 이용된다. 2^k 요인배치법은 요인의 수가 k이고 각 요인의 수준수가 2인 실험이다. 2수준 요인배치법의 주효과와 상호작용효과에 의한 변동의 자유도는 1이다. 따라서 각 효과는 전체 실험자료를 1그룹과 0그룹으로 반반씩 나누어서 두 그룹간의 실험자료의 평균 차이인 대비(contrast)로 추정되고, 각 변동은 두 그룹간의 변동으로 계산된다. 본 장에서는 이들 중에서 2^2 요인배치법, 2^3 요인배치법의 주효과 및 상호작용효과를 구하는 방법과 변동을 계산하는 방법에 대하여 상세히 알아본다. 다음으로 일반형인 2^k 요인배치법의 효과와 변동이 어떻게 확장되는가를 살펴본다. 반복이 없는 2^k 요인배치법의 실험자료로부터 핵심요인효과를 선별하는 방법인 요인효과들의 반정규 확률그림에 의한 핵심 요인효과들의 선별방법에 대해서 공부한다.

7.1 2수준 요인배치법의 개념

요인의 수가 k인 요인배치법에서 실험의 크기를 줄이는 방법은 모든 가능한 실험조건인 처리의 수를 줄여야 하고, 처리의 수를 최소로 하기 위해서는 각 요인의 수준수를 2수준으로 결정하는 것이다. 2^k 요인배치법은 각 요인의 수준수가 모두 2수준인 요인배치법으로 서로 다른 실험조건인 처리의 수는 $2\times2\times\cdots\times2=2^k$이다. 예를 들어 2^2 요인배치법은 요인의 수가 2이고 각 요인의 수준이 2인 이원배치법을 의미하며, 2^3 요인배치법은 요인의 수가 3이고 각 요인의 수준이 모두 2인 삼원배치법을 의미한다.

2^k 요인배치법에서 각 효과의 자유도는 1이다. 따라서 각 효과는 전체 실험자료를 1그룹과 0그룹으로 반반씩 나누어서 두 그룹간의 실험자료의 평균 차이인 **대비(contrast)**로 추정되고, 각 변동은 두 그룹간의 변동인 대비의 변동으로 계산된다. 즉 1그룹에 속한 반응값들의 합과 0그룹에 속한 반응값들의 합의 차이의 제곱을 자료의 크기인 n으로 나누어서 각 효과에 의한 변동이 쉽게 계산된다. 또한 각 요인효과와 변동을 계산할 때 Yates의 방법을 이용하면, 주효과와 상호작용효과를 포함하는 모든 요인 효과의 추정치와 변동을 한 번에 계산할 수 있다. 2^k 요인배치법부터는 반응변수를 y로 표시한다.

7.2 대비와 직교분해

2^k 요인배치법의 내용을 다루기 전에 먼저 **대비(contrast)**와 **직교분해(orthogonal decomposition)**에 대하여 알아보기로 한다. 우리가 고려하는 실험은 a개의 처리조합(treatment combination) 혹은 수준수 a인 일원배치법이다. 각 처리조합에서 반복 r회의 측정값의 합을 T_1, T_2, $\cdots$, T_a라고 하면 T_1, T_2, $\cdots$, T_a의 정수계수의 일차식

$$L=c_1T_1+c_2T_2+\cdots+c_aT_a \tag{7.1}$$

를 선형식이라고 부른다. 이때 선형함수 L에 의해 설명되는 변동은 L^2을 식 (7.1)에 나오는 반응값들의 계수의 제곱의 합으로 나눈 값인

$$SS_L = \frac{L^2}{r \cdot \sum_1^a c_i^2} \tag{7.2}$$

이다. 식 (7.1)에 정의된 선형함수로 반응값들의 총합을 취하면, 선형식의 계수는 모두 1이 되어, $c_1 = c_2 = \cdots = c_a = 1$이다. 즉, 선형함수 L의 값은 총합인 T가 되고, 총합에 의해서 설명되는 변동은

$$SS_{Total} = \frac{T^2}{r \times a} \tag{7.3}$$

이다. 그런데 총합인 계수가 모두 1인 선형식을 실험의 크기 $r \times a$로 나누면, 선형식은 총평균인 $\overline{\overline{x}}$가 되는데, 총평균인 $\overline{\overline{x}}$에 의한 변동도

$$SS_{\overline{\overline{x}}} = \frac{\overline{\overline{x}}^2}{\frac{1}{(r \times a)^2} \cdot (r \times a)} = (r \times a) \cdot \overline{\overline{x}}^2 = SS_{Total} \tag{7.4}$$

로 총합에 의한 변동과 일치하고, 이 변동을 총평균에 대한 수정항이라고 부른다.

두 개의 선형함수가 다음과 같이 주어졌을 때에

$$\begin{aligned} L_1 &= c_1 T_1 + c_2 T_2 + \cdots + c_a T_a \\ L_2 &= d_1 T_1 + d_2 T_2 + \cdots + c_a T_a \end{aligned} \tag{7.5}$$

선형계수들의 곱의 합인 $\sum_1^a c_i d_i = 0$이면, 두 선형함수 L_1과 L_2는 서로 **직교(orthogonal)**한다고 한다.

반응값들에 대한 실험자료가 주어지면 실험자료를 자료들의 총평균으로 설명하고, 총평균으로 설명이 안 되는 부분인 총편차들의 제곱합이 자유도 $n-1$을 갖는 자료의 총변동이다. 자료의 총변동에서 a개의 그룹간의 자료평균들에 의한 변동을 분리하기 위해서 우리가 고려해야 할 선형함수는 계수가 모두 1, 즉 $c_1 = c_2 = \cdots = c_a = 1$인 선형식인 총합 T 혹은 전체평균인 $\overline{\overline{x}}$에 직교하는 선형함수이어야 한다. 전체평균인 $\overline{\overline{x}}$에 직교하기 위한 선형식의 조건은 계수의 합이 0이어야 한다. 선형식의 계수들의

합이 0인 선형식을 **대비**(contrast)라고 부른다. 즉, 다음과 같은 선형식이 대비이고,

$$C = c_1 T_1 + c_2 T_2 + \cdots + c_a T_a, \ \sum_{i=1}^{a} c_i = 0 \tag{7.6}$$

대비에 의한 변동은

$$SS_C = \frac{C^2}{r \cdot \sum_{i=1}^{a} c_i^2} \tag{7.7}$$

이다. 대비는 총평균에 직교하기 때문에 대비에 의한 변동 SS_C는 총변동의 일부로 대비로 정의되는 각 처리 그룹간의 효과들에 의해서 설명되는 변동이고, 각 처리 그룹에서 실험자료의 평균들로 표현되었기 때문에 처리변동 혹은 주효과 A에 의한 변동인 SS_A의 일부이다. SS_C는 반응값들의 한 개의 선형식인 C의 제곱으로 표현되었기에 SS_C의 자유도는 1이다.

2개의 대비가

$$\begin{aligned} C_1 &= c_1 T_1 + c_2 T_2 + \cdots + c_a T_a, \ \sum c_i = 0 \\ C_2 &= d_1 T_1 + d_2 T_2 + \cdots + d_a T_a, \ \sum d_i = 0 \end{aligned} \tag{7.8}$$

로 주어질 때 선형계수들의 곱의 합인 $\sum_{1}^{a} c_i d_i = 0$이면, 두 대비 C_1과 C_2는 서로 직교한다고 하고, C_1과 C_2를 **직교대비**(orthogonal conntrasts)라고 부른다.

수준수가 a인 요인 A의 변동 SS_A는 각각의 자유도가 1인 서로 직교하는 $(a-1)$개의 직교대비에 의한 변동으로 분할할 수 있다. 이때 서로 직교하는 대비를 $C_1, C_2, \cdots, C_{a-1}$이라고 하면

$$SS_A = SS_{C_1} + SS_{C_2} + \ldots + SS_{C_{a-1}} \tag{7.9}$$

이다. 이처럼 주효과 A의 변동을 $a-1$개의 직교하는 대비의 변동으로 분할하는 것을 SS_A의 **직교분할**(orthogonal decomposition)이라고 한다. 이와 같이 SS_A를 직교하는 대비의 변동으로 분할하는 이유는 주효과 A가 유의한 경우에 각 처리수준에서 모평균 차이가 난 원인을 파악하기 위함이다. 간단한 방법은 $a-1$개의 직교대비에 의한 변동을 크기순서로 나열한 다음에 변동의 크기가 상대적으로 큰 대비들을 해석하면, 각 처리 수준에서 모평균이 차이가 난 원인을 파악할 수 있다.

예제 7.1

플라스틱을 제조하는 공장에서 원료의 제조회사 A(A_0: 자회사, A_1: 국내 타회사, A_2: 외국회사)와 성형온도 B(B_0: 100℃, B_1: 110℃ B_2: 120℃)가 플라스틱 강도에 어떠한 영향을 미치는가 알아보기 위해 3^2 요인배치법으로 실험한 결과 〈표 7.1〉과 같은 자료를 얻었다.

(1) 원료의 제조회사 A와 성형온도 B는 플라스틱강도에 유의한 영향을 미치는가?

(2) 만약 원료의 제조회사에 따라 특성치에 유의한 차이가 있다면 이는 국산과 외제와의 차이 때문인가, 혹은 자회사와 국내 타회사 간의 차이 때문인가?

(3) 만약 계량요인(quantitative factor)인 성형온도가 특성치에 유의한 (significant) 영향을 미친다면 성형온도의 효과는 1차적(linear)인가 또는 2차적(quadratic)인가?

표 7.1 플라스틱강도

A \ B	B_0	B_1	B_2	$T_{i\cdot}$
A_0	11	18	25	54
A_1	1	6	14	21
A_2	6	15	18	39
$T_{\cdot j}$	18	39	57	T=114

|풀이|

(1) 분산분석표의 작성

$$CT = (114)^2/9 = 1444$$

$$SS_T = (11^2 + 1^2 + 18^2) - CT = 444$$

$$SS_A = (54^2 + 21^2 + 39^2)/3 - CT = 182$$

$$SS_B = (18^2 + 39^2 + 57^2)/3 - CT = 254$$

$$SS_E = SS_T - SS_A - SS_B = 8$$

분산분석표

요 인	제곱합	자유도	평균제곱	F_0
A	182	2	91	45.5**
B	254	2	127	63.5**
E	8	4	2	
T	444	8		

따라서 요인 A, B 모두 특성치에 매우 유의한 영향을 미친다는 것을 알 수 있다. 이제 주효과 A와 주효과 B가 유의한 원인을 작교대비에 의한 변동 분할을 통해서 살펴보자.

(2) 대비에 의한 요인 A의 변동의 분해

A_0, A_1은 제조회사가 국내이고, A_2는 외국이다. 따라서 실험자는 국산과 외제와 차이가 있는지를 비교하기 위해서 A_0, A_1를 한 그룹으로 놓고, A_2를 다른 한 그룹으로 놓은 다음에 대비를 만들기 위해서 $T_{0.}$, $T_{1.}$의 계수를 1, $T_{2.}$의 계수를 −2로 정의한다. 또한 국산 제품 간에 차이가 있는지를 비교하기 위해서 $T_{0.}$의 계수를 1, $T_{1.}$의 계수를 -1, $T_{2.}$의 계수를 0으로 정의한다. 정리하면, 다음과 같은 직교대비를 정의한다.

$$L_1 = \text{국산과 외제와의 차이}$$
$$= (T_{0.} + T_{1.}) - 2T_{2.} = -3$$
$$L_2 = \text{자회사와 국내 타회사와의 차이}$$
$$= T_{0.} - T_{1.} = 33$$

2개의 선형식 L_1과 L_2의 계수는

$$c_1 = 1,\ c_2 = 1,\ c_3 = -2$$
$$d_1 = 1,\ d_2 = -1,\ d_3 = 0$$

이므로 계수들의 합이 각각 0이어서 선형식 L_1과 L_2는 대비이며 $\sum_{i=1}^{3} c_i d_i = 0$이어서 서로 직교한다. 각 직교대비에 의한 변동은

$$SS_{L_1} = \frac{(L_1)^2}{(\sum c_i^2) \times r} = \frac{(-3)^2}{6 \times 3} = 0.5$$
$$SS_{L_2} = \frac{(L_2)^2}{(\sum d_i^2) \times r} = \frac{(33)^2}{2 \times 3} = 181.5$$

이다. 여기서

$$SS_A(=182) = SS_{L_1} + SS_{L_2}$$

임을 알 수 있고, 제조회사 A에 의한 변동의 대부분이 SS_{L_2}이기에, 주효과 A가 유의한 원인이 주로 국내의 자회사와 국내 타회사 원료로 만든 플라스틱 제품의 평균견고도의 차이 때문인 것을 알 수 있다.

(3) 대비에 의한 요인 B의 변동의 분해

요인 B는 계량요인이고 수준 간격이 일정하므로 요인 B의 1차 효과(linear effect)와 2

차 효과(quadratic effect)를 구할 수 있다. 3수준 100℃, 110℃, 120℃에 걸쳐서 얻어지는 1차 효과는 100°에서 110°까지 변하는 동안의 1차 효과($T_{.1}-T_{.0}$)와 110℃에서 120℃까지 변하는 동안의 1차 효과($T_{.2}-T_{.1}$)의 합으로 볼 수 있으므로

$$\begin{aligned} L_l &= (T_{.1}-T_{.0})+(T_{.2}-T_{.1}) \\ &= T_{.2}-T_{.0} = 39 \end{aligned}$$

로 주어지고 선형식 L_1의 계수는 $c_1=-1$, $c_2=0$, $c_3=+1$이므로 대비이다.

100℃와 110℃ 간의 특성치 변화의 기울기와 110℃에서 120℃ 간의 특성치 변화의 기울기의 차이는 2차 효과로 볼 수 있으므로 2차 효과는

$$\begin{aligned} L_q &= (T_{.2}-T_{.1})-(T_{.1}-T_{.0}) \\ &= T_{.2}-2T_{.1}+T_{.0} = -3 \end{aligned}$$

으로 주어지고, 선형식 L_2의 계수는 $d_1=1$, $d_2=-2$, $d_3=1$이므로 대비이며 L_1과 L_q는 서로 직교한다. 한편, 각 대비의 변동은 다음과 같다.

$$SS_l = \frac{(39)^2}{2\times 3} = 253.5$$

$$SS_q = \frac{(-3)^2}{6\times 3} = 0.5$$

여기서 $SS_B = SS_l + SS_q = 254$임을 알 수 있고, 따라서 변동 중에서 1차 효과가 대부분을 차지하고 있음을 알 수 있다.

(4) 대비의 변동을 포함한 분산분석표

앞의 결과로부터 다음과 같은 분산분석표를 만들 수 있다.

요 인	제곱합	자유도	평균제곱	F_0
A	182	2	91	45.5**
L_1	0.5	1	0.5	0.25
L_2	181.5	1	181.5	90.75**
B	254	2	127	63.5**
L_l	253.5	1	253.5	117.75**
L_q	0.5	1	0.5	0.25
E	8	4	2	
T	444	8		

이로부터 요인 A의 경우 국내의 자회사와 국내 타회사 원료로 만든 플라스틱 제품의 평균견고도의 차이 효과 때문에, 그리고 요인 B의 경우 1차 효과가 특히 유의하다는 것을 알 수 있다.

7.3 2^2 요인배치법

7.3.1 반복이 없는 경우

2^2 요인배치법은 요인의 수가 2개이고 각 요인의 수준수가 2인 이원배치법을 말한다. 요인들의 수준이 각각 2이므로 각각의 수준을 낮은 수준은 0, 높은 수준은 1로 표시하여, 요인 A, B의 수준을 A_0, A_1, B_0, B_1으로 나타내면 자료의 배열은 〈표 7.2〉와 같이 주어진다. T는 자료의 합을 의미한다.

반복이 없는 2^2 요인배치법에서는 y_{ij}를 $a^i b^j$로 표현하기도 한다. 즉,

$$y_{00} = a^0 b^0 = (1)$$

$$y_{01} = a^0 b^1 = b$$

$$y_{10} = a^1 b^0 = a$$

$$y_{11} = a^1 b^1 = ab$$

로 나타낸다. 단, $a^0 b^0 = 1$로 쓰지 않고 괄호를 쳐주어 아라비아 숫자 1과 구별한다. 이 표현의 장점은 소문자 알파벳이 나타나면 해당 요인은 높은 수준으로 고정하고, 소문자 알파벳이 나타나지 않은 요인들은 낮은 수준으로 고정해서 실험된 반응변수의 값이다. 예를 들면 b인 경우에는 요인 B만 높은 수준인 1수준에서 실험되고 소문자 알파벳인 a가 나타나지 않은 요인 A는 낮은 수준인 0수준에서 실험된 값이다. 즉, $b = a^0 b^1$로 표현되어 요인 A는 a의 지수값인 0수준에서, 요인 B는 b의 지수값인 1수준에서 실험된 값이다. 따라서 반응변수의 표현을 보는 순간 실험조건을 알 수 있다는 장점이 있다. 2^2 요인배치법의 처리조합은 〈그림 7.1〉과 같이 4각형의 꼭짓점으로 표현될 수 있다.

〈표 7.2〉와 〈그림 7.1〉로부터 주효과와 상호작용효과를 정의해 보자. 요인 A의

표 7.2 2^2 요인배치법의 자료의 배열

	A_0	A_1	$T_{\cdot j}$
B_0	y_{00}	y_{10}	$T_{\cdot 0}$
B_1	y_{01}	y_{11}	$T_{\cdot 1}$
$T_{i\cdot}$	$T_{0\cdot}$	$T_{1\cdot}$	T

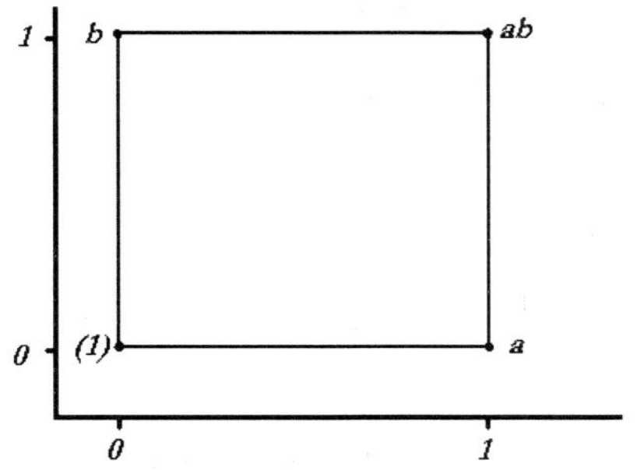

그림 7.1 2^2 요인배치법 실험자료의 시각적 표현

주효과를 공정하게 계산하기 위해서 요인 A를 제외한 나머지 실험조건들이 동일한 조건하에서 요인 A의 주효과를 계산하고, 계산된 주효과들의 평균으로 주효과 A를 정의한다. 따라서 먼저 B_0에서 주효과 A의 크기는 B_0로 고정된 상태하에서 요인 A의 1수준인 A_1B_0에서 반응값과 요인 A의 0수준인 A_0B_0에서 반응값의 차이인 $y_{10}-y_{00}=a-(1)$이다. 마찬가지로 B_1에서 주효과 A의 크기는 A_1B_1에서 반응값과 A_0B_1에서 반응값의 차이인 $y_{11}-y_{01}=ab-b$이다. 따라서 주효과 A는

$$\begin{aligned} A &= \frac{1}{2}[(y_{10}-y_{00})+(y_{11}-y_{01})] \\ &= \frac{1}{2}[(y_{10}+y_{11})-(y_{00}+y_{01})] \\ &= \frac{1}{2}[(a+ab)-((1)+b)] \\ &= \overline{y}_{1.}-\overline{y}_{0.} \end{aligned} \tag{7.10}$$

로 정의된다. 주효과 A는 전체 자료를 요인 A의 수준에 따라서 1그룹과 0그룹으로 정확히 반반씩 나누기에 대비이고, 주효과 A에 의한 변동인 SS_A는 1그룹의 반응값의 합인 $T_{1.}$과 0그룹의 반응값의 합인 $T_{0.}$의 차이의 제곱을 자료의 크기인 4로 나눈 값이다. 즉,

$$SS_A=\frac{(T_{1.}-T_{0.})^2}{4} \tag{7.11}$$

이다. 마찬가지로 요인 B의 주효과를 B로 표시하면 주효과 B는 A_0에서 주효과 B의 크기와 A_1에서 주효과 B의 크기의 평균으로

$$\begin{aligned} B &= \frac{1}{2}[(y_{01}-y_{00})+(y_{11}-y_{10})] \\ &= \frac{1}{2}[(y_{01}+y_{11})-(y_{00}+y_{10})] \\ &= \frac{1}{2}[(b+ab)-((1)+a)] \\ &= \overline{y}_{.1}-\overline{y}_{.0} \end{aligned} \tag{7.12}$$

로 정의된다. 주효과 B도 전체 자료를 요인 B의 수준에 따라서 1그룹과 0그룹으로 반씩 나누기에 대비이고, 주효과 B에 의한 변동인 SS_B는 1그룹의 반응값의 합과 0그룹의 반응값의 합의 차이의 제곱을 자료의 크기인 4로 나눈 값이다. 즉,

$$SS_B = \frac{(T_{.1}-T_{.0})^2}{4} \tag{7.13}$$

이다.

특정한 요인의 수준의 조합에서 일어나는 시너지 효과(synagy effect) 혹은 적대적 효과(antagonistic effect)를 **상호작용효과(interaction effect)**라고 한다. 예를 들어 주효과 A의 크기가 요인 B의 수준값에 따라서 다른 경우 우리는 '요인 A, B 사이에는 상호작용효과 $A\times B$가 존재한다'라고 말한다. 〈그림 7.1〉에서 A_1에서 주효과 B의 크기는 (ab−a)이고 A_0에서의 주효과 B의 크기는 (b−(1))이므로 상호작용효과 $A\times B$는 이들 차이의 평균인

$$\begin{aligned} A\times B &= \frac{1}{2}[(y_{11}-y_{10})-(y_{01}-y_{00})] \\ &= \frac{1}{2}[(y_{11}+y_{00})-(y_{01}+y_{10})] \\ &= \frac{1}{2}[(ab+(1))-(a+b)] \end{aligned} \tag{7.14}$$

으로 정의된다. 상호작용효과 $A\times B$도 전체 자료를 요인 A, B의 수준에 따라서 1그룹과 0그룹으로 반반씩 나누기에 대비인데, 대각선상에 있는 자료점의 위치에 따라서 마주보고 있는 쌍이 1그룹과 0그룹을 결정한다. 대수학적으로는 x_1을 요인 A의 수준, x_2를 요인 B의 수준이라고 하면 x_1, x_2를 2진법으로 더한 결과인 $x_1+x_2 \pmod 2$에

따라서 1그룹과 0그룹이 결정된다. 마찬가지로 상호작용효과 $A\times B$에 의한 변동인 $SS_{A\times B}$는 1그룹의 반응값의 합 T_1과 0그룹의 반응값의 합 T_0의 차이의 제곱을 자료의 크기인 4로 나눈 값이다. 즉,

$$SS_{A\times B}=\frac{(T_1-T_0)^2}{4} \tag{7.15}$$

이다.

앞에서 정의된 각 요인의 효과는 인수분해의 형태를 이용하여 다음과 같이 구할 수 도 있다.

$$A=\frac{1}{2}(a-1)(b+1)=\frac{1}{2}(ab+a-b-(1)) \tag{7.16}$$

$$B=\frac{1}{2}(a+1)(b-1)=\frac{1}{2}(ab-a+b-(1)) \tag{7.17}$$

$$A\times B=\frac{1}{2}(a-1)(b-1)=\frac{1}{2}(ab-a-b+(1)) \tag{7.18}$$

또한 식 (7.10), 식 (7.12), 식 (7.14) 혹은 식 (7.16), 식 (7.17), 식 (7.18)로부터 주효과와 상호작용효과의 1그룹과 0그룹을 쉽게 구분할 수 있는 간편한 표인 〈표 7.3〉을 얻을 수 있다. 이 표에서 각 요인의 효과를 구할 때 1그룹의 반응값은 +1로 표시되고, 0 그룹의 반응값은 −1로 표시된다. 〈표 7.3〉의 효과를 나타내는 각 열은 +1가 2번, −1가 2번씩 각각 나타나 대비임을 쉽게 확인할 수 있고, 임의로 선택한 두 열의 계수의 곱은 대비인 나머지 열에 나타나기 때문에 3열은 서로 직교하는 직교대비이다. 따라서 자유도가 3인 자료의 총변동 SS_T는 〈표 7.3〉의 각 열에 배치된 효과들의 변동의 합으로 분할된다. 즉,

$$SS_T=SS_A+SS_B+SS_{A\times B} \tag{7.19}$$

표 7.3 2^2 요인배치법에서 주효과와 상호작용효과를 구하는 표

처리조합	요인효과		
	A	B	AB
(1)	−1	−1	+1
a	+1	−1	−1
b	−1	+1	−1
ab	+1	+1	+1

표 7.4 2^2 요인배치법의 분산분석표

요 인	제곱합	자유도	평균제곱
A	SS_A	1	MS_A
B	SS_B	1	MS_B
$A \times B$(또는 E)	$SS_{A\times B}$	1	$MS_{A\times B}$
T	SS_T	3	

이고, 총변동이 자유도가 1인 SS_A, SS_B, $SS_{A \times B}$로 분할이 된다. 여기서 반복이 없는 이원배치법에서 지적한 바와 같이 상호작용효과 $A \times B$와 오차항이 교락되어 구분이 불가능하기 때문에 $SS_{A \times B}$가 가장 크면, 상호작용효과와 오차항의 분리를 위해서 2번째 블록에서 2^2 실험을 랜덤하게 실시해야 하지만, SS_A 혹은 SS_B가 월등히 크면, 그 효과가 핵심효과로 선별이 된다.

이상을 정리하면 〈표 7.4〉와 같은 분산분석표를 얻을 수 있다. 상호작용효과 $A \times B$를 무시하고 오차로 간주하면 상호작용효과에 의한 변동 $SS_{A \times B}$를 잔차변동 SS_E로 간주하여 F-검정을 할 수 있다.

7.3.2 반복이 있는 경우

반복이 r회 있는 **2^2 요인배치법**에 대하여 알아보기로 하자. 자료의 배열은 〈표 7.5〉와 같이 주어진다. 여기에서는 $n = 4r$회의 전체실험을 랜덤하게 실시했다고 가정한다.

〈표 7.5〉에서 $T_{00.}, T_{10.}, T_{01.}, T_{11.}$은 4개의 수준조합에서의 r개의 자료의 합을 나타낸다. 이것들을 각각 (1), a, b, ab로 표시하기로 하고 주효과와 상호작용효과를

표 7.5 반복이 있는 2^2 요인배치법의 자료의 배열

	A_0	A_1	$T_{.j.}$
B_0	$\left.\begin{matrix} x_{001} \\ x_{002} \\ \vdots \\ x_{00r} \end{matrix}\right\} T_{00.}$	$\left.\begin{matrix} x_{101} \\ x_{102} \\ \vdots \\ x_{10r} \end{matrix}\right\} T_{10.}$	$T_{.0.}$
B_1	$\left.\begin{matrix} x_{011} \\ x_{012} \\ \vdots \\ x_{01r} \end{matrix}\right\} T_{01.}$	$\left.\begin{matrix} x_{111} \\ x_{112} \\ \vdots \\ x_{11r} \end{matrix}\right\} T_{11.}$	$T_{.1.}$
$T_{i..}$	$T_{0..}$	$T_{1..}$	T

정의해 보자.

요인 A의 **주효과**는 식 (7.10)에서 설명한 바와 같이 B_0에서 A효과의 크기인 $(T_{10.} - T_{00.})/r$와 B_1에서 A효과의 크기인 $(T_{11.} - T_{01.})/r$의 평균이고,

$$\begin{aligned} A &= \frac{1}{2r}[(T_{10.} - T_{00.}) + (T_{11.} - T_{01.})] \\ &= \frac{1}{2r}[(T_{10.} + T_{11.}) - (T_{00.} + T_{01.})] \\ &= \frac{1}{2r}[(a+ab) - ((1)+b)] \\ &= \frac{1}{2r}(T_{1..} - T_{0..}) \qquad (7.20) \\ &= \bar{y}_{1..} - \bar{y}_{0..} \qquad (7.21) \end{aligned}$$

이 된다. 마찬가지로 요인 B의 주효과는 B_1 수준과 B_0 수준에서의 평균의 차이이므로

$$\begin{aligned} B &= \frac{1}{2r}(T_{.1.} - T_{.0.}) \qquad (7.22) \\ &= \bar{y}_{.1.} - \bar{y}_{0.} \end{aligned}$$

으로 주어진다. **상호작용효과** $A \times B$ 역시 반복이 없는 경우와 유사하게 B_1에서 주효과 A의 크기와 B_0에서 주효과 A의 크기 차이의 평균인

$$\begin{aligned} A \times B &= \frac{1}{2r}[(T_{11.} - T_{01.}) - (T_{10.} + T_{00.})] \\ &= \frac{1}{2r}[(T_{11.} + T_{00.}) - (T_{10.} + T_{01.})] \qquad (7.23) \\ &= \frac{1}{2}[(\bar{y}_{11.} + \bar{y}_{00.}) - (\bar{y}_{10.} + \bar{y}_{01.})] \end{aligned}$$

으로 주어진다.

각 요인의 효과는 식 (7.20), 식 (7.22), 식 (7.23)에 주어진 바와 같이 전체 $n = 4r$개의 자료를 반복이 없는 경우와 마찬가지로 $2r$개씩 1그룹과 0그룹으로 나누어서 두 그룹간의 실험자료의 평균 차이인 $\overline{y_1} - \overline{y_0}$에 의해서 효과가 추정되고, 각 효과의 변동은 1그룹 실험자료의 합 T_1과 0그룹 실험자료의 합 T_0의 차이의 제곱를 총실험의 크기 $4r$로 나눈 값인 $(T_1 - T_0)^2/4r$로 계산된다. 즉,

표 7.6 반복이 있는 2^2 요인배치법의 분산분석표

요인	제곱합	자유도	평균제곱	F0
A	SS_A	1	MS_A	MS_A/MS_E
B	SS_B	1	MS_B	MS_B/MS_E
$A\times B$	$SS_{A\times B}$	1	$MS_{A\times B}$	$MS_{A\times B}/MS_E$
E	SS_E	$4(r-1)$	MS_E	
T	SS_T	$4r-1$		

$$SS_A=\frac{(T_{1..}-T_{0..})^2}{4r},\ SS_B=\frac{(T_{.1.}-T_{.0.})^2}{4r},$$

$$SS_{A\times B}=\frac{[(T_{11.}+T_{00.})-(T_{10.}+T_{01.})]^2}{4r}$$

이다. 또한 주효과 A, 주효과 B, 상호작용효과 $A\times B$가 직교대비임을 〈표 7.3〉을 활용하여 쉽게 확인할 수 있다. 따라서 〈표 7.5〉의 주어진 반복이 있는 2^2 요인배치법의 4개의 처리 그룹간의 변동인 $SS_{Trt}=\sum_{i=1}^{2}\sum_{j=1}^{2}r(\bar{y}_{ij.}-\bar{\bar{y}})^2$은 직교대비에 의한 변동인 $SS_A, SS_B, SS_{A\times B}$으로 분할되어 $SS_{Trt}=SS_A+SS_B+SS_{A\times B}$이다.

총변동 SST는

$$SS_T=\sum_i\sum_j\sum_k x_{ijk}^2-\frac{T^2}{4r} \tag{7.24}$$

으로 구하고 잔차변동 SSE는

$$\begin{aligned}SS_E&=SS_T-SS_{Trt}\\&=SS_T-SS_A-SS_B-SS_{A\times B}\end{aligned} \tag{7.25}$$

로 구한다. 그 결과 〈표 7.6〉과 같은 분산분석표를 얻을 수 있다.

예제 7.2

반복이 2회인 2^2 요인배치법에 의한 자료가 〈표 7.7〉에 주어져 있다. 각 요인의 효과와 변동을 구하고 분산분석표를 작성하라.

표 7.7 반복이 2회인 2^2 요인배치법의 자료

	A_0	A_1	$T_{.j.}$
B_0	$\left.\begin{matrix}4\\6\end{matrix}\right\}$ 10	$\left.\begin{matrix}-2\\2\end{matrix}\right\}$ 0	10
B_1	$\left.\begin{matrix}3\\7\end{matrix}\right\}$ 10	$\left.\begin{matrix}-4\\-6\end{matrix}\right\}$ −10	0
$T_{i..}$	20	−10	10=T

|풀이|

(1) 요인의 효과

$$A=\frac{1}{2r}(T_{1..}-T_{0..})$$

$$=\frac{1}{4}(-10-20)=-7.5$$

$$B=\frac{1}{2r}(T_{.1.}-T_{.0.})$$

$$=\frac{1}{4}(0-10)=-2.5$$

$$A\times B=\frac{1}{2r}(T_{11.}+T_{00.}-T_{10.}-T_{01.})$$

$$=\frac{1}{4}(-10+10-0-10)=-2.5$$

(2) 변동의 계산

$$SS_A=\frac{(-10-20)^2}{8}=112.5$$

$$SS_B=\frac{(0-10)^2}{8}=12.5$$

$$SS_{A\times B}=\frac{(-10+10-0-10)^2}{8}=12.5$$

이다. 한편, 총변동과 잔차변동은 다음과 같다.

$$SS_T=\sum_i\sum_j\sum_k x_{ijk}^2-\frac{T^2}{8}=157.5$$

$$SS_E=SS_T-SS_A-SS_B-SS_{A\times B}=20.0$$

(3) 분산분석표의 작성

요인	제곱합	자유도	평균제곱	F_0
A	112.5	1	112.5	22.5**
B	12.5	1	12.5	2.5
$A \times B$	12.5	1	12.5	2.5
E	20.0	4	5	
T	157.5	7		

분산분석표로부터 요인 A의 효과만 유의하다는 것을 알 수 있다.

7.4 2^3 요인배치법

7.4.1 요인효과의 추정치와 변동 계산

2^3 요인배치법은 요인의 수가 3개이고 각 요인의 수준수가 2인 삼원배치법을 말한다. 반복 $r=1$회 실험은 실험의 크기인 $n=r\times 2^3=8$회가 랜덤한 순서로 실시되며, 8개의 각 처리조합에서 반응변수의 값(혹은 합)은 $(1), a, b, ab, c, ac, bc, abc$가 되고, 이들은 〈그림 7.2〉에 주어진 바와 같이 정육면체의 꼭짓점으로 표현할 수 있다.

요인 A, B, C의 **주효과의 추정치**는 각 요인의 수준값에 따라서 1그룹과 0그룹이 결정되고, 1그룹 자료평균 $\overline{y_1}$과 0그룹 자료평균 $\overline{y_0}$의 차이인 $\overline{y_1}-\overline{y_0}$이다. 즉, 주효과가 다음과 같이 추정된다.

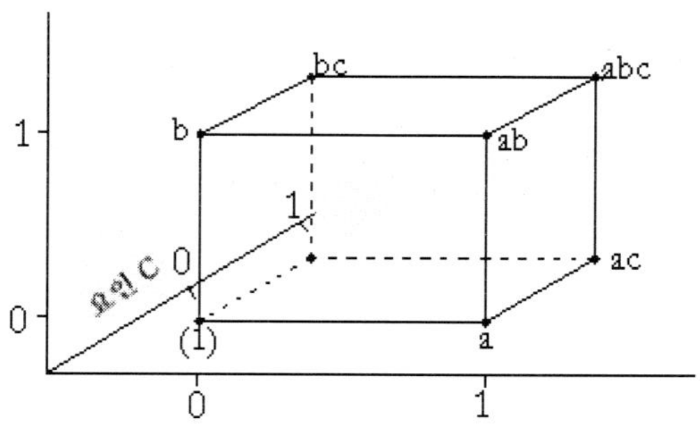

그림 7.2 2^3 요인배치법 실험자료의 시각적 표현

$$A = \frac{1}{4r}(a + ac + ab + abc - (1) - c - b - bc)$$

$$= \frac{1}{4r}(T_{1..} - T_{0..}) \tag{7.26}$$

$$= \bar{y}_1 - \bar{y}_0$$

$$B = \frac{1}{4r}(b + bc + ab + abc - (1) - a - c - ac)$$

$$= \frac{1}{4r}(T_{.1.} - T_{.0.}) \tag{7.27}$$

$$C = \frac{1}{4r}(c + ac + bc + abc - (1) - a - b - ab)$$

$$= \frac{1}{4r}(T_{..1} - T_{..0}) \tag{7.28}$$

요인 A와 B의 **상호작용효과** $A \times B$는 B_1에서 주효과 A의 크기와 B_0에서 주효과 A의 크기의 차이의 평균이다. 그런데 B_1에서 주효과 A의 크기는 B_1C_0에서 주효과 A의 크기와 B_1C_1에서 주효과 A의 크기의 평균이다. 마찬가지로 B_0에서 주효과 A의 크기는 B_0C_0에서 주효과 A의 크기와 B_0C_1에서 주효과 A의 크기의 평균이다. 따라서 **상호작용효과 $A \times B$의 추정치**는

$$A \times B = \frac{1}{2} \times [\frac{1}{2r}[(ab - b) + (abc - bc)] - \frac{1}{2r}[(a - (1)) + (ac - c)]]$$

$$= \frac{1}{4r}[(ab + abc + (1) + c) - (b + bc + a + ac)] \tag{7.29}$$

$$= \frac{1}{4r}(T_{11.} + T_{00.} - T_{10.} - T_{01.}) \tag{7.30}$$

$$= \bar{y}_1 - \bar{y}_0$$

로 C의 수준에 관계없이 〈그림 7.4〉에서 A, B축의 대각선상에 있는 자료점의 위치에 따라서 마주보고 있는 쌍이 1그룹과 0그룹을 결정한다. 대수학적으로는 x_1을 요인 A의 수준, x_2를 요인 B의 수준이라고 하면 x_1, x_2를 2진법으로 더한 결과인 $x_1 + x_2 \pmod 2$에 따라서 1그룹과 0그룹이 결정된다. 혹은 C가 0수준일 때의 요인 A와 B의 상호작용효과인 $\frac{1}{2}(ab + (1) - a - b)$와 C가 1수준일 때의 요인 A와 B의 상호작용효과인 $\frac{1}{2}(abc + c - bc - ac)$의 평균으로 구해도 동일한 결과인 식 (7.29)를

얻는다.

마찬가지로 상호작용효과 $A\times C$와 $B\times C$는

$$A\times C=\frac{1}{4r}(ac+(1)+abc+b-a-c-ab-bc)$$

$$=\frac{1}{4r}(T_{1.1}+T_{0.0}-T_{0.1}-T_{1.0}) \tag{7.31}$$

$$B\times C=\frac{1}{4r}(bc+(1)-b-c+abc+a-ab-ac)$$

$$=\frac{1}{4r}(T_{.11}+T_{.00}-T_{.01}-T_{.10}) \tag{7.32}$$

이 된다.

3 요인간의 상호작용 $A\times B\times C$는 C의 두 수준에서 계산된 $A\times B$ 상호작용의 평균적인 차이로 정의되어

$$A\times B\times C=\frac{1}{4r}(abc-bc-ac+c-ab+b+a-(1))$$

$$=\frac{1}{4r}[(a+b+c+abc)-(ab+ac+bc+(1)] \tag{7.33}$$

이 된다. 1그룹과 0그룹은 대수학적으로는 x_1을 요인 A의 수준, x_2를 요인 B의 수준, x_3를 요인 C의 수준이라고 하면 x_1, x_2, x_3를 2진법으로 더한 결과인 $x_1+x_2+x_3 \pmod 2$에 따라서 1그룹과 0그룹이 결정된다. 따라서 2^2 요인배치법과 마찬가지로 2^3 요인배치법의 각각의 효과는 총 $8r$개의 자료를 반반인 $4r$개씩 1그룹과 0그룹으로 나누어 각 그룹에 속한 반응값들의 평균 차이인 $\bar{y}_1-\bar{y}_0$로 추정된다.

식 (7.26)부터 (7.33)에 주어진 각 요인의 효과는 인수분해의 형태를 이용하여 다음과 같이 구할 수도 있다.

$$A=\frac{1}{4r}(a-1)(b+1)(c+1)$$

$$=\frac{1}{4r}(a+ab+ac+abc-(1)-b-c-bc) \tag{7.34}$$

$$B=\frac{1}{4r}(a+1)(b-1)(c+1)$$

$$=\frac{1}{4r}(b+bc+ab+abc-(1)-a-c-ac) \tag{7.35}$$

$$C = \frac{1}{4r}(a+1)(b+1)(c-1)$$

$$= \frac{1}{4r}(c+ac+bc+abc-(1)-a-b-ab) \tag{7.36}$$

$$A \times B = \frac{1}{4r}(a-1)(b-1)(c+1)$$

$$= \frac{1}{4r}((1)+ab+c+abc-a-b-bc-ac) \tag{7.37}$$

$$A \times C = \frac{1}{4r}(a-1)(b+1)(c-1)$$

$$= \frac{1}{4r}((1)+b+ac+abc-a-ab-c-bc) \tag{7.38}$$

$$B \times C = \frac{1}{4r}(a+1)(b-1)(c-1)$$

$$= \frac{1}{4r}((1)+a+bc+abc-b-ab-c-ac) \tag{7.39}$$

$$A \times B \times C = \frac{1}{4r}(a-1)(b-1)(c-1)$$

$$= \frac{1}{4r}(a+b+c+abc-(1)-ab-ac-bc) \tag{7.40}$$

각 요인 효과의 1그룹과 0그룹의 합의 차이인 $T_1 - T_0$는 〈표 7.8〉과 같은 계수표를 통하여도 구할 수도 있다. 이 표에서 각 주효과를 구할 때 각 열의 1수준은 +1, 0수준은 −1를 나타냄을 알 수 있으며, 상호작용효과의 열은 상호작용을 구성하고 있는 관련된 주효과의 열 2개를 선택하여 각 열의 계수들인 +1과 -1의 곱(예를 들면

표 7.8 2^3 요인배치법에서 주효과와 상호작용효과를 구하는 표

요인효과 / 처리조합	A	B	AB	C	AC	BC	ABC
(1)	−1	−1	+1	−1	+1	+1	−1
a	+1	−1	−1	−1	−1	+1	+1
b	−1	+1	−1	−1	+1	−1	+1
ab	+1	+1	+1	−1	−1	−1	−1
c	−1	−1	+1	+1	−1	−1	+1
ac	+1	−1	−1	+1	+1	−1	−1
bc	−1	+1	−1	+1	−1	+1	−1
abc	+1	+1	+1	+1	+1	+1	+1

(+1)×(+1)=(+1), (+1)×(−1)=(−1) 등)으로 구성되어 있음을 확인할 수 있다. 예를 들어 상호작용효과 $A \times B$ 열에 대한 부호는 주효과 A, B 열에 있는 각각의 계수를 곱하여 얻어진다. 각 열의 $T_1 - T_0$는 각 열의 계수와 처리조합 열의 대응되는 관측치를 곱한 값의 합, 즉 처리조합 열벡터와 각 효과의 열벡터의 내적(inner product)을 구한 값이다.

다음으로 2^3 요인배치법에서 요인효과의 변동은 $4r(=n/2)$개씩으로 구성된 1그룹과 0그룹에 속한 반응값들의 합의 차이의 제곱을 자료의 크기인 $n=8r$로 나눈 값인 $(T_1 - T_0)^2/8r$이다. 각 요인효과의 변동을 구해 보면,

$$SS_A = \frac{1}{8r}(T_{1..} - T_{0..})^2 \tag{7.41}$$

$$SS_B = \frac{1}{8r}(T_{.1.} - T_{.0.})^2 \tag{7.42}$$

$$SS_C = \frac{1}{8r}(T_{..1} - T_{..0})^2 \tag{7.43}$$

$$SS_{A\times B} = \frac{1}{8r}(T_{11.} + T_{00.} - T_{01.} - T_{10.})^2 \quad 7.44)$$

$$SS_{A\times C} = \frac{1}{8r}(T_{1.1} + T_{0.0} - T_{0.1} - T_{1.0})^2 \tag{7.45}$$

$$SS_{B\times C} = \frac{1}{8r}(T_{.11} + T_{.00} - T_{.01} - T_{.10})^2 \tag{7.46}$$

$$SS_{A\times B\times C} = \frac{1}{8r}[(a+b+c+abc) - ((1)+ab+ac+bc)]^2 \tag{7.47}$$

이 된다.

한편, 총변동 SST는

$$SS_T = \sum_i\sum_j\sum_k\sum_l x_{ijkl}^2 - \frac{T^2}{8r}$$

으로 구하는데, 〈표 7.8〉에 주어진 7개의 주효과와 상호작용효과들의 추정치가 서로 직교하기 때문에 $r=1$인 경우에 총변동은 7개의 주효과와 상호작용효과들의 변동의 합과 일치함을, 즉 7개 요인효과들의 변동으로 분할됨을 확인할 수 있다. 즉,

$$SS_T = SS_A + SS_B + SS_C + SS_{A\times B} + SS_{A\times C} + SS_{B\times C} + SS_{A\times B\times C} \tag{7.48}$$

이고, 반복이 있는, 즉 $r \geq 2$인 경우에는 8개의 처리 그룹간의 변동인 SS_{Trt}가 7개

요인효과들의 변동으로 분할됨을 확인할 수 있다.

이제 요인효과의 변동과 요인효과의 추정치와의 관계를 알아보자. 먼저, 1그룹 반응값들의 합과 0그룹에 속한 반응값들의 합의 차이인 $T_1 - T_0$와 요인효과의 추정치인 $\bar{y}_1 - \bar{y}_0$의 관계는 $T_1 - T_0 = 4r(\bar{y}_1 - \bar{y}_0)$이다. 따라서 식 (7.41)부터 (7.47)에 주어진 요인효과의 변동을 식 (7.34)부터 (7.40)에 주어진 요인효과의 추정치로 표현하면

$$SS_{\text{요인효과}} = 2r \times (\bar{y}_1 - \bar{y}_0)^2 = 2r \times (\text{요인효과 추정치})^2 \tag{7.49}$$

이다. 반복 $r=1$인 경우에 우리가 핵심 요인효과의 후보를 선별할 때에, 식 (7.48)에 주어진 총변동의 분할에서 계산된 7개 요인효과의 변동을 크기 순서로 나열한 후, 변동의 크기가 가장 큰 요인효과부터 선별하는 것은 자연스러운 일이다. 그런데 식 (7.49)로부터 7개 요인효과의 변동을 크기 순서로 나열하는 것은 7개 요인효과의 추정치의 절댓값인 $|\bar{y}_1 - \bar{y}_0|$를 크기 순서로 나열하는 것과 동치이다.

2^k 요인배치법에서 각 요인의 효과와 변동을 쉽게 계산하는 방법이 Yates에 의해 제시되어서 많이 활용된다. 반복 $r=1$인 2^3 요인배치법에서 Yates 계산법은 〈표 7.9〉와 같이 열의 값을 축차적으로 계산하는 경우 하나의 표로부터 모든 효과와 변동을 한 번에 구할 수 있다는 점이 장점이다. 컴퓨터가 범용화되기 전에는 이 방법에 의하여 2수준 요인배치법의 요인효과와 변동계산을 하였다.

이 표에서 요인의 수가 3개이므로 3개의 열 (1), (2), (3)이 필요하게 된다. 각 열에서 상단부는 바로 앞 열의 위로부터 2개씩 짝을 지어 이 짝을 합하여 차례로 쓰고,

표 7.9 Yates 계산법

처리조합	(1)	(2)	(3)	요인효과 (3) /4r	변동 (3)²/8r
(1)	$a+(1)$	$ab+b+a+(1)$	$abc+bc+ac+c+ab+b+a+(1)$	M	C_T
a	$ab+b$	$abc+bc+ac+c$	$abc-bc+ac-c+ab-b+a-(1)$	A	SS_A
b	$ac+c$	$ab-b+a-(1)$	$abc+bc-ac-c+ab+b-a-(1)$	B	SS_B
ab	$abc+bc$	$abc-bc+ac-c$	$abc-bc-ac+c+ab-b-a+(1)$	AB	$SS_{A\times B}$
c	$a-(1)$	$ab+b-a-(1)$	$abc+bc+ac+c-ab-b-a-(1)$	C	SS_C
ac	$ab-b$	$abc+bc-ac-c$	$abc-bc+ac-c-ab+b-a+(1)$	AC	$SS_{A\times C}$
bc	$ac-c$	$ab-b-a+(1)$	$abc+bc-ac-c-ab-b+a+(1)$	BC	$SS_{B\times C}$
abc	$abc-bc$	$abc-bc-ac+c$	$abc-bc-ac+c-ab+b+a-(1)$	ABC	$SS_{A\times B\times C}$

단, M은 (3)/8r

하단부는 앞 열의 아래로부터 2개씩 짝을 지어 이 짝을 빼서 차례로 기록한 것이다. 그러면 이러한 작업을 축차적으로 3회 진행하여 얻은 열 (3)의 결과는 첫 번째 열인 처리조합에 대응되는 요인효과에 대한 정보를 제공한다. 물론 첫 번째 행은 모평균 μ에 대응되는 자료의 총합인 T이다. 두 번째 행부터 요인효과의 1그룹 합 T_1과 0그룹 합 T_0의 차이인 $T_1 - T_0$를 정의한다. 요인효과 열에서의 첫 번째 행은 열 (3)의 값을 자료의 크기인 $8r$로 나누어서 자료의 총평균인 M으로 표시된다. 자료의 총평균에 대한 변동은 T^2/n으로 자료의 총평균에 대한 수정항이다. 요인효과 열의 두 번째 행부터 재공되는 각 행의 소문자 알파벳에 대응되는 요인효과의 추정치는 두 그룹 간의 자료평균 차이인 $\bar{y}_1 - \bar{y}_0$이고 변동은 $(T_1 - T_0)^2/n$으로 요인효과열과 변동열에 각각 계산된다.

반복이 없는 2^3 요인배치법의 분산분석에 대해서 생각해 보자. 식 (7.48)에서 설명한 바와 같이 자유도 $n-1=7$인 총변동은 7개 요인효과의 변동의 합으로 분할되고 반복이 없기에 8개의 각 처리조합에서 1회씩 실험을 실시하여 오차의 분산인 σ_E^2에 대한 정보를 독립적으로 구할 수가 없다. 즉 3요인 상호작용효과 $A \times B \times C$와 오차항이 교락되어 구분이 불가능하여 $A \times B \times C$ 효과를 오차로 간주하여 〈표 7.10〉과 같이 분산분석표를 구할 수 있다. 이 분산분석표에서 잔차변동 $SS_E(= SS_{A \times B \times C})$의 자유도가 1로 너무 작으므로 2요인간의 상호작용효과들 중에서 변동이 아주 작은 상호작용효과를 오차항에 풀링(pooling)한 후 F−검정을 하다. 〈표 7.10〉에서는 편의상 3요인 상호작용효과를 오차항으로 두었다.

표 7.10 2^3 요인배치법의 분산분석표($r=1$인 경우)

요인	제곱합	자유도	평균제곱
A	SS_A	1	MS_A
B	SS_B	1	MS_B
C	SS_C	1	MS_C
$A \times B$	$SS_{A\times B}$	1	$MS_{A\times B}$
$A \times C$	$SS_{A\times C}$	1	$MS_{A\times C}$
$B \times C$	$SS_{B\times C}$	1	$MS_{B\times C}$
$E(=A\times B\times C)$	SS_E	1	MS_E
T	SS_T	7	

7.4.2 핵심 요인효과의 선별

반복이 없는 2^3 요인배치법 실험자료에 대한 분산분석의 문제점은 각 처리에서 한 개의 반응값만 관측하여 오차의 분산인 σ_E^2의 불편추정치를 구할 수가 없다. 따라서 〈표 7.10〉의 분산분석표에서와 같이 고차의 상호작용효과들을 오차항으로 풀링하여 잔차제곱합인 SS_E를 구하고, 요인효과의 유의성 검정을 한다. 여기서 문제점은 어느 정도로 작은 고차의 상호작용효과의 제곱합을 오차항으로 풀링할 것인가를 결정하는 일이다.

반복이 없는 2^3 요인배치법의 분산분석에서 귀무가설은 모든 요인효과, 즉 3개의 주효과 A, B, C, 3개의 2요인 상호작용효과 $A\times B$, $A\times C$, $B\times C$와 3요인 상호작용효과 $A\times B\times C$가 존재하지 않는다는 것이다. 귀무가설이 참인 경우에 각 처리에서 관측된 8개의 관측치인 $(1), a, b, ab, c, ac, bc, abc$는 $N(\mu, \sigma_E^2)$부터 관측된 확률표본(random sample)이다. 따라서 7개의 각 효과의 추정치인 $\bar{y}_1 - \bar{y}_0$의 분포는 귀무가설이 참인 경우에 평균이 0이고 분산이 $\sigma_E^2/2$인 정규분포를 따른다. 또한 7개의 요인효과의 추정치가 직교대비이기 때문에, 요인효과의 추정치들은 서로 독립이다. 즉 요인효과 추정치들은 $N(0, \sigma_E^2/2)$ 분포를 따르는 모집단에서 뽑힌 확률표본이다. 그런데 앞 절에서 언급한 바와 같이 우리가 핵심 요인효과의 후보를 선별할 때에, 식 (7.48)에 주어진 총변동의 분할에서 계산된 7개 요인효과의 변동을 크기 순서로 나열한 후, 변동의 크기가 가장 큰 요인효과부터 선별하는 것은 자연스러운 일이다. 그런데 식 (7.49)로부터 7개 요인효과의 변동을 크기순서로 나열하는 것은 7개 요인효과의 추정치의 절댓값인 $|\bar{y}_1 - \bar{y}_0|$를 크기 순서로 나열하는 것과 동치이다. 따라서 우리들이 선별하고 싶은 유의한 효과의 후보는 효과의 추정치의 절댓값이 큰 효과들이다. 즉, 핵심효과의 선별 단계에서 우리들은 효과의 부호에는 관심이 없고, 절댓값에만 관심이 있다. 또한 효과들의 추정치의 절댓값의 분포는 귀무가설이 참인 경우에 반정규확률분포를 따른다(Z가 표준정규분포를 따르는 경우에 $|Z|$는 반정규확률분포를 따른다고 한다). 이 사실을 활용하여 7개 요인효과의 추정치의 절댓값인 $|\bar{y}_1 - \bar{y}_0|$에 대한 반정규확률그림을 그린다. 이 그림은 우선 7개 요인효과를 $|\bar{y}_1 - \bar{y}_0|$의 크기순서로 나열한 후, x축에는 요인효과들의 $|\bar{y}_1 - \bar{y}_0|$값을, y축은 해당되는 요인효과의 경험적 누적확률에 대응되는 반정규확률분포의 값인 퍼센타일을 기록하여 반정규확률

그림을 그린다. 반정규확률그림에서 가장 오른쪽에 있는 요인효과가 요인효과의 추정치의 절댓값이 가장 큰 핵심 요인효과의 후보이다. 그 효과가 나머지 요인효과들에 대한 선형 패턴에 비해 동떨어져 있으면 핵심요인으로 선별한다. 다음으로 선별된 효과를 제외한 나머지 자료점에 대해서도 해당 자료점이 직선상에 놓여 있는지를 시각적으로 확인하여 선별여부를 결정한다. 후보효과가 나머지 요인효과들에 대한 선형 패턴상에 존재하면, 즉 현 단계의 후보효과를 포함한 반정규확률그림이 직선(혹은 선형)형태를 나타내면, 선별을 멈추고 더 이상의 핵심 요인효과는 없다고 결론을 내린다. 반정규확률그림에 의한 핵심요인효과의 시각적인 선별을 정리하면, 요인효과들의 반정규확률그림에서 원점을 지나는 선형패턴을 대략적으로 그린 후, 선형패턴을 벗어나 있는 요인효과들의 $|\bar{y}_1 - \bar{y}_0|$가 큰, 즉 오른쪽에 있는 효과들을 핵심효과로 선별한다. 선별된 효과들은 효과들의 값이 모평균이 0인 정규분포에서 우연히 나왔다기보다는 해당 요인효과가 유의하여 요인효과들의 추정치의 절댓값인 $|\bar{y}_1 - \bar{y}_0|$가 큰 값이 나왔다고 해석한다.

예제 7.3

Yates 계산법을 이용해 다음 2^3 요인배치법의 자료에 대해 분산분석하고 요인효과들의 추정치의 절댓값인 $|\bar{y}_1 - \bar{y}_0|$의 반정규확률그림을 통해서 핵심요인을 선별하라.

		A_0	A_1
B_0	C_0	(1)=2	a=−5
	C_1	c=−12	ac=−17
B_1	C_0	b=15	ab=13
	C_1	bc=−2	abc=−7

|풀이|

(1) Yates 계산법

처리조합	자료	(1)	(2)	(3)	요인효과	변동
(1)	2	−3	25	−13	$-1.625=M$	$21.125=CT$
a	−5	28	−38	−19	$-4.75=A$	$45.125=SS_A$
b	15	−29	−9	51	$12.75=B$	$325.125=SS_B$
ab	13	−9	−10	5	$1.25=AB$	$3.125=SS_{A\times B}$

처리조합	자료	(1)	(2)	(3)	요인효과	변동
c	-12	-7	31	-63	$-15.75=C$	$496.125=SS_C$
ac	-17	-2	20	-1	$-0.25=AC$	$0.125=SS_{A\times C}$
bc	-2	-5	5	-11	$-2.75=BC$	$15.125=SS_{B\times C}$
abc	-7	-5	0	-5	$-1.25=ABC$	$3.125=SS_{A\times B\times C}$

총변동은

$$SS_T=\sum_i\sum_j\sum_k x_{ijk}^2-CT$$
$$=[2^2+(-12)^2+...+(-7)^2]-CT=887.875$$

이고, 이는 Yates 계산법에 의해 구한 $SS_A+SS_B+...+SS_{A\times B\times C}$와 그 결과가 같다는 것을 알 수 있다.

$SS_{A\times B}$와 $SS_{A\times C}$는 작은 값을 가지므로 오차항에 풀링하면 다음과 같은 분산분석표를 얻을 수 있다.

분산분석표

요인	제곱합	자유도	평균제곱	F_0
A	45.125	1	45.125	21.235*
B	325.125	1	325.125	153**
C	496.125	1	496.125	233.47**
$B\times C$	15.125	1	15.125	7.118
E'	6.375	3	2.125	
	887.875	7		

따라서 요인 A, B, C는 모두 유의(significant)하며, 특히 B, C는 1%의 유의수준에서도 유의함을 알 수 있다.

(2) 반정규확률그림에 의한 핵심 요인효과 선별

요인효과들의 추정치의 절댓값인 $|\bar{y}_1-\bar{y}_0|$을 크기순으로 나열하면, 〈표 7.11〉과 같이 정리되고, 7개 요인효과에 대한 반정규확률그림이 〈그림 7.3〉에 주어진다.

표 7.11 요인효과들의 추정치의 절댓값인 $|\bar{y}_1-\bar{y}_0|$의 크기 순서 나열

요인효과	C	B	A	$B\times C$	$A\times B\times C$	$A\times B$	$A\times C$
$\lvert\bar{y}_1-\bar{y}_0\rvert$	15.75	12.75	4.75	2.75	1.25	1.25	0.25

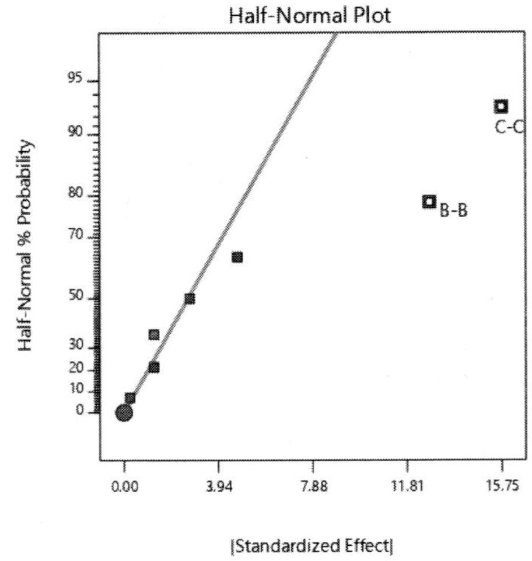

그림 7.3 7개 요인효과에 대한 반정규확률그림

반정규확률그림을 보면, 오른쪽에 있는 C, B를 제외한 나머지 효과들이 대략 직선모양을 나타낸다. 따라서 주효과 C, B를 핵심효과로 선별한다. 앞의 분산분석표와 달리 다음으로 효과의 크기가 큰 A가 선별되지 않았는데, A를 포함한 나머지 효과들이 대략 직선모양을 나타내어 기댓값이 0인 반정규확률분포를 따르고 있음을 보이고, 효과의 표준화된 크기 그림인 〈그림 7.4〉에 주어진 파레토차트에서도 A가 나머지 효과들의 크기에 비해 상대적으로 크지 않음을 보여서, 핵심 요인 효과로 선별될 수 없음을 보인다. 이 예제는 고차의 상호작용효과의 오차항으로의 풀링한 후의 분산분석의 문제점을 잘 예시하고 있다

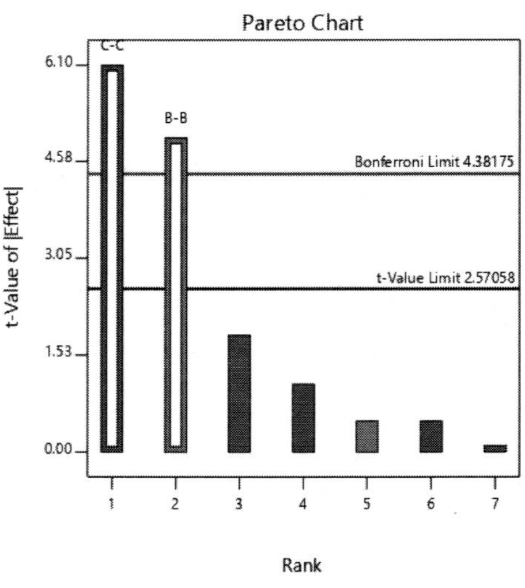

그림 7.4 7개 요인효과에 대한 파레토 그림

7.5 2^k 요인배치법

2^k 요인배치법이란 요인의 수가 k개이고 각 요인의 수준수가 2인 경우를 말하며, 처리의 개수는 2^k이고, 각 처리의 조합에서 실험이 r회 반복된다면 총실험횟수는 $n=r\times 2^k$가 될 것이다. 요인의 수인 k가 커짐에 따라서 처리의 개수인 2^k는 기하급수적으로 커져서 실험을 반복해서 하는 것은 불가능하여 반복 1회인 $r=1$로 실험을 실시하거나, 2^k개의 처리조합 중에서 일부에서만 실험을 실시하는 2수준 일부실시법을 계획할 수밖에 없게 된다. 이 절에서는 $r=1$인 2^4 요인배치법의 실험자료의 분산분석과 반정규확률그림에 의한 핵심 요인효과의 선별을 예시한다.

앞 절에서 공부한 2^2 요인배치법, 2^3 요인배치법과 마찬가지로 2^4 요인배치법의 각각의 요인효과는 총 $n(=2^4)$개의 자료를 반반인 $8(=n/2)$개씩 1그룹과 0그룹으로 나누어 각 그룹에 속한 반응값들의 평균 차이인 $\overline{y}_1-\overline{y}_0$로 추정된다. 다음으로 2^4 요인배치법에서 요인효과의 변동은 $8(=n/2)$개씩으로 구성된 1그룹 실험자료의 합 T_1과 0그룹 실험자료의 합 T_0의 차이의 제곱을 총실험의 크기 $n(=16)$으로 나눈 값인 $(T_1-T_0)^2/n$이다.

각각의 효과에 대한 1그룹과 0그룹은 앞 절에서 소개한 방법에 따라서 분류된다. 예를 들면, 주효과 A에 대한 1그룹은 A_1에서 실험된 8개의 반응값으로 구성되고 0그룹은 A_0에서 실험된 8개의 반응값으로 구성된다. 요인 A, C 간의 상호작용효과 $A\times C$를 인수분해의 형태를 이용하여 구하면

$$\begin{aligned} A\times C &= \frac{1}{8}(a-1)(b+1)(c-1)(d+1) \\ &= \frac{1}{8}[((1)+b+d+ac+bd+abc+acd+abcd) \\ &\quad -(a+ab+ad+abd+bc+bcd+c+cd)] \end{aligned}$$

로 1그룹과 0그룹의 8개의 반응값이 결정된다. 1그룹과 0그룹은 대수학적으로는 x_1을 요인 A의 수준, x_2를 요인 B의 수준, x_3를 요인 C의 수준, x_4를 요인 D의 수준이라고 하면 구하고자 하는 상호작용효과와 관련된 x_j들을 2진법으로 더한 결과에 따라서 1그룹과 0그룹이 결정된다. 예를 들면 3요인 상호작용효과 $A\times B\times D$인 경

우에는 상호작용효과와 관련된 x_j들인 x_1, x_2, x_4를 2진법으로 더한 결과인 $x_1 + x_2 + x_4 \pmod 2$의 값에 따라서 1그룹과 0그룹이 결정된다.

예제 7.4

A, B, C, D 4개의 요인이 있고 각 요인의 수준이 2인 2^4 요인배치법의 자료가 다음 표와 같다. Yates 계산법을 이용하여 각 요인의 효과와 변동을 구하고 분산분석을 실시하라. 단, 16번의 실험은 랜덤한 순서대로 행해졌다.

	A_0				A_1			
	B_0		B_1		B_0		B_1	
	C_0	C_1	C_0	C_1	C_0	C_1	C_0	C_1
D_0	−1	5	9	11	0	3	4	8
D_1	−1	−9	1	−5	−9	−13	5	−4

|풀이|

(1) Yates 계산법

처리조합	자료	(1)	(2)	(3)	(4)	요인효과	변동
(1)	−1	−1	12	39	4	$0.25=M$	$1=CT$
a	0	13	27	−35	−16	$-2=A$	$16=SS_A$
b	9	8	−4	−9	54	$6.75=B$	$182.25=SS_B$
ab	4	19	−31	−7	10	$1.25=AB$	$6.25=SS_{A\times B}$
c	5	−10	−4	25	−12	$-1.5=C$	$9=SS_C$
ac	3	6	−5	29	0	$0=AC$	$0=SS_{A\times C}$
bc	11	−22	−4	−7	−6	$-0.75=BC$	$2.25=SS_{B\times C}$
abc	8	−9	−3	17	−2	$-0.25=ABC$	$0.25=SS_{A\times B\times C}$

처리조합	자료	(1)	(2)	(3)	(4)	요인효과	변동
d	−1	1	14	15	−74	−9.25=D	$342.25=SS_D$
ad	−9	−5	11	−27	2	0.25=AD	$0.25=SS_{A\times D}$
bd	1	−2	16	−1	4	0.5=BD	$1=SS_{B\times D}$
abd	5	−3	13	1	24	3=ABD	$36=SS_{A\times B\times D}$
cd	−9	−8	−6	−3	−42	−5.25=CD	$110.25=SS_{C\times D}$
acd	−13	4	−1	−3	2	0.25=ACD	$0.25=SS_{A\times C\times D}$
bcd	−5	−4	12	5	0	0=BCD	$0=SS_{B\times C\times D}$
$abcd$	−4	1	5	−7	−12	−1.5=ABCD	$9=SS_{A\times B\times C\times D}$

(2) 분산분석표의 작성

반복이 없는 2^4 요인배치법 실험자료의 분산분석에서는 반복을 하지 않으므로 오차의 분산 σ_E^2에 대한 독립된 추정치를 구할 수 없어 일차적인 원칙은 3요인 이상의 고차의 상호작용효과를 오차항에 풀링하고, 〈표 7.12〉의 분산분석표를 작성한다. p값이 0.45 이상인 상호작용효과 $C\times D$를 제외한 5개의 이요인 상호작용효과들을 오차항에 풀링한 분산분석표가 〈표 7.13〉에 주어진다. 주효과 C의 p값은 0.37이지만 상호작용효과 $C\times D$가 유의하여 D_1에서 주효과 C의 크기와 D_0에서 주효과 C의 크기가 다름을 의미하기 때문에 상호작용효과와 관련된 주효과는 p값이 아무리 커도 무시하지 않고 모형에 포함한다. 이를 항들에 대한 위계(hierarchical) 질서의 법칙이라고 한다. 분산분석 결과 모형에 포함된 유의한 효과들은 B, C, D, $C\times D$이다.

표 7.12 2^4 요인배치법 실험자료의 분산분석표

Source	Sum of Squares	df	Mean Square	F-value	p-value	
Model	669.50	10	66.95	7.36	0.0199	significant
A-A	16.00	1	16.00	1.76	0.2422	
B-B	182.25	1	182.25	20.03	0.0065	
C-C	9.00	1	9.00	0.9890	0.3656	
D-D	342.25	1	342.25	37.61	0.0017	
AB	6.25	1	6.25	0.6868	0.4450	
AC	0.0000	1	0.0000	0.0000	1.0000	
AD	0.2500	1	0.2500	0.0275	0.8748	
BC	2.25	1	2.25	0.2473	0.6401	
BD	1.0000	1	1.0000	0.1099	0.7537	
CD	110.25	1	110.25	12.12	0.0176	
Residual	45.50	5	9.10			
Cor Total	715.00	15				

표 7.13 풀링한 후의 분산분석표

Source	Sum of Squares	df	Mean Square	F-value	p-value	
Model	659.75	5	131.95	23.88	< 0.0001	significant
A-A	16.00	1	16.00	2.90	0.1196	
B-B	182.25	1	182.25	32.99	0.0002	
C-C	9.00	1	9.00	1.63	0.2307	
D-D	342.25	1	342.25	61.95	< 0.0001	
CD	110.25	1	110.25	19.95	0.0012	
Residual	55.25	10	5.52			
Cor Total	715.00	15				

(3) 반정규확률그림에 의한 핵심 요인효과 선별

15개 요인효과들의 추정치의 절댓값인 $|\bar{y}_1 - \bar{y}_0|$에 대한 반정규확률그림이 〈그림 7.5〉에 주어진다. 반정규확률그림을 보면, 오른쪽에 있는 $D, B, C\times D, A\times B\times D$를 제외한 나머지 효과들이 대략 직선모양을 나타낸다. 그런데 마지막으로 선별된 $A\times B\times D$는 고차의 교호작용효과로 흔히 무시할 수 있는 3요인 상호작용효과이고 선형 패턴에서 벗어나는 이탈 정도도 심하지 않아서 핵심효과로 선별하지 않는다. 따라서 선별된 핵심 요인효과는 $D, B, C\times D$이고, 주효과 C는 위계질서를 존중하여 모형에 포함한다. 이 사실은 요인효과의 표준화된 크기에 대한 막대그래프인 〈그림 7.6〉의 파레토 그림에서도 확인이 된다. $A\times B\times D$ 효과가 유의한 효과의 경계선에 있지만, 선별된 효과보다 크기가 크게 차이가 나고, 흔히 실무자가 무시할 수 있는 3요인 상호작용효과이기에 선별되지 않는다. 반정규확률그림에 의해서 선별된 모형에 대한 분산분석표는 〈표 7.14〉에 주어진다.

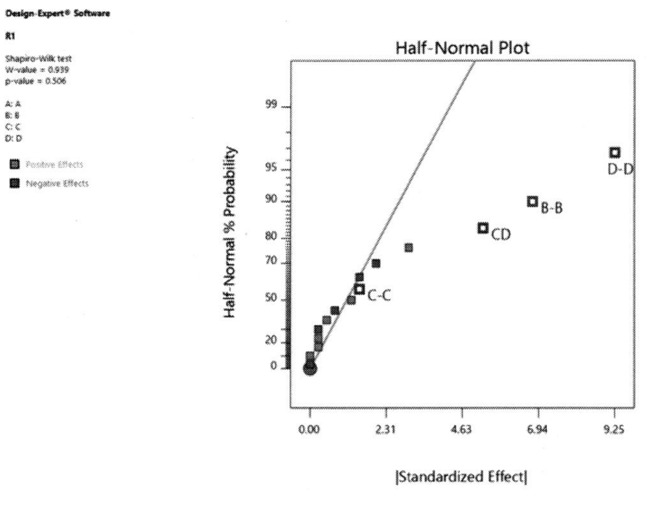

그림 7.5 15개 효과의 $|\bar{y}_1 - \bar{y}_0|$에 대한 반정규확률그림

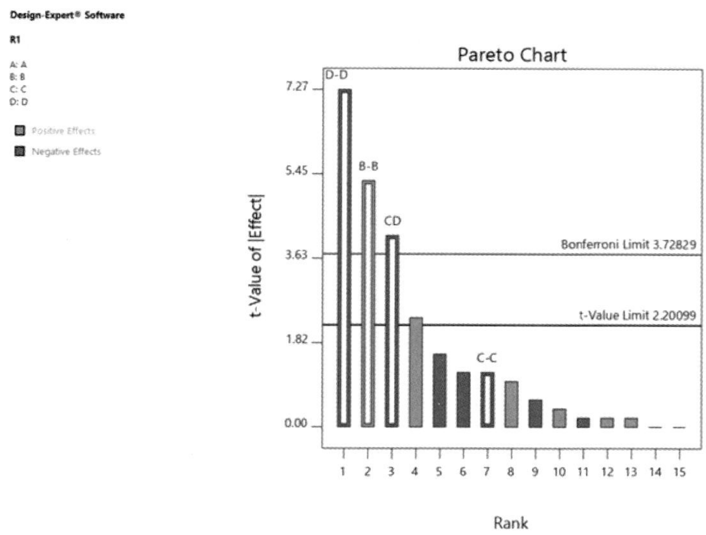

그림 7.6 15개 요인효과에 대한 파레토 그림

표 7.14 반정규확률그림에 의해 선별된 효과들의 분산분석표

Source	Sum of Squares	df	Mean Square	F-value	p-value	
Model	643.75	4	160.94	24.85	< 0.0001	significant
B-B	182.25	1	182.25	28.14	0.0003	
C-C	9.00	1	9.00	1.39	0.2634	
D-D	342.25	1	342.25	52.84	< 0.0001	
CD	110.25	1	110.25	17.02	0.0017	
Residual	71.25	11	6.48			
Cor Total	715.00	15				

7.6 Design Expert, Minitab과 R 활용

●Design Expert 활용

예제 7.4의 2^4 요인배치법 자료를 생성하는 실험을 설계한다.

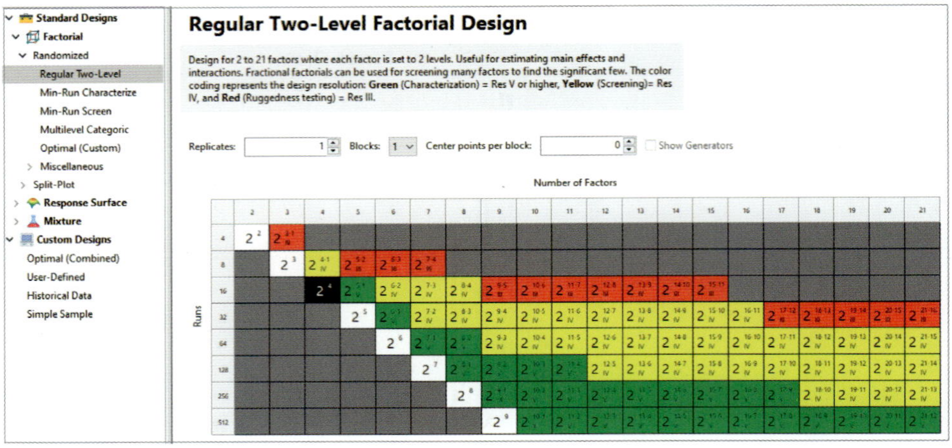

각 요인의 수준이 2인 요인배치법이므로 각 변수의 수준을 다음과 같이 설정해준다.

Regular Two-Level Factorial Design

Factors: 4 ◉ Horizontal ○ Vertical

	Name	Units	Type	Low	High
A [Numeric]	A		Numeric	-1	1
B [Numeric]	B		Numeric	-1	1
C [Numeric]	C		Numeric	-1	1
D [Numeric]	D		Numeric	-1	1

생성된 실험설계의 Standard Order(Std)를 오름차순으로 정렬한 뒤, 반응값을 입력한다.

Std	Run	Factor 1 A:A	Factor 2 B:B	Factor 3 C:C	Factor 4 D:D	Response 1 R1
1	5	-1	-1	-1	-1	-1
2	8	1	-1	-1	-1	0
3	16	-1	1	-1	-1	9
4	12	1	1	-1	-1	4
5	3	-1	-1	1	-1	5
6	7	1	-1	1	-1	3
7	9	-1	1	1	-1	11
8	15	1	1	1	-1	8
9	6	-1	-1	-1	1	-1
10	1	1	-1	-1	1	-9
11	14	-1	1	-1	1	1
12	13	1	1	-1	1	5
13	11	-1	-1	1	1	-9
14	2	1	-1	1	1	-13
15	4	-1	1	1	1	-5
16	10	1	1	1	1	-4

반정규확률그림을 보면, 오른쪽에 있는 D, B, $C\times D$, $A\times B\times D$를 제외한 나머지 효과들이 대략 직선모양을 나타낸다. 그런데 앞서 말한 것처럼, 마지막으로 선별된

$A \times B \times D$는 고차의 교호작용효과로 흔히 무시할 수 있는 3요인 상호작용효과이고 선형 패턴에서 벗어나는 이탈 정도도 심하지 않아서 핵심효과로 선별하지 않는다. 따라서 선별된 핵심 요인효과는 D, B, $C \times D$이고, 주효과 C는 위계질서를 존중하여 모형에 포함한다.

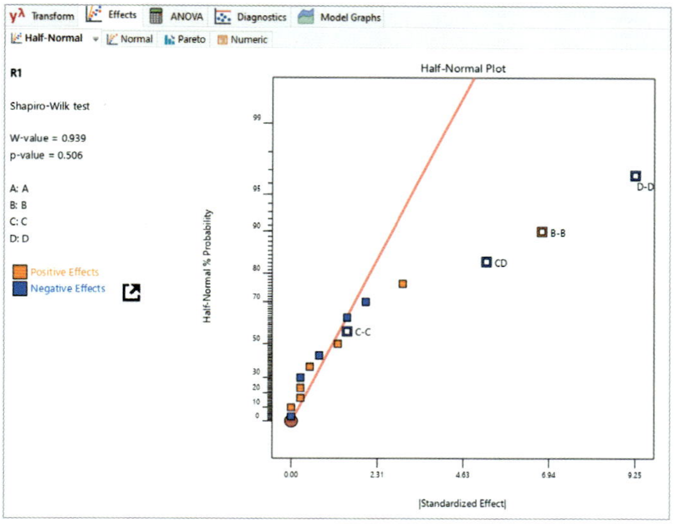

이 사실은 요인효과의 표준화된 크기에 대한 막대그래프인 파레토 그림에서도 확인된다. $A \times B \times D$ 효과가 유의한 효과의 경계선에 있지만, 선별된 효과보다 크기가 크게 차이가 나고, 흔히 실무자가 무시할 수 있는 3요인 상호작용효과이기에 선별되지 않는다.

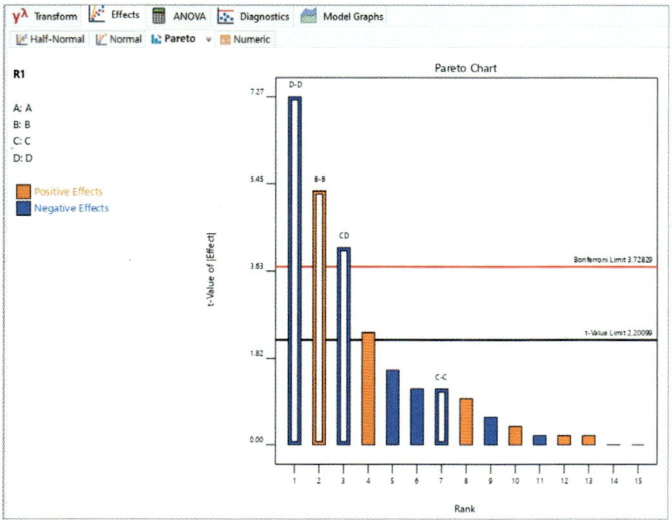

[ANOVA] 탭에서 반정규확률그림에 의해 선별된 효과들의 분산분석표를 확인할 수 있다. 예상한대로 D, B, $C \times D$의 p-value가 매우 작게 나온 것을 볼 수 있고, C는 p-value 값이 작지 않지만 위계질서 존중에 의해 모형에 포함된 것을 알 수 있다.

Transform | Effects | ANOVA | Diagnostics | Model Graphs

Analysis of Variance

ANOVA for selected factorial model

Response 1: R1

Source	Sum of Squares	df	Mean Square	F-value	p-value	
Model	643.75	4	160.94	24.85	< 0.0001	significant
B-B	182.25	1	182.25	28.14	0.0003	
C-C	9.00	1	9.00	1.39	0.2634	
D-D	342.25	1	342.25	52.84	< 0.0001	
CD	110.25	1	110.25	17.02	0.0017	
Residual	71.25	11	6.48			
Cor Total	715.00	15				

● 2^4 요인배치법 실험의 사례: Design Expert 실습

2^4 요인배치법 여과율 실험자료(Montgomery(2012))를 Design Expert를 이용하여 실습해 보자. 상단 가장 왼쪽의 아이콘인 [New Design]을 클릭한 후,

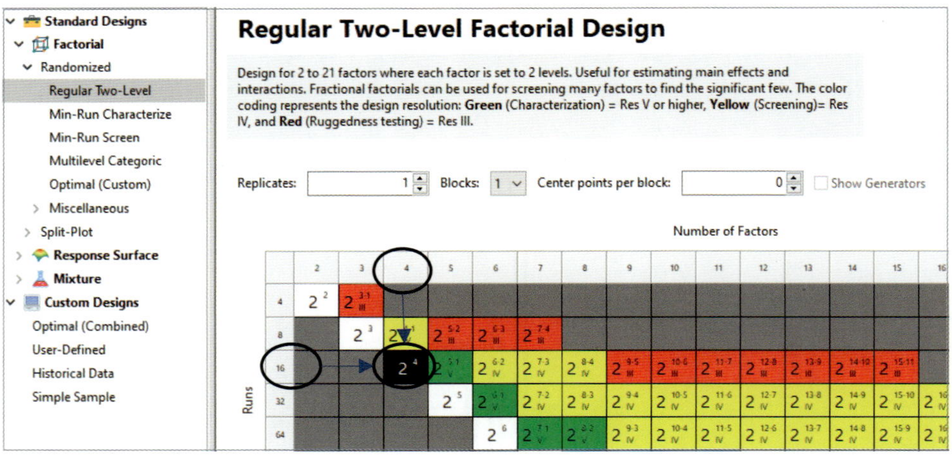

을 선택하여 [Next] 버튼을 누른다.

인자들의 이름과 단위를 적어 놓고 반응값에 대한 입력도 마친다.

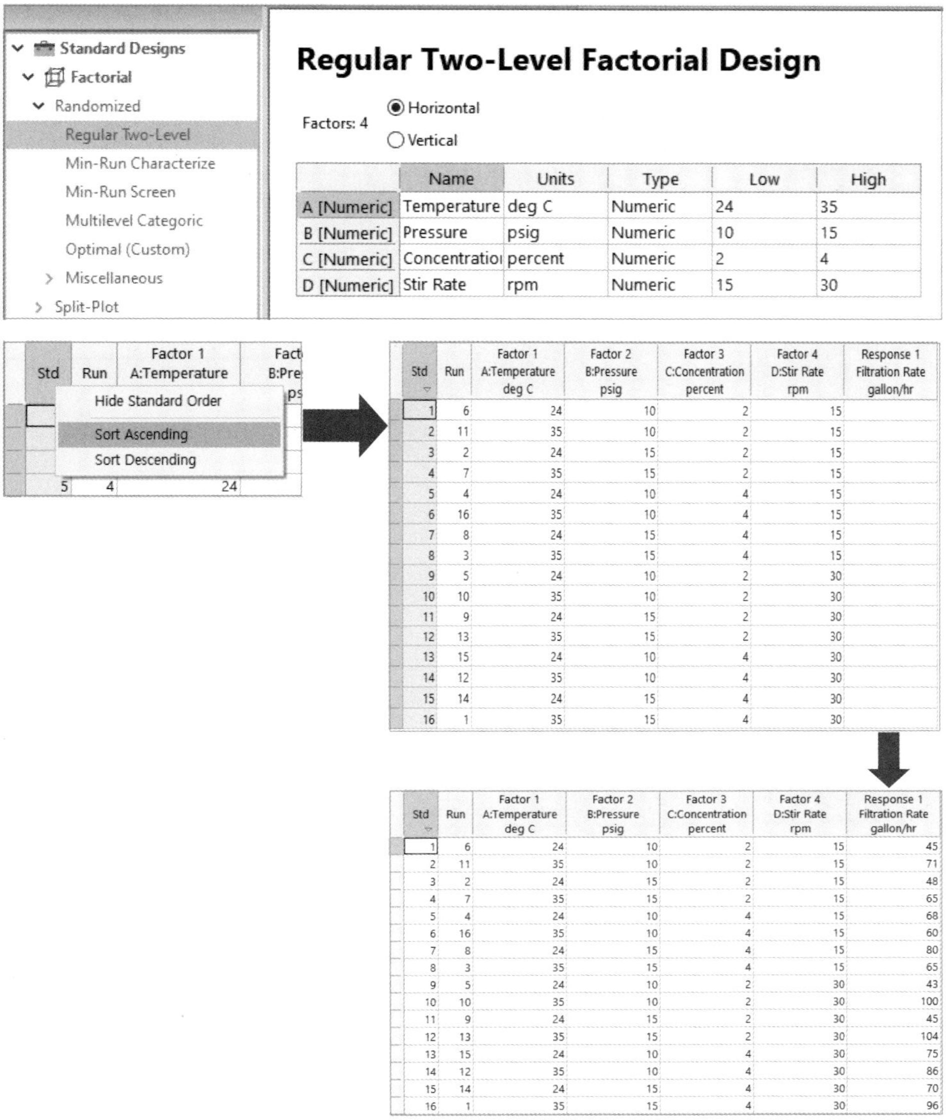

	Name	Units	Type	Low	High
A [Numeric]	Temperature	deg C	Numeric	24	35
B [Numeric]	Pressure	psig	Numeric	10	15
C [Numeric]	Concentratioi	percent	Numeric	2	4
D [Numeric]	Stir Rate	rpm	Numeric	15	30

Std	Run	Factor 1 A:Temperature deg C	Factor 2 B:Pressure psig	Factor 3 C:Concentration percent	Factor 4 D:Stir Rate rpm	Response 1 Filtration Rate gallon/hr
1	6	24	10	2	15	
2	11	35	10	2	15	
3	2	24	15	2	15	
4	7	35	15	2	15	
5	4	24	10	4	15	
6	16	35	10	4	15	
7	8	24	15	4	15	
8	3	35	15	4	15	
9	5	24	10	2	30	
10	10	35	10	2	30	
11	9	24	15	2	30	
12	13	35	15	2	30	
13	15	24	10	4	30	
14	12	35	10	4	30	
15	14	24	15	4	30	
16	1	35	15	4	30	

Std	Run	Factor 1 A:Temperature deg C	Factor 2 B:Pressure psig	Factor 3 C:Concentration percent	Factor 4 D:Stir Rate rpm	Response 1 Filtration Rate gallon/hr
1	6	24	10	2	15	45
2	11	35	10	2	15	71
3	2	24	15	2	15	48
4	7	35	15	2	15	65
5	4	24	10	4	15	68
6	16	35	10	4	15	60
7	8	24	15	4	15	80
8	3	35	15	4	15	65
9	5	24	10	2	30	43
10	10	35	10	2	30	100
11	9	24	15	2	30	45
12	13	35	15	2	30	104
13	15	24	10	4	30	75
14	12	35	10	4	30	86
15	14	24	15	4	30	70
16	1	35	15	4	30	96

컴퓨터가 지정한 랜덤한 실험순서대로 실험을 실시한 후 결과값을 입력한다. 정리된 실험자료는 Std 순서로 정렬한 후 반응값을 입력한다.

분석단계의 첫 단계인 반응변수에 대한 변환이 필요한지 여부를 [Transform] 탭에서 확인한다. 이 예제의 경우 변환을 필요로 하지 않는다. 최대값과 최소값의 비율이 2.418로 기준값인 10을 넘지 않는다.

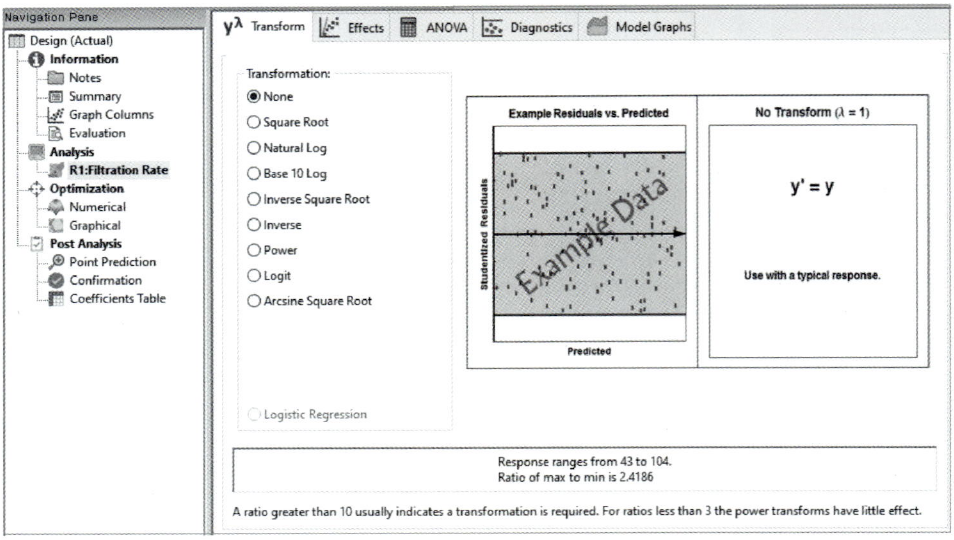

다음으로 모형에 들어갈 핵심 요인효과들을 선별하기 위해 다음 버튼인 [Effects] 버튼을 클릭한다.

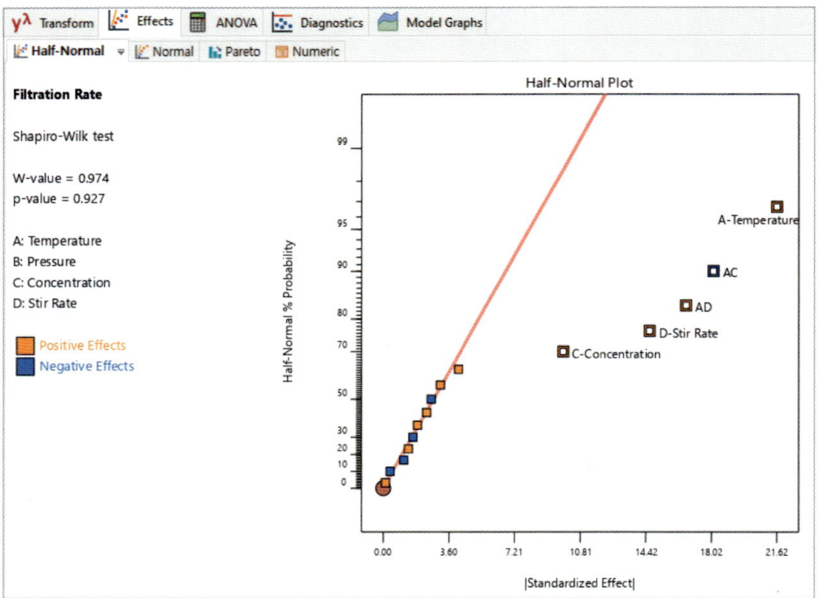

원점을 지나는 선형 패턴에서 벗어나는 오른쪽에 위치한 효과들인 A, AC, AD, D, C가 선별된다. 핵심 요인효과들로 구성된 모형에 대한 분산분석을 보기 위해서는 다음 버튼인 [ANOVA] 버튼을 클릭한다.

Transform | Effects | ANOVA | Diagnostics | Model Graphs

Analysis of Variance

ANOVA for selected factorial model

Response 1: Filtration Rate

Source	Sum of Squares	df	Mean Square	F-value	p-value	
Model	5535.81	5	1107.16	56.74	< 0.0001	significant
A-Temperature	1870.56	1	1870.56	95.86	< 0.0001	
C-Concentration	390.06	1	390.06	19.99	0.0012	
D-Stir Rate	855.56	1	855.56	43.85	< 0.0001	
AC	1314.06	1	1314.06	67.34	< 0.0001	
AD	1105.56	1	1105.56	56.66	< 0.0001	
Residual	195.13	10	19.51			
Cor Total	5730.94	15				

선별된 효과들로 구성된 모형의 적절성을 검토하기 위해서 오차의 정규성과 등분산성을 확인해야 한다. 이를 검토하는 방법은 표준화 잔차의 정규확률그림이 선형 패턴을 따르는지를 확인하고, 표준화 잔차와 예측치의 산점도를 그려서 수평 밴드 내에서 자료점들이 랜덤하게 움직이는지를 확인하는 것이다. 이를 위해서는 다음 버튼인 [Diagonistics] 버튼을 클릭한 후에, 바로 아래에 display된 [Normal Plot]와 [Resid. vs Pred.] 버튼을 선택한다. 표준화 잔차의 정규확률그림이 직선 모양이고, 표준화 잔차와 예측치의 산점도가 ±2.5 이내의 수평 밴드 내에서 랜덤한 모양을 하고 있어서 모형의 적절성을 제시한다.

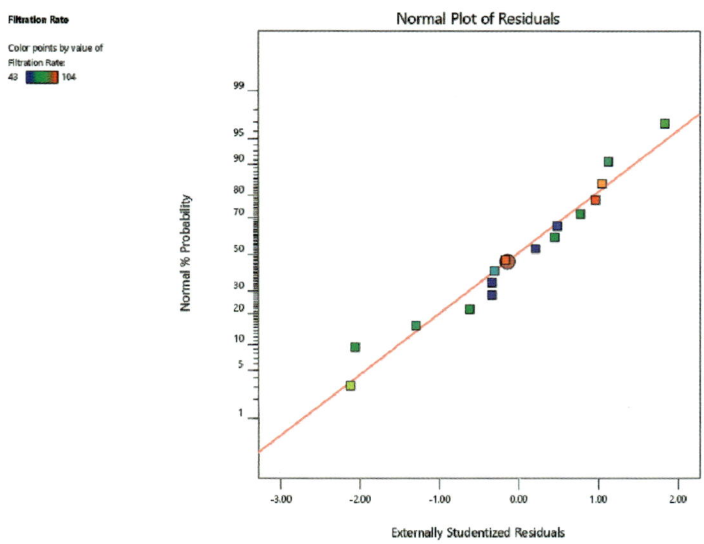

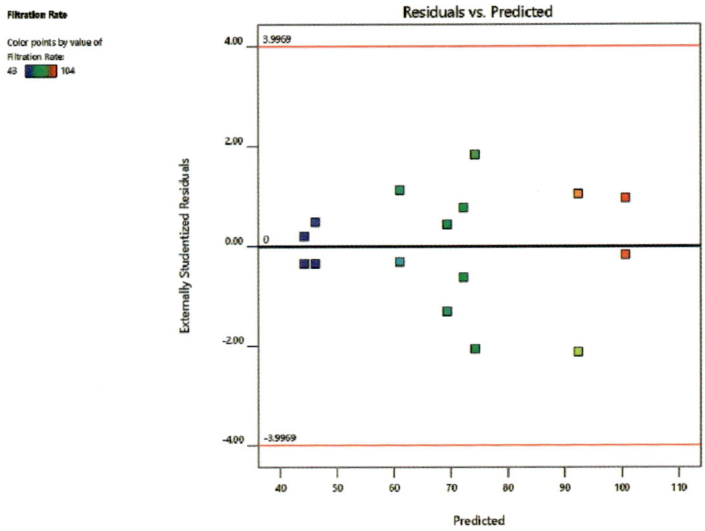

상호작용효과 $A \times C$와 $A \times D$가 핵심 요인효과로 선별되었기 때문에 상호작용효과의 그림을 통해서 시각적으로 분석해 보자. 먼저 $A \times C$의 상호작용효과 그림을 보면 C(농도)의 낮은 수준에서 주효과 A(온도)의 크기가 C(농도)의 높은 수준에서 보다 월등히 커서 상호작용효과 $A \times C$가 유의하고, A(온도)의 높은 수준, C(농도)의 낮은 수준에서 여과율이 높음을 알 수 있다. 그런데 요인 C는 생산비용과 연관이 있기 때문에 이 조건은 생산비용을 줄일 수 있는 바람직한 결과이다. 또한 상호작용효과 $A \times D$ 그림을 보면 A_1에서 주효과 D의 크기가 A_0에서보다 월등히 커서 상호작용효과 $A \times D$가 유의함을 시각적으로 알 수 있고, A의 높은 수준과 D의 높은 수준에서 여과율이 높아짐을 알 수 있다.

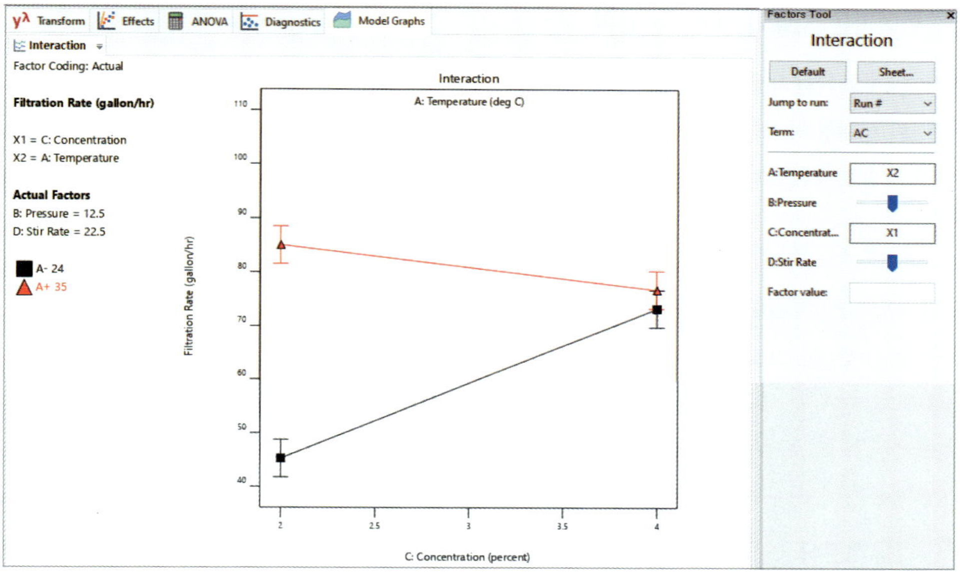

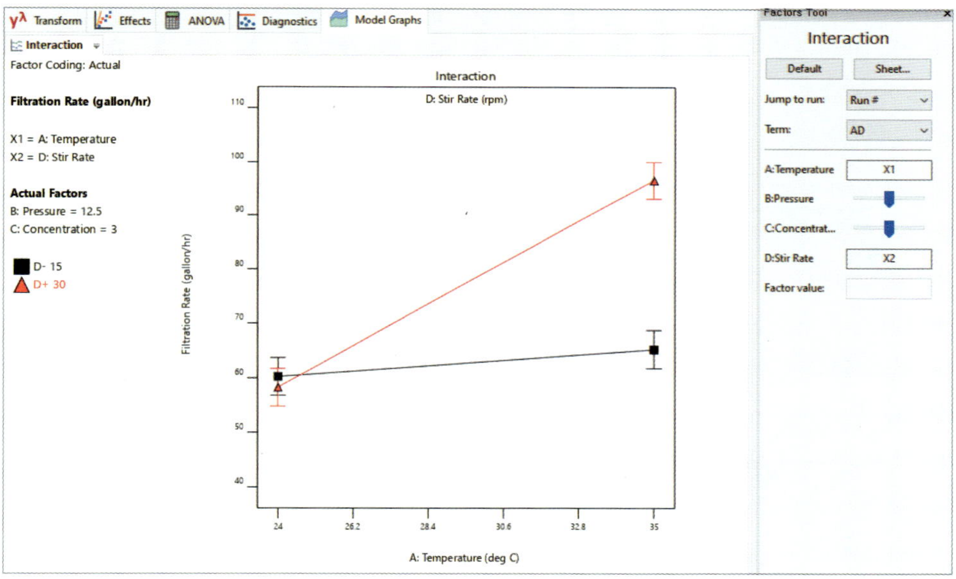

따라서 여과율을 가장 크게 하는 최적조건은 $A_1C_0D_1$이다. 최적조건에서 재현성 실험을 실시할 경우, 관측될 여과율의 예측구간은 [Post Analysis → Confirmation]에서 얻어진다. 여과율 예측값은 100.625이며 95% 예측구간은 (89.08, 112.17)로 나타난다.

● 여과율 자료의 Minitab 분석

• 단계 1: 문제의 기술

화학제품의 여과율에 대한 온도, 압력, 농도, 혼합속도의 효과를 파악하여 여과율을 최대로 하는 이들의 최적조건을 선정하고자 한다.

• 단계 2: 요인과 수준의 설정 및 실험 데이터 시트 작성

요인	−1수준	1수준
A 온도 (deg C)	24	35
B 압력 (psi)	10	15
C 농도 (%)	2	4
D 혼합속도 (rpm)	15	30

[통계분석 → 실험계획법 → 요인 → 요인설계생성]에서 다음 그림과 같이 factor의 개수를 4개로 지정한다. 또한 완전요인 배치법을 선택한다.

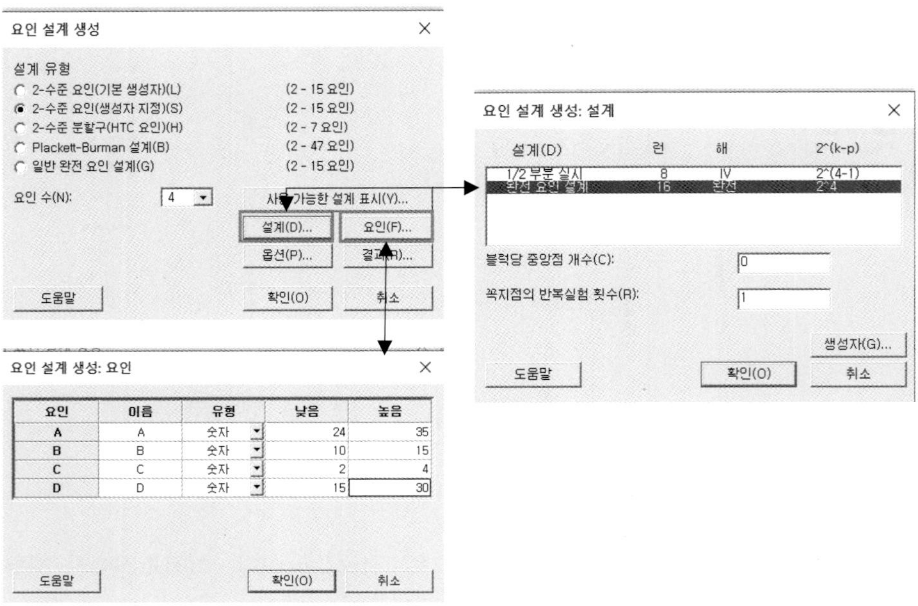

• 단계 3: 실험의 실시 및 실험결과 입력

컴퓨터가 지정한 랜덤한 실험순서대로 실험을 실시한 후 결과값을 입력한다. 정리된 실험자료는 [데이터 → 정렬]을 선택하여 StdOrder 순서대로 정렬한 후 표준 순서 순으로 입력하면 편할 것이다.

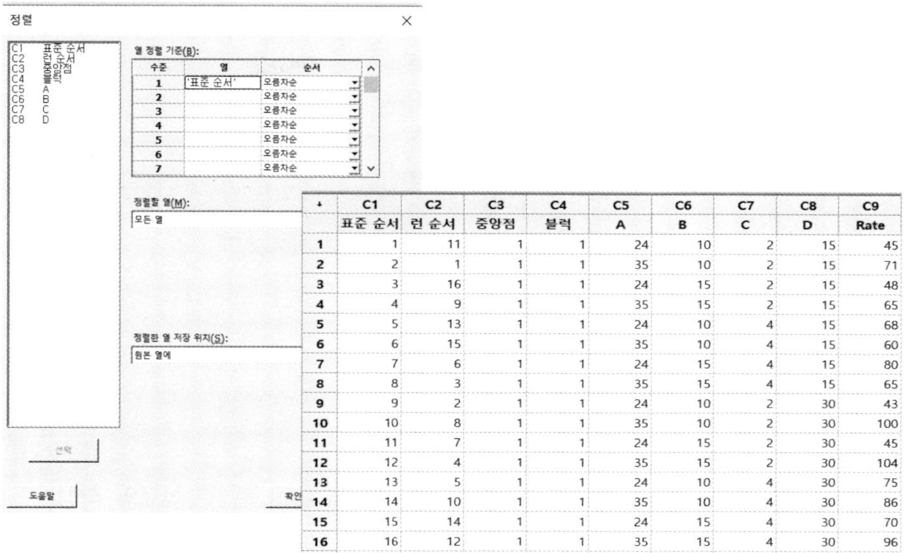

↓	C1 표준 순서	C2 런 순서	C3 중앙점	C4 블럭	C5 A	C6 B	C7 C	C8 D	C9 Rate
1	1	11	1	1	24	10	2	15	45
2	2	1	1	1	35	10	2	15	71
3	3	16	1	1	24	15	2	15	48
4	4	9	1	1	35	15	2	15	65
5	5	13	1	1	24	10	4	15	68
6	6	15	1	1	35	10	4	15	60
7	7	6	1	1	24	15	4	15	80
8	8	3	1	1	35	15	4	15	65
9	9	2	1	1	24	10	2	30	43
10	10	8	1	1	35	10	2	30	100
11	11	7	1	1	24	15	2	30	45
12	12	4	1	1	35	15	2	30	104
13	13	5	1	1	24	10	4	30	75
14	14	10	1	1	35	10	4	30	86
15	15	14	1	1	24	15	4	30	70
16	16	12	1	1	35	15	4	30	96

- **단계 4: 완전모형의 분석**

  이제 **[통계분석 → 실험계획법 → 요인 → 요인설계분석]**을 선택하여 실험결과를 분석할 차례이다.

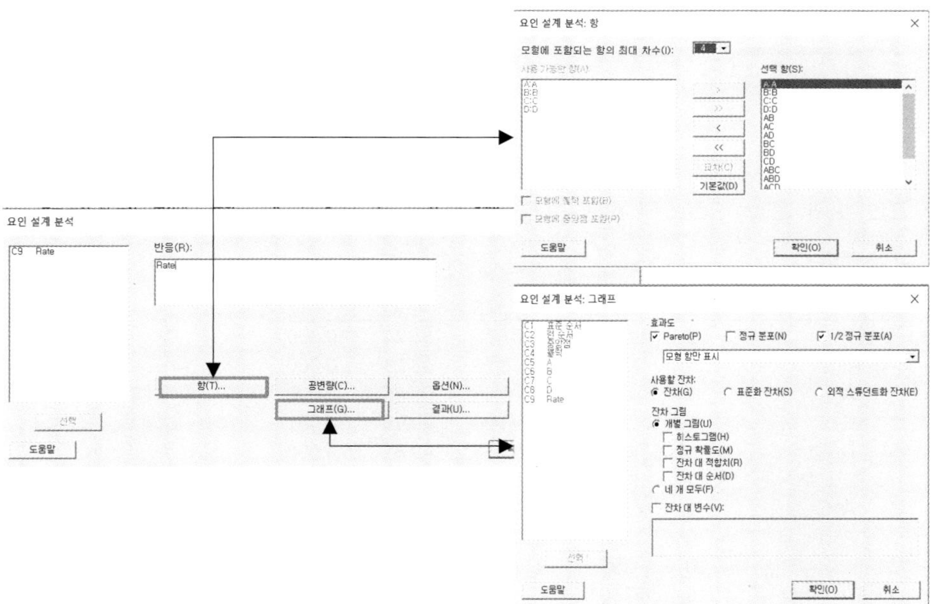

그래프 창의 효과도에서 Pareto와 1/2 정규분포를 선택하여 반정규확률(half-normal probability) 그림과 파레토 효과그림을 이용하여 핵심 요인효과를 선별할

수 있다. 원점을 지나는 선형 패턴에서 벗어나는 오른쪽에 위치한 효과들인 A, AC, AD, D, C가 선별된다.

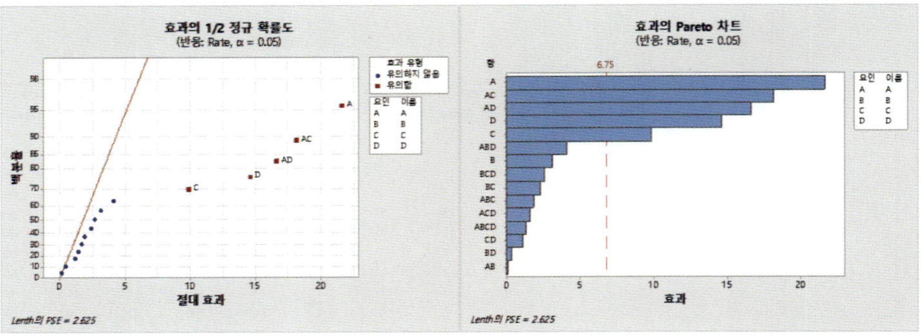

- **단계 5: 유의하지 않은 요인을 제거한 후 축소모형에 대한 분산분석표의 작성**
  [통계분석 → 실험계획법 → 요인 → 요인설계분석]

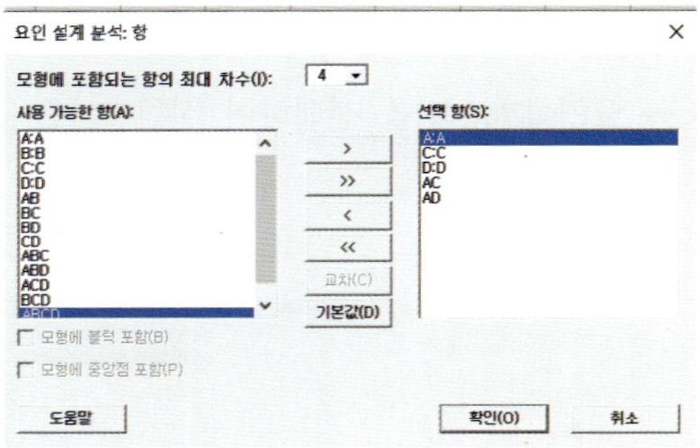

요인 회귀 분석: Rate 대 A, C, D

분산 분석

출처	DF	Adj SS	Adj MS	F-값	P-값
모형	5	5535.8	1107.16	56.74	0.000
선형	3	3116.2	1038.73	53.23	0.000
A	1	1870.6	1870.56	95.86	0.000
C	1	390.1	390.06	19.99	0.001
D	1	855.6	855.56	43.85	0.000
2 차 교호작용	2	2419.6	1209.81	62.00	0.000
A*C	1	1314.1	1314.06	67.34	0.000
A*D	1	1105.6	1105.56	56.66	0.000
오차	10	195.1	19.51		
총계	15	5730.9			

모형 요약

S	R-제곱	R-제곱(수정)	R-제곱(예측)
4.41730	96.60%	94.89%	91.28%

코드화된 계수

항	효과	계수	SE 계수	T-값	P-값	VIF
상수		70.06	1.10	63.44	0.000	
A	21.62	10.81	1.10	9.79	0.000	1.00
C	9.88	4.94	1.10	4.47	0.001	1.00
D	14.63	7.31	1.10	6.62	0.000	1.00
A*C	-18.13	-9.06	1.10	-8.21	0.000	1.00
A*D	16.63	8.31	1.10	7.53	0.000	1.00

코드화되지 않은 단위의 회귀 방정식

Rate = -36.8 + 2.375 A + 53.55 C - 4.970 D - 1.648 A*C + 0.2015 A*D

상호작용효과 그림 그리기: [통계분석 → 실험계획법 → 요인 → 요인그림]

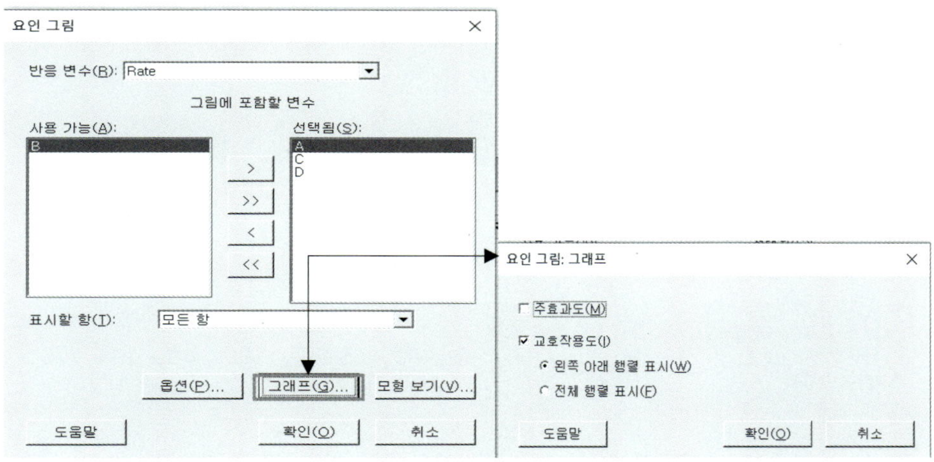

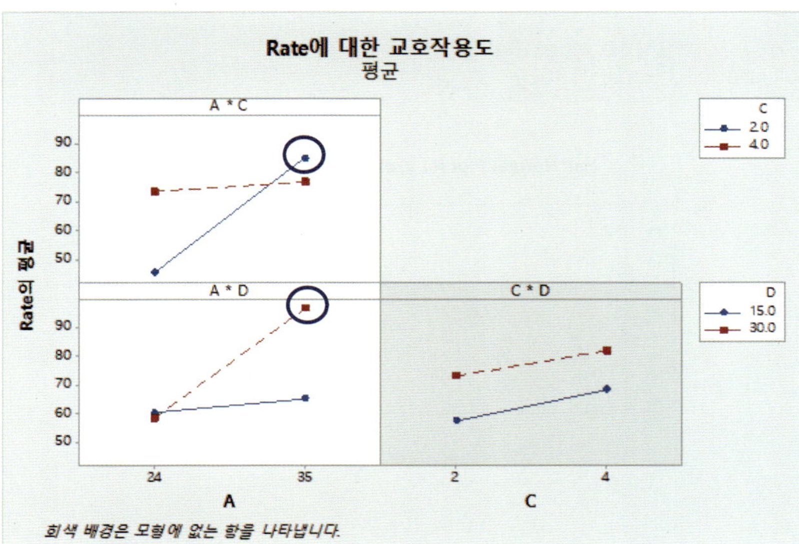

●R 활용

위의 자료에 대한 설계를 아래와 같게 한다. 정렬시켜 반응변수의 값을 입력한다.

```
df<- FrF2(16, 4, factor.names=list(A=c(24, 35), B=c(10,
15),C=c(2, 4), D=c(15, 30)))
df
```

```
##      A  B C  D
## 1   35 15 2 15
## 2   24 10 2 15
## 3   24 15 4 30
## 4   24 10 4 30
## 5   24 10 2 30
## 6   35 15 4 30
## 7   24 15 4 15
## 8   35 10 2 30
## 9   24 15 2 15
## 10  35 10 4 30
## 11  35 15 2 30
## 12  24 15 2 30
## 13  24 10 4 15
## 14  35 10 2 15
## 15  35 10 4 15
## 16  35 15 4 15
## class=design, type= full factorial
```

설계를 한 뒤, 정렬시켜 반응변수의 값을 입력한다.

```
df<- arrange(df, D, C, B, A)
df$y<- c(45, 71, 48, 65, 68, 60, 80, 65,43, 100, 45, 104, 75, 86,
70, 96)
```

핵심 요인효과를 선별하기 위해 요인효과들의 반정규확률그림을 그린다.

```
model<- lm(y ~ A*B*C*D, data=df)
DanielPlot(model, half=TRUE)
```

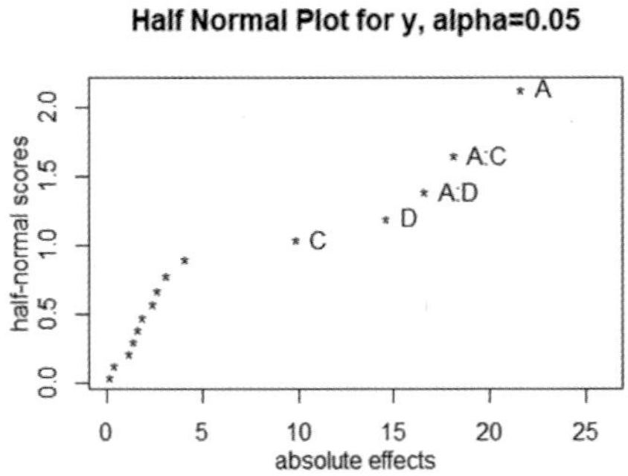

주요인들과 A*C, A*D 상호작용효과에 대한 분산분석표를 얻을 수 있다.

```
model<- aov(y ~ A + C + D + A*C + A*D, data=df)
summary(model)
```

```
##              Df Sum Sq Mean Sq F value   Pr(>F)
## A             1 1870.6  1870.6   95.86 1.93e-06 ***
## C             1  390.1   390.1   19.99   0.0012 **
## D             1  855.6   855.6   43.85 5.92e-05 ***
## A:C           1 1314.1  1314.1   67.34 9.41e-06 ***
## A:D           1 1105.6  1105.6   56.66 2.00e-05 ***
## Residuals    10  195.1    19.5
## ---
## Signif. codes:  0 '***' 0.001 '**' 0.01 '*' 0.05 '.' 0.1 ' ' 1
```

〈예제 7.4〉의 2^4 요인배치법 자료를 Minitab의 Data에 입력한다.

A	B	C	D	Response
0	0	0	0	-1
0	0	0	1	-1
0	0	1	0	5
0	0	1	1	-9
0	1	0	0	9
0	1	0	1	1
0	1	1	0	11
0	1	1	1	-5
1	0	0	0	0
1	0	0	1	-9
1	0	1	0	3
1	0	1	1	-13
1	1	0	0	4
1	1	0	1	5
1	1	1	0	8
1	1	1	1	-4

2^4 요인배치법을 이용하여 핵심 요인효과를 선별하기 위해 요인효과들의 반정규확률그림을 그린다. 3요인 상호작용효과 ABD는 핵심효과로 선별하지 않는다.

선별된 핵심 요인효과들에 대한 분산분석을 하고, 모형 진단을 위해 표준화잔차의 정규확률그림과 표준화 잔차 v.s. 예측치의 산점도를 그린다.

[세션] 창에서 Minitab 수행결과를 볼 수 있으며, 주요인들과 C*D 상호작용효과에 대한 분산분석표를 얻을 수 있다.

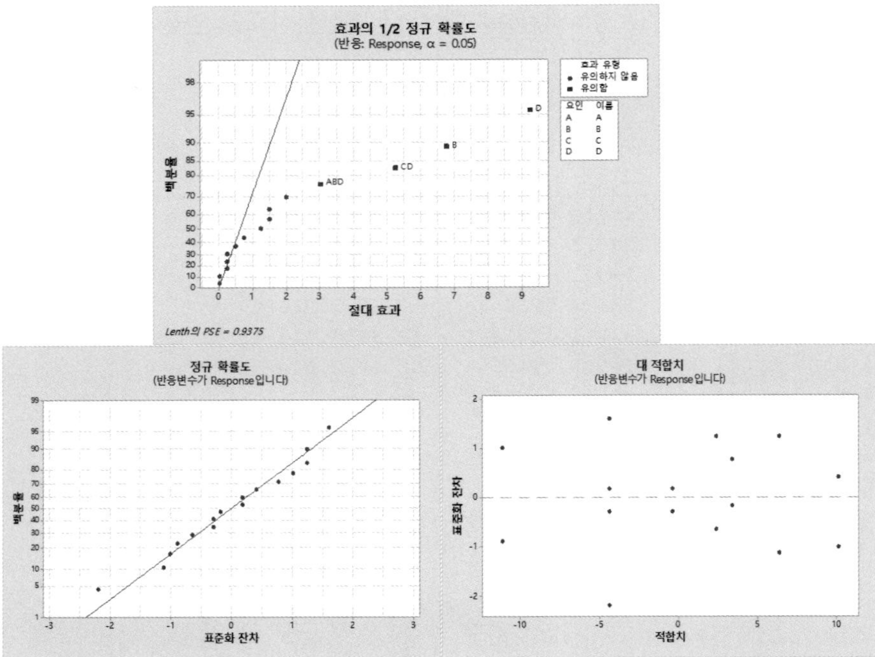

요인 회귀 분석: Response 대 B, C, D

분산 분석

출처	DF	Adj SS	Adj MS	F-값	P-값
모형	4	643.750	160.937	24.85	0.000
선형	3	533.500	177.833	27.45	0.000
B	1	182.250	182.250	28.14	0.000
C	1	9.000	9.000	1.39	0.263
D	1	342.250	342.250	52.84	0.000
2 차 교호작용	1	110.250	110.250	17.02	0.002
C*D	1	110.250	110.250	17.02	0.002
오차	11	71.250	6.477		
총계	15	715.000			

●R 활용

〈예제 7.4〉 자료의 Data를 아래와 같이 만든다.

```
a<- rep(c(0,1), each=8)
b<- rep(rep(c(0,1), each=4),time=2)
c<- rep(rep(c(0,1), each=2), time=4)
d<- rep(c(0, 1), time=8)

y<- c(-1, -1,  5, -9, 9,  1, 11, -5, 0, -9,  3,-13, 4,  5,  8, -4)

df<- data.frame(a=a, b=b, c=c, d=d, y=y)
```

핵심 요인효과를 선별하기 위해 요인효과들의 반정규확률그림을 그린다.

```
model<- lm(y~a*b*c*d, data=df)
DanielPlot(model, half=TRUE)
```

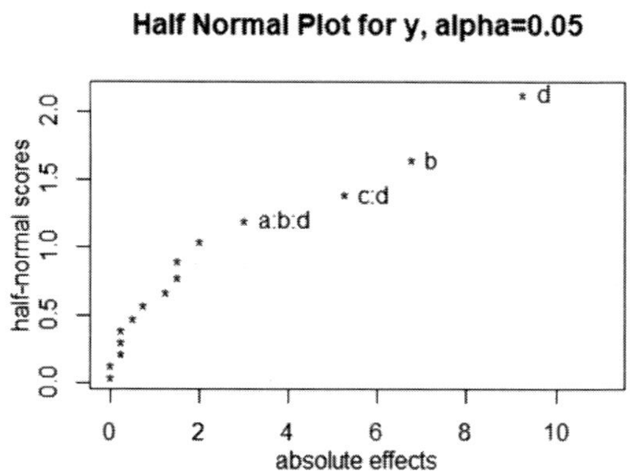

주요인들과 C*D 상호작용효과에 대한 분산분석표를 얻을 수 있다.

```
model<- aov(y ~ b + c + d + c*d, data=df)
summary(model)
```

```
##              Df Sum Sq Mean Sq F value   Pr(>F)
## b             1  182.2   182.2  28.137 0.000251 ***
## c             1    9.0     9.0   1.389 0.263363
## d             1  342.2   342.2  52.839  1.6e-05 ***
## c:d           1  110.3   110.3  17.021 0.001684 **
## Residuals    11   71.2     6.5
## ---
## Signif. codes:  0 '***' 0.001 '**' 0.01 '*' 0.05 '.' 0.1 ' ' 1
```

연습문제

1–8번 다음은 반복이 2회인 2^2 요인배치법을 적용한 결과이다.

	A_0	A_1	$T_{.j.}$
B_0	$\left.\begin{matrix}4\\6\end{matrix}\right\}$ 10	$\left.\begin{matrix}-2\\2\end{matrix}\right\}$ 0	10
B_1	$\left.\begin{matrix}3\\7\end{matrix}\right\}$ 10	$\left.\begin{matrix}-4\\-6\end{matrix}\right\}$ -10	0
$T_{i..}$	20	-10	10=T

1 요인 A와 요인 B가 모두 모수요인인 경우(예를 들어 A는 두 수준의 온도, B는 두 수준의 압력인 경우) 시험은 어떻게 진행되었는가?

① A요인의 낮은 수준부터 시험이 진행됐다.

② B요인의 낮은 수준부터 시험이 진행됐다.

③ 일정한 A요인하에서 B요인의 여러 수준에 대한 시험이 랜덤하게 이루어졌다.

④ A요인과 B요인의 수준조합에서 랜덤하게 시험이 이루어졌다.

2 A요인이 실험일이고 B요인이 모수요인인 경우 시험은 어떻게 진행되었는가?

① A요인의 낮은 수준부터 시험이 진행됐다.

② B요인의 낮은 수준부터 시험이 진행됐다.

③ 일정한 A요인하에서 B요인의 여러 수준에 대한 시험이 랜덤하게 이루어졌다.

④ A요인과 B요인의 수준조합에서 랜덤하게 시험이 이루어졌다.

3 다음은 Yates 계산법을 적용한 결과이다. 이 표를 이용하여 A의 효과를 구하면 얼마나 되는가?

처리조합의 합계		(1)	(2)	요인효과	변동
				(2)/2r	$(2)^2/4r$
(1)	10	10	10	$1.25 = M$	$12.5 = CT$
a	0	0	−30	A	SS_A
b	10	−10	−10	$-2.5 = B$	$12.5 = SS_B$
ab	−10	−20	−10	$-2.5 = AB$	$12.5 = SS_{A\times B}$

① 7.5 ② −7.5
③ 2.5 ④ −2.5

4 A의 변동을 구하면 얼마나 되는가?

① 12.5 ② 75.5
③ 112.5 ④ 175.5

5 다음 분산분석표에서 (a)는 얼마인가? 참고로 총변동은 157.5이다.

요인	제곱합	자유도	평균제곱
A			
B	12.5	1	12.5
A×B	12.5	1	12.5
E	(a)	(b)	
T	157.5		

① 12.5 ② 20.0
③ 30.0 ④ 112.5

6 앞의 분산분석표에서 (b)는 얼마인가?

① 7 ② 2
③ 3 ④ 4

7 만약 한 요인이 유의하다면 그것은 어느 것인가?

① A ② B
③ A×B ④ E

8 맨 앞의 표에 나온 측정치가 크면 클수록 좋은 경우 적절한 A의 수준은 무엇인가?

① A_0　　② A_1

③ A_0 또는 A_1　　④ 알 수 없다.

9 다음은 2^2 요인배치법의 결과이다. 요인 A와 B의 상호작용효과 AB의 변동 $SS_{A \times B}$는 얼마인가?

	A_0	A_1	$T_{.j}$
B_0	14	11	25
B_1	10	8	18
$T_{i.}$	24	19	43

10 반복이 r인 2^2 요인배치법에서 $T_{00.}, T_{01.}, T_{10.}, T_{11.}$을 각각 처리조합 A_0B_0, A_0B_1, A_1B_0, A_1B_1에서 r개의 자료의 합을 나타내면 상호작용효과 $A \times B$의 추정치와 변동을 구하는 식을 써 보아라.

11 다음 데이터는 케이크의 부드러움에 영향을 미치는 설탕(A)과 지방(B)의 효과에 대한 2^2 요인배치법의 결과이다. 12명의 평가요원을 각 처리조합마다 3명씩 랜덤배치하고 각 평가 요원으로 하여금 9점 평점법으로 평가하도록 하였다. 각 요인의 효과를 구하고 분산분석표를 작성하라.

	저지방	고지방
저설탕	5, 5, 6	4, 4, 4
고설탕	5, 4, 4	2, 3, 2

12 반복수가 1인 2^3 요인설계에서 상호작용 AC를 구하는 식을 써 보아라.

13 각 처리조합에서 반복이 2회인 2^3 요인설계에서 잔차변동의 자유도는 얼마인가?

14 반복이 없는 2^3 요인배치법에서 다음 자료를 얻었다.

(1) Yates 계산법을 사용하여 각 요인의 효과와 변동을 구하라.

(2) 반정규확률그림에 의해 핵심 요인효과를 선별하라.

$(1) = 10, a = 15, b = 18, ab = 23$
$c = 18, ac = 18, bc = 24, abc = 26$

15 반복 2회의 2^3 요인배치법을 실시하여 각 처리별 실험자료의 합이 다음과 같다.

(1) $a = 15$, $a = 10$, $b = 13$, $ab = 18$, $c = 18$, $ac = 16$, $bc = 20$, $abc = 27$.

(2) 2인자 교호작용효과 $B\times C$에 의한 변동을 대비에 의해서 구하려고 한다. 8개의 처리별 실험자료의 합을 4개씩 두 그룹으로 나눈 후에, $SS_{B\times C}$를 구하라.

(3) 7개의 요인효과 A, B, $A\times B$, C, $A\times C$, $B\times C$, $A\times B\times C$의 변동을 Yates 방법으로 구하라.

8 2수준 요인배치법의 교락법, 일부실시법과 직교배열표

2^k 요인배치법에서 요인의 수 k가 늘어나면 처리의 수가 2^k으로 반복 $r=1$인 경우에도 실험의 횟수 n이 급속히 증가하게 되고, 2^k의 실험을 동일한 환경 내에서 실시하기 어려워지는 경우가 흔히 발생한다. 이러한 경우 2^k개의 처리를 동질적인 실험환경을 묶어서 만든 블록에 나누어 배치해서 실험오차가 작아지도록 고안해 낸 배치법이 교락법(confounding method)이다. 예를 들어 2^{k-p}의 실험단위가 동질적이면, 2^{k-p}개의 동질적인 실험단위로 구성된 2^p개의 각각의 블록에 처리를 2^{k-p}개씩 효율적으로 나누어서 배치하는 것이 교락법이다. 일부실시법(fractional factorial design)은 2^k개의 처리조합 중에서 일부의 처리조합에서만 실험을 실시하는 것이다. 불필요한 상호작용효과나 고차(특히 삼차 이상)의 상호작용효과를 구하지 않고 실험의 크기를 작게 할 수 있도록 모든 처리조합 중 일부만 실험하는 방법을 말한다. 8장에서는 이들 교락법과 일부실시법의 기본개념을 설명하고, 2^k 요인배치법에서 교락법에 관한 실험의 배치방법과 그 해석법을 알아보고, 교락법을 활용한 일부 실시법의 효율적인 일부 실험조건의 결정방법에 대해 공부한다. 또한 일부 실시법의 실험조건 결정을 직교배열표의 열에 요인효과들을 배치하여 시각적으로 결정하는 직교배열표에 대해서 공부한다.

8.1 계획의 개념

2^k 요인배치법은 각 요인들의 주효과와 상호작용효과를 모두 구할 수 있다는 장점이 있는 반면에 요인의 수가 늘면 실험의 크기가 급속히 증가하게 된다. 예를 들면, 반복이 없는 $r = 1$인 2^k 요인배치법의 경우 k가 증가하면서 실험의 횟수 n는 $2^5 = 32$, $2^6 = 64$, $2^7 = 128$이 된다. 이처럼 실험의 횟수가 커지면 실험을 수일간 또는 여러 장소에서 하지 않으면 안 될 경우가 생겨서 동일한 조건하에서 모든 실험을 실시하기가 어려워진다. 이러한 실험조건의 차이를 무시하고 실험하면 실험오차가 커져서 실험의 정도(precision)가 나빠지고, 선별된 요인효과와 실험환경의 차이가 **교락(confounding)** 되어 구분이 불가능해질 수 있다. 즉, 차이가 난 원인이 유의한 요인효과 때문인지, 아니면 실험환경의 차이에서 오는 것인지 관련된 당사자들의 의견의 일치성을 얻기 어렵게 된다. 이를 해결하기 위한 공평한 방법은 동질적인 실험단위 혹은 실험환경들을 모아서 2^p개의 블록을 만들고, 2^k개의 처리 중에서 주어진 각각의 블록에 처리를 2^{k-p}개씩 효율적으로 나누어 배치하는 것이다. 이때 2^p개의 각각의 블록에 2^{k-p}개씩의 처리를 효율적으로 나누어 배치하는 **교락법(confounding method)**의 핵심적인 아이디어는 2^p개의 블록과 교락되는 $2^p - 1$개의 요인효과로 우리가 관심이 없는 고차의 교호작용효과들을 선택하여, 이 관심이 없는 효과들이 블록효과와 교락되도록 배치하는 것이다.

한편, 요인의 수가 많아지면 실험의 크기 n이 커진다. 1회 실험실시에 시간이 걸리거나 비용이 많이 드는 경우에는 2^k 실험을 전부 실험하기 어려운 경우가 있다. 예를 들어, 2^7 요인배치법의 경우 실험의 크기는 $n = 128$회인데, 현실적으로 이만큼 실험을 실시하기 어려운 경우가 많다. 3요인 이상의 상호작용효과를 보통 고차의 상호작용효과라고 하는데, 고차의 상호작용효과는 일반적으로 유의(significant)하지 않은 경우가 많고, 또 유의하더라도 해석이 어려우며 실질적 행동을 취하기 어려운 경우가 대부분이다. 따라서 만약 주효과와 일부 2요인 상호작용효과에만 관심이 있다면 전체 처리조합 중 일부만 실험함으로써 실험의 크기를 작게 할 수 있는 **일부실시법 (fractional factorial design)**을 적용할 필요가 있다. 이때 불필요한 상호작용효과나 고차의 상호작용효과를 주효과와 교락되게 해야 한다.

일부실시법과 관련된 실용적으로 잘 알려진 원칙이 핵심적인 요인들에 대한 '희소성의 원칙'과 선별된 요인효과들에 대한 '간결성의 원칙'이다. 희소성의 원칙에 따르면, 7개의 요인들 중에서 핵심적인 요인들의 수는 많아야 2~3개 혹은 3~4개이다. 간결성의 원칙은 유의한 효과들은 주효과와 2요인 상호작용효과들 중에서 일부만을 포함한다는 것이다. 따라서 2^7개의 처리들 중에서 2^3개의 처리 혹은 2^4개의 처리에서만 실험을 실시하여 핵심적인 요인효과들의 선별이 가능하게 된다. 2^3개의 처리 혹은 2^4개의 처리를 선택하는 방법을 2^{7-4} 일부실시법 혹은 2^{7-3} 일부실시법이라고 한다.

일부실시법의 실험조건 결정과 관련된 배치와 해석은 직교배열표를 이용하면 간단히 할 수 있으므로 본 장의 후반에서는 직교배열표의 사용방법에 대해 알아본다.

2^{7-3} 일부실시법의 실험조건은 2^7개의 처리를 2^3개의 각각의 블록에 2^{7-3}개씩의 처리를 배치하는 교락법에서 랜덤하게 하나의 블록을 선택하고, 그 블록에 배치된 2^{7-3}개의 처리에서 실험을 실시하는 것이다.

8.2 교락법

2^k 요인배치법은 각 요인들의 주효과와 상호작용을 모두 구할 수 있는 장점이 있는 반면에 요인의 수가 늘면 실험의 크기가 급속히 증가하게 된다. 예를 들면 2^k 요인배치법의 경우 실험의 횟수는 $2^5 = 32$, $2^6 = 64$, $2^7 = 128$이 된다. 이처럼 실험의 크기가 커지면 실험을 동일한 환경에서 실시하기 어려워지며, 이러한 실험조건의 차이를 무시하고 실험하면 실험오차가 커져서 실험의 정밀도(precision)가 나빠진다.

이때 실험 전체를 몇 개의 블록으로 나누어 배치시키면 적은 수의 처리조합이 블록에 배치되게 되므로 블록내에서는 비교적 동일 실험환경을 유지할 수 있게 된다. 그러나 처리조합을 몇 개의 블록으로 나누어 실험하면, 실험을 완전히 랜덤한 순서로 실시하지 못하고 제한된 랜덤화를 하게 되므로 일부 정보의 손실을 피할 수 없다. 다시 말해서 어떤 처리효과들은 블록효과와 교락되어 구분할 수 없게 된다. 결국 **교락법(confounding method)**은 무시할 수 있거나 관심이 적은 고차의 상호작용효과를 블록효과와 교락시켜 일부 정보를 희생하는 대신 전체실험을 몇 개의 블록으로 나누어 실험함으로써 실험오차를 줄이고자 하는 설계기법이다

교락법은 요인의 수가 많은 경우에 주로 사용되지만 이해를 돕기 위하여 우선 2^3

블록 1	블록 2
a	(1)
ab	b
ac	c
abc	bc

그림 8.1 주효과 A 가 블록과 교락된 2^3 요인배치법

요인배치법의 경우부터 알아보자. 2^3 요인배치법에서는 처리조합이 $(1), a, b, ab, c, ac, bc, abc$의 8가지가 있다. 이 경우 실험을 하루에 4번 밖에 할 수 없어서 2일에 걸쳐 실험하기로 하였다고 하자. 이때 임의로 4개의 처리조합을 골라 먼저 실험하고 나머지 4개의 처리조합을 나중에 실험하는 것과 어떤 특정한 처리조합 4개를 골라 먼저 실험하고 나머지 특정한 4개의 처리조합을 나중에 실험하는 것 사이에는 실험의 정밀도에 차이가 있을까? 이때 실험의 횟수는 모두 8회이다. 예를 들어 〈그림 8.1〉와 같이 2개의 블록으로 나누어 실험하는 경우를 생각해 보자.

2^3 요인배치법의 경우 주효과 A를 구해 보면

$$A = \frac{1}{4}(a + ab + ac + abc - (1) - b - c - bc) \tag{8.1}$$

가 된다. 블록 1에는 주효과 A의 1그룹인 A_1수준에서 실험된 반응값 a, ab, ac, abc를 배치하고, 블록 2에는 0그룹인 A_0에서 실험된 반응값인 $(1), b, c, bc$를 배치한다. 그런데 〈그림 8.1〉에서 블록효과는 2개 블록에서의 평균의 차이이므로

$$\text{블록효과} = \frac{1}{4}(a + ab + ac + abc - (1) - b - c - bc) \tag{8.2}$$

와 같이 되어 식 (8.1)에 있는 주효과 A와 같다. 따라서 〈그림 8.1〉와 같이 배치한다면 주효과 A와 블록효과가 서로 교락되어 추정된 주효과 A가 요인 A의 영향 때문인지 아니면 실험일이 달라져서 생긴, 즉 실험환경의 차이에서 오는 것인지 구분할 수 없게 된다. 이러한 경우 주효과 A와 블록효과가 서로 교락되었다고 한다.

한편 〈그림 8.2〉와 같이 2개의 블록으로 나누어 실험하는 경우를 생각해 보자.

2^3 요인배치법의 경우 3요인 상호작용 $A \times B \times C$는

$$A \times B \times C = \frac{1}{4}(a + b + c + abc - (1) - ab - ac - bc) \tag{8.3}$$

블록 1	블록 2
a	(1)
b	ab
c	ac
abc	bc

그림 8.2 상호작용효과 $A\times B\times C$가 블록과 교락되어 있는 2^3 요인배치법

가 된다. 그런데 〈그림 8.2〉에서 블록효과는 2개 블록에서의 평균의 차이이므로

$$\text{블록효과} = \frac{1}{4}(a+b+c+abc-(1)-ab-ac-bc) \tag{8.4}$$

와 같이 되어 상호작용효과 $A\times B\times C$는 블록효과와 서로 교락된다. 그러나 이렇게 배치하더라도 상호작용효과 $A\times B\times C$ 이외의 다른 효과는 블록효과에 관계없이 구할 수 있다. 예를 들어 실험일의 차이가 블록 2에 속해 있는 처리조합의 값에 α 만큼 큰 값을 갖게 한다고 가정하자. 주효과 A는 식 (8.2)로부터 추정되는데, 블록 2에 속해 있는 $(1), ab, ac, bc$에 α를 더하면

$$\begin{aligned} A &= \frac{1}{4}[(a+\underline{ab+\alpha}+\underline{ac+\alpha}+abc)-(\underline{(1)+\alpha}+b+c+\underline{bc+\alpha})] \\ &= \frac{1}{4}(a+ab+ac+abc-(1)-b-c-bc) \end{aligned} \tag{8.5}$$

로 되어 2개의 블록으로 나누어 실험하여도 주효과 A는 블록효과에 영향을 받지 않고 독립적으로 추정됨을 알 수 있다.

〈그림 8.1〉과 〈그림 8.2〉에서 보는 바와 같이 2^3 요인배치법에서 2개의 블록으로 나눌 때 블록효과와 어떤 요인을 교락시키느냐에 따라 실험의 배치가 달라진다. 대부분의 경우 주효과 A를 3요인 상호작용효과 $A\times B\times C$보다는 잘 추정하고 싶으므로 〈그림 8.1〉의 배치보다는 〈그림 8.2〉의 배치가 바람직하다고 할 수 있다. 그러므로 교락법은 관심이 없는 요인효과인 고차의 상호작용효과를 블록효과와 교락되도록 배치시켜 실험의 효율을 높이자는 것이다.

지금부터 블록에 교락시킬 요인효과를 결정한 후 블록에 처리조합을 배치하는 방법에 대하여 알아보기로 하자. 처리조합을 배치시키는 방법에는 인수분해식을 이용하

는 방법과 선형표현식을 이용하는 방법이 있다.

(1) 인수분해식을 이용하는 방법

우선 블록과 교락시키고자 하는 요인효과를 인수분해 형태를 이용하여 구한다. 예를 들어 2^3 요인배치법에서 상호작용효과 $A\times B$의 1그룹과 0그룹의 반응값을 인수분해 형태를 이용하여 구해 보자. 우선 상호작용효과 $A\times B$에 관련된 문자 a, b에 대응해서 $(a-1), (b-1)$을 쓰고 C와 같이 구하고자 하는 요인효과 $A\times B$에 관련이 없는 문자인 경우는 이에 대응하여 $(c+1)$을 쓴다. ab, ac, abc 등의 기호는 여러 가지 처리조합을 표현하는 것이지만 마치 수의 곱인 것처럼 인수분해를 풀면 다음과 같이 요인효과를 구할 수 있다. 이때 1은 (1)로 간주한다.

$$\begin{aligned} A\times B &= \frac{1}{4}(a-1)(b-1)(c+1) \\ &= \frac{1}{4}((1)+ab+c+abc-a-b-ac-bc) \end{aligned} \tag{8.6}$$

이와 같이 블록과 교락시키고자 하는 요인효과를 쓰고 난 후에는 +부호의 처리조합인 1그룹 반응값 (1), ab, c, abc를 블록 1에 배치하고, −부호의 처리조합인 0그룹 반응값 a, b, ab, bc를 블록 2에 배치하면 된다. 이렇게 배치하면 상호작용효과 $A\times B$와 블록효과는 동일한 식이 되고 서로 교락되어 구분이 불가능하게 된다.

만약 상호작용효과 $A\times B\times C$를 블록과 교락시키려면 인수분해 형태를 이용하여 다음과 같이 요인효과를 구하고

$$\begin{aligned} A\times B\times C &= \frac{1}{4}(a-1)(b-1)(c-1) \\ &= \frac{1}{4}(a+b+c+abc-(1)-ab-ac-bc) \end{aligned}$$

〈그림 8.2〉와 같이 +부호의 처리조합인 a, b, c, abc는 블록 1에 배치하고, −부호의 처리조합인 (1), ab, ac, bc는 블록 2에 배치시키면 된다. 일반적으로 2개의 블록으로 나눌 때에는 우리가 가장 관심이 없는 효과인 최고차의 상호작용효과를 블록과 교락시키는 것이 바람직하다.

예제 8.1

2^4 요인배치법에서 최고차의 상호작용 $A\times B\times C\times D$를 블록효과와 교락시켜서 2개의 블록으로 나누어 실험하고자 한다. 2개의 블록에 나누어 배치하라.

(1) 상호작용효과 $A\times B\times C\times D$는 인수분해 형태를 이용하면 다음과 같이 구해진다.

$$A\times B\times C\times D=\frac{1}{8}(a-1)(b-1)(c-1)(d-1)$$
$$=\frac{1}{8}((1)+ab+ac+ad+bc+bd+cd+abcd$$
$$-a-b-c-d-abc-abd-acd-bcd)$$

(2) +부호의 처리조합인 (1), ab, ac, ad, bc, bd, cd, $abcd$를 블록 1에, −부호의 처리조합인 a, b, c, d, abc, abd, acd, bcd를 블록 2에 배치시킨다.

2^k 요인배치법에서 교락법을 사용할 때에는 4개의 블록에 2^{k-2}개의 처리조합을 각각 배치하는 것도 가능하다. 예를 들어 2^4 요인배치법에서는 처리조합이 16개 있으므로 이들을 4개의 블록으로 나누어 각각 4개의 처리조합씩 배치할 수 있는데, 이 때에도 인수분해 형태를 이용하여 배치할 수 있다.

예를 들어 우선 교락 요인으로 상호작용효과 $A\times B\times C$가 선택되었다면

$$\begin{aligned}ABC&=\frac{1}{8}(a-1)(b-1)(c-1)(d+1)\\&=\frac{1}{8}(a+b+c+ad+bd+cd+abc+abcd\\&-(1)-d-ab-ac-bc-abd-acd-bcd)\end{aligned}\tag{8.7}$$

이고, 따라서 +부호를 갖는 처리조합 8개와 −부호를 갖는 처리조합 8개로 나누어진다. 이것을 다시 둘로 나누려면 또 하나의 요인을 블록효과와 교락시켜야 한다. 교락 요인으로 상호작용 $B\times C\times D$를 선택하였다면

$$\begin{aligned}BCD&=\frac{1}{8}(a+1)(b-1)(c-1)(d-1)\\&=\frac{1}{8}(b+c+d+ab+ac+ad+bcd+abcd\\&-(1)-a-bc-bd-cd-abc-acd-abd)\end{aligned}\tag{8.8}$$

블록 1	블록 2	블록 3	블록 4
C	a	d	(1)
b	bd	ab	bc
ad	cd	ac	abd
$abcd$	abc	bcd	acd

그림 8.3 *ABC*, *BCD*를 교락시킨 2^4 요인배치법의 교락법

이고, 여기 또한 +부호를 갖는 처리조합 8개와 −부호를 갖는 처리조합 8개로 나누어진다. 그러면 ABC, BCD에서 각각 (+ , +), (+ , −), (− , +), (− , −)로 되어 있는 처리조합을 각각 하나의 군으로 하여 4개의 블록으로 나누면 〈그림 8.3〉과 같은 결과를 얻는다.

그런데 이와 같이 4개의 블록에 처리조합을 배치할 때에는 교락시킨 2개의 요인효과를 곱해서 생기는 요인효과 또한 블록과 교락하게 된다. 왜냐하면 블록의 수가 4개이므로 블록에 의한 변동의 자유도는 3이고 2^k 요인배치법에서는 모든 요인효과의 자유도가 1이므로 3개의 요인효과가 블록과 교락된다. 따라서 만약 상호작용효과 $A\times B\times C$, $B\times C\times D$가 교락 요인으로 선택되었다면 두 요인을 곱한

$$ABC\times BCD = AB^2C^2D = AD \tag{8.9}$$

도 블록과 교락되게 된다. 이때 AD를 ABC, BCD의 결합요인이라 하며, 이를 구하는 과정에서 2^k 요인배치법에서는 2진법으로 2는 0이기 때문에 $A^2(=A^0)=B^2=C^2=D^2=1$로 간주한다.

블록효과와 2개 이상의 상호작용효과를 교락시킬 때는 주효과나 구하고자 하는 상호작용효과가 결합요인이 되지 않도록 주의해야 한다. 예를 들어 상호작용 $ABCD$와 ABC가 교락 요인으로 선택되었다면

$$ABCD\times ABC = A^2B^2C^2D = D \tag{8.10}$$

로부터 주효과 D가 블록과 교락되어 주효과 D의 추정이 불가능해진다.

(2) 선형표현식을 이용하는 방법

이 방법은 어떤 요인효과가 블록과 교락되는가를 표현하는 **정의대비**(defining

contrast)와 이로부터 유도된 선형표현식으로부터 처리조합을 블록에 배치시키는 방법이다. 예를 들어, 2^3 요인배치법에서 상호작용효과 $A\times B\times C$를 블록과 교락시켜 2개의 블록으로 나누려면 정의대비를

$$I=ABC \tag{8.11}$$

로 나타낼 수 있다. 그러면 식 (8.11)에 있는 정의대비로부터 다음과 같은 선형표현식

$$L=x_1+x_2+x_3(\text{mod}2) \tag{8.12}$$

를 만든다. 여기서 x_1, x_2, x_3는 요인 A, B, C의 수준값이다. 한편, 정의대비에 대문자 알파벳이 나타나지 않으면 선형식에 관련된 요인의 수준값을 나타내는 x_j는 나타나지 않는다. 예를 들어, 상호작용효과 $A\times C$를 블록과 교락시킨다면 정의대비는 $I=AC$가 되고 선형표현식은 $L=x_1+x_3(\text{mod}2)$가 된다. 식 (8.12)에서 mod 2는 L의 값이 2이상 되면 2로 나누어 그 나머지 값을 L이 갖도록 하는 역할을 한다.

2^3 요인배치법에서 선형표현식이 식 (8.12)에서와 같이 주어진 경우 8개의 처리조합의 L값은 〈표 8.1〉에 나타나 있는 바와 같다.

따라서 L의 값이 0인 처리조합 (1), ab, ac, bc를 블록 1에 배치하고 L의 값이 1인 처리조합 a, b, c, abc를 블록 2에 배치한다. 이때 물론 상호작용효과 $A\times B\times C$는 블록과 교락된다.

4개의 블록으로 나눌 때에도 선형표현식을 이용할 수 있다. 예를 들어 2^4 요인배치법에서 상호작용효과 ABC, BCD가 교락요인으로 선택되면 정의 대비는

$$I=ABC$$

표 8.1 $I=ABC$일 때의 L의 값

처리조합	A B C	L의 값
(1)	0 0 0	L=0+0+0=0
a	1 0 0	L=1+0+0=1
b	0 1 0	L=0+1+0=1
ab	1 1 0	L=1+1+0=2=0
c	0 0 1	L=0+0+1=1
ac	1 0 1	L=1+0+1=2=0
bc	0 1 1	L=0+1+1=2=0
abc	1 1 1	L=1+1+1=3=1

블록1	블록2	블록3	블록4
(1)	d	a	c
bc	ab	bd	b
abd	ac	cd	ad
acd	bcd	abc	abcd
$L_1 = L_2 = 0$	$L_1 = 0, L_2 = 1$	$L_1 = 1, L_2 = 0$	$L_1 = L_2 = 1$

그림 8.4 *ABC*, *BCD*, *AD*를 교락시킨 2^4 요인배치법

$$I = BCD \tag{8.13}$$

가 된다. 이때 교락요인 ABC와 BCD를 곱하면 결합요인은 AD가 되고, 따라서

$$I = AD \tag{8.14}$$

도 정의대비가 된다. 식 (8.13)과 (8.14)에 주어진 정의대비로부터 만들어지는 선형표현식은

$$L_1 = x_1 + x_2 + x_3 (\mathrm{mod} 2) \tag{8.15}$$

$$L_2 = x_2 + x_3 + x_4 (\mathrm{mod} 2) \tag{8.16}$$

$$L_3 = x_1 + x_4 (\mathrm{mod} 2) \tag{8.17}$$

가 되고,

$$L_3 = L_1 + L_2 \ (\mathrm{mod}\, 2) \tag{8.18}$$

임을 쉽게 확인할 수 있다. 이때 16개의 처리조합의 L_1, L_2, L_3의 값은 〈표 8.2〉와 같이 주어진다. 이 중 임의로 2개의 선형표현식을 선택한 결과 만약 L_1과 L_2가 선택되었다면 $(L_1 = L_2 = 0)$, $(L_1 = 0,\ L_2 = 1)$, $(L_1 = 1,\ L_2 = 0)$, $(L_1 = L_2 = 1)$의 4개의 군으로 나눌 수 있다. 〈그림 8.4〉는 그 결과를 나타낸다. 어떤 선형표현식이 2개 선택되어도 〈그림 8.4〉의 블록에 배치된 4그룹의 처리는 동일하다. 블록 번호만 다를 뿐이다.

한편, 블록과 교락시킬 요인을 선택한 후 인수분해식 혹은 선형표현식을 이용하여 처리조합을 적절한 블록에 배치하여 실험하면 실험자료를 얻을 수 있으며, 이로부터 각 요인에 대한 변동은 2^k 요인배치법에서와 동일한 방법으로 계산할 수 있다. 예를 들어, 〈그림 8.2〉에서와 같이 상호작용효과 $A \times B \times C$가 블록과 교락되도록 2개의

표 8.2 $I=ABC=BCD=AD$일 때 L_1, L_2, L_3의 값

처리조합	A	B	C	D	L_1	L_2	L_3
(1)	0	0	0	0	0	0	0
a	1	0	0	0	1	0	1
b	0	1	0	0	1	1	0
ab	1	1	0	0	0	1	1
c	0	0	1	0	1	1	0
ac	1	0	1	0	0	1	1
bc	0	1	1	0	0	0	0
abc	1	1	1	0	1	0	1
d	0	0	0	1	0	1	1
ad	1	0	0	1	1	1	0
bd	0	1	0	1	1	0	1
abd	1	1	0	1	0	0	0
cd	0	0	1	1	1	0	1
acd	1	0	1	1	0	0	0
bcd	0	1	1	1	0	1	1
$abcd$	1	1	1	1	1	1	0

블록으로 나누어 실험한다면 블록간의 변동은 $SS_{A\times B\times C}$와 같지만 나머지 모든 요인효과의 변동은 2^3 요인배치법에서와 동일하다.

그런데 〈그림 8.4〉에서와 같이 ABC, BCD, AD가 블록과 교락되도록 배치된다면 블록간의 변동은

$$SS_{block} = SS_{A\times B\times C} + SS_{B\times C\times D} + SS_{A\times D} \tag{8.19}$$

가 된다. 하지만 다른 모든 요인효과들은 블록효과와 관계없이 독립적인 추정이 가능하고, 모든 요인들의 변동은 2^4 요인배치법에서와 동일하게 구할 수 있다.

예제 8.2

2^4 요인배치법에서 16회의 실험을 동일한 환경 하에 실시할 수 없어서 상호작용효과 ACD, BCD를 블록과 교락시켜 실험한 결과 다음과 같은 데이터를 얻었다. 선형표현식을 이용하여 배치가 올바른지 확인해 보고 분산분석표를 작성하여라.

(1)=45	b=48	a=71	ab=65
abc=65	ac=60	bc=80	c=68
abd=104	ad=100	bd=45	d=43
cd=75	bcd=70	acd=86	abcd=96
블록1	블록2	블록3	블록4

그림 8.5 ACD, BCD를 교락시킨 2^4 요인배치법의 교락법

|풀이|

(1) 선형표현식을 이용한 배치

상호작용효과 ACD, BCD를 교락요인으로 선택하였기 때문에 정의대비는 $I=ACD$, $I=BCD$가 된다. 이로부터 선형표현식은

$$L_1 = x_1 + x_3 + x_4 (\text{mod} 2) \tag{8.20}$$

$$L_2 = x_2 + x_3 + x_4 (\text{mod} 2) \tag{8.21}$$

로 주어지고, 따라서 각 처리조합의 L_1과 L_2의 값은 〈표 8.3〉과 같다. 따라서 〈그림 8.5〉는 $(L_1 = L_2 = 0)$인 처리조합을 블록 1에, $(L_1 = 0, L_2 = 1)$인 처리조합을 블록 2에, $(L_1 = 1, L_2 = 0)$인 처리조합을 블록 3에, $(L_1 = L_2 = 1)$인 처리조합을 블록 4에 배치했음을 내타낸다.

표 8.3 정의대비 $I=ACD$, $I=BCD$인 경우 L_1과 L_2

처리조합	A	B	C	D	L_1	L_2
(1)	0	0	0	0	0	0
a	1	0	0	0	1	0
b	0	1	0	0	0	1
ab	1	1	0	0	1	1
c	0	0	1	0	1	1
ac	1	0	1	0	0	1
bc	0	1	1	0	1	0
abc	1	1	1	0	0	0
d	0	0	0	1	1	1
ad	1	0	0	1	0	1
bd	0	1	0	1	1	0
abd	1	1	0	1	0	0
cd	0	0	1	1	0	0
acd	1	0	1	1	1	0
bcd	0	1	1	1	0	1
$abcd$	1	1	1	1	1	1

(2) Yates 계산법을 이용한 변동의 계산과 분산분석표

Yates 계산법을 이용하여 〈표 8.4〉와 같이 각 요인효과의 추정치와 변동을 한 번에 계산할 수 있다.

표 8.4 Yates 계산법

처리조합	자료	(1)	(2)	(3)	(4)	요인효과	변동
(1)	45	116	229	502	1121	70.063=M	78540.06
a	71	113	273	619	173	21.625=A	1870.56
b	48	128	292	20	25	3.125=B	39.06
ab	65	145	327	153	1	0.125=AB	0.06*
c	68	143	43	14	79	9.875=C	390.06
ac	60	149	−23	11	−145	−18.125=AC	1314.06
bc	80	161	116	−16	19	2.375=BC	22.56
abc	65	166	37	17	15	1.875=ABC	14.06
d	43	26	−3	44	117	14.625=D	855.56
ad	100	17	17	35	133	16.625=AD	1105.56
bd	45	−8	6	−66	−3	−0.375=BD	0.56
abd	104	−15	5	−79	33	4.125=ABD	68.06
cd	75	57	−9	20	−9	−1.125=CD	5.06
acd	86	59	−7	−1	−13	−1.625=ACD	10.56*
bcd	70	11	2	2	−21	−2.625=BCD	27.56*
abcd	96	26	15	13	11	1.375=ABCD	7.56

* 표시된 것은 블록과 교락된 것임

한편, 블록간의 변동 SS_{block}은 각 블록에서 자료의 합이

	블록1	블록2	블록3	블록4
합	289	278	282	272

이므로

$$\begin{aligned} SS_{block} &= \frac{1}{4}\left[(289)^2+(278)^2+(282)^2+(272)^2\right]-78540.0625 \\ &= 38.1875 \end{aligned} \tag{8.22}$$

가 된다. 이는 블록과 교락된 상호작용효과의 변동인 $SS_{A\times C\times D}$, $SS_{B\times C\times D}$ $SS_{A\times B}$의 합과 일치한다. 즉,

$$SS_{block} = SS_{A\times C\times D} + SS_{B\times C\times D} + SS_{A\times B} \quad (8.23)$$

$$= 10.5625 + 27.5625 + 0.0625 = 38.1875$$

이다.

변동값이 작게 나오는 상호작용효과 $B\times C$, $B\times D$, $C\times D$와 3요인 이상의 상호작용효과를 오차로 보면

$$SS_E = SS_{B\times C} + SS_{B\times D} + SS_{C\times D} + SS_{A\times B\times C} + SS_{A\times B\times D} + SS_{A\times B\times C\times D} \quad (8.24)$$

$$= 22.5625 + 0.5625 + 5.0625 + 14.0625 + 68.0625 + 7.5625$$

$$= 117.875$$

가 되며, 이를 정리하면 다음과 같은 분산분석표를 얻는다.

표 8.5 분산분석표

요인	제곱합	자유도	평균제곱	F_0
블록	38.1875	3	12.7292	−
A	1870.565	1	1870.5625	95.21**
B	39.0625	1	39.0625	1.99
C	390.0625	1	390.0625	19.85**
D	855.5625	1	855.5625	43.55**
A×C	1314.0625	1	1314.0625	66.89**
A×D	1105.5625	1	1105.5625	56.27**
E′	117.875	6	19.6485	
T	5730.9375	15		

(3) 반정규확률그림에 의한 핵심 요인효과 선별

요인효과들의 추정치의 절댓값인 $|\bar{y}_1 - \bar{y}_0|$을 크기순으로 나열하여 반정규확률그림을 그린 결과가 그림 〈8.6〉에 주어진다.

반정규확률그림을 보면, 오른쪽에 있는 A, AC, AD, D, C를 제외한 나머지 효과들이 대략 원점을 지나는 직선모양을 나타낸다. 따라서 이 효과들이 핵심 요인효과로 선별이 되고 선별된 요인효과들의 분산분석표가 〈표 8.6〉에 주어진다. 〈표 8.5〉의 분산분석표에서 p값이 0.21인 주효과 B를 오차항에 풀링한 후의 분산분석표와 동일하다.

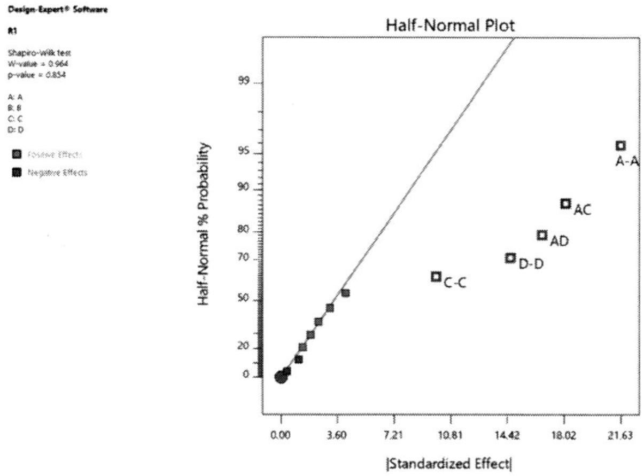

그림 8.6 2^4 교락법 실험자료의 요인효과들의 반정규확률그림

표 8.6 반정규확률그림에 의해 선별된 요인효과들의 분산분석표

Source	Sum of Squares	df	Mean Square	F-value	p-value	
Block	38.19	3	12.73			
Model	5535.81	5	1107.16	49.38	< 0.0001	significant
A-A	1870.56	1	1870.56	83.43	< 0.0001	
C-C	390.06	1	390.06	17.40	0.0042	
D-D	855.56	1	855.56	38.16	0.0005	
AC	1314.06	1	1314.06	58.61	0.0001	
AD	1105.56	1	1105.56	49.31	0.0002	
Residual	156.94	7	22.42			
Cor Total	5730.94	15				

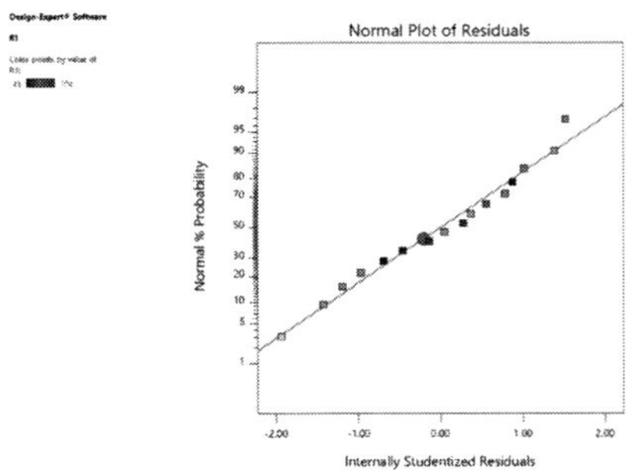

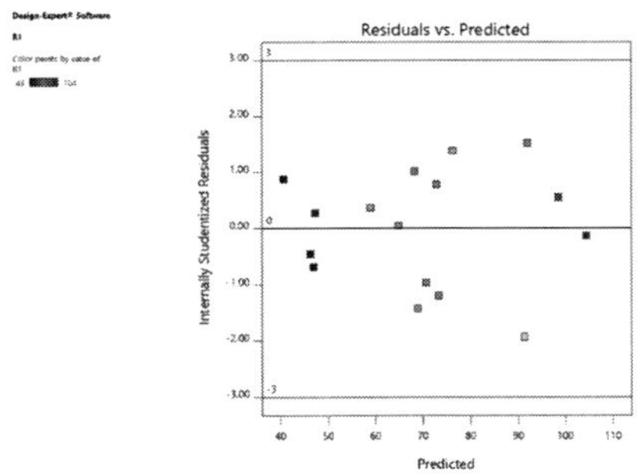

그림 8.7 표준화잔차의 정규확률그림과 예측치와의 산점도

〈그림 8.7〉에 주어진 표준화잔차의 정규확률그림이 직선모양으로 오차의 정규성을 확인

하고, 표준화잔차와 예측치의 산점도가 ± 2 이내에서 랜덤한 모양을 하고 있어서 오차의 등분산성을 지지하고 있으므로 선별된 핵심 요인효과들로 구성된 모형이 적절하다고 볼 수 있다. 아래의 $A \times C$ 상호작용효과의 그림에서 A_0에서 주효과 C는 양의 값을 취하는 반면에 A_1에서 주효과 C는 음수로 크기가 작아져서 $A \times C$ 상호작용효과가 선별되었음을 시각적으로 확인한다. $A \times D$ 상호작용효과의 그림에서 A_0에서 주효과 D는 0 근처의 음의 값을 취하는 반면에 A_1에서 주효과 D는 양수로 크기가 커져서 $A \times D$ 상호작용효과가 선별되었음을 시각적으로 확인할 수 있다.

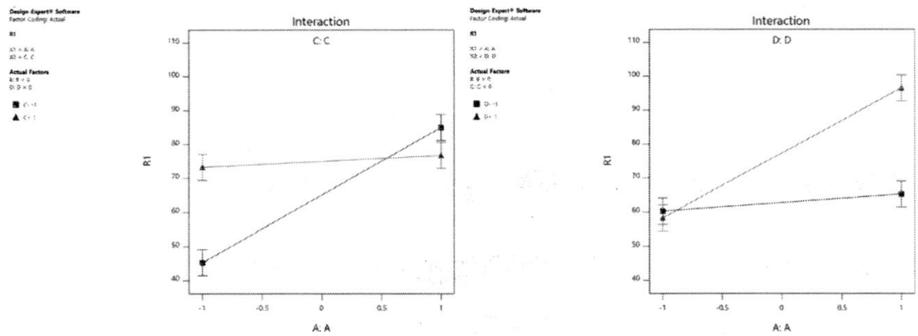

$A \times C$ 상호작용효과 그림과 $A \times D$ 상호작용효과 그림

8.3 2^{k-p} 일부실시법

요인의 수가 많아지면 실험의 크기 n이 커진다. 1회 실험실시에 시간이 걸리거나 비용이 많이 드는 경우에는 2^k 실험을 전부 실험하기 어려운 경우가 있다. 예를 들어, 2^7 요인배치법의 경우 실험의 크기는 $n = 128$회인데, 현실적으로 이만큼 실험을 실시하기 어려운 경우가 많다. 3요인 이상의 상호작용효과를 보통 고차의 상호작용효과라고 하는데, 고차의 상호작용효과는 일반적으로 유의(significant)하지 않은 경우가 많고, 또 유의하더라도 해석이 어려우며 실질적 행동을 취하기가 어려운 경우가 대부분이다. 따라서 만약 주효과와 일부 2요인 상호작용효과에만 관심이 있다면 전체 처리조합 중 일부만 실험함으로써 실험의 크기를 작게 할 수 있는 **일부실시법(fractional factorial design)**을 적용할 필요가 있다. 이때 불필요한 상호작용효과나 고차의 상호작용효과를 주효과와 교락되게 해야 한다.

블록 1	블록 2
a	(1)
b	ab
c	ac
abc	bc

그림 8.8 $A \times B \times C$를 교락시킨 2^3 요인설계

일부실시법과 관련된 실용적으로 잘 알려진 원칙이 핵심적인 요인들에 대한 '희소성의 원칙'과 선별된 요인효과들에 대한 '간결성의 원칙'이다. 희소성의 원칙에 따르면, 7개의 요인들 중에서 핵심적인 요인들의 수는 많아야 2~3개 혹은 3~4개이다. 간결성의 원칙은 유의한 효과들은 주효과와 2요인 상호작용효과들 중에서 일부만을 포함한다는 것이다. 따라서 2^7개의 처리들 중에서 2^3개의 처리 혹은 2^4개의 처리에서만 실험을 실시하여 핵심적인 요인효과들의 선별이 가능하게 된다. 2^3개의 처리 혹은 2^4개의 처리를 선택하는 방법을 2^{7-4} 일부실시법 혹은 2^{7-3} 일부실시법이라고 한다.

2^{7-3} 일부실시법의 실험조건은 2^7개의 처리를 2^3개의 각각의 블록에 2^{7-3}개씩 나누어 배치하는 교락법에서 랜덤하게 하나의 블록을 선택하고, 그 블록에 배치된 2^{7-3}개의 처리에서 실험을 실시하는 것이나, 통상적으로 블록 1에 배치된 2^{7-3}개의 처리에서만 실험을 실시한다. 일반적으로 2^k 요인배치법에서 2^{-p}만큼의 일부만 실험할 때 이 실험을 2^{k-p} 일부실시법이라고 하며, 이 경우 실험의 크기는 $n = 2^{k-p}$가 된다.

결국 일부실시법은 많은 요인 중 유의한 요인 몇 개를 선별하고자 할 때나, 사전정보(prior information)로 일부 상호작용효과를 무시할 수 있다는 사실을 알고 있을 때 활용된다. 특히 축차적인 실험의 초기단계에서 흔히 사용된다.

일부실시법은 요인의 수가 많은 경우에 주로 사용하는 것이지만 이해를 돕기 위해 2^3 요인설계에서 1/2만 실시하는 경우부터 알아보기로 하자. 일부실시법의 배치는 교락법의 배치로부터 유도할 수 있다. 블록과 교락되는 요인효과들은 **정의대비 (defining contrast)**로 표현한다. 예를 들어 〈그림 8.8〉에는 2^3 요인배치법에서 상호작용 $A \times B \times C$를 블록과 교락시킨 교락법의 배치가 주어져 있으며, 이때 정의대비

는 $I = ABC$이다.

2^{3-1} 일부실시법은 실험의 크기인 $n=4$이므로 블록 1에 있는 4개의 처리조합에서만 실험한다. 이 경우에 각 요인효과를 구해 보면

$$A = \frac{1}{2}(a + abc - b - c) = B \times C \tag{8.25}$$

$$B = \frac{1}{2}(b + abc - a - c) = A \times C \tag{8.26}$$

$$C = \frac{1}{2}(c + abc - a - b) = A \times B \tag{8.27}$$

와 같이 된다. 요인효과는 $A = B \times C$, $B = A \times C$, $C = A \times B$와 같이 추정식이 동일하게 되어 두 요인효과끼리 서로 교락되어 구분이 불가능하게 된다. 이때 A와 $B \times C$, B와 $A \times C$, C와 $A \times B$와 같은 관계를 **별명(alias) 관계**라고 한다. 즉 A의 또 다른 이름이 $B \times C$이다. 어느 요인효과가 서로 별명이 되어 있느냐는 정의대비에 요인효과를 곱해서 얻을 수 있으며, 교락법에서 결합요인을 구할 때와 마찬가지로 $A^2 = B^2 = C^2 = 1$로 간주한다. 예를 들어 정의대비가 $I = ABC$일 때 A의 별명은

$$A \times I = A \times (ABC) = A^2BC = BC \tag{8.28}$$

이며, B의 별명은

$$B \times I = B \times (ABC) = AB^2C = AC \tag{8.29}$$

이고, C의 별명은

$$C \times I = C \times (ABC) = ABC^2 = AB \tag{8.30}$$

가 된다. 이 결과는 식 (8.25), (8.26), (8.27)에서와 같이 어떤 요인효과끼리 추정식이 동일한가를 보는 것과 같다. 이때 교락법에서 블록과 교락될 효과로 선정된 ABC는 일부실시법의 정의대비를 결정하는 **생성자(generator)**라고 불린다.

이와 같이 2^3 요인배치법에서 1/2만 실험할 경우에는 주효과와 상호작용효과가 교락되어 있으므로 상호작용효과가 무시될 경우에만 각 주효과를 구할 수 있게 된다.

한편 〈그림 8.8〉에서 블록 1 대신 블록 2를 선택하여 1/2만 실험한 경우를 생각해 보자. 이때 각 요인효과를 구해 보면

$$A = \frac{1}{2}(ab + ac - bc - (1)) = -BC \tag{8.31}$$

$$B = \frac{1}{2}(ab + bc - ac - (1)) = -AC \tag{8.32}$$

$$C = \frac{1}{2}(ac + bc - ab - (1)) = -AB \tag{8.33}$$

가 된다. 블록 1을 사용할 경우는 추정식이 동일했지만 블록 2를 사용하면 추정식의 부호만 바뀌게 되어 핵심 요인효과의 선별에 활용되는 요인효과들의 추정치의 절댓값인 $|\bar{y}_1 - \bar{y}_0|$과 각 요인효과의 변동은 블록 1의 경우와 동일하기 때문에 어느 블록을 선택하든 핵심 요인효과의 선별은 동일하게 된다.

이와 같이 ABC를 생성자로 하여 2^{3-1} 일부실시법을 적용한 경우에는 어떤 주효과도 다른 주효과와의 별명관계는 아니나, 주효과들은 2요인 상호작용효과들과 별명관계가 된다. 이와 같은 2^{3-1} 일부실시법을 해상도 Ⅲ 설계(resolution Ⅲ design)라고 하고 2^{3-1}_{III} 일부실시법으로 표시한다. 여기서 **해상도 (resolution)**란 정의대비에 있는 생성자들 중에서 길이가 가장 짧은 생성자의 알파벳의 개수로 정의된다. 일부실시법의 실험에서 주효과와 이 요인 상호작용효과의 추정이 가능하도록 실험의 크기를 결정하는 것이 중요하다. 이를 위해 주어진 실험의 크기에서 일부실시법의 해상도를 파악하는 것이 중요하다. 해상도 Ⅲ, Ⅳ, Ⅴ의 일부실시법의 추정 가능한 요인효과와 이들의 별명관계는 다음과 같다.

- 해상도 Ⅲ 일부실시법: 어떤 주효과도 다른 주효과의 별명이 아니다. 그러나 일부 주효과는 2요인 상호작용효과와 별명관계이며, 2요인 상호작용효과들은 서로 별명일 수 있다.
- 해상도 Ⅳ 일부실시법: 어떤 주효과도 다른 주효과나 2요인 상호작용효과와 별명이 아니다. 즉, 주효과는 3요인 이상의 상호작용효과와 별명관계이다. 그러나 2요인 상호작용효과들은 서로 별명일 수 있다.
- 해상도 Ⅴ 일부실시법: 주효과는 4요인 이상의 상호작용효과와 별명관계이고, 2요인 상호작용효과는 3요인 이상의 상호작용효과와 별명관계이다. 삼차 이상의 상호작용효과를 무시할 수 있으면, 모든 주효과와 2요인 상호작용효과를 독립적으로 구할 수 있다.

삼차 이상의 싱호작용효과를 무시할 수 있으면, 해상도 Ⅴ 일부실시법으로 모든 주효과와 2요인 상호작용효과를 독립적으로 구할 수 있어서 바람직하지만, 해상도가 높을수록 실험의 크기가 커진다는 것이 문제점이다.

예제 8.3

다음 데이터는 2^4 요인배치법의 교락법에서 정의대비 $I=ABCD$로 교락시킨 후 0그룹인 블록1에 배치된 2^3개의 처리 즉, 2^4 요인설계에서 1/2만 실험한 2_{IV}^{4-1} 일부실시법의 결과이다. 이 경우 별명관계를 구하고 분산분석표를 작성하여라.

$(1)=95.29$	$ab=86.58$	$cd=90.35$
$ac=88.70$	$bc=86.79$	$ad=96.45$
$bd=89.38$	$abcd=89.57$	

|풀이|

(1) 별명관계($I=ABCD$)

$$A=BCD \qquad AB=CD$$
$$B=ACD \qquad AC=BD$$
$$C=ABD \qquad AD=BC$$
$$D=ABC$$

이 경우 정의대비의 알파벳의 개수가 4이므로 해상도 Ⅳ 설계임을 알 수 있다. 주효과는 3요인 상호작용와 별명 관계이고, 2요인 상호작용효과들은 서로 별명관계이다.

(2) 변동의 계산과 분산분석표의 작성

요인효과를 구할 때는 2수준 요인배치법과 마찬가지로 1그룹인 더해야 할 처리조합과 0그룹인 빼야 할 처리조합을 나타내는 계수표를 만들어서 요인효과의 추정치의 절댓값인 $|\bar{y}_1-\bar{y}_0|$를 구할 수 있다. 계수표의 작성법은 요인배치법에서의 경우와 동일하다. 〈표 8.7〉를 통하여 구한 요인효과의 계수들의 합은 0이므로 대비이고, 따라서 대비의 변동은 요인효과의 1그룹 합 T_1과 0그룹 합 T_0의 차이인 T_1-T_0의 제곱을 실험의 크기 n으로 나눈 값인 $(T_1-T_0)^2/8$로 계산한다.

변동을 계산한 후 상호작용효과에 의한 변동을 오차로 간주하고, 분산분석표를 작성하면 각 주효과가 유의한지를 검정할 수 있다.

표 8.7 요인효과를 구하는 표

처리조합	요인효과						
	A	B	C	D	AB	AC	AD
$(1)=95.29$	-1	-1	-1	-1	$+1$	$+1$	$+1$
$ab=86.58$	$+1$	$+1$	-1	-1	$+1$	-1	-1
$cd=90.35$	-1	-1	$+1$	$+1$	$+1$	-1	-1
$ac=88.70$	$+1$	-1	$+1$	-1	-1	$+1$	-1
$bc=86.79$	-1	$+1$	$+1$	-1	-1	-1	$+1$
$ad=96.45$	$+1$	-1	-1	$+1$	-1	-1	$+1$
$bd=89.38$	-1	$+1$	-1	$+1$	-1	$+1$	-1
$abcd=89.57$	$+1$	$+1$	$+1$	$+1$	$+1$	$+1$	$+1$

표 8.8 분산분석표

요인	제곱합	자유도	평균제곱	F_0
A(또는BCD)	0.06	1	0.06	–
B(또는ACD)	42.64	1	42.64	5.71
C(또는ABD)	18.88	1	18.88	2.53
D(또는ABC)	8.78	1	8.78	1.18
AB 또는 CD	0.03	1		
AC 또는 BD	0.96	1	7.47	
AD 또는 BC	21.42} 22.41	1} 3		
T		7		

2^k 요인배치법에서 요인의 수가 더욱 증가하여 실험의 횟수가 많아지면 실험의 크기를 줄이기 위하여 전체 처리의 1/4만큼만 실험을 하는 2^{k-2} 일부실시법으로 실험조건을 결정할 수 있다. 이때도 교락법의 배치로부터 간단히 유도할 수 있다. 즉, 2^k 요인배치법의 교락법에서 4개의 블록에 배치한 후 그 중의 한 블록을 선택하여 실험하면 된다. 예를 들어 2^5 요인배치법에서 ACE와 BDE를 블록과 교락시켜 보자. 이때 두 요인의 상호작용효과에 해당되는 결합요인은 $(ACE)\times(BDE)=ABCDE^2$ $=ABCD$가 되며 정의대비는

$$I=ACE=BDE=ABCD \tag{8.34}$$

표 8.9 I=ACE=BDE일 때의 L_1과 L_2의 값

처리조합	L_1	L_2	처리조합	L_1	L_2
(1)	0	0	e	1	1
a	1	0	ae	0	1
b	0	1	be	1	0
ab	1	1	abe	0	0
c	1	0	ce	0	1
ac	0	0	ace	1	1
bc	1	1	bce	0	0
abc	0	1	abce	1	0
d	0	1	de	1	0
ad	1	1	ade	0	0
bd	0	0	bde	1	1
abd	1	0	abde	0	1
cd	1	1	cde	0	0
acd	0	1	acde	1	0
bcd	1	0	bcde	0	1
abcd	0	0	abcde	1	1

로 표현된다. 해상도는 식 (8.34)의 정의대비에서 가장 짧은 생성자인 ACE의 알파벳의 개수인 3으로 2_{III}^{5-2} 일부실시법의 실험조건을 생성하는 방법을 알아보자. 식 (8.34)에 주어진 정의대비를 선형표현식으로 나타내면

$$L_1 = x_1 + x_3 + x_5 (\text{mod}2) \quad (8.35)$$

$$L_2 = x_2 + x_4 + x_5 (\text{mod}2) \quad (8.36)$$

$$L_3 = x_1 + x_2 + x_3 + x_4 (\text{mod}2) \quad (8.37)$$

가 되고, 각 처리조합에 대해 L_1과 L_2의 값을 구하면 〈표 8.9〉와 같고,

$$L_3 = L_1 + L_2 (\text{mod}2) \quad (8.38)$$

이다.

32개의 처리조합을 L_1과 L_2의 값에 따라 4개의 블록으로 나누면 〈그림 8.9〉와 같다. 〈그림 8.9〉의 4개의 블록 중 임의로 1개의 블록을 선택하여 실시하면 2_{III}^{5-2} 일부실시법이 된다. 이때의 별명관계는 식 (8.34)의 정의대비로부터

블록1	블록1	블록1	블록1
(1)	b	a	ab
ac	abc	c	bc
bd	d	abd	ad
abe	acd	bcd	cd
ade	ae	be	e
bce	ce	abce	ace
cde	bade	de	bde
abcd	bcde	acde	abcde
$L_1=0$	$L_1=0$	$L_1=1$	$L_1=1$
$L_2=0$	$L_2=1$	$L_2=0$	$L_2=1$

그림 8.9 ACE, BDE, $ABCD$를 교락시킨 2^5 요인배치법의 교락법

$$A=CD=ABDE=BCD \tag{8.39}$$
$$B=ABCE=DE=ACD \tag{8.40}$$
$$C=AE=BCDE=ABD \tag{8.41}$$
$$D=ACDE=BE=ABC \tag{8.42}$$
$$E=AC=BD=ABCDE \tag{8.43}$$
$$AB=BCE=ADE=CD \tag{8.44}$$
$$AD=CDE=ABE=BC \tag{8.45}$$

가 된다. 따라서 〈그림 8.9〉로부터 어떤 블록을 선택하여 실험해도 2차 이상의 상호작용효과를 무시할 수 있다면 8번의 실험으로도 주효과 A, B, C, D, E를 추정할 수 있다.

하지만 일부실시법에서는 교락시키는 요인효과의 선택에 주의할 필요가 있다. 왜냐하면 만약 2^{5-2} 일부실시법에서 $ABCDE$와 ABC를 교락요인으로 선택하는 경우 정의대비가

$$I=ABCDE=ABC=DE \tag{8.46}$$

이 되고, 결과적으로 $D=ABCE=ABCD=E$가 되어 주효과 D와 주효과 E가 서로 교락되어 구분할 수 없기 때문이다. 이와 같이 일부실시법을 사용할 때는 주효과들 간에 또는 주효과와 관심있는 상호작용효과 간에 별명관계가 되지 않도록 설계해야 한다. 즉 주어진 실험의 크기에서 해상도가 가장 높고, 주효과와 관심이 있는 2요인 상호작용효과가 추정이 가능하도록 배치해야 한다. 이런 점을 고려하여 어떤 처

리조합에서 실험하는 것이 좋은가를 시각적인 요인효과의 배치를 통해서 쉽게 도와주는 표가 다음 절에서 설명하는 직교배열표이다. 효율적인 일부실시법의 실험조건의 결정은 Design Expert나 Minitab 등 통계패키지의 활용을 권장한다.

예제 8.4

어떤 화학플랜트에서 중간원료의 정화를 위하여 약 40분 정도의 시간이 소요되는 것으로 알려져 있다. 다른 곳에서 이와 유사한 화학 플랜트를 세우고 가동한 결과 정화시간이 약 2배가 걸리는 심각한 문제가 발생했다. 이를 해결하기 위하여 7개의 2수준요인 A, B, C, D, E, F, G가 정화시간에 미치는 영향을 조사하기로 하였다.

실험은 2_{III}^{7-4} 일부실시법을 적용하였으며, 해상도 Ⅲ의 실험을 실시한 결과 다음과 같은 데이터를 얻었다.

$$\mathrm{def} = 68.4 \quad afg = 77.7 \quad beg = 66.4 \quad abd = 81.0$$
$$cdg = 78.6 \quad ace = 41.2 \quad bcf = 68.7 \quad abcdefg = 38.7$$

데이터를 바탕으로 요인효과를 구해 본 결과는

$$A\,(+BD+CE+FG) = -10.9$$
$$B\,(+AD+CF+EG) = -2.8$$
$$C\,(+AE+BF+DG) = -16.6$$
$$D\,(+AB+CG+EF) = 3.2$$
$$E\,(+AC+BG+DF) = -22.8$$
$$F\,(+AG+BC+DE) = -3.4$$
$$G\,(+AF+BE+CD) = 0.5$$

이다. 요인효과의 절댓값에 대한 반정규확률그림을 그린 결과 A, C, E가 원점을 지나는 선형 패턴을 벗어난 오른쪽에 있는 요인효과로 판별되어 핵심효과로 선별되었다. 그런데 주효과 A, C, E의 그림이 기대되는 결과로 나와서 주효과와 2요인 상호작용효과를 분리하기 위해 fold over 설계를 실시하기로 결정했다. 추가실험점은 2_{III}^{7-4} 일부실시법의 실험점의 각 요인의 수준을 반대로 바꿔치기 하거나 혹은 접어서 결정된다. 따라서 다음과 같이 추가실험을 실시하였고, 그 결과 해상도 Ⅲ에서 해상도 Ⅳ로 바뀌었다.

$abcg = 66.7 \qquad bcde = 65.0 \qquad acdf = 86.4 \qquad cefg = 61.9$

$abef = 47.8 \qquad bdfg = 59.0 \qquad adeg = 42.6 \qquad (1) = 67.6$

블록 1에 8개, 블록 2에 8개, 총 16개의 실험자료에 대해 요인효과의 절댓값에 대한 반정규확률그림을 그린 결과가 〈그림 8.10〉에 주어진다. 주효과 E와 상호작용효과 AE가 원점을 지나는 선형 패턴을 벗어난 오른쪽에 있는 요인효과로 판별되어 핵심효과로 선별된다. 주효과 A는 상호작용효과 AE가 핵심 요인효과로 선별되어서 항들의 위계질서를 존중하여 선별된다. 선별된 요인효과들에 대한 분산분석표가 〈표 8.10〉에 주어진다. 블록효과에 대한 검정통계량 F_0가 1보다 작아서 오차항에 풀링하면 2_{IV}^{7-3} 일부실시법 실험자료가 선별된 요인 A, E에 대한 반복 4회의 2^2 요인배치법 실험자료가 된다.

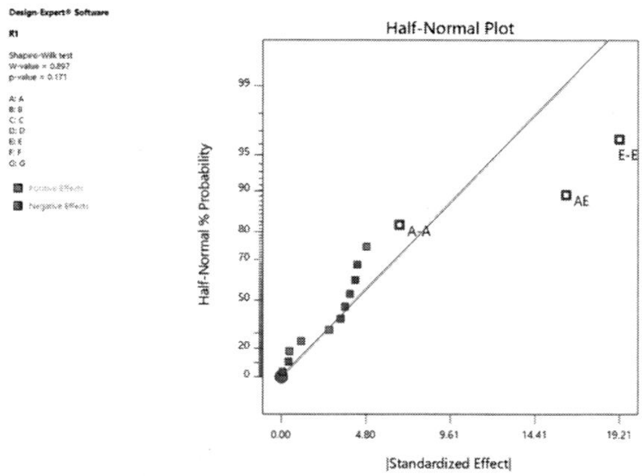

그림 8.10 2_{IV}^{7-3} 일부실시법 실험자료에 대한 반정규확률그림

표 8.10 선별된 요인효과들로 구성된 모형에 대한 분산분석표

Source	Sum of Squares	df	Mean Square	F-value	p-value	
Block	35.11	1	35.11			
Model	2700.28	3	900.09	22.92	< 0.0001	significant
A-A	178.89	1	178.89	4.56	0.0561	
E-E	1476.48	1	1476.48	37.60	< 0.0001	
AE	1044.91	1	1044.91	26.61	0.0003	
Residual	431.95	11	39.27			
Cor Total	3167.33	15				

이 모형에 대한 표준화잔차의 정규확률그림이 선형 패턴이고, 표준화잔차와 예측치의 산점도가 ±2.5 이내에서 랜덤한 모양을 보이므로, 선별된 요인효과의 모형이 적절함을 암시한다. 정화시간을 최소로 하는 최적조건을 찾기 위해서 상호작용효과 $A \times E$ 그림인 그림 ⟨8.11⟩을 보면 E의 낮은 수준인 E_0에서 주효과 A는 양수인 반면에 E의 높은 수준인 E_1에서 주효과 A는 음수이고, 크기도 훨씬 크다. 따라서 정화시간을 최소로 하는 최적조건은 요인 A, E의 높은 수준인 A_1E_1이다. 예측치는 A_1E_1에서 실험자료의 평균인 42.575이고, A_1E_1에서 재현성 실험에서 얻어질 미래의 관측치인 정화시간의 95% 예측구간(prediction interval)은 (27.155, 57.995)이다. 표준편차의 추정치인 $\sqrt{MS_E}$가 6.27로 비교적 큰 값을 가져서, 예측구간이 넓다.

이와 같이 축차실험을 통하여 적은 실험으로 실험의 목적을 달성할 수 있다. 실험을 할 때는 항상 비용, 시간, 인력 등이 한정되어 있다는 사실을 명심해야 한다. 정보가 별로 없는 상태에서 요인의 수가 많은 경우에는 2수준 일부실시법을 적용하여 점차 해상도를 높여가면서 목적을 달성하는 것이 효율적일 수 있다.

8.4 2수준 직교배열표를 이용한 실험계획

8.4.1 직교배열표의 기본 개념

신제품 개발을 목표로 연구소에서 초기단계의 실험을 실시하거나 혹은 개발된 신제품을 대량 생산하기 전에 생산라인에서의 공정조건 조율을 위하여 파일럿(pilot) 실험을 실시할 경우에는 일반적으로 제품의 품질 특성값에 영향을 미치리라 기대되는 잠재요인의 수가 많다. 특히 신제품을 개발할 때는 실험에서 고려해야 할 요인의 수가 10개에서 20개 정도 된다는 것이 경험적으로 알려져 있다. 이때 모든 주효과와 상호작용효과들을 검출하려면 요인들의 모든 수준조합에서 실험을 실시해야 하므로 총 실험횟수는 요인의 수가 늘어남에 따라서 급격히 늘어나게 된다. 예를 들어 모든 요인이 2수준인 실험의 경우에도 요인수가 10개이면 처리의 수가 $2^{10} = 1024$이므로

1024개의 서로 다른 실험조건에서 실험을 실시해야 한다. 특히 현장에서의 실험조건 변경은 시간도 오래 걸릴 뿐만 아니라 비용도 많이 들고 관리도 어려워서 1024개의 실험조건에서 실험을 전부 실시하는 것은 현실적으로 불가능하다. 한편 실험에서 고려해야 할 많은 요인들 중에서 실질적으로 특성값에 영향을 주는 요인의 수는 많아야 3, 4개이고, 2요인 상호작용까지 포함해도 대부분 5, 6개를 넘지 않는다는 사실이 경험적으로 알려져 있다. 따라서 모든 실험조건에서 실험을 다 실시하는 것은 실용적인 면에서도 굉장한 낭비이므로 일부실시법을 활용하여야 한다.

이와 같이 일부실시법을 적용하고자 할 때 아주 적은 실험 횟수로 쉽게 주효과와 몇 개의 2요인 상호작용의 검출을 가능하도록 만들어 놓은 표가 **직교배열표**(tables of orthogonal arrays)이며, 직교배열표의 장점을 정리해 보면 다음과 같다.

(1) 요인이 많은 경우 주효과와 관심이 있는 2요인 상호작용효과들을 직교배열표의 열에 합리적으로 배치함으로써 실험조건을 쉽게 결정할 수 있다. 다시 말해서 적은 실험횟수로 관심이 있는 효과의 검출을 가능하게 하는 일부실시법(fractional factorial design)의 실험조건을 쉽게 결정할 수 있다.

(2) 직교배열표의 각 열의 변동을 합하면 총변동이 되고, 이러한 총변동은 실험에서 고려된 각 요인효과들의 변동으로 분할되며 이것을 **직교화의 원리**(principle of orthogonality)라고 부른다. 따라서 실험 데이터로부터 요인변동의 계산이 용이하고, 분산분석표의 작성이 수월하다.

직교배열표를 이용한 실험의 주요 목적이 적은 실험횟수로 특성값에 영향을 주리라 기대되는 잠재요인들 중에서 핵심요인을 선별하는 것이기 때문에 실험에서 취급한 요인의 수준수는 2수준인 경우가 많다. 이와 같이 실험의 횟수를 줄이기 위하여 원천적으로 2수준으로 정하는 경우가 대부부분이지만 관심이 있는 실험조건이 2개이거나 혹은 계량요인의 경우 요인의 관심영역의 양 끝 값을 수준으로 택하면 2수준계 실험이 된다. 2수준계의 직교배열표는 일반적으로

$$L_{2^m}(2^{2^m-1})$$

으로 나타낸다. 여기서 2^m은 실험의 크기이고, 2는 2수준계를 나타내는 숫자이다. 또한 2^m-1은 직교배열표의 열의 수를 나타내며, L자는 직교배열표를 처음에 Latin Square(라틴정방)에 적용하면서 첫 글자를 취한 것이다. 예를 들어 $L_8(2^7)$은 실험의 횟수가 8이고, 열의 수가 7인 직교배열표이다. 일반적으로 많이 쓰이는 직교

배열표는 $m=3, m=4$ 인 경우에 해당되는 $L_8(2^7)$, $L_{16}(2^{15})$ 직교배열표이다.

직교배열표를 활용하기 위해서는 직교배열표의 개요, 기본표시와 선점도를 이용하여 열에 배치하는 방법, 변동을 계산하는 방법 등을 이해해야 한다. 우선 앞으로 다룰 직교배열표를 이용한 실험의 절차에 대하여 간략히 정리해 보기로 하자.

• 단계 1 : 실험의 설계

(1) 실험의 목적을 분명히 한다.

(2) 반응변수에 영향을 주리라 기대되는 잠재요인을 파악한다. 이때 따로 검출해야 할 상호작용도 함께 파악한다.

(3) 실험환경, 비용, 요구되는 해상도 등을 고려하여 반복수, 블록화 여부, 랜덤화 방법 등을 결정한다.

(4) 위의 조건을 충족할 수 있는 직교배열표를 선정한다.

(5) 직교배열표의 각 열에 요인을 배치한다.

• 단계 2 : 실험의 실시

직교배열표를 이용하여 구체적인 실험조건을 구하고 랜덤한 순서로 실험을 실시한다. 이때 실험이 설계된 바와 같이 이루어지도록 철저히 관리해야 한다.

• 단계 3 : 데이터의 분석과 조치

(1) 각 열의 변동을 구함으로써 분산분석표를 작성한다.

(2) 통계적 추론과 데이터와 모형에 대한 검토를 실시한다.

(3) 실험의 목적을 달성했는지 확인하고 문제가 있는 경우 적절한 조치를 취한다.

8.4.2 $L_8(2^7)$ 직교배열표를 이용한 실험설계

우선 〈표 8.11〉에 주어진 $L_8(2^7)$ 직교배열표의 개요를 살펴보면 다음과 같다.

(1) 실험의 횟수는 8이며, 열의 수는 7이다.

(2) 어느 열이나 0과 1이 반반씩 나타나고 있다.

(3) 각 열에서 0을 −1로, 1을 +1로 하여, 임의의 2열을 골라 그 곱의 합을 구하면 0이 된다. 즉 모든 열은 서로 직교(orthogonal)하고 있으며, 그 결과 한 요인효과는 다른 요인효과에 의한 치우침이 없게 된다(직교화의 원리).

(4) 각 열은 하나의 자유도를 갖으며, 총자유도의 수는 열의 수와 같다.

표 8.11 $L_8(2^7)$ 직교배열표

실험번호	열번호							실험조건
	1	2	3	4	5	6	7	
1	0	0	0	0	0	0	0	
2	0	0	0	1	1	1	1	
3	0	1	1	0	0	1	1	
4	0	1	1	1	1	0	0	
5	1	0	1	0	1	0	1	
6	1	0	1	1	0	1	0	
7	1	1	0	0	1	1	0	
8	1	1	0	1	0	0	1	
기본표시	a	b	ab	c	ac	bc	abc	
실험배치								

지금부터 직교배열표에 실험을 배치하는 방법에 대하여 알아보자.

기본표시를 이용하는 방법부터 설명하기로 한다. 주효과는 임의의 열에 배치해도 되지만 상호작용효과는 특정한 열에 배치되어야 한다. 다시 말해서 2개 열의 상호작용에 해당되는 열은 각 열의 기본표시의 곱과 기본표시가 똑같은 열에 배치되어야 한다. 예를 들어 1열과 2열의 상호작용은 기본표시가 1열, 2열 기본표시의 곱인 ab 에 해당되는 3열이고, 마찬가지로 1열 4열의 상호작용은 5열이 된다.

이제 약간 복잡한 5열 7열의 상호작용을 구해 보자. 상호작용열의 기본표시는 5열과 7열의 기본표시의 곱이

$$ac \cdot abc = a^2bc^2 = a^0bc^0 = b$$

이므로 기본표시가 b 에 해당되는 열인 2열이 상호작용 열이 된다. 이때 문자의 지수도 2진법으로 표시되기 때문에 $a^2 = a^0 = 1$으로 간주한다. 그러므로 상호작용효과 $A \times B$ 의 유의성에 관심이 있는 경우 5열에 요인 A , 7열에 요인 B 가 배치되었다면 상호작용 $A \times B$ 는 반드시 2열에 배치되어야 한다.

〈표 8.12〉를 이용하면 임의로 선택된 2개 열 간의 상호작용에 해당되는 열을 기본표시를 이용하지 않고도 쉽게 구할 수 있다. 예를 들어 5열과 7열의 상호작용에 해당되는 열을 구하기 위해서는 〈표 8.12〉의 대각선에 있는 숫자들 중에서 5를 찾아서 행을 결정하고, 1행에서 7에 해당되는 열을 찾아 선택된 행과 열이 만나는 칸의 숫자

표 8.12 2개의 열 간의 상호작용을 구하는 표

열	1	2	3	4	5	6	7	8	9	10	11	12	13	14	15
	(1)	3	2	5	4	7	6	9	8	11	10	13	12	15	14
		(2)	1	6	7	4	5	10	11	8	9	14	15	12	13
			(3)	7	6	5	4	11	10	9	8	15	14	13	12
				(4)	1	2	3	12	13	14	15	8	9	10	11
					(5)	3	2	13	12	15	14	9	8	11	10
						(6)	1	14	15	12	13	10	11	8	9
							(7)	15	14	13	12	11	10	9	8
								(8)	1	2	3	4	5	6	7
									(9)	3	2	5	4	7	6
										(10)	1	6	7	4	5
											(11)	7	6	5	4
												(12)	1	2	3
													(13)	3	2
														(14)	1

인 2가 5열과 7열의 상호작용에 해당되는 열이 된다. 마찬가지로 1열, 2열의 상호작용 열은 대각선 숫자 1과 2열이 만나는 칸의 숫자인 3열이고, 1열과 3열의 상호작용 열은 2열이다.

관심 있는 상호작용이 여러 개인 경우에는 선점도를 활용하는 것이 편리할 수 있다. 선점도는 3요인 이상의 상호작용은 무시하고 주효과와 2요인 상호작용과의 관계를 도시한 것으로 다음과 같은 특징을 갖는다.

(1) 선과 점은 모두 자유도 1을 갖고, 하나의 열에 대응한다.
(2) 점과 점은 주효과를 나타내고, 두 점을 연결하는 선은 상호작용을 나타낸다.

〈그림 8.11〉에는 $L_8(2^7)$ 직교배열표의 선점도가 도시되어 있다. 선점도에서 점과 선에 부여된 숫자는 열 번호를 나타내며, 두 점을 연결하는 선에 나타난 숫자가 상호

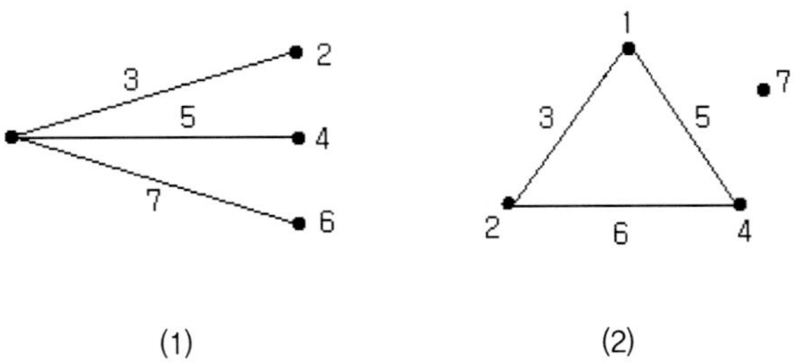

그림 8.11 $L_8(2^7)$형 선점도

작용 열이 된다. 〈그림 8.11〉의 (1)에서 점 1과 점 2를 연결하는 직선상의 숫자가 3이어서, 1열과 2열의 상호작용 열은 3열이다. 마찬가지로 (2)에서 2열과 4열의 상호작용 열은 6열, 1열과 4열의 상호작용 열은 5열임을 알 수 있다.

요인효과들을 선점도를 이용하여 열에 배치하기 위해서는 점에 해당되는 주효과를 먼저 배치하고, 두 점 사이의 선에 있는 열에 상호작용효과를 배치하면 된다. 예를 들어 $A, B, A \times B, C$ 중에서 어느 것이 유의한가를 검출하고자 하는 경우 2개의 점에 A, B 를 배치하고 두 점을 연결하는 직선상의 번호에 해당되는 열에 $A \times B$ 를 배치한다. 그리고 나머지 주효과인 C 를 점에 배치하면 된다. 〈그림 8.11〉의 (2)을 이용하는 경우에 1열에 A , 2열에 B , 3열에 $A \times B$, 그 다음에 점에 해당되는 4열, 7열 중에서 하나를 택하여서 C 를 배치한다. 두 점을 1, 2 대신에 1, 4 또는 2, 4를 선택할 수도 있다.

관심 있는 상호작용이 없는 경우의 실험에서 주효과를 배치할 때 배치방법에 따라 해상도가 달라질 수 있음에 유의해야 한다. 예를 들어 다음과 같은 두 가지 배치방법을 비교해 보자.

- 실험배치 1 : 1, 2, 3, 4열에 4개의 요인 A, B, C, D 를 배치
- 실험배치 2 : 1, 2, 4, 7열에 4개의 요인 A, B, C, D 를 배치

두 가지 방법에 따라 〈표 8.13〉의 직교배열표에 요인 A, B, C, D 가 배치되어 있으며, 주효과가 배치되지 않은 열에는 오차 e 를 배치하였다. 또한 〈표 8.13〉에는 2가지 실험배치에 대한 실험조건들이 나열되어 있다. 예를 들어 실험번호 3의 경우 실험배치 1에서는 A, B, C, D 가 각각 1, 2, 3, 4열에 배치되고 실험번호 3에서의 값이 0, 1, 1, 0이어서 실험조건은 $A_0B_1C_1D_0$ 가 된다. 실험배치 2에서는 A, B, C, D 가 각각 1, 2, 4, 7열에 배치되고 실험번호 3에서의 값이 0, 1, 0, 1이어서 실험조건은 $A_0B_1C_0D_1$ 이다. 실험배치를 어떻게 하는가에 따라서 8개의 실험조건이 달라짐을 알 수 있다.

이때 상호작용효과 $A \times B$ 가 실제로 유의하다고 가정하고 두 실험배치를 비교해 보자. 실험배치 1에서는 이 상호작용효과에 해당되는 열이 3열이 되며 3열에는 요인 C 가 이미 배치되어 있어서 상호작용효과 $A \times B$ 에 의한 변동인지 혹은 주효과 C 에 의한 변동인지를 구분할 수 없다. 다시 말해서 주효과 C 와 상호작용효과 $A \times B$ 가 교락되어 있다. 반면에 실험배치 2에서는 〈그림 8.11〉의 (2)에서 볼 수 있듯이 어느 2개의 주효과에 대한 상호작용효과도 다른 주효과와 교락되지 않고 있으므로 실

표 8.13 $L_8(2^7)$ 4요인의 배치방법

실험번호	열번호							배치1의 실험조건	배치2의 실험조건
	1	2	3	4	5	6	7		
1	0	0	0	0	0	0	0	$A_0B_0C_0D_0$	$A_0B_0C_0D_0$
2	0	0	0	1	1	1	1	$A_0B_0C_0D_1$	$A_0B_0C_1D_1$
3	0	1	1	0	0	1	1	$A_0B_1C_1D_0$	$A_0B_1C_0D_1$
4	0	1	1	1	1	0	0	$A_0B_1C_1D_1$	$A_0B_1C_1D_0$
5	1	0	1	0	1	0	1	$A_1B_0C_1D_0$	$A_1B_0C_0D_1$
6	1	0	1	1	0	1	0	$A_1B_0C_1D_1$	$A_1B_0C_1D_0$
7	1	1	0	0	1	1	0	$A_1B_1C_0D_0$	$A_1B_1C_0D_0$
8	1	1	0	1	0	0	1	$A_1B_1C_0D_1$	$A_1B_1C_1D_1$
기본표시	a	b	ab	c	ac	bc	abc		
실험배치1	A	B	C	D	e	e	e		
실험배치2	A	B	e	C	e	e	D		

험배치 2가 좀더 바람직함을 알 수 있다. 실험배치 2에서는 3열의 변동이 큰 경우에는 3열이 오차 e로 배정되었지만, 1열과 2열의 상호작용열이 3열이기에, 상호작용효과 $A \times B$의 유의성을 의심하게 된다. 따라서 요인의 주효과에만 관심이 있는 경우에도 점에 해당되는 번호의 열에 우선 요인을 배치해야 하며, 그래도 배치해야 할 요인이 남아 있을 경우에는 기술적으로 보아서 존재하지 않으리라 기대되는 상호작용에 해당되는 열에 남은 요인들을 배치하는 것이 바람직하다.

구체적인 실험조건이 구해지면 랜덤한 순서로 실험을 실시하게 되며, 랜덤화는 다음과 같이 2단계로 이루어진다.

- **단계 1** 요인들을 직교배열표의 열에 합리적으로 배치한 후에 각 열에 배치된 요인의 2수준을 랜덤하게 0, 1에 할당한다.
- **단계 2** 구체적으로 결정된 실험조건에 대하여 랜덤하게 실험을 실시한다.

실험결과 특성값을 얻게 되면, 분산분석표를 작성하기 위하여 각 열의 변동을 구한다. 각 열의 변동은 2 수준 요인배치법에서와 동일하게, 식 (8.47)에 주어진 바와 같이 열의 값이 1에 해당되는 1그룹 반응값의 합인 T_1과 0에 해당되는 0그룹 반응값의 합인 T_0의 차이 $T_1 - T_0$의 제곱을 총 실험횟수로 나눈 값으로 다음과 같이 구한다.

$$S=\frac{(T_1-T_0)^2}{8} \tag{8.47}$$

예제 8.5

플라스틱 제품의 신도를 향상시키기 위한 실험을 실시하고자 한다. 4요인 A, B, C, D 가 신도에 영향을 주리라 기대되어 각각 2 수준씩 선택하여 $L_8(2^7)$ 직교배열표를 이용하여 실험을 실시한 결과 〈표 8.14〉의 데이터를 얻었다. 분산분석표를 작성하여라.

표 8.14 실험 데이터

실험번호	열번호							실험조건	특성값
	1	2	3	4	5	6	7		
1	0	0	0	0	0	0	0	$A_0B_0C_0D_0$	13
2	0	0	0	1	1	1	1	$A_0B_0C_1D_1$	10
3	0	1	1	0	0	1	1	$A_0B_1C_0D_1$	19
4	0	1	1	1	1	0	0	$A_0B_1C_1D_0$	9
5	1	0	1	0	1	0	1	$A_1B_0C_0D_1$	14
6	1	0	1	1	0	1	0	$A_1B_0C_1D_0$	10
7	1	1	0	0	1	1	0	$A_1B_1C_0D_0$	18
8	1	1	0	1	0	0	1	$A_1B_1C_1D_1$	17
기본표시	a	b	ab	c	ac	bc	abc		
실험배치	A	B	e	C	e	e	D		

|풀이|

(1) 각 열의 변동을 구하기 위하여 계산표를 작성한다.

표 8.15 계산표

열번호	1	2	3	4	5	6	7
요인효과	A	B	e	C	e	e	D
T_0	51	47	58	64	59	53	50
T_1	59	63	52	46	51	57	60
$S=\frac{(T_1-T_0)^2}{8}$	8	32	4.5	40.5	8	2	12.5

〈표 8.15〉의 계산표에서 3행의 T_0 는 각 열의 0 수준 특성값 4개의 합이고, T_1은 1수준

특성값 4개의 합이다. 예를 들어서 1열의 T_0 는 0 수준에 해당되는 실험번호 1, 2, 3, 4번 특성값의 합인

$$T_0 = 13+10+19+9 = 51$$

이고 T_1은 1수준에 해당되는 실험번호 5, 6, 7, 8번 특성값의 합인

$$T_1 = 14+10+18+17 = 59$$

이다. 마지막 행의 S 는 각 열의 변동이다.

(2) 분산분석표의 작성

요인 A 가 1열에 배치되어서 A 에 의한 변동 SS_A 는 1열의 변동이다. 마찬가지로 B, C, D 의 변동은 2, 4, 7열의 변동이다.

오차가 3, 5, 6열에 배치되었으므로 오차변동은 3, 5, 6열의 변동의 합인

$$SS_E = S_3 + S_5 + S_6 = 4.5+8+2 = 14.5$$

이다. 이 결과를 정리하여 분산분석표를 작성하면 〈표 8.16〉과 같다.

총변동을 정의에서 구하면

$$SS_T = 13^2+10^2+19^2+9^2+14^2+10^2+18^2+17^2 - \frac{110^2}{8} = 107.5$$

로 〈표 8.15〉 계산표의 마지막 행에 주어진 직교배열표의 7개열의 변동의 합과 같음을 확인할 수 있다.

표 8.16 분산분석표

요인	제곱합	자유도	평균제곱	F_0	유의확률
A	8	1	8	1.66	0.289
B	32	1	32	6.62	0.082
C	40.5	1	40.5	8.38	0.063
D	12.5	1	12.5	2.59	0.206
오차 E	14.5	3	4.8		
T	107.5	7			

요인 A 는 F_0 가 1.66으로 2보다 작고, 유의확률이 0.289로 큰 값을 갖기 때문에 오차항에 병합할 수 있으며, 병합한 후의 분산분석표가 〈표 8.17〉에 주어져 있다. 이때 새로운 오차변동 $SS_{E'}$ 는 〈표 8.16〉에 주어진 오차변동 SS_E 에 SS_A 를 더한 값인

$$SS_{E'} = SS_E + SS_A = 14.5+8 = 22.5$$

이고, 오차의 자유도는

$$\phi_{E'} = \phi_E + \phi_A = 3 + 1 = 4$$

이다.

표 8.17 병합한 후의 분산분석표

요인	제곱합	자유도	평균제곱	F_0	유의확률
B	32	1	32	5.69	0.076
C	40.5	1	40.5	7.20	0.055
D	12.5	1	12.5	2.22	0.210
오차 E'	22.5	4	5.6		
T	107.5	7			

예제 8.6

상호작용이 있는 경우의 실험

• 단계 1 : 실험의 설계

접착강도를 향상시키기 위한 실험을 실시하려 한다. 4요인 A, B, C, D가 접착강도에 영향을 주리라 기대되어 각각 2수준씩 선택하였다. 4개의 주효과와 2개의 상호작용 $A \times B$, $A \times C$ 중에서 어느 것이 특성값에 유의한 영향을 주는가에 관심이 있다. 이 경우에 만족되어야 할 선점도의 모양은

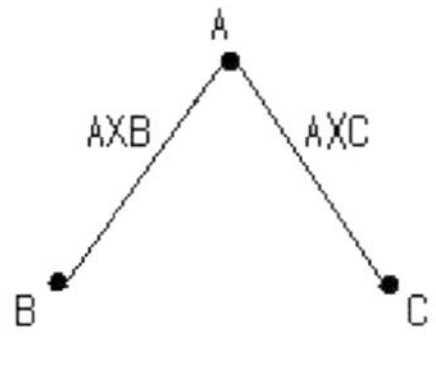

이며, 〈그림 8.11〉의 선점도가 이를 포함하고 있다. 따라서 $L_8(2^7)$에 배치가 가능하며, 예를 들어 아래 그림을 선택했다고 하면 1, 2, 4열에 A, B, C가 각각 배치되고, $A \times B$, $A \times C$가 3, 5열에 배치된다. 나머지 점인 7열에 D를 배치하고, 요인효과가 배치되지 않은 6열에는 오차가 배치된다.

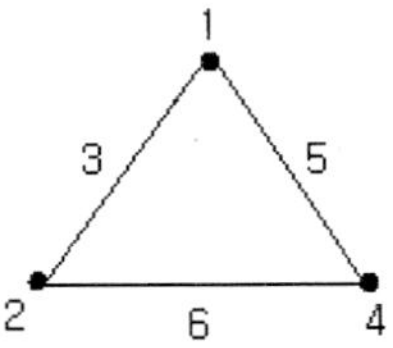

배치가 끝난 후 각 실험번호에서 1, 2, 4, 7열의 값을 이용하면 〈표 8.18〉에 있는 실험조건을 구할 수 있다.

• 단계 2 : 실험의 실시

8번의 실험을 랜덤한 순서로 실시하면 〈표 8.18〉에 있는 데이터를 얻는다.

표 8.18 $L_8(2^7)$ 직교배열표에 의한 실험

실험번호	열번호							실험조건	특성값
	1	2	3	4	5	6	7		
1	0	0	0	0	0	0	0	$A_0B_0C_0D_0$	72
2	0	0	0	1	1	1	1	$A_0B_0C_1D_1$	84
3	0	1	1	0	0	1	1	$A_0B_1C_0D_1$	73
4	0	1	1	1	1	0	0	$A_0B_1C_1D_0$	89
5	1	0	1	0	1	0	1	$A_1B_0C_0D_1$	78
6	1	0	1	1	0	1	0	$A_1B_0C_1D_0$	81
7	1	1	0	0	1	1	0	$A_1B_1C_0D_0$	91
8	1	1	0	1	0	0	1	$A_1B_1C_1D_1$	78
기본표시	a	b	ab	c	ac	bc	abc		
실험배치	A	B	$A\times B$	C	$A\times C$	e	D		

• 단계 3 : 데이터의 분석과 조치

(1) 각 열의 변동을 구하기 위하여 계산표를 작성한다.

표 8.19 계산표

열번호	1	2	3	4	5	6	7
배치	A	B	$A\times B$	C	$A\times C$	e	D
T_0	318	315	325	314	304	317	333
T_1	328	331	321	332	342	329	313
$S=\dfrac{(T_1-T_0)^2}{8}$	12.5	32	2	40.5	180.5	18	50

(2) 각 열의 변동을 이용하여 분산분석표를 작성한다.

표 8.20 분산분석표

요인	제곱합	자유도	평균제곱	F_0
A	12.5	1	12.5	0.69
B	32	1	32	1.78
$A\times B$	2	1	2	0.11
C	40.5	1	40.5	2.25
$A\times C$	180.5	1	180.5	10.03
D	50	1	50	2.78
오차 E	18	1	18	
T	335.5	7		

분산분석표에서 $A\times C$의 F_0가 10.03이므로 중요한 요인으로 판단되고, 요인 C, D의 F_0도 2보다 크므로 의미가 있는 것으로 보인다. 또한 상호작용 $A\times C$가 유의한 경우에는 관련된 주효과를 오차항에 병합하지 않는 것이 타당하므로 B와 $A\times B$를 오차항에 풀링하여 다시 분산분석표를 작성한다. 풀링한 후의 오차의 제곱합과 자유도는 다음과 같다.

$$SS_{E'} = SS_E + SS_B + SS_{A\times B} = 50 + 32 + 2 = 84$$
$$\phi_{E'} = \phi_E + \phi_B + \phi_{A\times B} = 1 + 1 + 1 = 3$$

표 8.21 풀링한 후의 분산분석표

요인	제곱합	자유도	평균제곱	F_0	유의확률
A	12.5	1	12.5	0.72	0.458
C	40.5	1	40.5	2.34	0.224
$A\times C$	180.5	1	180.5	10.40	0.048
D	50	1	50	2.88	0.188
오차 E'	52	3	17.33		
T	335.5				

결론적으로 상호작용 $A\times C$만이 유의수준 $\alpha = 0.05$에서 유의하며, 오차의 자유도가 3으로 적기 때문에 유의확률 0.188인 요인 D도 중요하다고 판단된다. 또한 상호작용 $A\times C$가 유의하므로 관련된 주효과도 모형에 포함하면 구조 모형이

$$y_{ijk} = \mu + a_i + c_j + (ac)_{ij} + d_k + \epsilon_{ijk} \tag{8.48}$$

이 된다.

핵심 요인효과의 선별은 〈표 8.19〉에서 계산된 요인효과의 절댓값인 $|\overline{y}_1 - \overline{y}_0|$의 반정규확률그림인 〈그림 8.12〉을 통해서 가능하다. 원점을 지나는 선형패턴에서 벗어난 오른쪽에 있는 효과로 상호작용효과 $A \times C$ 가 선별되고 D는 선별될 수도 있다. 모형의 위계질서로 상호작용효과와 관련된 주효과 A, C가 포함되고, D가 포함될 때에 $Adj-R^2$ 값이 더 크고 표준화잔차의 정규확률그림이 직선 모양이다. 선별된 요인효과로 구성된 모형에 대한 분산분석표는 〈표 8.21〉과 동일하다.

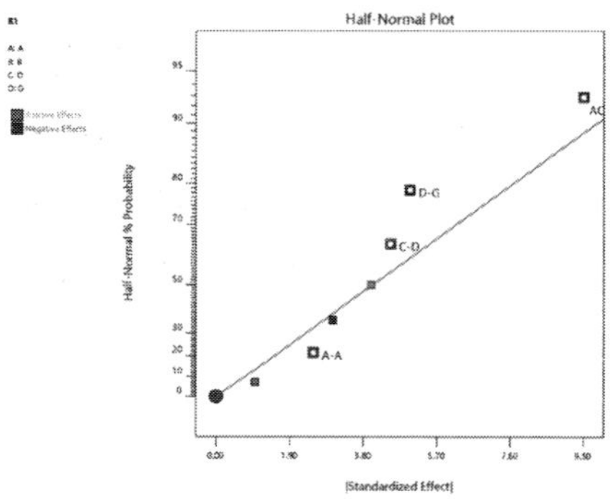

그림 8.12 요인효과들의 반정규확률그림

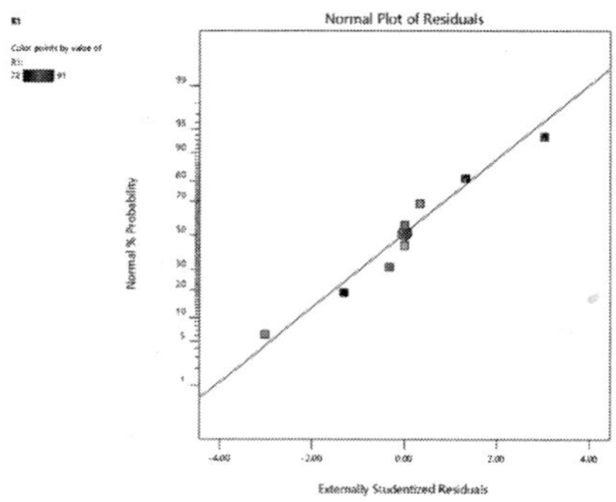

그림 8.13 표준화잔차의 정규확률그림

(3) 최적조건의 도출

구조모형을 보면 $A_iC_jD_k$ 에서의 모평균은

$$\begin{aligned}\mu(A_iC_jD_k) &= \mu + a_i + c_j + (ac)_{ij} + d_k \\ &= \underbrace{\mu + a_i + c_j + (ac)_{ij}}_{\text{(i)}} + \underbrace{\mu + d_k}_{\text{(ii)}} - \mu\end{aligned} \tag{8.49}$$

이 된다. 이때 (i) 식은 A, C 요인의 반복이 있는 이원배치법의 모형이고 (ii) 식은 D 요인의 일원배치법 모형으로 볼 수 있다. 따라서 (i)식의 추정치는 A_iC_j 칸에서의 실험 데이터의 평균이고, (ii)식의 추정치는 D_k 칸에서의 실험 데이터의 평균이므로 $A_iC_jD_k$ 에서의 모평균의 추정치는

$$\hat{\mu}(A_iC_jD_k) = \overline{y}_{ij.} + \overline{y}_{..k} - \overline{y} \tag{8.50}$$

이다. 〈표 8.18〉의 A, C가 배치된 1, 4열에서의 특성값들을 정리하여 AC 이원표를 작성하면 〈표 8.22〉가 된다.

표 8.22 AC 이원표

	C_0	C_1
A_0	72+ 73= 145	84+ 89= 173**
A_1	78+ 91= 169	81+ 78= 159

수준조합 A_0C_1 에서

$$\bar{y}_{01.} = \frac{173}{2} = 86.5$$

이 되며, 〈표 8.19〉 계산표에서 D가 배치된 7열로부터

$$T_0 = 333^{**}, T_1 = 313$$

이므로 D_0에서

$$\bar{y}_{..0} = \frac{333}{4} = 83.25$$

를 얻는다. 또한 총평균은

$$\bar{y} = \frac{318+328}{8} = 80.75$$

이다. 따라서 최적조건은 $A_0C_1D_0$이며, 최적조건에서의 추정값은

$$\begin{aligned}\hat{\mu}(A_0C_1D_0) &= 86.5 + 83.25 - 80.75 \\ &= 89\end{aligned}$$

이 된다. 경제성을 고려하여 B를 B_0로 고정하고 최적조건 $A_0B_0C_1D_0$에서 확인실험을 실시한 결과 재현성이 있으며 접착강도가 기존보다 향상되었음을 알 수 있었다.

8.4.3 $L_{16}(2^{15})$ 직교배열표를 이용한 실험설계

실험의 횟수가 16이고 열의 수가 15인 $L_{16}(2^{15})$ 직교배열표의 개요는 $L_8(2^7)$ 직교배열표와 유사하며, 실험의 크기가 2^4 요인배치법과 같기 때문에 기본표시 행에 4 요인 상호작용 $abcd$ 까지를 포함한다. 〈표 8.23〉에 주어진 $L_{16}(2^{15})$ 직교배열표를 이용한 실험설계와 분석 방법은 $L_8(2^7)$ 직교배열표의 경우와 똑같으며, 다만 선점도를 이용하여 요인효과를 배치할 경우 $L_{16}(2^{15})$형 선점도를 이용해야 하는 점이 다르다. 〈그림 8.14〉에는 $L_{16}(2^{15})$형 선점도가 주어져 있다.

표 8.23 $L_{16}(2^{15})$ 직교배열표

실험번호	열번호															실험조건
	1	2	3	4	5	6	7	8	9	10	11	12	13	14	15	
1	0	0	0	0	0	0	0	0	0	0	0	0	0	0	0	
2	0	0	0	0	0	0	0	1	1	1	1	1	1	1	1	
3	0	0	0	1	1	1	1	0	0	0	0	1	1	1	1	
4	0	0	0	1	1	1	1	1	1	1	1	0	0	0	0	
5	0	1	1	0	0	1	1	0	0	1	1	0	0	1	1	
6	0	1	1	0	0	1	1	1	1	0	0	1	1	0	0	
7	0	1	1	1	1	0	0	0	0	1	1	1	1	0	0	
8	0	1	1	1	1	0	0	1	1	0	0	0	0	1	1	
9	1	0	1	0	1	0	1	0	1	0	1	0	1	0	1	
10	1	0	1	0	1	0	1	1	0	1	0	1	0	1	0	
11	1	0	1	1	0	1	0	0	1	0	1	1	0	1	0	
12	1	0	1	1	0	1	0	1	0	1	0	0	1	0	1	
13	1	1	0	0	1	1	0	0	1	1	0	0	1	1	0	
14	1	1	0	0	1	1	0	1	0	0	1	1	0	0	1	
15	1	1	0	1	0	0	1	0	1	1	0	1	0	0	1	
16	1	1	0	1	0	0	1	1	0	0	1	0	1	1	0	
기본표시	a	b	ab	c	ac	bc	abc	d	ad	bd	abd	cd	acd	bcd	$abcd$	
실험배치																

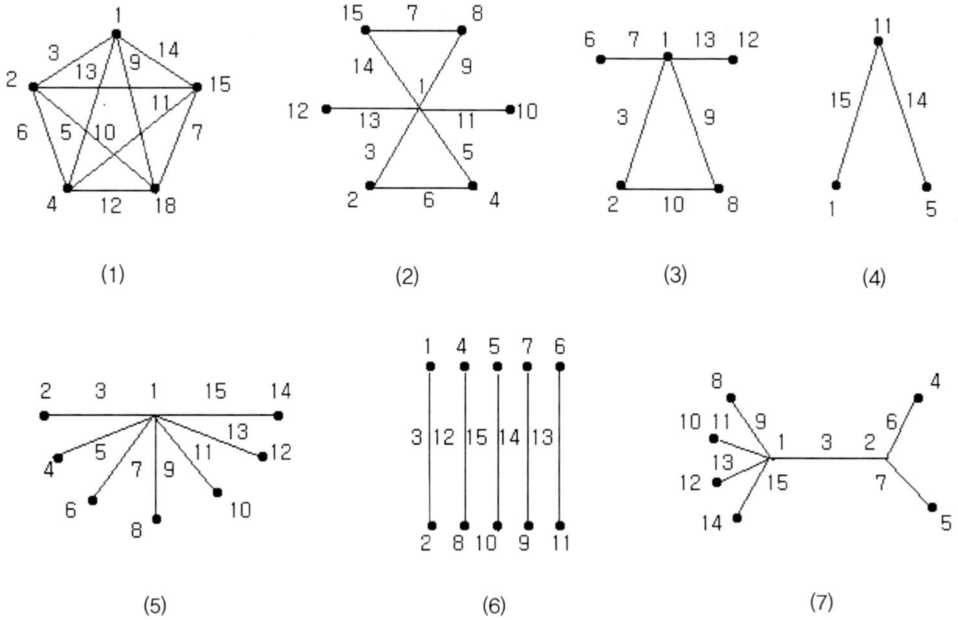

그림 8.14 $L_{16}(2^{15})$형 선점도

$L_{16}(2^{15})$ 직교배열표에 요인효과들의 배치가 끝나면 열의 값을 이용하여 실험번호마다 실험조건을 구하고 랜덤한 순서로 실험을 실시한다. 데이터가 얻어지면 각 열의 변동은 식 (8.51)에 주어진 바와 같이 각 열에서 1그룹의 특성값 8개, 0그룹의 특성값 8개씩을 모아서 각 그룹에 속하는 8개 특성값의 합인 T_1, T_0 을 각각 구한 후 $(T_1 - T_0)^2$을 총 실험횟수 16으로 나누어 구한다. 즉,

$$S = \frac{(T_1 - T_0)^2}{16} \tag{8.51}$$

이다.

예제 8.7

$L_{16}(2^{15})$을 이용한 실험계획 사례

단계 1 : 실험의 설계

공정 전개의 연구(process development study)에서 전환율(conversion rate)

에 영향을 주리라 기대되는 요인이 A, B, C, D, F, G, H 이고 상호작용효과 $A\times B,\ A\times C,\ G\times H$ 의 유의성에 관심이 있다. 이 경우 7개의 주효과와 3개의 상호작용에 관심이 있기 때문에 필요한 요인효과의 자유도는 10이다. 따라서 $L_{16}(2^{15})$ 직교배열표를 이용하면 실험이 가능하리라 판단된다. 선점도를 이용하여 직교배열표의 열에 배치해 보기로 하자. 고려해야 할 상호작용이 $A\times B$, $A\times C$, $G\times H$ 이므로 만족되어야 할 선점도의 모양은 다음과 같다.

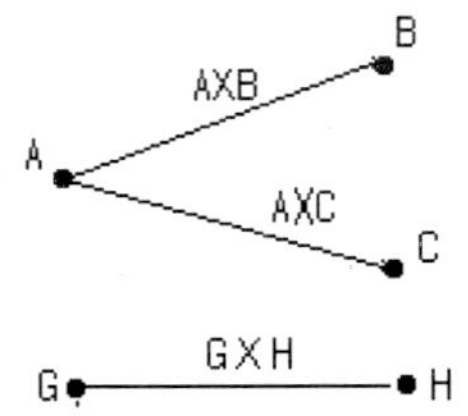

따라서 〈그림 8.12〉의 $L_{16}(2^{15})$형 선점도 중에서 이를 포함하고 있는 선점도를 찾으면 (1), (2), (3), (6)이고, 해당되는 그림의 각 점에 요인을 배치하면 다음과 같이 된다.

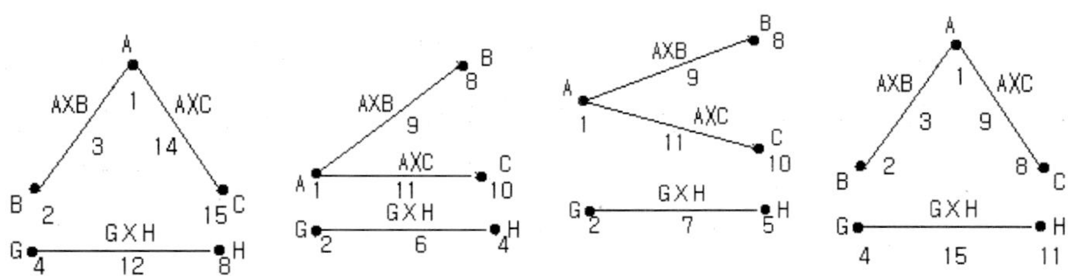

위의 그림에 따라서 직교배열표의 각 열에 요인과 상호작용을 배치하면 다음과 같이 정리된다.

열 번호	1	2	3	4	5	6	7	8	9	10	11	12	13	14	15
배치1	A	B	$A\times B$	G	D	F	e	H	e	e	e	$G\times H$	e	$A\times C$	C
배치2	A	G	e	H	e	$G\times H$	e	B	$A\times B$	C	$A\times C$	D	e	e	F
배치3	A	B	$A\times B$	G	e	D	e	C	$A\times C$	e	H	F	e	e	$G\times H$
배치4	A	G	e	D	H	e	$G\times H$	B	$A\times B$	C	$A\times C$	F	e	e	e

이와 같이 다양한 배치가 가능하지만 이 예에서는 배치4를 이용하기로 하자. 직

표 8.24 $L_{16}(2^{15})$ 직교배열표

실험번호	1	2	3	4	5	6	7	8	9	10	11	12	13	14	15	실험조건	특성값
	열번호																
1	0	0	0	0	0	0	0	0	0	0	0	0	0	0	0	$A_0B_0C_0D_0F_0G_0H_0$	71
2	0	0	0	0	0	0	0	1	1	1	1	1	1	1	1	$A_0B_1C_1D_0F_1G_0H_0$	61
3	0	0	0	1	1	1	1	0	0	0	0	1	1	1	1	$A_0B_0C_0D_1F_1G_0H_1$	90
4	0	0	0	1	1	1	1	1	1	1	1	0	0	0	0	$A_0B_1C_1D_1F_0G_0H_1$	82
5	0	1	1	0	0	1	1	0	0	1	1	0	0	1	1	$A_0B_0C_1D_0F_0G_1H_0$	68
6	0	1	1	0	0	1	1	1	1	0	0	1	1	0	0	$A_0B_1C_0D_0F_1G_1H_0$	61
7	0	1	1	1	1	0	0	0	0	1	1	1	1	0	0	$A_0B_0C_1D_1F_1G_1H_1$	87
8	0	1	1	1	1	0	0	1	1	0	0	0	0	1	1	$A_0B_1C_0D_1F_0G_1H_1$	80
9	1	0	1	0	1	0	1	0	1	0	1	0	1	0	1	$A_1B_0C_0D_0F_0G_0H_1$	61
10	1	0	1	0	1	0	1	1	0	1	0	1	0	1	0	$A_1B_1C_1D_0F_1G_0H_1$	50
11	1	0	1	1	0	1	0	0	1	0	1	1	0	1	0	$A_1B_0C_0D_1F_1G_0H_0$	89
12	1	0	1	1	0	1	0	1	0	1	0	0	1	0	1	$A_1B_1C_1D_1F_0G_0H_0$	83
13	1	1	0	0	1	1	0	0	1	1	0	0	1	1	0	$A_1B_0C_1D_0F_0G_1H_1$	59
14	1	1	0	0	1	1	0	1	0	0	1	1	0	0	1	$A_1B_1C_0D_0F_1G_1H_1$	51
15	1	1	0	1	0	0	1	0	1	1	0	1	0	0	1	$A_1B_0C_1D_1F_1G_1H_0$	85
16	1	1	0	1	0	0	1	1	0	0	1	0	1	1	0	$A_1B_1C_0D_1F_0G_1H_0$	78
기본표시	a	b	a b	c	a c	b c	a b c	d	a d	b d	a b d	c d	a c d	b c d	a b c d		
배치	A	G	e	D	H	e	$G \times H$	B	$A \times B$	C	$A \times C$	F	e	e	e		

교배열표의 1, 2, 4, 5, 8, 10, 12열의 값을 이용하면 〈표 8.24〉에 있는 실험조건을 구할 수 있다.

단계 2 : 실험의 실시

랜덤한 순서로 16번의 실험을 실시한 결과 〈표 8.24〉에 있는 데이터를 얻었다.

단계 3 : 데이터의 분석과 조치

(1) 계산표의 작성

예를 들어 1열의 경우에 T_0 는 0에 해당되는 실험번호 1에서 8까지의 특성값의 합이고, T_1 은 1에 해당되는 9에서 16번까지의 특성값의 합이다.

$$T_0 = 71 + 61 + \ldots + 80 = 600$$

$$T_1 = 61 + 50 + \ldots + 78 = 556$$

표 8.25 계산표

실험번호	열번호														
	1	2	3	4	5	6	7	8	9	10	11	12	13	14	15
배치	A	G	e	D	H	e	$G\times H$	B	$A\times B$	C	$A\times C$	F	e	e	e
T_0	600	587	577	482	596	573	581	610	578	581	579	582	576	581	577
T_1	556	569	579	674	560	583	575	546	578	575	577	574	580	575	579
$S=\dfrac{(T_1-T_0)^2}{16}$	121	20.25	0.25	2304	81	6.25	2.25	256	0	2.25	0.25	4	1	2.25	0.25

$$S_1 = (T_1 - T_0)^2/16 = (556-600)^2/16 = 121 \tag{8.52}$$

(2) 분산분석표의 작성

〈표 8.24〉에서 오차가 3, 6, 13, 14, 15열에 배치되었으므로 오차변동과 자유도는 5개 열의 변동과 자유도의 합인

$$\begin{aligned} SS_E &= S_3 + S_6 + S_{13} + S_{14} + S_{15} \\ &= 0.25 + 6.25 + 1 + 2.25 + 0.25 \\ &= 10 \\ \phi_E &= 1+1+1+1+1 = 5 \end{aligned}$$

이다. 분산분석표 〈표 8.26〉에서 F_0가 1.125 이하인 $C, A\times B, A\times C, G\times H$를 오차항에 풀링하면

$$\begin{aligned} SS_{E'} &= SS_E + SS_C + SS_{A\times B} + SS_{A\times C} + SS_{G\times H} \\ &= 10 + 2.25 + 0 + 0.25 + 2.25 \\ &= 14.75 \end{aligned} \tag{8.53}$$

$$\phi_{E'} = 5+1+1+1+1 = 9 \tag{8.54}$$

이 되고, 풀링한 후의 분산분석표는 〈표 8.27〉에 주어져 있다.

결국 요인 A, B, D, G, H가 $\alpha = 0.01$에서 유의하며, 구조모형은

$$y_{ijklm} = \mu + a_i + b_j + d_k + g_l + h_m + \epsilon_{ijklm} \tag{8.55}$$

으로 주어진다.

표 8.26 분산분석표

요인	제곱합	자유도	평균제곱	F_0
A	121	1	121	60.5
B	256	1	256	128
C	2.25	1	2.25	1.125
D	2304	1	2304	1152
F	4	1	4	2
G	20.25	1	20.25	10.125
H	81	1	81	40.5
$A\times B$	0	1	0	0
$A\times C$	0.25	1	0.25	0.125
$G\times H$	2.25	1	2.25	1.125
오차 E	10	5	2	
T	2801	15		

표 8.27 풀링한 후의 분산분석표

요인	제곱합	자유도	평균제곱	F_0	유의확률
A	121	1	121	73.83	0.00
B	256	1	256	156.20	0.00
D	2304	1	2304	1405.83	0.00
F	4	1	4	2.44	0.15
G	20.25	1	20.25	12.36	0.00
H	81	1	81	49.42	0.00
오차 E	14.75	9	1.64		
T	2801	15			

(3) 최적조건의 도출

유의한 요인의 수준조합에서의 모평균과 추정량은 다음과 같다.

$$\begin{aligned}\mu(A_iB_jD_kG_lH_m) &= \mu+a_i+b_j+d_k+g_l+h_m \\ &= (\mu+a_i)+(\mu+b_j)+(\mu+d_k)+(\mu+g_l) \\ &\quad +(\mu+h_m)-4\mu \end{aligned} \tag{8.56}$$

$$\hat{\mu}(A_iB_jD_kG_lH_m) = \overline{y}_{i....}+\overline{y}_{.j...}+\overline{y}_{..k..}+\overline{y}_{...l.}+\overline{y}_{....m}-4\overline{y} \tag{8.57}$$

〈표 8.25〉계산표의 1, 2, 4, 5, 8열에서 전환율이 큰 그룹은 A_0, G_0, D_1, H_1,

B_0이다. 따라서 최적조건은 $A_0B_0D_1G_0H_1$이며, 최적조건에서의 전환율은

$$\hat{\mu}(A_0B_0D_1G_0H_1) = \frac{600}{8} + \frac{610}{8} + \frac{674}{8} + \frac{587}{8} + \frac{596}{8} - 4 \times \frac{1156}{16}$$
$$= 94.375 \qquad (8.58)$$

으로 추정된다. 경제성과 기술적 수월성을 고려하여 유의하지 않은 요인 C, F를 C_0F_0로 고정해서, 최적조건 $A_0B_0C_0D_1F_0G_0H_1$에서 확인실험을 한 결과 재현성이 있었다.

직교배열표는 교락법의 배치에도 유용하게 사용될 수 있다. 예를 들어 12개의 주효과에 관심이 있는 경우 $L_{16}(2^{15})$ 직교배열표를 이용하여 실험을 설계하고자 한다. 실험 여건상 16회의 실험을 하루에 모두 할 수 없어 2일 간에 걸쳐서 하루에 8회씩 나누어 실시하기로 하였다. 이러한 경우 실험에서 취급한 요인 이외의 실험조건이 달라지므로 실험오차가 커질 수 있다. 따라서 교락법을 실시하기 위하여 실험일을 블록으로 취하면 블록은 2수준을 갖는 랜덤요인 R이 되며, 직교배열표의 한 개의 열에 배치하면 된다. 그런데 직교배열표의 1열만이 열의 수준이 0에서 1로 한번만 바뀐다. 다시 말해서 실험번호 1에서 8까지 0이고, 실험번호 9에서 16까지가 1이기 때문에 1열에 블록요인 R을 배치하면 랜덤화할 때 편리하다. 그리고 직교배열표의 나머지 14개 열에 12개의 요인을 랜덤하게 배치한 후 1열의 값이 0인 실험번호 1에서 8에 해당되는 실험조건을 동일한 날에 실험을 실시하고, 1열의 값이 1인 실험번호 9에서 16번까지의 실험조건을 그 다음 날에 실시하면 된다. 물론 주어진 블록 내에서는 랜덤한 순서로 실험을 실시해야 한다. 〈표 8.28〉에 요인들의 배치결과와 실험실시의 순서가 주어져 있다. 데이터가 얻어지면 식 (8.52)인 $(T_1 - T_0)^2/16$을 이용하여 각 열의 변동을 구한다. 이때 1열의 변동이 블록에 의한 변동이 된다.

표 8.28 $L_{16}(2^{15})$를 이용한 블록 크기가 2인 교락법 배치

실험번호		열번호															실험실시 순서
		1	2	3	4	5	6	7	8	9	10	11	12	13	14	15	
블록 I	1	0	0	0	0	0	0	0	0	0	0	0	0	0	0	0	4
	2	0	0	0	0	0	0	0	1	1	1	1	1	1	1	1	8
	3	0	0	0	1	1	1	1	0	0	0	0	1	1	1	1	7
	4	0	0	0	1	1	1	1	1	1	1	1	0	0	0	0	2
	5	0	1	1	0	0	1	1	0	0	1	1	0	0	1	1	1
	6	0	1	1	0	0	1	1	1	1	0	0	1	1	0	0	5
	7	0	1	1	1	1	0	0	0	0	1	1	1	1	0	0	3
	8	0	1	1	1	1	0	0	1	1	0	0	0	0	1	1	6
블록 Ⅱ	9	1	0	1	0	1	0	1	0	1	0	1	0	1	0	1	16
	10	1	0	1	0	1	0	1	1	0	1	0	1	0	1	0	9
	11	1	0	1	1	0	1	0	0	1	0	1	1	0	1	0	11
	12	1	0	1	1	0	1	0	1	0	1	0	0	1	0	1	13
	13	1	1	0	0	1	1	0	0	1	1	0	0	1	1	0	10
	14	1	1	0	0	1	1	0	1	0	0	1	1	0	0	1	12
	15	1	1	0	1	0	0	1	0	1	1	0	1	0	0	1	14
	16	1	1	0	1	0	0	1	1	0	0	1	0	1	1	0	15
기본표시		a	b	ab	c	ac	bc	abc	d	ad	bd	abd	cd	acd	bcd	$abcd$	
배치		R	A	B	C	D	F	G	H	I	J	K	L	M	e	e	

8.4.4 2수준과 4수준 요인의 실험

지금까지 각 요인의 수준이 모두 2인 경우를 다루었다. 하지만 요인의 수준이 서로 다를 수 있다. 예를 들어 제품의 품질 특성값에 4개의 제조회사에 따른 원자재가 유의한 영향을 미치는가를 알아보고자 하는 경우 제조회사는 계수요인으로 4수준을 갖게 된다. 이때 공정조건과 관련된 나머지 요인들이 모두 2수준이라면 2수준과 4수준 요인의 실험이 된다. 또한 예를 들어 반응온도와 같은 계량요인이 특성값에 영향을 준다는 사실이 알려져 있고, 반응온도의 곡선효과를 조사하고자 반응온도의 관심영역

에서 4수준을 선택했다면 4수준 실험이 된다. 이와 같이 2수준과 4수준 요인이 섞여 있는 경우의 실험에 대하여 알아보자.

4수준 요인은 2수준 직교배열표를 응용하여 실험할 수 있다. 4수준 요인의 자유도가 3인 반면에 2수준 직교배열표의 각 열의 자유도는 1이므로 4수준 요인이 배치되기 위해서는 2수준 직교배열표의 3개의 열이 필요하다. 다시 말해서 우선 2개의 열을 선택하고, 나머지 한 열은 선택된 2개 열의 상호작용에 해당되는 열을 선택하여 4수준 요인을 배치하면 된다. 즉 선택된 3개의 열 중에서 2개의 열을 골라 다음 표와 같이 열의 값의 조합에 따라 4수준 요인의 수준을 결정한다.

2수준 열	2수준 열	4수준 요인의 수준
0	0	0
0	1	1
1	0	2
1	1	3

예를 들어 〈표 8.11〉의 $L_8(2^7)$ 직교배열표에서 기본표시가 a, b, ab 인 1, 2, 3열을 합쳐서 4수준의 1개 열을 만들면 〈표 8.29〉과 같이 되며, 이 표를 $L_8(4\times 2^4)$형 응용직교배열표라 한다. 열 번호의 1에서 7까지의 숫자는 $L_8(2^7)$ 직교배열표의 열번호를 나타내며, 괄호 안에 있는 5개 열은 $L_8(4\times 2^4)$형 응용직교배열표의 열들이다. (1)열에는 4수준 요인을 배치해야 하며, (1)열은 $L_8(2^7)$ 직교배열표의 1, 2, 3열이

표 8.29 $L_8(4\times 2^4)$ 응용직교배열표

실험번호	열번호							
	1	2	3	(1)	4(2)	5(3)	6(4)	7(5)
1	0	0	0	0	0	0	0	0
2	0	0	0	0	1	1	1	1
3	0	1	1	1	0	0	1	1
4	0	1	1	1	1	1	0	0
5	1	0	1	2	0	1	0	1
6	1	0	1	2	1	0	1	0
7	1	1	0	3	0	1	1	0
8	1	1	0	3	1	0	0	1
기본표시	a	b	ab		c	ac	bc	abc
배치								

합쳐져서 만들어진 열이다. 또한 (2)에서 (5)까지의 4개 열에는 2수준 요인을 배치할 수 있다.

4수준 요인의 변동을 계산하는 방법은 $L_8(2^7)$의 계산표를 이용하여, 1, 2, 3열에 해당되는 변동을 합하여 구하고, 나머지 요인들의 변동도 배치된 열의 변동을 계산하여 구하면 된다. 4수준 요인의 변동은 〈표 8.29〉의 $L_8(4\times 2^4)$ 응용직교배열표에서 (1) 열의 0, 1, 2, 3 그룹간의 변동을 구하여도 같은 값을 얻는다.

예제 8.8

$L_8(4\times 2^4)$을 이용한 실험

단계 1 : 실험의 설계

화학공정에서 수율 y 에 영향을 주리라 기대되는 요인이 A, B, C, D 이다. 요인 A는 촉매의 종류로 4수준이고 B, C, D 는 모두 2수준 요인이다. 필요한 자유도가 6이므로 $L_8(4\times 2^4)$에 4개의 요인을 배치하고, 8개의 실험조건을 구한 결과 〈표 8.30〉과 같다.

단계 2 : 실험의 실시

8번의 실험을 랜덤하게 실시한 결과 〈표 8.30〉과 같은 데이터를 얻었다.

표 8.30 $L_8(4\times 2^4)$ 실험 데이터

실험번호	열번호								실험조건	특성값
	1	2	3	(1)	4(2)	5(3)	6(4)	7(5)		
1	0	0	0	0	0	0	0	0	$A_0B_0C_0D_0$	60
2	0	0	0	0	1	1	1	1	$A_0B_1C_1D_1$	54
3	0	1	1	1	0	0	1	1	$A_1B_0C_1D_1$	52
4	0	1	1	1	1	1	0	0	$A_1B_1C_0D_0$	45
5	1	0	1	2	0	1	0	1	$A_2B_0C_0D_1$	72
6	1	0	1	2	1	0	1	0	$A_2B_1C_1D_0$	68
7	1	1	0	3	0	1	1	0	$A_3B_0C_1D_0$	83
8	1	1	0	3	1	0	0	1	$A_3B_1C_0D_1$	80
기본표시	a	b	ab		c	ac	bc	abc		
실험배치	A	A	A		B	e	C	D		

단계 3 : 데이터의 분석과 조치

(1) 계산표의 작성

표 8.31 계산표

열번호	1	2	3	4	5	6	7
배치	A	A	A	B	e	C	D
T_0	211	254	277	267	260	257	256
T_1	303	260	237	247	254	257	258
$S=\dfrac{(T_1-T_0)^2}{8}$	1058	4.5	200	50	4.5	0	0.5

(2) 분산분석표의 작성

4수준 요인 A의 변동은 〈표 8.31〉 계산표의 1, 2, 3열의 변동의 합인

$$SS_A = S_1 + S_2 + S_3 = 1058 + 4.5 + 200 = 1262.5 \tag{8.59}$$

이다. 〈표 8.30〉의 실험 데이터에서 A의 변동을 직접 구하면

$$SS_A = \frac{(60+54)^2+(52+45)^2+(72+68)^2+(83+80)^2}{2} - \frac{514^2}{8} = 1262.5$$

이 되고, 식 (8.59)에서 계산된 1, 2, 3열의 변동의 합과 같음을 확인할 수 있다.

SS_C와 SS_D가 0과 0.5로 5열에 있는 오차변동 4.5보다 작으므로 오차항에 풀링할 수 있다. 풀링한 후의 오차변동과 자유도는

$$\begin{aligned} SS_{E'} &= SS_E + SS_C + SS_D \\ &= 4.5 + 0 + 0.5 = 5.0 \\ \phi_{E'} &= 1+1+1 = 3 \end{aligned} \tag{8.60}$$

이다.

표 8.32 풀링한 후의 분산분석표

요인	제곱합	자유도	평균제곱	F_0	$F_{.05}$
A	1262.5	3	420.83	252.5**	9.28
B	50.0	1	50.00	30*	10.10
오차 E	5.0	3	1.67		
T	1317.5	7			

분산분석을 한 결과 요인 A, B 가 특성값에 유의한 영향을 준다.

(3) 최적조건의 도출

실험조건 A_iB_j에서의 모평균과 모평균의 추정치는

$$\mu(A_iB_j) = \mu + a_i + b_j \tag{8.61}$$

$$\hat{\mu}(A_iB_j) = \overline{y}_{i.} + \overline{y}_{.j} - \overline{y} \tag{8.62}$$

이다. 〈표 8.30〉의 실험 데이터와 〈표 8.31〉의 계산표를 보면 최적조건은 A_3B_0이고, A_3B_0에서의 모평균의 추정치는

$$\begin{aligned}\hat{\mu}(A_3B_0) &= \overline{y}_{3.} + \overline{y}_{.0} - \overline{y} \\ &= 81.5 + 66.75 - 64.25 \\ &= 84\end{aligned} \tag{8.63}$$

이다. 유의하지 않은 요인 C와 D는 경제성과 작업의 수월성을 고려하여 현행대로 유지하기로 하였고, 유의한 요인 A, B의 수준조합 A_3B_0에서 확인실험을 실시한 결과 재현성이 있었다.

실험을 동일한 환경에서 실시하기 어려워 실험전체를 4개의 블록으로 나누어 배치시킴으로써 실험오차가 작아지도록 하는 교락법을 쓰고자 할 때도 응용직교배열표를 활용할 수 있다. 예를 들어 전체 실험의 횟수가 16회인 경우 동일한 조건에서는 오직 4회의 실험만이 가능하다고 하자. 이러한 경우에는 총 16회의 실험을 4개의 블록으로 나누어서 실험을 실시해야 하며, 블록을 4수준인 하나의 랜덤요인으로 보고 〈표 8.33〉에서와 같이 3개의 열에 배치하여야 한다. 이때 2개의 열은 임의으로 선택될 수 있지만 3번째 열은 선택된 2개 열의 상호작용에 해당되는 열이어야 하며, 흔히 편의상 〈표 8.33〉에서와 같이 1, 2, 3열을 선택한다. 이 경우에 실험번호 1에서 4가 블록 1, 실험번호 5에서 8이 블록 2, 실험번호 9에서 12가 블록 3, 실험번호 13에서 16이 블록 4에 할당된다. 주어진 블록내의 4개의 실험조건들의 실험 순서는 랜덤하게 결정되어야 한다. 이와 같이 직교배열표를 활용하면 교락법도 쉽게 배치할 수 있다.

표 8.33 $L_{16}(2^{15})$ 직교배열표를 이용한 블록 크기가 4인 교락법 배치

실험번호		열번호															실험실시 순서
		1	2	3	4	5	6	7	8	9	10	11	12	13	14	15	
블록 I	1	0	0	0	0	0	0	0	0	0	0	0	0	0	0	0	2
	2	0	0	0	0	0	0	0	1	1	1	1	1	1	1	1	1
	3	0	0	0	1	1	1	1	0	0	0	0	1	1	1	1	4
	4	0	0	0	1	1	1	1	1	1	1	1	0	0	0	0	3
블록 II	5	0	1	1	0	0	1	1	0	0	1	1	0	0	1	1	7
	6	0	1	1	0	0	1	1	1	1	0	0	1	1	0	0	5
	7	0	1	1	1	1	0	0	0	0	1	1	1	1	0	0	6
	8	0	1	1	1	1	0	0	1	1	0	0	0	0	1	1	8
블록 III	9	1	0	1	0	1	0	1	0	1	0	1	0	1	0	1	10
	10	1	0	1	0	1	0	1	1	0	1	0	1	0	1	0	9
	11	1	0	1	1	0	1	0	0	1	0	1	1	0	1	0	11
	12	1	0	1	1	0	1	0	1	0	1	0	0	1	0	1	12
블록 IV	13	1	1	0	0	1	1	0	0	1	1	0	0	1	1	0	14
	14	1	1	0	0	1	1	0	1	0	0	1	1	0	0	1	16
	15	1	1	0	1	0	0	1	0	1	1	0	1	0	0	1	15
	16	1	1	0	1	0	0	1	1	0	0	1	0	1	1	0	13
기본표시		a	b	ab	c	ac	bc	abc	d	ad	bd	abd	cd	acd	bcd	$abcd$	
배치		R	R	R													

8.4.5 $L_{12}(2^{11})$ 직교배열표를 이용한 실험설계

연구 초기단계의 실험목적은 주로 특성값에 영향을 주리라 기대되는 많은 잠재요인들 중에서 핵심요인을 최소의 실험을 통하여 선별하는 것이다. 초기 단계에서는 어느 요인이 핵심 요인인지를 알지 못하기 때문에 상호작용효과에 대한 정보를 가지고 있지 않은 경우가 흔하다. 이와 같이 실험자가 주효과의 유의성에만 관심이 있고, 실험에서 고려해야 할 요인의 수가 8에서 11인 경우에는 $L_{12}(2^{11})$ 직교배열표를 이용하여 실험을 설계할 수 있다. 물론 $L_{16}(2^{15})$ 직교배열표를 이용하여 실험을 설계할 수도 있지만 실험을 실시하는 데 비용이 많이 들거나 시간이 오래 걸려서 실험을 16회 실시하는 것이 어려운 경우에는 $L_{12}(2^{11})$ 직교배열표를 이용하여 12회의 실험으로 중요한 요인을 선별하는 것이 더 바람직할 수도 있다. 이와 같이 주효과만의 선별을

표 8.34 $L_{12}(2^{11})$ 직교배열표

실험번호	열번호											실험조건
	1	2	3	4	5	6	7	8	9	10	11	
1	0	0	0	0	0	0	0	0	0	0	0	
2	0	0	0	0	0	1	1	1	1	1	1	
3	0	0	1	1	1	0	0	0	1	1	1	
4	0	1	0	1	1	0	1	1	0	0	1	
5	0	1	1	0	1	1	0	1	0	1	0	
6	0	1	1	1	0	1	1	0	1	0	0	
7	1	0	1	1	0	0	1	1	0	1	0	
8	1	0	1	0	1	1	1	0	0	0	1	
9	1	0	0	1	1	1	0	1	1	0	0	
10	1	1	1	0	0	0	0	1	1	0	1	
11	1	1	0	1	0	1	0	0	0	1	1	
12	1	1	0	0	1	0	1	0	1	1	0	
배치												

위한 경제적인 일부실시법을 Plackett-Burman 실험설계라고도 한다. 실험의 횟수가 12회이고, 열의 수가 11인 $L_{12}(2^{11})$ 직교배열표가 〈표 8.34〉에 주어져 있다.

예제 8.8

$L_{12}(2^{11})$ 직교배열표를 이용한 실험계획 사례

단계 1 : 실험의 설계

어떤 제품의 마모에 영향을 주리라 기대되는 11개의 2수준 요인 $A-D, F-L$의 주효과에 관심이 있다. 요인의 자유도가 11이므로 최소한 12번의 실험이 필요하며, $L_{12}(2^{11})$ 직교배열표를 활용하기로 하였다. 직교배열표의 1열에서 11열까지 11개의 요인을 모두 배치하고, 실험조건을 구하였다.

단계 2 : 실험의 실시

12회의 실험을 랜덤하게 실시하여 얻은 데이터가 〈표 8.35〉에 주어져 있다.

표 8.35 $L_{12}(2^{11})$ 직교배열표를 이용한 실험설계

실험번호	열번호											특성값
	1	2	3	4	5	6	7	8	9	10	11	
1	0	0	0	0	0	0	0	0	0	0	0	27
2	0	0	0	0	0	1	1	1	1	1	1	24
3	0	0	1	1	1	0	0	0	1	1	1	34
4	0	1	0	1	1	0	1	1	0	0	1	29
5	0	1	1	0	1	1	0	1	0	1	0	29
6	0	1	1	1	0	1	1	0	1	0	0	36
7	1	0	1	1	0	0	1	1	0	1	0	22
8	1	0	1	0	1	1	1	0	0	0	1	28
9	1	0	0	1	1	1	0	1	1	0	0	29
10	1	1	1	0	0	0	0	1	1	0	1	34
11	1	1	0	1	0	1	0	0	0	1	1	16
12	1	1	0	0	1	0	1	0	1	1	0	24
배치	A	B	C	D	F	G	H	I	J	K	L	

단계 3 : 데이터의 분석과 조치

(1) 계산표 작성

표 8.36 계산표

열번호	1	2	3	4	5	6	7	8	9	10	11
배치	A	B	C	D	F	G	H	I	J	K	L
T_0	179	164	149	166	159	170	169	165	151	183	167
T_1	153	168	183	166	173	162	163	167	181	149	165
$S=\frac{(T_1-T_0)^2}{12}$	56.33	1.33	96.33	0	16.33	5.33	3	0.33	75	96.33	0.33

각 열의 T_0, T_1 은 각각 6개씩의 0그룹과 1그룹의 특성값들의 합이다. 예를 들어 1열의 경우에 T_0 는 0에 해당되는 실험번호 1에서 6번까지의 특성값의 합이고, T_1 은 1에 해당되는 실험번호 7에서 12번까지의 특성값의 합인

$$T_0 = 27+24+34+29+29+36 = 179 \tag{8.64}$$

$$T_1 = 22+28+29+34+16+24 = 153 \tag{8.65}$$

이다. 1열의 변동은 $(T_1 - T_0)^2$을 총 실험횟수 12로 나눈

$$S_1 = \frac{(153-179)^2}{12} = 56.33 \tag{8.66}$$

이다.

(2) 분산분석표의 작성

실험을 1회 실시하는 데 비용이 많이 들어서 12회의 실험으로 11개의 요인을 배치했으므로 오차에 해당되는 열이 없다. 따라서 오차변동을 구할 수 없으므로 계산표의 마지막 행에 주어진 각 열의 변동을 비교하여 요인들의 상대적인 중요성을 평가하기로 한다. 각 열의 변동이 6 미만인 2, 4, 6, 7, 8, 11열을 오차항에 풀링하면 〈표 8.37〉의 분산분석표를 얻는다.

$$\begin{aligned} SS_E &= SS_B + SS_D + SS_G + SS_H + SS_I + SS_L \\ &= 1.33 + 0 + 5.33 + 3 + 0.33 + 0.33 = 10.33 \end{aligned} \tag{8.67}$$

$$\phi_E = 1+1+1+1+1+1 = 6 \tag{8.68}$$

(3) 최적조건의 도출

〈표 8.36〉에 주어진 계산표를 보면 A_1, C_0, F_0, J_0, K_1에서 특성값의 평균이 작으므로 최적조건은 $A_1 C_0 F_0 J_0 K_1$으로 볼 수 있으며, 이 수준조합에서의 예측값은

$$\begin{aligned} \hat{\mu}(A_1 C_0 F_0 J_0 K_1) &= \frac{153}{6} + \frac{149}{6} + \frac{159}{6} + \frac{151}{6} + \frac{149}{6} - 4 \times \frac{332}{12} \\ &= 16.17 \end{aligned} \tag{8.69}$$

이다. 확인 실험을 실시한 결과 원하는 만큼의 개선결과를 얻지 못하였으므로 추가 실험을 실시하기로 하였다.

표 8.37 분산분석표

요인	제곱합	자유도	평균제곱	F_0
A	56.33	1	56.33	32.71**
C	96.33	1	96.33	55.94**
F	16.33	1	16.33	9.48*
J	75	1	75	43.55**
K	96.33	1	96.33	55.94**
오차 E	10.33	6	1.72	
T	350.67	11		

8.4.6 $L_{18}(2\times3^7)$ 혼합직교배열표를 이용한 실험설계

직교배열표의 각 열이 서로 다른 수준수를 갖는 직교배열표를 혼합형이라고 하며, 대표적인 것으로 〈표 8.38〉에 주어진 $L_{18}(2\times3^7)$직교배열표가 있다. $L_{18}(2\times3^7)$ 직교배열표의 1열은 2수준인 0, 1로 구성되어 있으므로 2수준 요인을 배치하고, 2열에서 8열까지는 3수준인 0, 1, 2로 구성되어 있으므로 3수준 요인을 일반적으로 배치한다. $L_{18}(2\times3^7)$ 직교배열표는 상호작용에 관심이 없고 주효과에만 관심이 있는 경우에 사용되며 그 이유는 3수준 열들 간의 상호작용이 3수준의 다른 열들에 고르게 나누어져 있기 때문이다.

실험 데이터에 대한 변동계산은 2수준과 3수준 직교배열표에서 각 열의 변동을 구하는 방법과 동일하다. 다시 말해서 2수준 열은 0그룹 특성값의 합과 1그룹 특성값

표 8.38 $L_{18}(2\times3^7)$ 직교배열표

실험번호	열번호								실험조건
	1	2	3	4	5	6	7	8	
1	0	0	0	0	0	0	0	0	
2	0	0	1	1	1	1	1	1	
3	0	0	2	2	2	2	2	2	
4	0	1	0	0	1	1	2	2	
5	0	1	1	1	2	2	0	0	
6	0	1	2	2	0	0	1	1	
7	0	2	0	1	0	2	1	2	
8	0	2	1	2	1	0	2	0	
9	0	2	2	0	2	1	0	1	
10	1	0	0	2	2	1	1	0	
11	1	0	1	0	0	2	2	1	
12	1	0	2	1	1	0	0	2	
13	1	1	0	1	2	0	2	1	
14	1	1	1	2	0	1	0	2	
15	1	1	2	0	1	2	1	0	
16	1	2	0	2	1	2	0	1	
17	1	2	1	0	2	0	1	2	
18	1	2	2	1	0	1	2	0	
배치									

의 합의 차이의 제곱을 18로 나누어서 구하고, 3수준 열은 6개의 0그룹, 1그룹, 2그룹의 특성값들 간의 변동에 의하여 구하면 된다.

예제 8.8

$L_{18}(2 \times 3^7)$의 이용

단계 1 : 실험의 설계

프레스 접착공정에서 접착강도를 향상시키기 위해서 2수준 요인 A, 3수준 요인 B, C, D, F, G, H를 선정하였다. 요인간의 상호작용에는 관심이 없고, 최소의 실험을 실시하고자 하므로 $L_{18}(2 \times 3^7)$ 직교배열표를 이용하기로 하였다.

단계 2 : 실험의 실시

전체 18번의 실험조건에 대하여 랜덤한 순서로 실험을 실시한 결과 〈표 8.39〉에 주어진 데이터를 얻었다.

표 8.39 $L_{18}(2 \times 3^7)$ 실험 데이터

실험번호	열번호								접착강도
	1	2	3	4	5	6	7	8	
1	0	0	0	0	0	0	0	0	3.7
2	0	0	1	1	1	1	1	1	6.2
3	0	0	2	2	2	2	2	2	1.4
4	0	1	0	0	1	1	2	2	6.6
5	0	1	1	1	2	2	0	0	7.5
6	0	1	2	2	0	0	1	1	8.3
7	0	2	0	1	0	2	1	2	10.0
8	0	2	1	2	1	0	2	0	8.6
9	0	2	2	0	2	1	0	1	8.8
10	1	0	0	2	2	1	1	0	5.0
11	1	0	1	0	0	2	2	1	5.9
12	1	0	2	1	1	0	0	2	6.6
13	1	1	0	1	2	0	2	1	7.7
14	1	1	1	2	0	1	0	2	8.2
15	1	1	2	0	1	2	1	0	6.2
16	1	2	0	2	1	2	0	1	9.6
17	1	2	1	0	2	0	1	2	8.1
18	1	2	2	1	0	1	2	0	8.4
배치	A	B	C	D	F	e	G	H	

표 8.40 L_{18} 계산표

열번호	1	2	3	4	5	6	7	8
배치	A	B	C	D	F	e	G	H
T_0	61.1	28.8	42.6	39.3	44.5	43	44.4	39.4
T_1	65.7	44.5	44.5	46.4	43.8	43.2	43.8	46.5
T_2		53.5	39.7	41.1	38.5	40.6	38.6	40.9
T	126.8	126.8	126.8	126.8	126.8	126.8	126.8	126.8
$S=\frac{(T_1-T_0)^2}{18}$	1.18							
$S=\frac{T_0^2+T_1^2+T_2^2}{6}-\frac{T^2}{18}$		52.09	1.95	4.54	3.59	0.70	3.39	4.67

단계 3 : 데이터의 분석과 조치

(1) 계산표의 작성

2수준 요인 A 가 배치된 1열의 변동은 T_1, T_0 가 1그룹, 0그룹 각각 9개의 특성값의 합이므로 다음과 같이 나타낼 수 있다.

$$SS_A = \frac{(65.7-61.1)^2}{18} = 1.18$$

3수준 요인 B 의 변동은 B 가 2열에 배치되어 있으므로 2열의 변동이며 다음과 같다.

$$SS_B = \frac{28.8^2+44.5^2+53.5^2}{6} - \frac{126.8^2}{18} = 52.09$$

(2) 분산분석표의 작성

오차변동 SS_E 는 총변동에서 7개의 요인들의 변동을 뺀 값인

$$\begin{aligned} SS_E &= SS_T - SS_A - SS_B - SS_C - SS_D - SS_F - SS_G - SS_H \\ &= 77.62 - 1.18 - 52.09 - 1.95 - 4.54 - 3.59 - 3.39 - 4.67 \\ &= 6.23 \end{aligned} \tag{8.70}$$

이다.

요인 B 를 제외한 나머지 요인들의 F_0 값이 작으므로 특성값에 영향을 주지

표 8.41 분산분석표

요인	제곱합	자유도	평균제곱	F_0	$F_{(.05)}$
A	1.18	1	1.18	0.75	7.71
B	52.09	2	26.04	16.73*	6.94
C	1.95	2	0.97	0.63	6.94
D	4.54	2	2.27	1.46	6.94
F	3.59	2	1.79	1.16	6.94
G	3.39	2	1.70	1.09	6.94
H	4.67	2	2.33	1.50	6.94
오차 E	6.23	4	1.56		
T	77.62	17			

표 8.42 병합한 후의 분산분석표

요인	제곱합	자유도	평균제곱	F_0	$F_{(.05)}$
B	52.09	2	26.04	15.30**	4.54
오차 E	25.53	15	1.70		
T	77.62	17			

않는다고 판단하고 오차항에 병합하기로 한다. 이 경우 L_{18} 실험의 분석은 B 요인에 대한 반복 6회의 일원배치법에 의한 분산분석이 되며, 병합한 후의 분산분석표가 〈표 8.42〉에 주어져 있다.

(3) 최적조건의 도출

〈표 8.40〉 계산표에서 요인 B가 배치된 2열을 보면 접착강도를 가장 크게 하는 수준은 B_2 이고, B_2 에서의 실험된 자료의 평균은 $53.5/6 = 8.92$이다. 수준 B_2 에서 확인 실험을 실시한 결과 재현성이 있으므로 현행 공정조건인 B_1 을 새로운 작업표준인 B_2 로 바꾸기로 하였다.

8.5 Design Expert, Minitab과 R 활용

● 일부실시법의 사례 : Design Expert 실습

자전거가 1/4 마일 트랙을 달리는 시간에 어떠한 인자들이 영향을 미치는지 실험을 실시하였다. 여기서 논의된 인자는 다음과 같다.

- 인자 A: Seat의 높고 낮음
- 인자 B: 타이어 공기압(psi), 40과 50으로 구분
- 인자 C: 핸들 바 종류, 높고 낮음
- 인자 D: 헬멧 브랜드 2종류
- 인자 E: 기어 종류, 높고 낮음
- 인자 F: 휠 커버, 없고 있음
- 인자 G: 발전기, 유무

어느 인자가 자전거 속도에 영향을 미치는지를 보고자 2_{III}^{7-4} 실험을 실시하였다. 실험결과는 다음과 같다.

A	B	C	D	E	F	G	H
Seat	Tires, Psi	Handle -bars	Helmet Brand	Gear	Wheel Covers	Gene-rator	Time, Secs
Up	40	Up	Windy	Low	Off	Off	77
Down	40	Up	Atlas	High	Off	On	74
Up	50	Up	Atlas	Low	On	On	82
Down	50	Up	Windy	High	On	Off	47
Up	40	Down	Windy	High	On	On	72
Down	40	Down	Atlas	Low	On	Off	77
Up	50	Down	Atlas	High	Off	Off	48
Down	50	Down	Windy	Low	Off	On	83

먼저 [File → New Design → Factorial → Regular Two-Level → 2_{III}^{7-4}]를 선택한다.

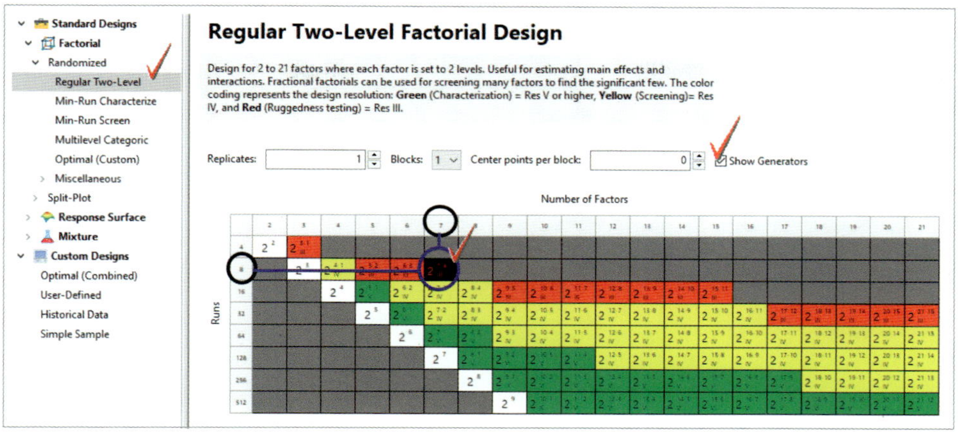

정의대비와 주효과와 교락된 혹은 별명관계인 상호작용효과들에 관한 정보를 제공한다.

Factorial Effects Aliases | Defining Contrast Word Lengths | Generators

Factorial Effects Aliases

Estimated Term	Aliased Terms
Intercept	= Intercept + ABD + ACE + AFG + BCF + BEG + CDG + DEF
A	= A + BD + CE + FG + BCG + BEF + CDF + DEG
B	= B + AD + CF + EG + ACG + AEF + CDE + DFG
C	= C + AE + BF + DG + ABG + ADF + BDE + EFG
D	= D + AB + CG + EF + ACF + AEG + BCE + BFG
E	= E + AC + BG + DF + ABF + ADG + BCD + CFG
F	= F + AG + BC + DE + ABE + ACD + BDG + CEG
G	= G + AF + BE + CD + ABC + ADE + BDF + CEF

※ 주효과G가 교호작용효과AxF, BxE, CxD와 교락

인자들이 범주형인지 계량형인지를 선택하고, 이름을 입력하고 반응값 역시 단위와 이름 입력을 한다. 두 번째 인자인 타이어 공기압을 제외하고는 모두 명목형인 범주형 인자들이다.

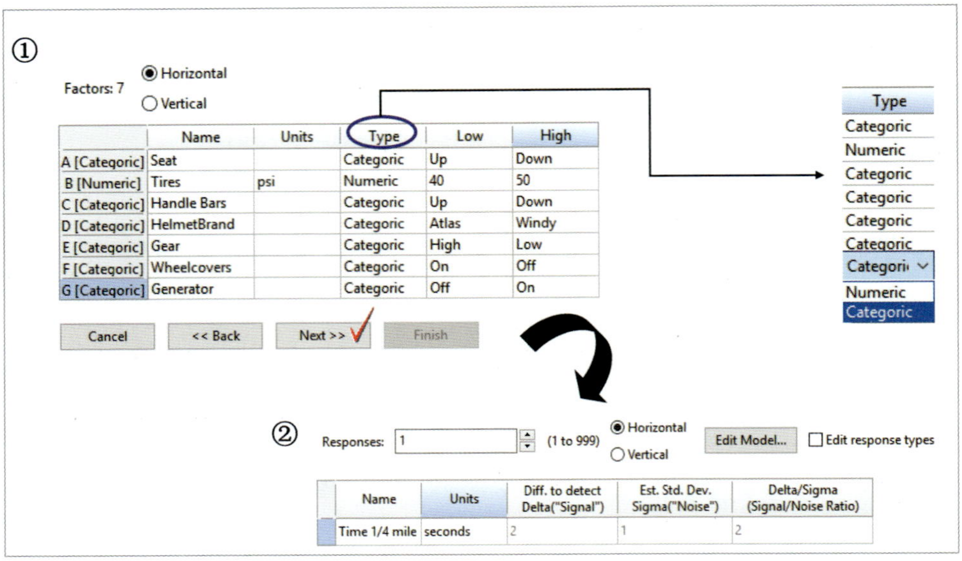

Design Layout에서 Std. order로 정렬한 후 일부실시법 자료를 입력한다.

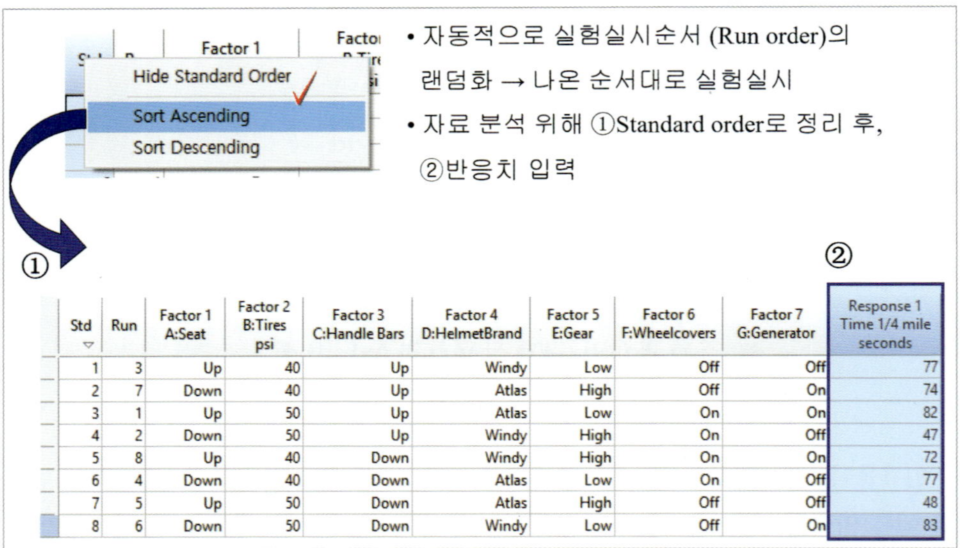

Std	Run	Factor 1 A:Seat	Factor 2 B:Tires psi	Factor 3 C:Handle Bars	Factor 4 D:HelmetBrand	Factor 5 E:Gear	Factor 6 F:Wheelcovers	Factor 7 G:Generator	Response 1 Time 1/4 mile seconds
1	3	Up	40	Up	Windy	Low	Off	Off	77
2	7	Down	40	Up	Atlas	High	Off	On	74
3	1	Up	50	Up	Atlas	Low	On	On	82
4	2	Down	50	Up	Windy	High	On	Off	47
5	8	Up	40	Down	Windy	High	On	On	72
6	4	Down	40	Down	Atlas	Low	On	Off	77
7	5	Up	50	Down	Atlas	High	Off	Off	48
8	6	Down	50	Down	Windy	Low	Off	On	83

다른 예제와 마찬가지로 첫 번째 탭인 [Transform] 탭을 반응변수 값에 대한 변환 여부를 확인해 볼 수 있다. 변환이 필요 없음을 확인해 본다.

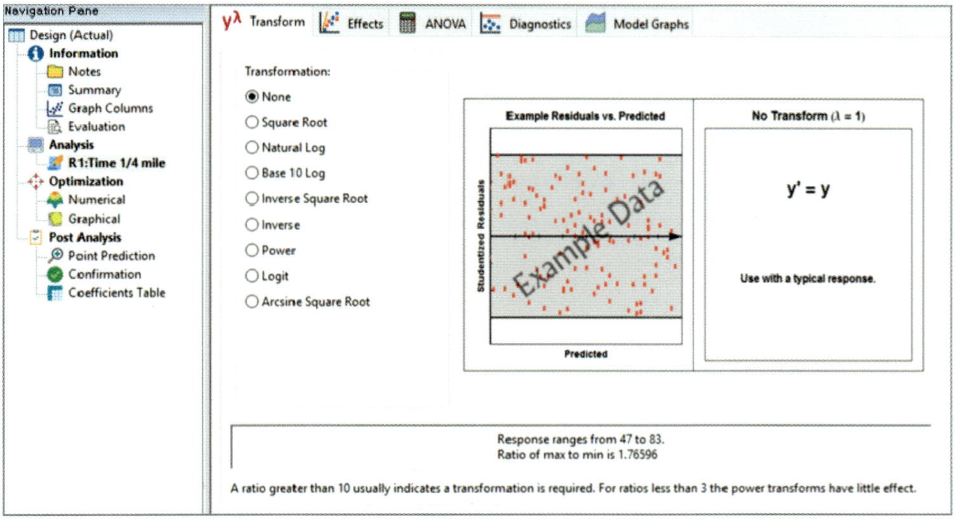

모형에 들어갈 효과들을 선별하기 위해 반정규확률그림을 본다면 B와 G, 그리고 E 효과를 선별할 수 있다.

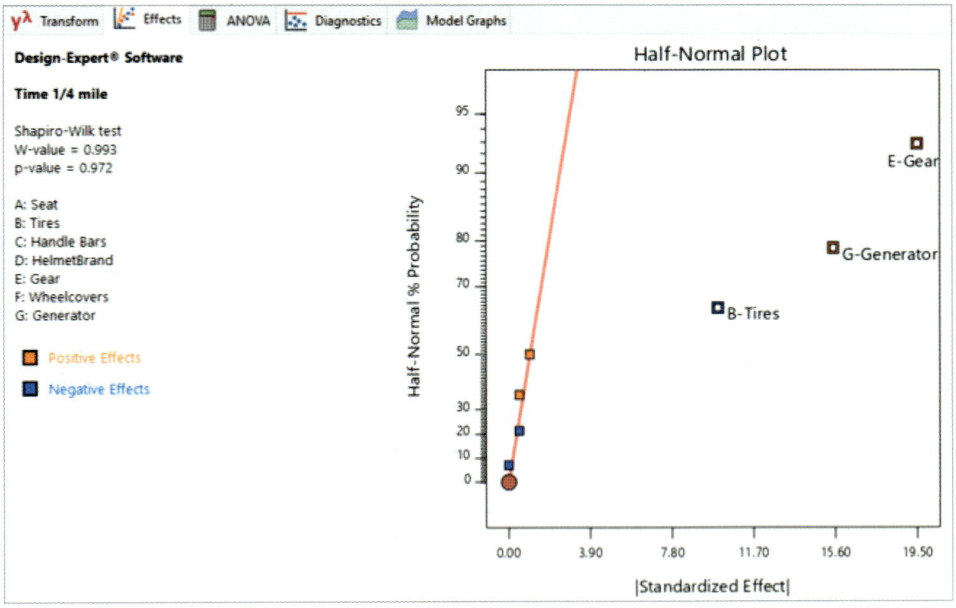

E, *G*, *B*가 핵심 요인효과로 선별된다. 여기서 이러한 효과들이 해상도 *III* 설계에서 다른 2요인 상호작용효과들과 교락되어 있음을 다시 한 번 확인하기 바란다 [Effects → Numeric].

- B, E, G가 모형에 들어감('M'으로 표시).

• B, E, G는 2인자 & 3인자 교호작용과 교락되어 있음.

	Term	Aliases	Stdized Eff...	Sum of Squa...	% C...
	Intercept	ABD ACE AFG BCF BEG CDG DEF			
e	A-Seat	BD CE FG BCG BEF CDF DEG	0.5	0.5	0.0...26
m	B-Tires	AD CF EG ACG AEF CDE DFG	-10	200	13...04
e	C-Handle Bars	AE BF DG ABG ADF BDE EFG	-9.62396E-15	0	0
e	D-Hel...tBrand	AB CG EF ACF AEG BCE BFG	-0.5	0.5	0.0...26
m	E-Gear	AC BG DF ABF ADG BCD CFG	19.5	760.5	52...62
e	F-Whe...overs	AG BC DE ABE ACD BDG CEG	1	2	0.1...04
m	G-Generator	AF BE CD ABC ADE BDF CEF	15.5	480.5	33...56

[ANOVA] 버튼을 클릭하여 선별된 요인효과와 구성된 모형에 대한 분산분석표를 검토한다. 주효과 E, G, B가 모두 유의수준 1%에서 유의함을 알 수 있다.

ANOVA for selected factorial model

Response 1: Time 1/4 mile

Source	Sum of Squares	df	Mean Square	F-value	p-value	
Model	1441.00	3	480.33	640.44	< 0.0001	significant
B-Tires	200.00	1	200.00	266.67	< 0.0001	
E-Gear	760.50	1	760.50	1014.00	< 0.0001	
G-Generator	480.50	1	480.50	640.67	< 0.0001	
Residual	3.00	4	0.7500			
Cor Total	1444.00	7				

모형의 적절성 가정에 대한 진단도 아래와 같이 확인하여 본다면 표준화잔차의 정규확률그림이 직선 모양이고 표준화잔차와 예측치의 산점도도 ±2 이내의 수평밴드에서 랜덤하게 분포한 이상적인 모양이다.

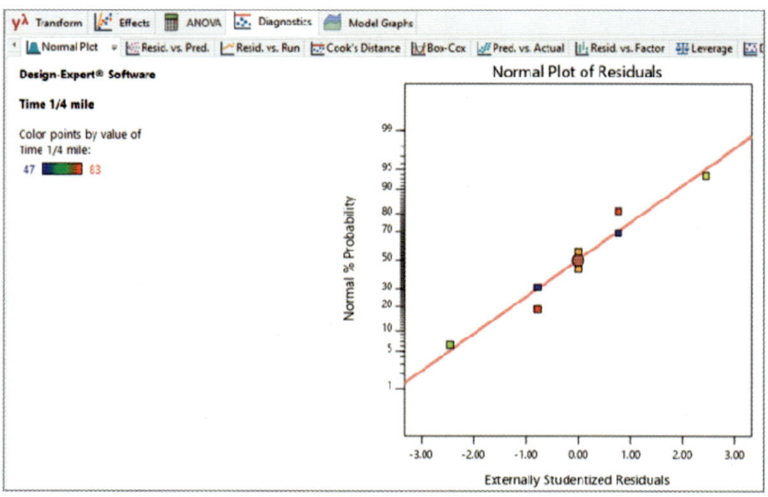

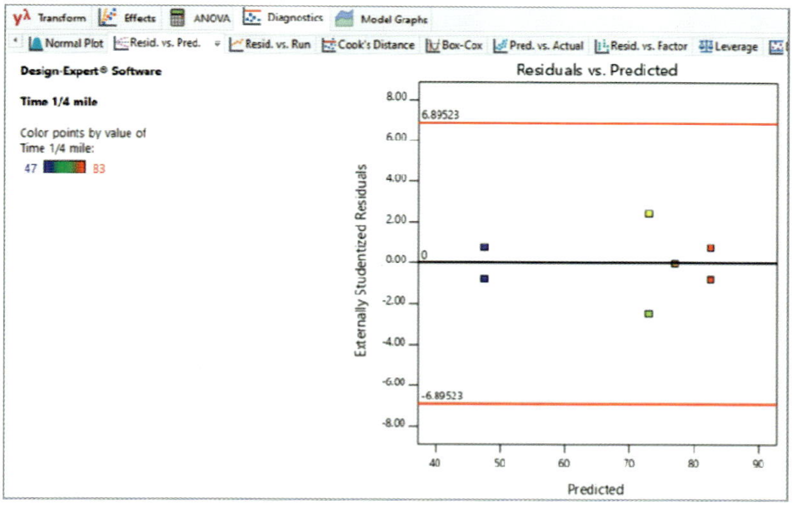

다음 버튼인 Model Graphs 버튼을 클릭하여, E, G, B의 주효과 그림을 확인한다. 아래 그림은 B, E와 G의 주효과 그림인데 인자 G는 발전기이다. 발전기가 꺼짐 상태에서 자전거 속도가 높아진다는 사실은 관련 분야의 이론과 맞지 않는다고 가정하자. 이는 해당되는 요인효과가 주효과 G가 아니라 G와 교락되어 있는, 이미 선별된 주효과 B, E의 상호작용효과인 BE가 유의할 가능성이 높다. 따라서 주효과 G 대신에 상호작용효과 BE를 모형 안에 포함시켜 다시 분석을 실시한다(만약 상호작용효과 BE 와 주효과 G의 분리를 원하면 추가적으로 8회의 foldover란 실험을 실시해야 한다).

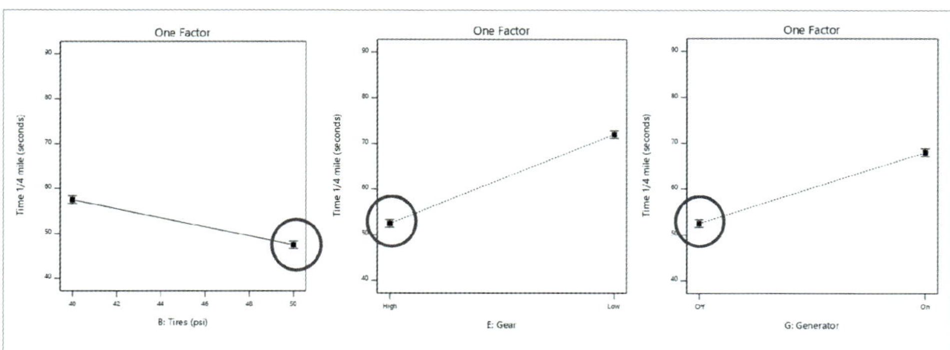

[Effects] 탭으로 다시 돌아간다. 그리고 [Numeric]을 선택하여 G를 더블클릭하여 제거하고(e) G와 별명관계인 BE를 더블 클릭하여 모형 안에 포함시킨다(m).

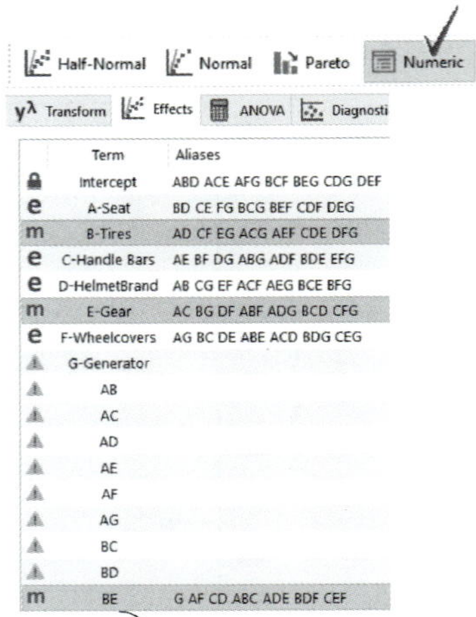

B, E, BxE가 모형에 들어감

아래 그림은 $B \times E$의 상호작용그림이다. B의 수준에 따라 주효과 E의 크기가 차이가 크게 남을 알 수 있다. 공기압(B)이 낮은 상태에서는 기어의 효과가 작지만, 공기압이 높은 상태에서는 기어의 효과가 크게 작용하고, 이는 해당 분야의 이론과도 일치한다. 기어가 높고 타이어가 단단할수록 자전거의 속도가 많이 나는 것을 알 수 있다.

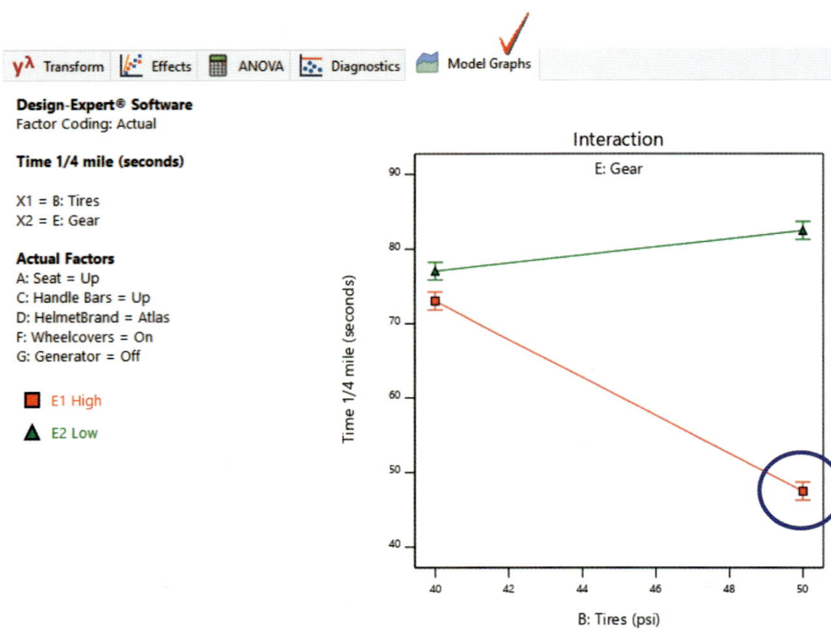

이러한 조건하에서의 자전거 속도에 대한 재현성 실험도 아래와 같이 가능하다. 자전거 속도는 타이어의 공기압을 높은 수준인 50으로 맞추고 기어를 높게 한다면 자전거 속도의 예측값은 47.50이다. 새로운 자전거 속도에 대한 관측값에 대한 예측구간은 (44.56, 50.44)로 나타난다.

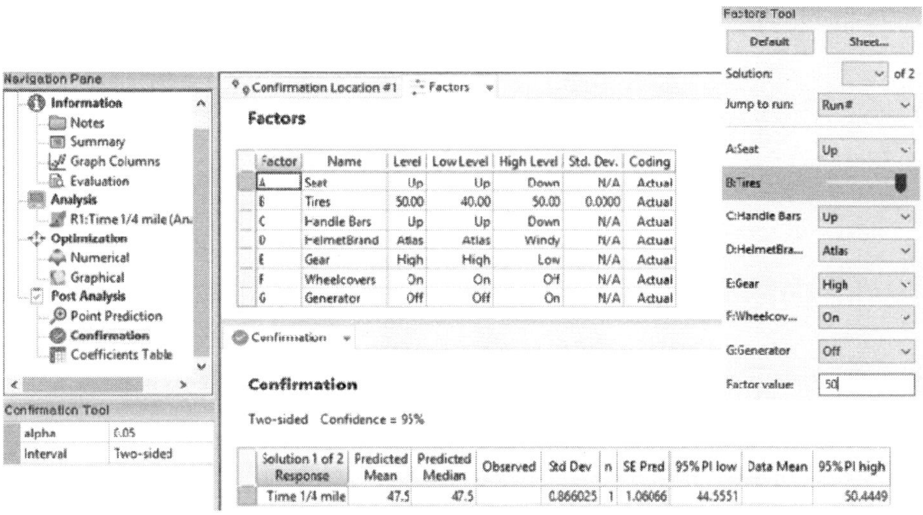

● 일부실시법의 사례 : 〈예제 8.3〉의 미니탭 실습

단계 1 : 문제의 기술

어느 연구소에서 유용한 화학물질을 개발하였다. 상품화를 위해서는 이 물질의 안정성이 25 이상은 되어야 한다.

단계 2 : 요인과 수준의 설정 및 실험 데이터 시트 작성

4개의 2수준 요인 A, B, C, D가 물질의 안정성에 미치는 영향을 알아보기로 하였다.

요인	−1수준	1수준
A 산의 농도(%)	20%	25%
B 반응시간(분)	8분	10분
C 가열시간(분)	10분	12분
D 첨가제의 양(%)	1.2%	1.4%

[통계분석 → 실험계획법 → 요인 → 요인 설계 생성]을 선택하여 2^{4-1} 일부배치법인 $I=ABCD$를 이용한 해상도 Ⅳ의 실험, 2_{IV}^{4-1}을 선정한다.

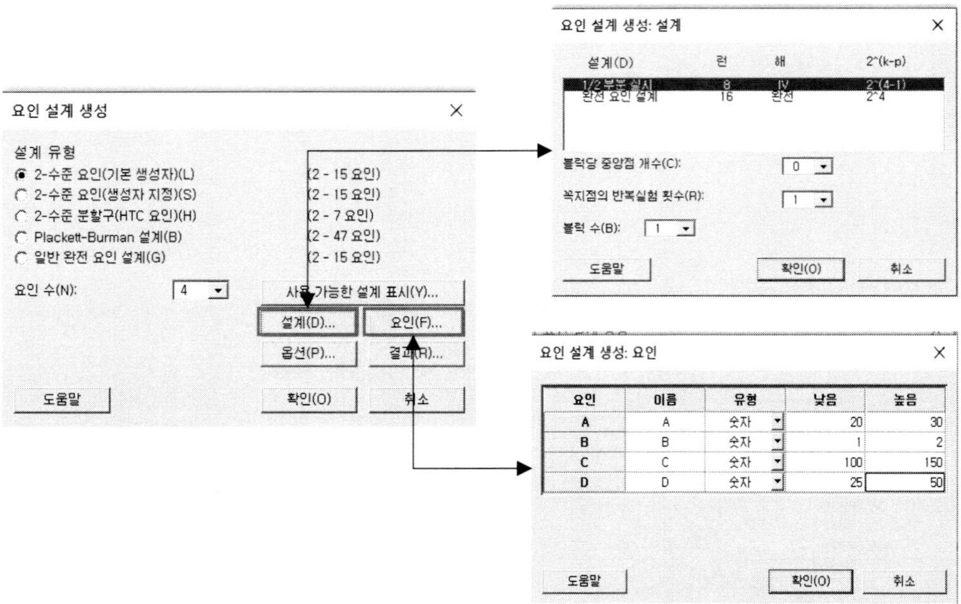

단계 3 : 실험의 실시 및 실험 결과 입력

표준배열의 순서(StdOrder)로 정렬한 후, 실험된 자료 (1) = 20, ad=14, bd=17, ab=10, cd=19, ac=13, bc=14, abcd=10를 워크시트에 입력한다.

표준 순서	런 순서	중앙점	블럭	A	B	C	D	y
1	2	1	1	20	1	100	25	20
2	4	1	1	30	1	100	50	14
3	7	1	1	20	2	100	50	17
4	1	1	1	30	2	100	25	10
5	5	1	1	20	1	150	50	19
6	6	1	1	30	1	150	25	13
7	8	1	1	20	2	150	25	14
8	3	1	1	30	2	150	50	10

단계 4 : 반정규확률그림에 의한 핵심 요인효과의 선별 및 분산분석표 작성

● **반정규확률그림**

[통계분석 → 실험계획법 → 요인 → 요인 설계 분석]을 선택하여 분석을 시도한다. 반응변수로 y를 선택하고, 그래프 버튼을 클릭하여 Pareto와 1/2 정규분포를 선택하고 확인 버튼을 클릭한다.

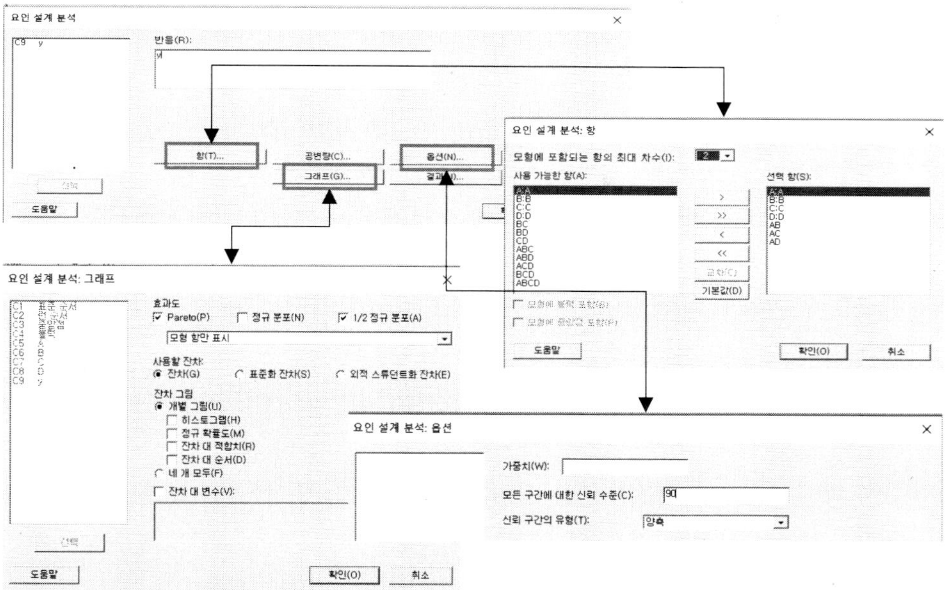

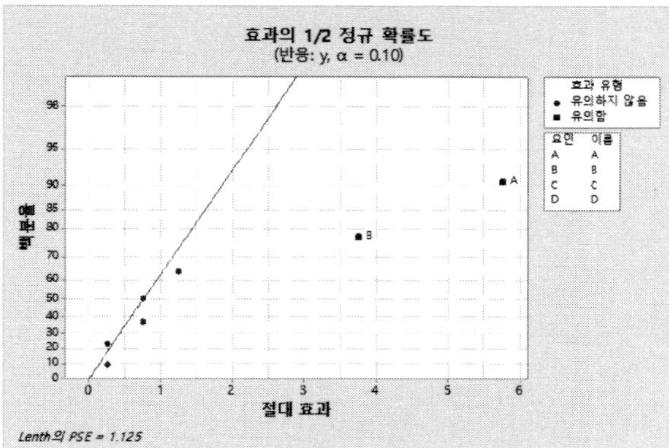
효과의 1/2 정규 확률도
(반응: y, α = 0.10)
효과 유형
유의하지 않음
유의함
요인 이름
A A
B B
C C
D D
절대 효과
Lenth의 PSE = 1.125

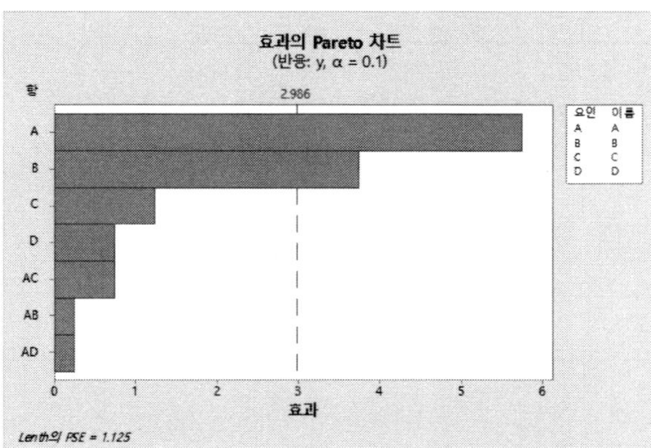
효과의 Pareto 차트
(반응: y, α = 0.1)
항
2.986
A
B
C
D
AC
AB
AD
요인 이름
A A
B B
C C
D D
효과
Lenth의 PSE = 1.125

● 선별된 핵심효인효과로 구성된 모형에 대한 분산분석표 작성

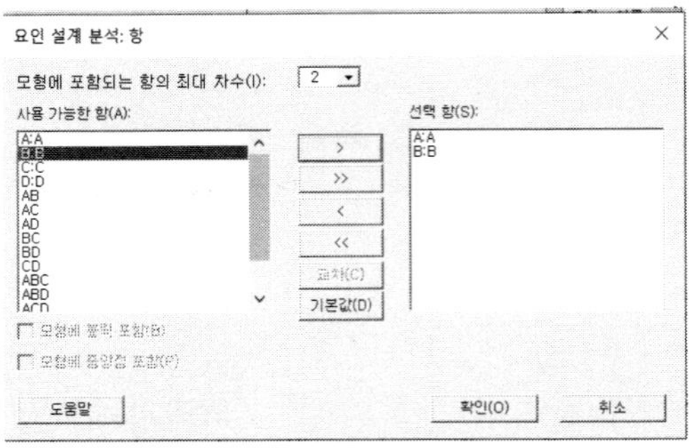

요인 회귀 분석: y 대 A, B

분산 분석

출처	DF	Adj SS	Adj MS	F-값	P-값
모형	2	94.250	47.125	41.89	0.001
선형	2	94.250	47.125	41.89	0.001
A	1	66.125	66.125	58.78	0.001
B	1	28.125	28.125	25.00	0.004
오차	5	5.625	1.125		
총계	7	99.875			

모형 요약

S	R-제곱	R-제곱(수정)	R-제곱(예측)
1.06066	94.37%	92.12%	85.58%

코드화된 계수

항	효과	계수	SE 계수	T-값	P-값	VIF
상수		14.625	0.375	39.00	0.000	
A	-5.750	-2.875	0.375	-7.67	0.001	1.00
B	-3.750	-1.875	0.375	-5.00	0.004	1.00

코드화되지 않은 단위의 회귀 방정식

y = 34.62 - 0.5750 A - 3.750 B

● 주효과 그림 그리기와 최적조건 찾기

[통계분석 → 실험계획법 → 요인 → 요인 그림]

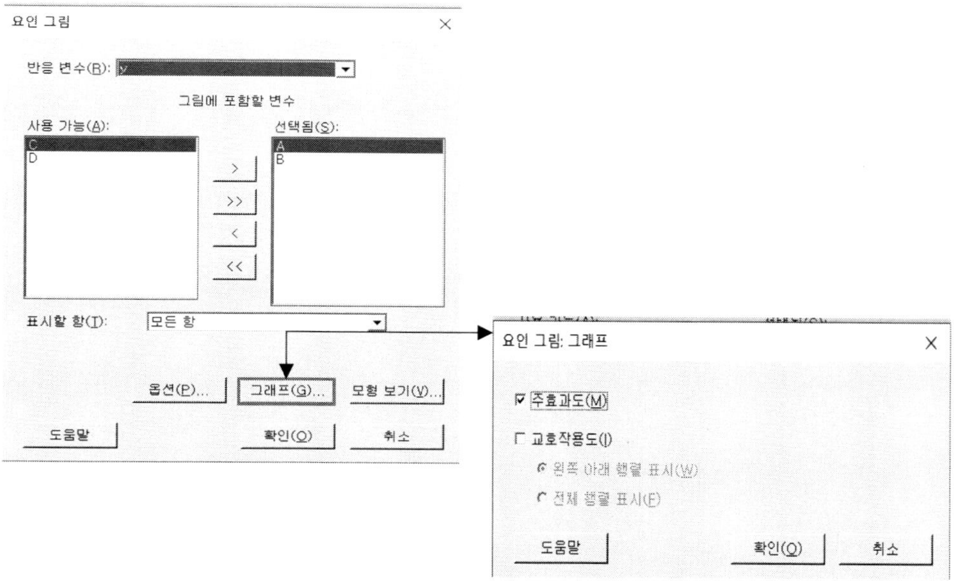

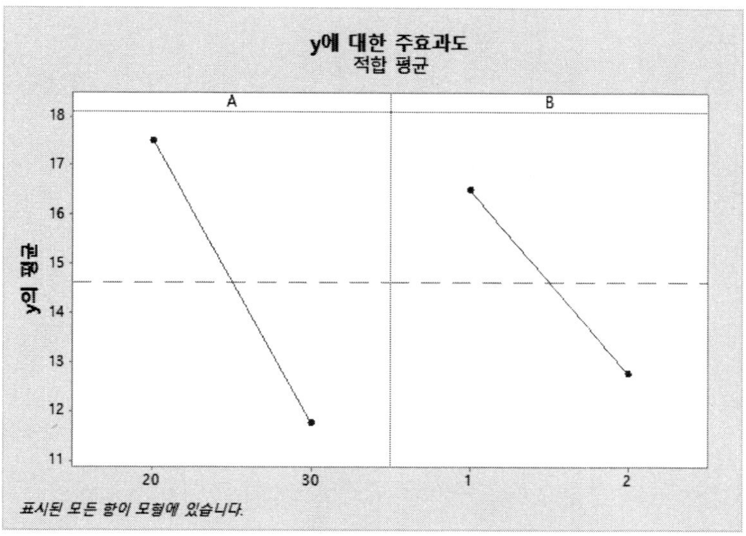

최적조건: 산과 촉매의 낮은 수준, 즉 $A_0 B_0$

● R 활용

위의 자료에 대한 설계를 아래와 같이 한다. 정렬시켜 반응변수의 값을 입력한다.

```
df<- FrF2(8, 4, factor.names=list(A=c(20, 30), B=c(1,
2),C=c(100, 150), D=c(25, 50)))
df
```

설계를 한 뒤, 정렬시켜 반응변수의 값을 입력한다.

```
df<- arrange(df, C, B, A)
df$y<- c(20, 14, 17, 10, 19, 13, 14, 10)
```

```
##    A B   C  D
## 1 30 2 100 25
## 2 20 1 150 50
## 3 20 2 100 50
## 4 20 1 100 25
## 5 20 2 150 25
## 6 30 2 150 50
## 7 30 1 100 50
## 8 30 1 150 25
## class=design, type= FrF2
```

핵심 요인효과를 선별하기 위해 요인효과들의 반정규확률그림을 그린다.

```
model<- lm(y ~ A*B*C*D, data=df)
DanielPlot(model, half=TRUE)
```

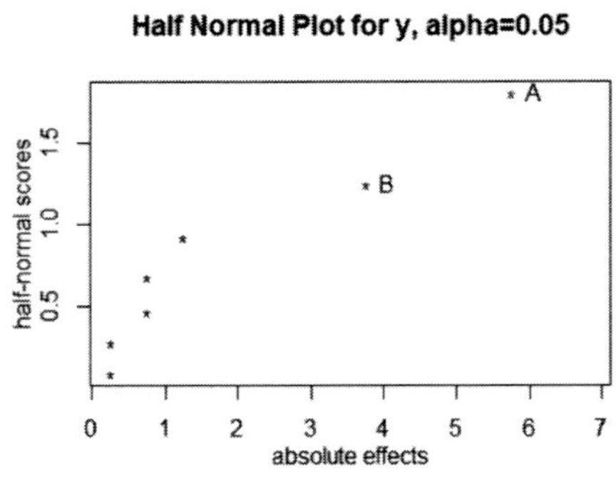

주요인효과에 대한 분산분석표를 얻을 수 있다.

```
model<- aov(y ~ A + B, data=df)
summary(model)
```

```
##              Df Sum Sq Mean Sq F value   Pr(>F)
## A             1  66.12   66.12   58.78 0.000601 ***
## B             1  28.12   28.12   25.00 0.004105 **
## Residuals     5   5.62    1.12
## ---
## Signif. codes:  0 '***' 0.001 '**' 0.01 '*' 0.05 '.' 0.1 ' ' 1
```

연습문제

1 어느 화학공정에서 4개의 요인(A :공 정온도, B: 압력, C: 배합농도, D: 첨가제의 양)이 생성물질의 정화율에 미치는 영향을 알아보기 위하여 2^4 요인배치법을 적용하기로 하였다. 실험을 하루에 8번 할 수 있었으므로 실험일을 블록으로 잡고 $I=ABCD$를 정의대비로 하여 다음과 같이 2개의 블록으로 나누어 실험하였다. 분산분석표를 작성하여라. 반정규확률그림에 의해 핵심 요인효과들을 선별하고, 선별된 효과들로 구성된 모형의 분산분석표를 작성하라.

블록 1	블록 2
$(1)=45$	$a=71$
$ab=65$	$b=48$
$ac=60$	$c=68$
$bc=80$	$d=43$
$ad=100$	$abc=65$
$bd=45$	$bcd=70$
$cd=75$	$acd=86$
$abcd=96$	$abd=104$

2 2^3 요인배치법에서 2개의 블록으로 나누어 다음과 같이 실험하였다. 블록과 교락된 요인은 무엇인가?

블록 1	블록 2
(1)	a
c	b
ab	bc
abc	ac

3 2^4 요인설계에서 4개의 블록으로 나누어 실험하기 위하여 교락 요인으로 $ABCD$와 ABC 2개를 선택하였다. 이때 블록과 교락되는 다른 결합요인은 무엇인가?

4 2^3 요인설계에서 3요인 상호작용 ABC를 블록과 교락시켜 2개의 블록으로 나누어 실험한 결과 다음 데이터를 얻었다. 분산분석표를 작성하라. 반정규확률그림에 의해 핵심 요인효과들을 선별하고, 선별된 효과들로 구성된 모형의 분산분석표를 작성하라.

블록 1	블록 2
$a=3.3$	$ab=6.7$
$abc=6.3$	$(1)=3.1$
$b=6.3$	$ac=4.0$
$c=4.1$	$bc=6.5$

5 2^3 요인설계에서 1/2만 실험하고자 한다. 정의대비가 $I=ABC$인 경우 A의 별명은 무엇인가? 이때 해상도는 얼마인가?

6 일부실시법을 적용하여 문제 4에서 블록 1의 데이터만 얻어졌을 경우 반정규확률그림에 의해 핵심 요인효과들을 선별하고, 선별된 효과들로 구성된 모형의 분산분석표를 작성하라.

7 어떤 공정에서 5개의 요인(A : 장비의 종류, B: 노출시간, C: 첨가제의 양, D: 라인속도, E: 공정온도)이 수율에 미치는 영향을 조사하기 위하여 2^{5-1} 일부실시법을 적용하였다. 정의대비 $I=ABCDE$를 사용한 해상도 V의 실험결과 다음과 같다. 유의하지 않은 요인들을 병합한 후 분산분석표를 작성하라. 반정규확률그림에 의해 핵심 요인효과들을 선별하고, 선별된 효과들로 구성된 모형의 분산분석표를 작성하라.

$e=8$	$a=9$	$b=34$	$abe=52$
$c=16$	$ace=22$	$bce=45$	$abc=60$
$d=6$	$ade=10$	$bde=30$	$abd=50$
$cde=15$	$acd=21$	$bcd=44$	$abcde=63$

8 2^5 요인배치법에서 1/4 만 실험하고자 한다. 정의대비가 $I=BDE=ABCD$인 경우 주효과 A, B, C, D, E의 별명관계를 써보아라. 이때 해상도는 얼마인가?

9 2^4 요인배치법에서 정의대비 $I=ABCD$를 이용하여 1/2 만 실험한 결과이다. 이 경우 별명관계를 구해 보고 분산분석표를 작성하여라. 반정규확률그림에 의해 핵심 요인효과들을 선별하고, 선별된 효과들로 구성된 모형의 분산분석표를 작성하라.

$(1)=15.3$	$ab=6.6$	$cd=10.74$	$ac=8.7$
$bc=6.8$	$ad=16.5$	$bd=9.4$	$abcd=9.6$

10 2^6 요인배치법의 실험을 동일한 환경하에서 실험을 실시하는 것이 불가능하여, 4개의 블록으로 나누어서 각각 16회씩 실험을 실시한다.

(1) 4개의 블록에 각각 16개씩의 실험조건을 효율적으로 배치하려 한다. 블록과 교락되는 요인효과들을 결정하라.

(2) 앞항에 따른 64개의 실험조건을 어떻게 4개의 블록에 배치하는지를 설명하고, 6개의 처리 (1), a, b. ab, c, ac가 어느 블록에 배치되는가를 보여라.

(3) 2_{IV}^{6-2} 일부 실시법의 실험조건을 구하는 방법을 설명하고, 주효과 A와 별명관계에 있는 효과들을 나열하라.

11 4개의 2수준의 요인 A, B, C, D에 관한 실험에서 주효과와 2요인 상호작용효과 $A\times B$, $A\times C$, $B\times C$ 중에서 특성치에 영향을 주는 유의한 효과의 검출에 관심이 있다고 한다.

(1) 요구되는 선점도의 모양은?

(2) $L_8(2^7)$ 직교배열표의 열에 배치하라.

12 접착강도를 향상시키기 위한 실험을 실시하려고 한다. 4요인 A, B, C, D가 접착강도에 영향을 주리라고 기대되어 각각 2수준씩 선택하였다. 4개의 주효과와 2개의 상호작용효과 $A \times B$, $A \times C$ 중에서 유의한 효과를 검출하고자 한다. 적절한 직교배열표를 이용하여 실험한 결과 다음과 같은 데이터를 얻었다.

$L_8(2^7)$ 직교배열표에 의한 실험결과

실험번호	열번호							실험조건	특정값
	1	2	3	4	5	6	7		
1	0	0	0	0	0	0	0	$A_0B_0C_0D_0$	72
2	0	0	0	1	1	1	1	$A_0B_0C_1D_1$	84
3	0	1	1	0	0	1	1	$A_0B_1C_0D_1$	73
4	0	1	1	1	1	0	0	$A_0B_1C_1D_0$	89
5	1	0	1	0	1	0	1	$A_1B_0C_0D_1$	78
6	1	0	1	1	0	1	0	$A_1B_0C_1D_0$	81
7	1	1	0	0	1	1	0	$A_1B_1C_0D_0$	91
8	1	1	0	1	0	0	1	$A_1B_1C_1D_1$	78
기본표시	a	b	ab	c	ac	bc	abc		
실험배치	A	B	A×B	C	A×C	e	D		

(1) 왜 $L_8(2^7)$ 직교배열표를 사용했는가? 어떻게 표에서와 같은 배치가 이루어졌는지 밝혀라.

(2) 분산분석을 통해서 특성치에 영향을 주리라 기대되는 요인들을 검출하라.

(3) 접착강도를 가장 크게 하는 최적수준조합에서의 모평균에 대해서 95% 신뢰구간을 구하라.

(4) 최적조건하에서 2회의 추가실험의 실시를 통하여서 재현성을 검토하라.

9 반응표면분석

실험계획에 따라서 얻어진 실험 자료를 분석할 때 실험자의 일차적인 목적은 반응변수에 영향을 주는 유의한 요인효과들을 찾는 것이고, 그 다음의 궁극적인 목적은 반응변수를 최적화하는 공정조건을 찾는 것이다. 우리는 실제로 실험된 실험조건들만을 비교하여 최적조건을 찾는 것보다는 고려된 계량인자들의 관심영역 전체에서 최적조건을 구하고자 한다. 이를 위해서는 관심영역에 속한 임의의 계량인자들의 값에서 반응변수를 예측할 수 있어야 한다. 다시 말해서 계량인자들을 설명변수로 간주하고 반응값을 나타내는 변수를 반응변수로 생각하여 회귀분석을 통해서 적절한 모형을 찾고, 관심영역에 속한 임의의 계량인자들의 값에서 반응변수의 평균을 예측할 수 있어야 한다. 그 다음 단계는 관심영역에 속한 계량인자들의 값들 중에서 반응변수의 예측치를 최적화하는 계량인자들의 수준값인 최적조건을 관심영역에서 찾고, 최적조건에서의 재현성 실험을 통해서 재현성의 여부를 확인하는 것이다. 최적조건 근처의 영역에서의 적절한 모형은 이차다항모형이다. 이차모형 적합을 위한 실용적인 실험설계인 중심합성계획과 Box-Behnken 설계를 소개하고, 실험자료의 반응표면분석에 관한 내용을 Design Expert, Minitab과 R을 활용하여 구체적으로 설명하고 예시하기로 한다.

9.1 반응표면분석이란?

지금까지의 실험자료의 분석은 주로 실험의 처리조건이 달라짐에 따라 모평균의 차이가 있는지를 알아보고, 차이가 있는 경우의 원인 파악은 반응값의 평균에 영향을 주는 유의한 요인효과들을 선별하는 분산분석을 통하여 이루어져 왔다. 또한 분산분석 후에는 실험에서 고려된 처리조건들 중에서 모평균의 값을 최적으로 하는 실험조건을 찾고 최적조건에서의 모평균의 신뢰구간, 재현성 검토를 위한 최적조건에서 관측될 미래의 관측치에 대한 예측구간을 구하는 문제들을 다루었다. 하지만 실제로 실험된 실험조건들을 비교하여 최적조건을 찾는 것보다는 고려된 계량인자들의 관심영역 전체에서 최적조건을 구하고자 하는 경우가 많이 있다. 예를 들어 엔지니어가 어떤 화학공정의 결과 얻어진 화공약품의 수율에 관심이 있는 경우를 생각해 보기로 하자. 실험에 고려된 요인은 반응온도, 반응시간, 반응압력 등과 같은 **계량인자** (quantitative factor)이다. 이때 실험자의 일차적인 목적은 수율에 영향을 주는 유의한 요인효과들을 찾는 것이고, 그 다음의 궁극적인 목적은 수율을 최적으로 하는 공정의 조건을 관심영역 전체에서 찾는 것이다. 이를 위해서는 관심영역에 속한 임의의 계량인자들의 값에서 수율을 예측할 수 있어야 한다. 즉, 계량인자들을 회귀분석에서의 독립변수 또는 설명변수로 간주하고 반응값을 나타내는 변수를 종속변수 또는 반응변수로 생각하여 주어진 실험자료를 이용하여 회귀분석을 실시함으로써 관심영역에 속한 임의의 계량인자들의 값에서 반응변수의 평균을 잘 예측할 수 있는 적절한 모형을 찾아야 한다. 그 다음 단계는 관심영역에 속한 계량인자들의 값들 중에서 반응변수의 예측치를 최적화하는 계량인자들의 수준값인 최적조건을 관심영역에서 찾고, 최적조건에서의 재현성 실험을 통해서 재현성의 여부를 확인하는 것이다. 이를 정리하면 **반응표면분석**은 다음과 같이 크게 3단계로 구성된다.

- **단계 0** : 2수준 일부실시법에 의해서 반응변수에 영향을 주리라 기대되는 많은 인자들 중에서 핵심인자들을 선별한다.
- **단계 1** : 선별된 핵심인자들에 대한 축차적인 실험설계(중심점을 갖는 2수준 요인배치법)와 분석에 의해서 최적조건 근처의 설명변수들의 영역으로 이동한다(**최대경사법**).
- **단계 2** : 최적조건 근처에서 이차모형을 가정하고, 효율적인 실험설계인 **중심합성설계**로 실험 실시, 실험자료의 분석을 통해서 관심영역에서 반응변수의 예측치를 최적화하는 계량인자들의 최적조건을 찾고 재현성을 확인한다.

반응변수인 수율 y와 독립변수인 반응시간 t, 반응온도 T들의 함수관계를 나타내기 위하여 관심영역에 있는 임의의 독립변수들의 값 t, T에서의 반응변수의 모평균 η을

$$\eta = f(t, T) \tag{9.1}$$

라 하기로 하자. 이때 식 (9.1)를 3차원 그래프로 그린 그림을 반응표면이라고 한다. 계량인자인 반응시간 t, 반응온도 T들의 관심영역에서 평균 수율을 최대로 하는 최적조건을 (t^*, T^*)라고 하면 반응시간 t, 반응온도 T가 최적조건인 (t^*, T^*)를 벗어나는 경우에는 평균수율이 η이 작아져야 하므로 식 (9.1)의 함수 f는 곡선효과(curvature)를 가져야 하고 곡선효과를 갖는 가장 간단한 함수가 이차함수이므로 반응표면분석에서는 최적조건 근처의 모형으로 흔히 **이차모형**을 가정한다. 함수 f가 반응시간 t, 반응온도 T의 이차함수인 경우, 즉 반응표면모형이 이차모형인 경우에 4가지 형태의 대표적인 반응표면이 〈그림 9.1〉에 주어져 있다. 반응변수의 평균 η를

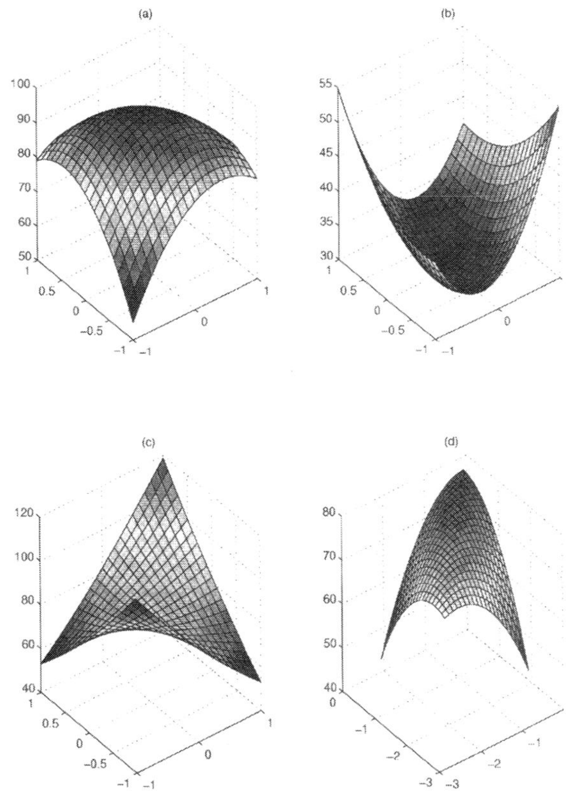

(a) 산 (b) 사발 (c) 말안장 (d) 올라가는 능선

그림 9.1 반응표면 그림의 4가지 형태

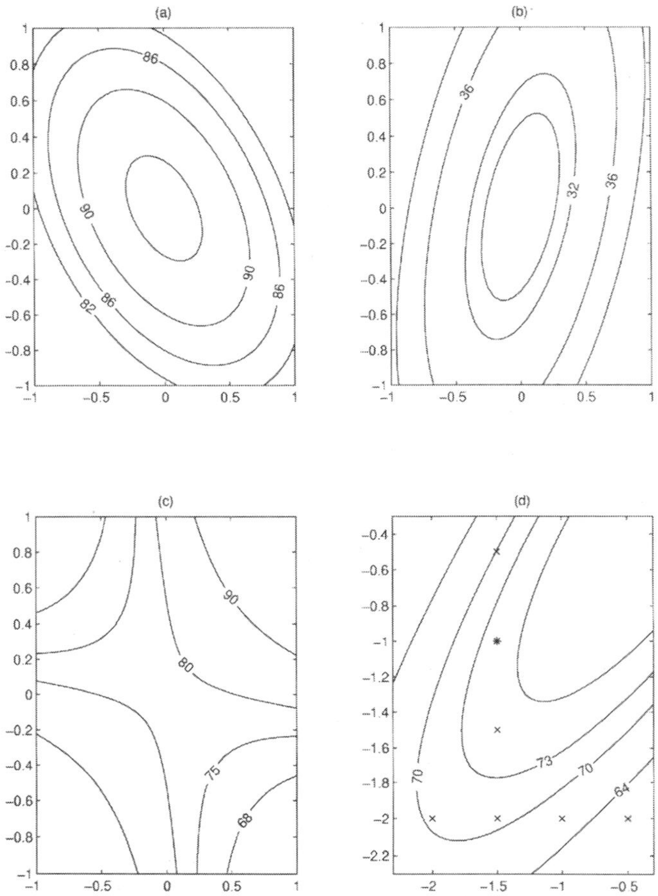

(a) 산 (b) 사발 (c) 말안장 (d) 올라가는 능선

그림 9.2 등고선 그림의 4가지 형태

최적으로 하는 독립변수들의 값인 최적조건 (t^*, T^*)을 구해 보자. 최적조건의 후보가 되는 실험조건으로는 이차 반응함수인 f를 각각의 독립변수에 대해서 편미분해서 0이 되는 독립변수들의 값으로 정상점(stationary point)이라고 한다. 〈그림 9.1〉의 (a)는 산의 모양으로 정상점에서 최대값을 갖고, (b)는 사발의 모양으로 최소값을 갖으며, (c)는 말의 등허리에 놓는 안장의 모양으로 안장점(saddle point)을 갖는다. (d)는 올라가는 능선의 모양으로 관심영역에서 정상점이 존재하지 않는다. 반응표면에서 동일한 높이에 있는 (t, T)를 연결하여 2차원 평면에 그린 그림을 등고선 그림이라 한다.

〈그림 9.2〉에는 〈그림 9.1〉에 주어진 4개의 반응표면에 대한 등고선 그림이 주어

져 있다. 등고선상에 η의 값이 표시되어 있어서, 〈그림 9.2〉의 (a)에서는 정상점에 가까이 갈수록 등고선 상의 η의 값이 82에서 94로 증가하기에 정상점에서 η가 최대값임을 알 수있고, (b)에서는 44에서 32로 감소하기에 최소값임을 알 수 있다. (c)에서는 한쪽으로는 70에서 75로 증가하고 다른 쪽에서는 85에서 80으로 감소함으로 안장점임을 알 수 있고, (d)에서는 60에서 76으로 증가하는 능선의 모양으로 관심영역에서 정상점이 존재하지 않는다.

따라서 단계 0에서 2수준 일부 실시법에 의해서 핵심인자들이 선별된 후에는 선별된 인자들의 최적조건 근처의 영역으로 이동하기 위하여 단계 1을 수행한다. 단계 1에서는 반응표면을 일차모형으로 근사시키고, 2수준 요인배치법(또는 부분실시법)과 독립변수들의 관심영역의 중앙에서 실험을 실시하고, **최대경사법**(method of steepest ascent)을 이용하여 실험점들의 이동방향을 결정한다. 단계 1을 통해서 계량인자들의 최적조건 근처의 영역으로 이동한 후에는 반응표면의 근사모형으로 이차다항모형을 가정하는 단계 2를 수행한다. 단계 2에서는 먼저 이차 반응표면모형에 대한 효율적인 설계인 **중심합성설계**(CCD: central composite design)에 따라서 실험자료를 얻은 다음에, 이차모형의 일부 항들만으로 구성된 간결하고 적절한 모형을 찾고, 관심영역에 임의로 주어진 독립변수들의 값에서 반응변수의 평균을 예측한다. 엔지니어들의 궁극의 목적인 반응변수의 예측치를 최적으로 하는 계량인자들의 수준값인 최적조건을 찾고, 최적조건에서에 재현성을 검토한다.

최대경사법은 9.2 절에서 공부하고, 2차다항모형을 적합시키기 위한 효율적인 실험설계인 중심합성설계(CCD: central composite design)는 9.3절에서 공부한다. 마지막으로 2차 다항모형의 최적조건을 찾고 재현성을 확인하는 방법은 9.4절에서 공부한다. 9.5절에서는 Design Expert, Minitab과 R을 활용한 반응표면의 사례분석을 실시한다.

9.2 최대경사법

단계 1의 목표는 최소의 실험을 통해서 현재의 관심영역에서 반응변수를 최적으로 하는 독립변수들의 근처의 영역으로 신속히 이동하는 것이다. 따라서 초기단계의 모형으로는 선별된 핵심 인자들에 대해서 일차모형을 가정한다. 예를 들어, 공정의 수율을 최적으로 하는 공정조건을 찾는 화학공정의 예에서 실험자가 관심이 있는 반응시간의 범위가 (30분, 40분)이고, 반응온도의 범위가(160℃,180℃)라고 하자. 이 경우에 **반응표면방법(Response Surface Method)**에서는 관심영역에서의 독립변수의 값들이 −1에서 1 사이의 값이 되도록 선형변환을 한 변수인 부호화(혹은 코우드화)한 변수를 이용하여 반응표면을 표현한다. 따라서 부호화한 변수 x_1, x_2는 다음과 같이 time와 Temp의 선형식으로 각각 정의된다.

$$x_1 = \frac{time - 35}{5}, \quad x_2 = \frac{Temp - 170}{10}$$

일차모형의 실험설계로는 2^2 요인설계와 관심영역의 중심점인 (0, 0)에서 3회의 실험을 완전 랜덤화에 의해 실시하였다. 중심점에서 3회 실험을 실시한 이유는 사전 정보에 의해서 반응값인 수율을 크게 하리라 기대되는 실험조건이고, 일차모형의 적합결여를 검토하기 위해서 가정된 모형에 관계가 없는 오차의 분산인 σ^2의 불편추정치를 얻기 위함이다. 또한 중심점이 추가됨으로써 중심점에서의 반응변수들의 평균과 상자점인 2^2 실험점에서의 반응변수의 평균을 비교하여 곡선효과의 존재 여부를 검정할 수 있다. 실험자료는 〈표 9.1〉에 주어져 있다.

최소제곱법에 의해서 회귀계수를 추정하면, 적합된 일차모형은

$$\hat{y} = 75.00 + 1.65x_1 + 0.6x_2$$

이다. 여기서 x_1에 대한 회귀계수의 추정치는 반응시간 t의 주효과의 추정치의 1/2이 된다. 그 이유는 2^2 실험에서 주효과를 계산할 때는 수준 간의 간격을 1로 하였지

표 9.1 수율 자료

원래 변수		부호화한 변수		반응값
time	*Temp*	x_1	x_2	y
30	160	−1	−1	72.5
30	180	−1	1	74.2
40	160	1	−1	76.3
40	180	1	1	77.0
35	170	0	0	74.8
35	170	0	0	75.6
35	170	0	0	75.2

표 9.2 수율자료에 대한 Design Expert 출력결과

Curvature Check | Analysis of Variance | Fit Statistics | Model Comparison Statistics | β Coefficients

Coefficients in Terms of Coded Factors

Factor	Coefficient Estimate	df	Standard Error	95% CI Low	95% CI High	VIF
Intercept	75.00	1	0.2179	74.31	75.69	
A-time	1.65	1	0.2179	0.9564	2.34	1.0000
B-temperature	0.6000	1	0.2179	-0.0936	1.29	1.0000
Ctr Pt 1	0.2000	1	0.3329			

Curvature Check | Analysis of Variance | Fit Statistics | Model

ANOVA for selected factorial model

Response 1: yield

Source	Sum of Squares	df	Mean Square	F-value	p-value	
Model	12.33	2	6.17	32.45	0.0093	significant
A-time	10.89	1	10.89	57.32	0.0048	
B-temperature	1.44	1	1.44	7.58	0.0706	
Curvature	0.0686	1	0.0686	0.3609	0.5904	
Residual	0.5700	3	0.1900			
Lack of Fit	0.2500	1	0.2500	1.56	0.3377	not significant
Pure Error	0.3200	2	0.1600			
Cor Total	12.97	6				

만, 여기서는 $1-(-1)=2$가 되기 때문이다. 따라서 x_1에 대한 회귀계수의 추정치 1.65는 t의 주효과의 추정치$(77.0+77.0)/2-(72.5+74.2)/2=3.3$의 1/2임을 확인할 수 있다. 또한 x_2에 대한 회귀계수의 추정치 0.6도 온도 Temp의 주효과의 추정치 1.2의 1/2임을 확인할 수 있다. 〈표 9.1〉의 실험자료에 대한 Design Expert 출력결과가 〈표 9.2〉에 주어진다.

일차모형에 대한 적합결여를 판단하는 Lack of Fit의 p-value 값이 0.338로 큰 값이 나왔기에 일차모형이 자료를 잘 적합함을 나타낸다. 또한 곡선효과의 존재 여부를 판단하는 Curvature의 p-value 값이 0.59로 큰 값이 얻어져서, 곡선효과가 존재하지 않는다. 이 결과는 다른 관점에서 일차모형의 적합성을 뒷받침해 주고 있다. 따라서 반응값들이 독립변수들의 값의 변화에 따라서 직선적으로 증가하고, 최적조건이 실험자의 관심영역 밖에 있음을 알 수 있다. 그러면, 최적조건을 찾기 위하여 새로운 실험을 준비해야 하는데, 이 새로운 실험점들의 위치는 어떻게 결정할까?

이러한 상황에서 흔히 사용되는 기법인 **최대경사법**(method of steepest ascent)

을 소개한다. 최대경사법은 반응값이 최대 증가를 보이는 방향, 즉 최대 상승 경로를 따라서 실험점을 이동하는 방법이다. 최대경사법은 부호화된 변수들의 중심점인 (0,0)을 기준으로 최대 상승 경로를 따라서 일정 간격씩 이동하면서 실험을 실시하다가 반응값이 감소하게 되는 시점에서 실험을 멈추고, 직전의 실험점을 바람직한 실험점으로 간주한다.

〈표 9.2〉의 코우드화된 변수의 DX 출력결과에서 주어진 바와 같이 수율자료의 예에서 추정된 회귀식은 $\hat{y}=75.00+1.65x_1+0.6x_2$이다. 최대 상승 경로는 〈그림 9.3〉에 주어진 등고선그림에서 등고선의 수직 방향으로 증가하는 방향이다. 따라서 중심점을 기준으로 x_1 방향으로 1.65 단위의 증가마다 x_2 방향으로 0.6 단위를 증가하는 방향이 최대 상승 경로이다. 따라서 최대 상승 경로의 기울기는 $0.6/1.65=0.364$가 되어서 중심점 (0,0)을 기준으로 x_1 방향으로 1 단위 증가하면 x_2 방향으로 0.364 단위가 증가하게 된다. 우리가 Δ를 중심점 (0,0)에서 시작하는 최대 상승 경로의 이동 방향을 나타내는 벡터의 끝점이라 정의할 때에 $\Delta=(1,0.364)$가 된다.

반응값인 평균수율을 가장 빨리 증가시키리라 기대되는 다음 실험점인 (x_1,x_2)의

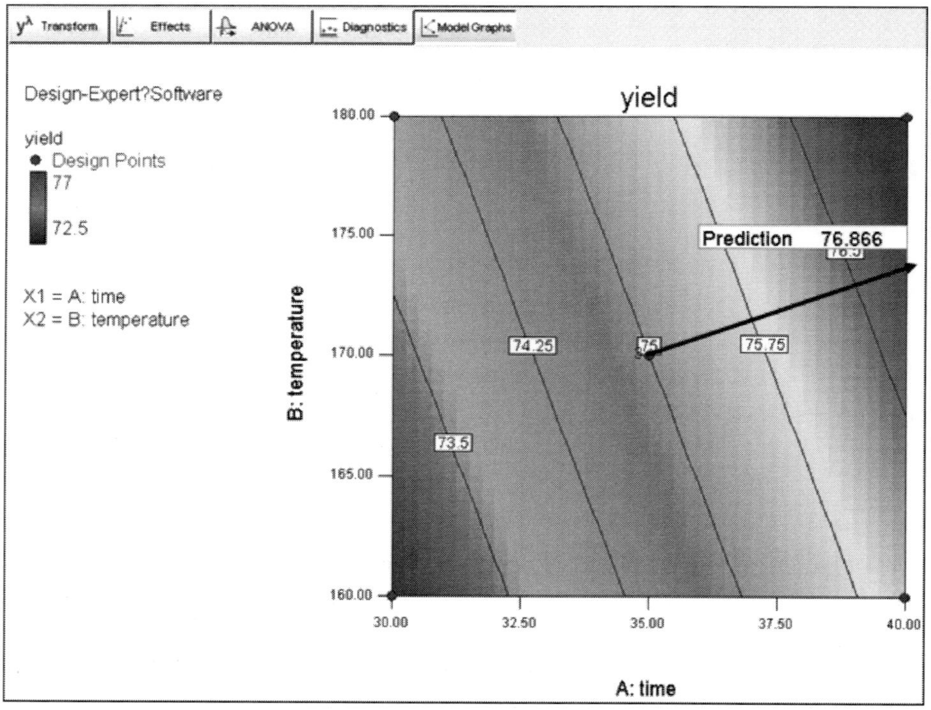

그림 9.3 $\hat{y}=75.09+1.65x_1+0.6x_2$의 등고선 그림

표 9.3 최대경사법 실험 결과

(x_1, x_2)	$(time, Temp)$	y
Δ	(40, 173.6)	77.1
2Δ	(45, 177.3)	77.9
3Δ	(50, 180.9)	80.9
4Δ	(55, 184.6)	78.0

값은 Δ이다. 또 그 다음 실험점들의 후보는 2Δ, 3Δ, ...이다. 만일 원래 변수인 반응시간 $time$의 기본 이동 간격을 5분으로 잡았다면, 최대상승경로상의 반응온도 $Temp$의 이동간격은 얼마로 잡아야 할까? 반응시간 $time$의 5분에 대응되는 부호화된 변수 x_1의 크기는 1 단위이다. 따라서 반응온도 $Temp$의 이동간격에 대응되는 부호화된 변수 x_2의 크기는 0.364가 되어서 $Temp$의 이동간격은 $10 \times 0.364 = 3.64$이다. 〈표 9.3〉에는 최대경사법에 의하여 각각의 실험점에서 축차적으로 실험을 실시한 실험조건인 $(time, Temp)$의 값과 관측된 반응값인 수율의 값들이 주어져 있다. 반응값들의 변화를 보면 계속 증가하다가 (x_1, x_2)의 값이 3Δ에서 최대가 된 다음 4Δ에서 감소한다. 따라서 더 이상의 최대경사법의 적용은 불필요하기에, 4회째의 실험에서 실험을 멈춘다. 표에서 나타난 최대반응값은 (50분, 180.9℃)에서 80.9%이다.

다음 실험은(50분, 180.9℃)를 중심으로 관심영역을 새로 만들고 간격을 조정하여 2^2 요인설계와 관심영역의 중심점인 (0, 0)에서 실험을 한 후 Curvature를 확인하여 곡선효과가 존재하면, 9.1절 반응표면분석 개론에서 소개한 단계 1의 실험이 끝난 것으로 간주할 수 있다. 다음 단계의 실험은(50분, 180.9℃)를 중심으로 4개의 축점과 중심점에서 추가 실험을 실시하여 다음 절에서 공부할 중심합성설계에 따라서 실험을 축차적으로 실시하고, 이차다항모형에 의한 반응표면의 근사에 의해서 최적조건을 찾는다.

독립변수가 3개 이상인 경우의 최대경사법의 최대 상승 경로도 앞에서 설명한 것과 같은 방법에 의해서 결정된다. Δ를 결정할 때에 j번째 원소의 값은 $\widehat{\beta}_j / \widehat{\beta}_1$이다.

9.3 2차 반응표면모형 적합을 위한 실용적인 실험설계

최적조건 근처의 영역에서는 반응표면의 근사모형으로 독립변수들의 곡선효과가 고려된 이차모형을 가정한다. 다음의 예를 생각하자. 빵을 싸는 비닐봉지의 접착력 y를 가장 크게 하는 마감 공정의 조건을 찾는 데에 관심이 있다. 마감할 때의 온도 T, 냉각할 때의 온도 C와 폴리에틸렌의 첨가제의 양 P가 반응값에 영향을 주는 계량인자로 알려져 있고 실험자가 우선 관심을 가지고 있는 T, C, P의 범위는 각각 (100℃,140℃), (5℃,15℃), (0.5%,1.7%)이다. 따라서 부호화된 독립변수 x_1, x_2, x_3는 각각 다음 식으로 정의된다.

$$x_1 = \frac{T-120}{20}$$

$$x_2 = \frac{C-10}{5}$$

$$x_3 = \frac{P-1.1}{0.6}$$

반응값 y에 대한 이차다항모형은

$$y = \beta_0 + \sum_{i=1}^{3}\beta_i x_i + \sum_{i=1}^{3}\beta_{ii}x_i^2 + \sum_{i=1}^{2}\sum_{j=i+1}^{3}\beta_{ij}x_i x_j + \epsilon \tag{9.2}$$

이다.

이차모형을 적합시키려면 각 독립변수의 곡선효과를 추정할 수 있어야 하기 때문에 각각의 요인에서 적어도 3 수준씩 택하여 실험을 해야 한다. 따라서 이 경우에 가장 먼저 생각할 수 있는 실험설계는 3^3 요인 배치법이다. 총 실험조건은 $3^3=27$이고 각각의 실험조건에서 반복이 없이 1회의 실험만 실시한다고 하여도, 총 27회의 실험을 실시해야 한다. 물론 고려된 계량인자의 수가 4, 5, ...이면 총 실험조건의 수는 $3^4=81$, $3^5=243$, ...가 되어서 기하급수적으로 늘어난다. 그런데, 특히 공업실험에서는 실험조건을 변경시키는 데에, 즉 실험을 1회 실시하는 데에 시간과 비용이 많이 든다. 따라서 이차다항모형인 식 (9.2)의 회귀계수를 효율적으로 추정할 수 있게 하면서 훨씬 적은 실험횟수를 필요로 하는 실험설계의 개발이 절실하다. 그런데

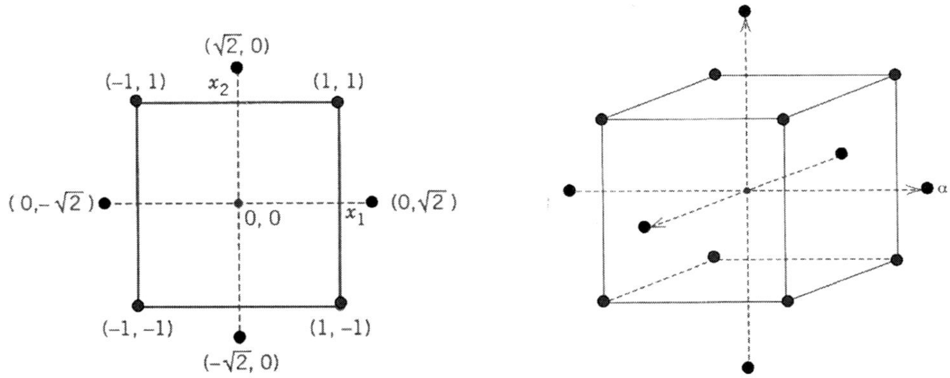

(a) $k=2$인 경우　　　　(b) $k=3$인 경우

그림 9.4 중심합성설계 그림

우리는 관심영역에서 일차적으로 일차모형을 적합시켜 본 후에, 각 독립변수의 곡선효과가 의심스러워서 이차다항모형으로의 근사를 고려하게 되었기에 일차모형을 위한 실험자료를 이미 가지고 있다. 즉, 몇 개의 중심점 $(0,0,0)$과 2^3 요인설계에 의해서 얻어진 실험자료를 가지고 있기에 이차모형의 적합을 위한 효율적인 실험설계에서는 기존의 이 실험점들에다가 이차 다항모형의 적합에 꼭 필요한 새로운 실험점들을 추가시키는 형태의 축차적인 실험설계여야만 실용적이다. 이 목적으로 개발되어 현재까지 가장 많이 사용되고 있는 실험설계가 **중심합성설계**(CCD: central composite design)이다. 중심합성설계는 2^3 **상자점**(2^3 factorial points), **중심점**(center points)과 **축점**(axial points)의 세 부분으로 구성되고, 〈그림 9.4〉에 중심합성설계 실험점들이 시각적으로 주어져 있다. 〈표 9.4〉에는 위의 접착력을 향상시키려는 공정조건의 예에 적용된 중심합성설계에 의해서 얻어진 실험자료가 주어진다.

최소제곱법에 의해서 이차다항모형의 회귀계수를 추정하여 얻은 회귀식의 추정치는 다음과 같다.

$$\begin{aligned}\hat{y} &= 11.48-1.14x_1+0.12x_2+1.08x_3 \\ &\quad -0.86x_1^2-1.14x_2^2-1.22x_3^2-0.41x_1x_2-0.56x_1x_3+0.21x_2x_3 \qquad (9.3)\end{aligned}$$

식 (9.3)에 주어진 $\hat{y}$의 중요한 성질은 원점 $\mathbf{0}'=(0,0,0)$에서 동일한 거리에 있는 $\boldsymbol{x}'=(x_1,x_2,x_3)$에서의 $\hat{y}$의 분산의 크기가 똑같다는 사실이다. 그런데 반응표면분석에서 관심영역의 중앙에서 동일한 거리에 위치한 독립변수들의 값에 대해서는 추정

표 9.4 중심합성설계

x_1	x_2	x_3	y
−1	−1	−1	7.6
1	−1	−1	7.9
−1	1	−1	8.9
1	1	−1	7.1
−1	−1	1	10.2
1	−1	1	7.8
−1	1	1	11.9
1	1	1	8.3
0	0	0	11.5
0	0	0	11.2
0	0	0	13.8
0	0	0	10.7
0	0	0	11.0
0	0	0	10.9
−1.682	0	0	10.8
1.682	0	0	6.0
0	−1.682	0	7.9
0	1.682	0	7.3
0	0	−1.682	5.0
0	0	1.682	9.8

치의 정밀도(precision)를 나타내는 $\hat{y}$의 분산을 같게 하는 것이 바람직하다. 따라서 이러한 실험설계를 바람직한 실험설계로 간주하여, **회전가능 실험설계**(rotatable design)이라고 한다. ⟨표 9.4⟩의 중심합성설계는 이 성질을 만족하기에 **회전가능 중심합성설계**(rotatable CCD)이다. ⟨표 9.4⟩에 주어진 중심합성설계의 또 다른 바람직한 성질은 원점에서의 $\hat{y}$의 분산의 크기와 원점에서 단위 길이만큼 떨어진 독립변수들의 값에서의 $\hat{y}$의 분산의 크기를 같게 해준다는 사실이다. 그리고 실제로 계산해 보면, 단위 구면체(unit sphere) 내의 독립변수들의 값에서의 $\hat{y}$의 분산의 크기가 거의 똑같아서, 이러한 실험설계를 **균등 정밀 실험설계**(uniform precision design)이라고 하고 ⟨표 9.4⟩에 주어진 중심합성설계를 **균등 정밀 중심합성설계**(uniform precision CCD)이라고 한다. 따라서 ⟨표 9.4⟩에 주어진 중심합성설계는 회전가능 중심합성설계이면서 동시에 균등 정밀 중심합성설계가 되고, 이러한 중심합성설계를 **균등 정밀**

표 9.5 균등 정밀 회전가능 중심합성설계

k	2	3	4	5	6	7	8
F	4	8	16	16	32	64	128
n_a	4	6	8	10	12	14	16
n_0	5	6	7	6	9	14	20
α	1.414	1.682	2.000	2.000	2.378	2.828	3.364

회전가능 중심합성설계(uniform precision rotatable CCD)라고 한다. 균등 정밀 회전가능 중심합성설계는 관심영역의 중심점인 원점에서의 실험횟수 n_0와 축점의 위치인 α의 값에 의해서 결정되며 이 값들은 〈표 9.5〉에 주어져 있다. 독립변수의 개수 k가 5개 이상인 경우의 요인점들은 2^{k-1} 부분실시법의 실험점들이고 이 점들의 개수를 F로 표시하며 축점들의 개수를 n_a로 표시한다.

Box–Benken 설계는 이차모형 적합을 위한 효율적인 3수준 실험설계로 3수준 요인배치법의 일부 실험조건에서만 실험을 실시한다. Box–Benken 설계의 실험점은 2개의 인자의 상자점인 2^2개의 $(\pm 1, \pm 1)$ 수준에서 실험을 하고 나머지 인자는 수준의 중앙값인 0으로 고정을 한다. 2개의 인자는 Box–Benken 설계가 모든 인자들에 대해서 균형을 맞추기 위해서 실험에 고려된 k개의 인자들 중에서 2개를 선택하는 모든 조합으로 결정되고, n_c개의 중앙점이 추가 되어서, 총 실험의 크기는 $4 \times k(k-1)/2 + n_c$이다. 〈표 9.6〉에는 $k = 3$인 경우의 실험점이 주어지고, 〈그림 9.5〉에는 Box–Benken 설계의 실험점들이 시각적으로 주어져 있다.

이차 반응표면모형의 실험설계로 사용될 수 있는 Box–Benken 설계, 중심합성설계, 3수준 요인배치법의 실험의 크기를 비교한 표가 〈표 9.7〉에 주어져 있다. 계량인자가 3개인 경우에는 Box–Benken 설계가 중심합성설계보다 실험점의 수가 작음을 주목할 때에, 1회 실험의 비용이 많이 들거나 실험 조건의 변경이 용이하지 않을 때에는 Box–Benken 설계가 중심합성설계보다 실용적이다.

표 9.6 $k = 3$인 경우의 Box–Benken 설계 실험점

	x_1	x_2	x_3
블록 1	±1	±1	0
블록 2	±1	0	±1
블록 3	0	±1	±1
중앙점	0	0	0

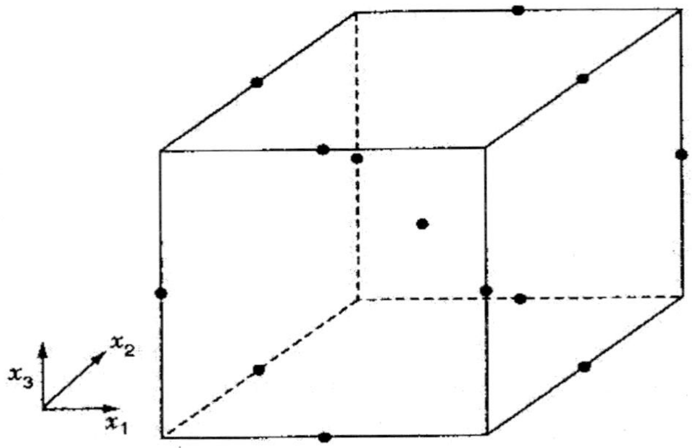

그림 9.5 $k=3$인 경우의 Box-Benken 설계의 실험점 그림

표 9.7 2차 반응표면모형 적합을 위한 실험설계의 실험 크기 비교

k	Box-Benken 설계	중심합성설계(C.C.D.)	3수준 요인배치법
3	$12+n_c$	$14+n_c$	27
4	$24+n_c$	$24+n_c$	81
5	$40+n_c$	26(또는 42)$+n_c$	243

9.4 이차다항모형의 정준분석

균등 정밀 회전가능 중심합성설계의 실험자료를 이용하여 이차다항모형의 회귀식을 추정한 후의 다음 목표는 반응값을 최적으로 하는 공정의 조건을 찾는 것이다. 최적 조건에서의 독립변수들의 값을 최적점(optimum point)이라고 한다.

k개의 부호화된 변수로 표현된 이차다항모형의 추정식을 다음과 같이 표기하자.

$$\hat{y}=\beta_0+\sum_{i=1}^{k}b_i x_i+\sum_{i=1}^{k}b_{ii}x_i^2+\sum_{i=1}^{k-1}\sum_{j=i+1}^{k}b_{ij}x_i x_j \tag{9.4}$$

식 (9.4)로 표현된 반응표면에서 최적점을 찾으려면, 이 반응표면 함수를 각 변수에 대해 편미분한 함수를 0으로 놓고 얻어지는 연립방정식,

$$\frac{\partial\hat{y}}{\partial x_1}=\frac{\partial\hat{y}}{\partial x_2}=\cdots=\frac{\partial\hat{y}}{\partial x_k}=0$$

을 풀어야 한다. 이 k개의 연립방정식의 해를 $\boldsymbol{x}^* = (x_1^*, x_2^*, \cdots, x_k^*)$로 표기하면, 이와 같은 점을 정상점(stationary point)이라고 부른다. 앞에서 이미 지적한 바와 같이 정상점이 반드시 최적점은 아니다. 반응표면이 산과 사발의 모양일 때에는 정상점에서 각각 최대값과 최소값을 갖지만, 반응표면이 말안장의 모양일 때에는 정상점에서 안장점을 갖는다. 또한 관심영역에서 반응표면이 올라가는 능선의 모양일 때에는 정상점이 관심영역의 밖에 존재하게 된다. 식 (9.4)에 주어진 이차다항모형의 추정식만을 보아서는 반응표면의 모양이 크게 분류하여 4가지 모양들 중에서 어떠한 모양에 해당되는지를 판단할 수가 없다. **정준분석**(canonical analysis)이란 식 (9.4)에 주어진 이차다항모형의 추정식을 변환하여 반응표면의 모양이 크게 분류하여 4가지 모양들 중에서 어떠한 모양에 해당되는지를 쉽게 판단할 수 있도록 도와주는 반응표면분석의 기법이다.

이차다항모형의 추정식 (9.4)을 다음과 같은 행렬 모형으로 표현하자.

$$\hat{y} = b_0 + \boldsymbol{x}'\boldsymbol{b} + \boldsymbol{x}'\boldsymbol{B}\,\boldsymbol{x} \tag{9.5}$$

여기서 각 행렬들은 다음을 나타낸다.

$$\boldsymbol{x} = \begin{bmatrix} x_1 \\ x_2 \\ \vdots \\ x_k \end{bmatrix} \qquad \boldsymbol{b} = \begin{bmatrix} b_1 \\ b_2 \\ \vdots \\ b_k \end{bmatrix} \qquad \boldsymbol{B} = \begin{bmatrix} b_{11} & b_{12}/2 & \cdots & b_{1k}/2 \\ & b_{22} & \cdots & b_{2k}/2 \\ & & \ddots & \vdots \\ (\text{대칭}) & & & b_{kk} \end{bmatrix}$$

적합된 모형 (9.5)에서 정상점 $\boldsymbol{x}^*$는 다음과 같이 구한다.

$$\frac{\partial \hat{y}}{\partial \boldsymbol{x}} = \boldsymbol{b} + 2\boldsymbol{B}\boldsymbol{x} = 0 \quad \Rightarrow \quad \boldsymbol{x}^* = -\frac{1}{2}\boldsymbol{B}^{-1}\boldsymbol{b}$$

이렇게 구한 정상점이 최대 반응점인지, 또는 최소 반응점인지, 또는 안장점인지는 이차항의 계수 행렬 $\boldsymbol{B}$의 고유값(eigenvalue)의 부호로 판정한다.

B의 고유값이	정상점은
전부 음수이면	최대점
전부 양수이면	최소점
음수와 양수가 섞여있으면	안장점

그런데, 사실상 $\boldsymbol{B}$의 고유값의 부호뿐 아니라 고유값의 절대 크기 또한 시스템을 이해하는 데 필수적이다. 이런 점을 감안하면 모형 (9.5)를 직접 사용하는 대신, 다음과 같이 새로운 좌표 체계로 표시한 모형의 도입이 분석에 매우 도움이 된다.

$$\hat{y} = \hat{y}^* + \lambda_1 w_1^2 + \lambda_2 w_2^2 + \cdots + \lambda_k w_k^2 \tag{9.6}$$

여기서 $\hat{y}^*$는 정상점 $\boldsymbol{x}^*$에서의 반응값의 추정치이고 회귀계수 λ_i들은 $\boldsymbol{B}$의 고유값들이다.

모형 (9.6)을 모형 (9.4)의 **정준형식**(canonical form)이라 부른다. 모형 (9.4)은 원래 $(x_1, x_2, \ldots, x_k)$ 직교 좌표 체계에서 표현된 이차다항식인데 반하여, 모형 (9.6)은 이차다항식의 정상점을 중심으로, 즉 정상점을 새로운 원점으로 하여 원래의 직교 좌표축들을 동시에 회전시켜서 새로운 직교 좌표 체계인 $(w_1, w_2, \ldots, w_k)$로 간단하게 표현된 이차다항식이다. 여기서 새로운 직교 좌표 체계인 $(w_1, w_2, \ldots, w_k)$는 $\boldsymbol{B}$의 고유값들에 대응되는 고유벡터들에 의해서 결정된다. 〈그림 9.6〉에 $k=2$일 때 좌표축의 회전을 도시하였다.

정준 형식은 원래의 이차다항모형에 비하여 해석상 매우 다루기가 편하다. 즉, 원래 이차모형에는 일차항뿐 아니라 $x_i x_j$와 같은 상호작용을 나타내는 이차항들도 들어있어 적합된 회귀계수들의 의미를 해석하기가 어려운 면이 있지만, 정준 형식에서는

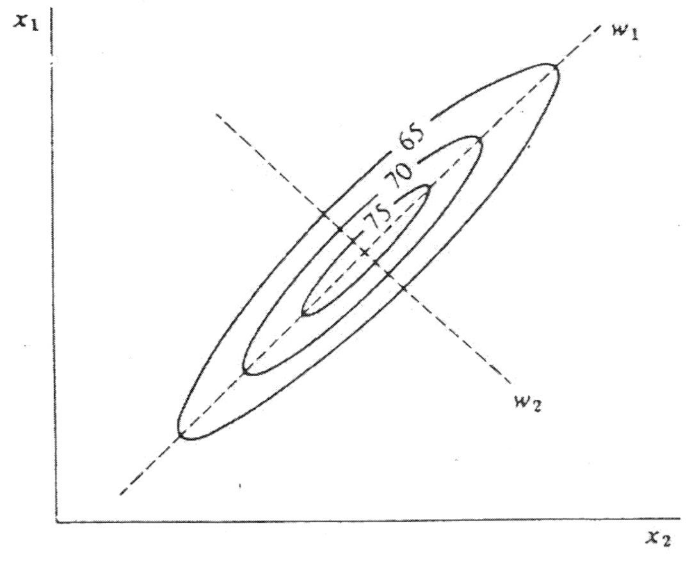

그림 9.6 이차모형의 정준 형식

순수 이차항들만을 포함하고 있고, 순수 이차항들의 계수가 곧 해당 변수의 고유값이므로 정상점의 본질에 대한 판정이 쉽다. 또한, 각각의 새로운 독립변수 w_i의 반응값에 대한 영향의 크기는 각 고유값의 절댓값에 비례하기 때문에, 정준 형식에서는 고유값의 크기만으로 어느 변수가 반응값에 가장 영향력이 큰지 등을 쉽게 알 수 있다. 원래 이차모형에서는 이런 영향력을 측정하기가 불가능하다. 이렇게 정준 형식을 통하여 반응표면을 분석하는 통계 기법을 **정준 분석**(canonical analysis)이라고 한다.

정준 형식에서 고유값들의 부호를 기준으로 정상점의 성격을 구분하는 방법은 앞서 요약하였다. 이것과 더불어 고유값의 크기까지 고려하여 시스템을 해석하는 방법을 $k=2$인 경우의 몇 가지 상황을 기초로 생각해 보자. 부호화된 변수 x1과 x2에 대한 행렬 B의 고유값을 각각 λ_1과 λ_2라고 하자.

만일 $\lambda_1 < \lambda_2 < 0$이면 정상점은 최대 반응점이고, 정상점을 중심으로 변수 w_2에 비하여 변수 w_1에 대한 반응의 변화가 급하다.

만일 $\lambda_1 > \lambda_2 > 0$이면 정상점은 최소 반응점이고, 변수 w_2에 비하여 변수 w_1에 대한 반응의 변화가 급하다.

만일 $\lambda_1 > 0$, $\lambda_2 < 0$, $|\lambda_1| > |\lambda_2|$이면 정상점은 안장점이고, 변수 w_2에 대하여 반응은 감소할 것이고, 변수 w_1에 대한 반응은 증가할 것이다. 그리고 변수 w1에 대한 반응의 변화가 급하다.

참고로, 가끔 모형 (9.6)에서 하나 이상의 λ_i들이 0에 매우 가깝게 나오는 경우가 있다. $\lambda_i \approx 0$인 경우의 반응표면 체계를 능선 체계(ridge system)라고 한다. 능선 체계에는 최적점이 무수히 많은 정상 능선 체계(stationary ridge system)와 능선이 한 방향으로 계속 증가하는 형태의 올라가는 능선 체계(rising ridge system)가 있다. 올라가는 능선 체계에서는 현재의 실험 영역에서 최적점이 없기 때문에 실험 영역을 변경하여 다시 실험을 진행해야 한다.

예제 9.1

9.3절에서 소개된 비닐봉지의 접착력 y을 가장 크게 하는 마감 공정의 예에서, 최적 공정의 조건을 찾는 데에 관심이 있다. 균등 정밀 회전가능 중심합성설계를 실시하여 얻은 자료가 〈표 9.4〉에 주어지고, 최소제곱법에 의해서 이차다항모형의 회귀계수를 추정하여 얻은 회귀식의 추정치는 식 (9.3)에서 주어진 바와 같이

$$
\begin{aligned}
\hat{y} &= 11.48 - 1.14x_1 + 0.12x_2 + 1.08x_3 \\
&\quad - 0.86x_1^2 - 1.14x_2^2 - 1.22x_3^2 - 0.41x_1x_2 - 0.56x_1x_3 + 0.21x_2x_3
\end{aligned}
$$

이다. R의 rsm(y~SO(A, B, C), data=AD)를 실행하여 얻은 정상점의 좌표는 (−0.96, 0.29, 0.69)이며 원래 변수로 바꾸면 (100.8, 11.45, 1.514)이다. 또한 정준 형식은

$$\hat{y} = 12.42 - 1.72w_1^2 - 3.52w_2^2 - 3.88w_3^2 \tag{9.7}$$

이다. 고유값들이 모두 음수이므로 정상점에서 최대값을 갖고 정상점이 최적조건이 된다. 따라서 최적조건은 마감 온도 T=100.8℃, 냉각 온도 C=11.45℃, 폴리에틸렌의 첨가제의 양 P=1.514%이고, 이때의 접착력의 예측치는 12.42이다.

9.5 Design Expert를 활용한 이차반응표면분석의 순서

먼저 반응표면분석법의 순서를 정리해 보자. 반응표면분석법의 단계는 앞 장에서 공부한 실험계획법의 단계와 동일하게

(1) 실험의 설계(Design) 단계
(2) 실험자료의 반응표면분석(Analysis) 단계
(3) 최적화(Optimization) 단계
(4) 분석후(Post Analysis) 단계

를 거쳐서 반응표면분석법이 완료된다. 반응변수가 2개 이상인 다중반응표면을 포함한 반응표면사례분석은 다음의 순서에 따라서 Design Expert를 활용하여 분석된다.

(1) 실험설계 단계

최대경사법을 활용하여 최적조건 근처의 영역으로 이동하기 위해서는 중심점을 갖는 2수준 요인배치법(혹은 일부 실시법)을 선택하고, 이차반응표면 모형의 적합을 위해서는 실용적인 실험설계인 중심합성설계(C.C.D.)를 선택하여 실험점들을 생성한다. 중심합성설계는 실험설계를 축차적으로 진행하는 것이 가능하다. 1단계에서 상자점과

중심점에서 실험을 실시하고, 실험자료를 분석한 결과 곡선효과에 대한 p-value가 작은 값이 나와서, 관심영역에서 이차모형을 가정해야 하는 경우에는, 2단계의 실험으로 $2k$개의 축점과 중심점에서 추가로 실험을 실시하여 1단계와 2단계에서 얻어진 누적된 실험자료를 가지고, 이차모형을 적합시킬 수 있다는 장점을 가지고 있다. 그런데, Box-Behnken 설계는 계량인자의 수가 3인 경우에는 중심합성설계보다 실험점의 수가 작다는 점을 주목하여 두 실험설계들 중에서 적절한 실험설계를 선택한다.

(2) 실험자료의 반응표면분석(Analysis) 단계

목표는 실험설계 단계에서 생성된 실험 조건에서 실험을 실시하여 얻어진 실험자료를 잘 설명하는 적절한 모형을 결정하는 것인데, 다음의 3개 절차를 따라서 적절한 모형 찾기를 제안한다.

① 주어진 실험 자료에 근거하여 분석이 가능한 다항회귀모형의 적합도를 평가한다. [Fit Summary] 버튼을 클릭하여 일차모형, 일차모형 + 상호작용효과, 이차모형, 삼차모형의 적합도를 평가하기 위해서 각 모형의 추가 설명력에 근거하여 계산된 p-value를 읽는다. 이차모형의 추가설명력이 있는지를 확인한다. 각 모형의 추가 설명력에 대한 p-value를 비교하여 적절한 차수의 모형을 결정하는데, 경험적으로 p-value는 0.1을 기준으로 한다. 예를 들어서 이차모형이 결정된 경우에, 이차모형의 항들 중에서 설명력이 떨어지는 항들을 모형에서 제외시키는, 즉 모형 단순화의 가능성을 검토한다. 즉, 이차모형의 항들인 순수 2차항, 상호작용항, 일차항들 중에서 일부의 항들만으로 이루어진 적절한 모형을 찾기 위해서, p-value가 0.25 이상인 항들을 오차항에의 풀링(pooling)의 대상으로 결정하는데, 상호작용항이 유의하면, 관련된 일차항은 p-value가 큰 값이라고 할지라도, 풀링을 하지 않는다. 이를 위해서 [Fit Summary] 버튼의 다음 버튼인 [f_X] 버튼을 클릭하고, [Auto Select...] 버튼을 선택한 후 Criterion 칸에 p-values를 선택하고, Selection 칸에 Backward (혹은 step-wise)를 선택하고, Alpha 칸에 0.25를 입력한 후에, 아래의 [Start] 버튼을 클릭하고, [Accept] 버튼을 클릭하여 모형에 포함된 항들을 확인한다. Criterion 칸에 다른 모형 평가 기준인 AICc를 선택하여 최적모형을 살펴볼 수도 있다. 선택된 모형에 대한 분산분석표를 얻기 위해 [ANOVA] 버튼을 클릭한다. 적절한 모형의 후보모형에 대한 분산분석 결과로부터 선택된 모형에 대한 모형 평가

통계량인 $adj-R^2$, $pred-R^2$, AICc와 BIC를 기록한다.

② 후보 모형의 진단: 선택된 모형의 적절성을 진단하기 위해서 오차의 독립성, 정규성, 등분산성을 오차의 추정치인 표준화 잔차의 그림을 통해서 검토하고, 이상치(outliers)의 유무를 확인한다. Design Expert에서 표준화 잔차에 관한 그림을 그리기 위해 [ANOVA] 버튼의 다음 버튼인 [Diagnostics] 버튼을 클릭한다. 오차의 정규성을 검토하기 위해서는 표준화 잔차의 정규확률그림이 개략적으로 직선모양인지를 확인한다. 표준화 잔차와 예측치의 산점도 그림의 이상적인 모양은 ± 2의 수평밴드 내에서 표준화 잔차가 랜덤하게 분포하는 것이다. 이 그림이 이상적인 모양을 따르면, 선택된 모형을 최종모형의 후보 모형으로 간주한다. 표준화 잔차의 값이 3 이상인 자료점은 다른 유사한 환경의 실험점에 비해서 동떨어진 행동을 보이기에, 해당 자료점을 면밀히 검토한다(해당 자료점의 기록 오차의 가능성, 실험 환경의 특별성 존재 여부 등).

③ 후보 모형의 반응표면과 등고선 그림 그리기: 관심영역에서 반응표면의 모양을 확인하기 위해서 모형 진단의 절차를 통과한 후보 모형에 대해서 등고선 그림과 반응표면 그림을 그린다. 이를 위해서 [Diagnostics] 다음 버튼인 [Model Graphs] 버튼을 클릭한다. 등고선 그림을 그리기 위하서는 2개의 계량인자를 선택해서 좌표축을 결정하고, 나머지 인자들은 특정한 값으로 고정시켜야 한다. 각 변수의 좌표축에서 예측치들의 변화의 폭이 작은 인자들을 특정한 값으로 고정시킨다. 각 좌표축에서 예측치의 그림은 상단의 [Perturbation]을 선택하여 얻는다. 반응표면 그림을 얻기 위해서는 상단의 [3D Surface]를 선택한다.

(3) 최적화(Optimization) 단계

반응표면분석 단계에서 추천된 후보모형에 대해서 반응변수의 예측치(반응표면)를 최적화시키는 최적조건을 관심영역에서 찾는 것이다. 최적화 단계는 일반적으로 Numerical optimization과 Graphical Optimization 절차로 구성된다.

① Numerical optimization(혹은 Response Optimizer): 강도, 수율 등과 같이 반응변수가 클수록 좋은 망대특성, 진동, 소음 등과 같이 반응변수가 작을수록 좋은 망소특성에 대해서 각 종류의 특성에 대한 반응변수의 **desirability** d, $0 \le d \le 1$를 정의하여 desirability d를 최대로 하는 최적조건을 관심영역에서 찾는다. 망대특성이고 반응변수의 값이 L 이하인 경우는 폐기 처분하고, T

이상인 제품은 제품의 유용성이 똑같이 최고로 취급되는 경우의 desirability d 는 아래와 같이 정의된다.

$$d = \begin{cases} 0 & y < L \\ (\frac{y-L}{T-L})^r & L \le y \le T \\ 1 & y > T \end{cases} \tag{9.8}$$

여기서 r을 weight라 부르고, 우리가 선택해야 하는 값이다. $r=1$인 경우에는 d가 선형으로 증가하고, r이 커질수록 예측치가 완만하게 증가하다가 목표치 근처에서만 1로 급속히 증가한다. r이 0에 가까우면, 제품이 규격을 만족했는지에 따라서 제품의 합격 여부를 결정하듯이 예측치의 값이 L 이상에서는 d값이 1에 가깝게 된다는 점을 주목하여 r값을 결정해야 하는데, default 값은 1이다. 반응변수의 수가 2 이상인 **다중반응표면분석**에서는 우선 Analysis 단계의 각각의 가지인 반응변수에 대해서 적절한 모형을 찾는다.

Design Expert에서 최적 조건을 찾아 주기 위해 Optimization 가지의 numerical을 선택한다. 목록에 있는 설명변수들 중에서 Analysis 단계에 결정된 모형에 있는 설명변수의 'Goal' 칸은 in range로 선택하고, 모형에 포함되지 않는 설명변수의 값은 경제성을 고려하여 특정한 값으로 고정한다. 반응변수 y의 'Goal' 칸은 반응변수의 망대특성, 망소특성, 망목특성 여부에 따라 maximize, minimize, target→을 각각 선택한다. 반응변수가 최대값이 되는 설명변수의 값을 찾는 것이 목표인 경우에는 'Goal'에서 'maximize'를 선택하고, Limits의 Lower 칸에 폐기처분에 해당되는 값인 L값을 입력하고, Upper 칸에 제품의 유용성이 똑같이 최고로 취급되는 목표값인 T값을 입력한 후에 desirability d를 가장 크게 하는 최적조건을 찾기 위해서는 Criteria 다음 버튼인 [Solutions]를 클릭한다. Solutions 화면에서 최적조건과 최적조건에서의 예측치 값을 확인할 수 있다. 최적조건을 확인한 후에, 다음 버튼인 Graphs를 클릭하면, 최적조건 근처에서의 등고선 그림을 볼 수 있다. 반응변수의 수가 2 이상인 다중반응표면분석에서는 주어진 계량인자들의 값에서 각각의 반응변수에 대한 desirability d_i를 구한 후에, 이 값들의 기하평균을 overall desirability d로 정의하여서 최적조건을 구한다.

② Graphical Optimization: 예측치의 허용 범위를 지정해 주면, 최적조건 근처에서 허용한계를 만족하는 계량인자들의 실행 가능한 영역(feasible region)을

도시한다. 반응변수가 2개 이상인 다중반응표면분석에서 overlaid contour plot을 활용하여 모든 반응변수에 대해서 부과한 허용한계를 동시에 만족하는 계량인자들의 실행 가능한 영역(feasible region)을 볼 수가 있어서, 특히 다중반응표면분석에서 많이 활용된다. Design Expert 왼쪽 창의 Optimization 가지의 Graphical을 선택한다. 오른쪽의 활성화 창에서 [Criteria] 버튼을 클릭하고, 각각의 반응변수에 대한 허용범위를 Limits의 Lower와 Upper 칸에 지정한다. 다음 버튼인 [Graphs] 버튼을 클릭하여 모든 반응변수에 대해서 부과한 허용한계를 동시에 만족하는 계량인자들의 실행 가능한 영역(feasible region)을 확인한다.

최근에 제약회사의 신약과 유사약(Bio-similar) 개발에서 FDA의 승인을 얻기 위해서는 최적조건둘레에서 생산되는 제품의 99%에 대한 약효를 보증하는 **Design Space**를 구축하여 보고해야 한다. Design Space 내의 공정조건에서 생산된 제품의 99%에 대한 품질을 보증할 수 있어서 Design Space는 엔지니어들에게 최적조건에서 공정변수들의 흔들림을 어느 정도 허용할 수 있는지를 시각적으로 보여 준다. 최적조건 근처에서 생산되는 99% 제품의 품질 특성 관측치에 대한 95% 신뢰구간인 Tolerance Interval이 약효를 보증하는 규격을 만족하면, 해당 조건은 Design Space에 속한다. Design Space 구축을 위하여 Optimization 가지의 Graphical을 클릭하고, use interval(one-sided)를 선택한 후에, Tolerance를 선택하고, Alpha값을 0.05로 입력한다. 약효나 접착력 같은 망대특성일 경우에는 제품으로 출시되기 위해서 만족되어야 할 품질특성의 하한값을 Lower Limits 칸에 입력한다.

(4) 분석후(Post Analysis) 단계

최적조건에서의 재현성 확인하기. Numerical optimization에서 구한 최적조건 혹은 Graphical Optimization에서 비용이나 생산성 등을 고려하여 구한 최적조건에서 추가 실험을 실시하여 재현성을 확인한다. 기존의 실험자료로부터 구한 최적조건에서 추가실험을 실시할 경우에 관측될 반응치의 신뢰구간을 먼저 구한다. 이 신뢰구간에 확인 실험에서 실제로 관측된 반응변수 값이 포함되었는지를 확인하여 재현성을 검토한다. 이를 구현하기 위해서는 Post Analysis 가지의 Confirmation을 선택한다. 최적조건인 Confirmation Location을 확인하고, 재현성 실험횟수를 Runs 칸에 입력한다. Confirmation 화면에서 최적조건에서의 예측치와 재현성 실험에서 관측될 반응치들의 평균에 대한 95% 신뢰구간인 95% PI low와 95% PI high가 출력된다.

최적조건에서의 모평균에 대한 신뢰구간과 Tolerance Interval은 왼쪽 창의 Post Analysis 단계에서 Point Prediction 가지를 클릭하여 얻을 수 있다.

9.6 Design Expert, Minitab과 R을 활용한 이차반응표면 사례분석

예제 9.1

이 절에서는 위의 비닐봉지 접착력 실험을 먼저 실습해 보기로 한다. 이때 반응변수를 y(접착력), 설명변수 3개를 각각 T(마감온도), C(냉각온도), P(폴리에틸렌 첨가제의 양)로 표기한다.

● Design Expert를 활용한 분석

(1) 실험의 설계 단계. Design Expert 12를 실행하고, 중심합성설계를 생성하기 위해서 [File → New Design → Response Surface → Central Composite]를 선택하고, 오른쪽 창에 〈그림 9.7〉과 같이 중심합성설계와 관한 필요한 정보를 입력한다.

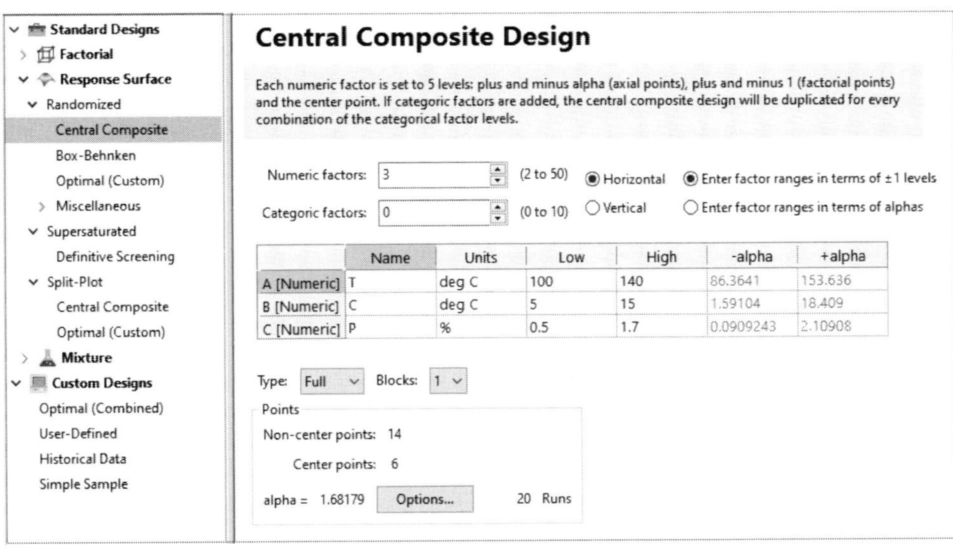

그림 9.7 중심합성계획의 계량인자 및 축점에 대한 정보 입력

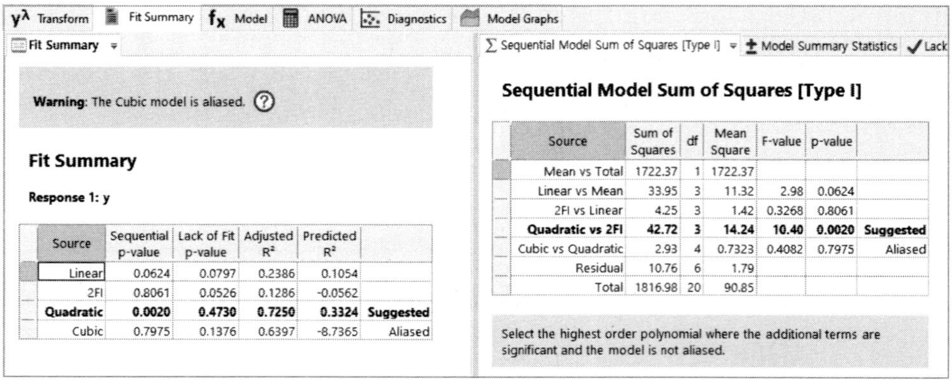

Warning: The Cubic model is aliased.

Fit Summary

Response 1: y

Source	Sequential p-value	Lack of Fit p-value	Adjusted R²	Predicted R²	
Linear	0.0624	0.0797	0.2386	0.1054	
2FI	0.8061	0.0526	0.1286	-0.0562	
Quadratic	**0.0020**	**0.4730**	**0.7250**	**0.3324**	**Suggested**
Cubic	0.7975	0.1376	0.6397	-8.7365	Aliased

Sequential Model Sum of Squares [Type I]

Source	Sum of Squares	df	Mean Square	F-value	p-value	
Mean vs Total	1722.37	1	1722.37			
Linear vs Mean	33.95	3	11.32	2.98	0.0624	
2FI vs Linear	4.25	3	1.42	0.3268	0.8061	
Quadratic vs 2FI	**42.72**	**3**	**14.24**	**10.40**	**0.0020**	**Suggested**
Cubic vs Quadratic	2.93	4	0.7323	0.4082	0.7975	Aliased
Residual	10.76	6	1.79			
Total	1816.98	20	90.85			

Select the highest order polynomial where the additional terms are significant and the model is not aliased.

그림 9.8 각 차수의 추가 모형 적합에 대한 Fit Summary 출력 결과

축점의 위치와 중심점의 반복수는 〈표 9.7〉에 소개된 균등 정밀 회전가능 중심합성설계가 default 값이다. 다른 기준의 값들로 변경을 원하면 [Options] 버튼을 클릭하여 선택할 수 있다. 활성창의 오른쪽 하단에 [continue] 버튼을 클릭하여 반응변수에 대한 정보를 입력하면, 활성창에 실험점들이 랜덤한 순서로 나열된 실험설계표가 생성된다. 실험결과에 따라서 반응변수 y값을 입력하면, Design 단계가 마무리 된다.

(2) 실험자료의 반응표면분석 단계. 실험자료에 대한 반응표면분석을 위하여 왼쪽 창의 Analysis 단계의 가지인 반응변수 y를 클릭하여 생성된 오른쪽의 활성창에서 ① [Fit Summary] 버튼을 클릭한 출력결과가 〈그림 9.8〉에 주어진다. Quadratic vs 2FI 행의 p-value가 0.002로 충분히 작아서 이차모형이 적절함을 제시하고 있고, 출력결과에도 Suggested로 적절한 모형으로 추천되어 있다. Design Expert에서는 p-value 0.05를 기준으로 적절한 모형을 Suggested로 추천함을 주목하여 적절한 차수의 모형의 결정에 참조하라. ② 다음 버튼인 [f(x) Model]을 클릭하고, Process Order에는 Quadratic을 선택하고, Selection에는 Backward를, Alpha Out에는 기준값으로 0.25를 선택한다. 즉, p-value 값이 0.25 이상인 순수 이차항이나 상호작용효과의 항들은 오차항으로 풀링하기를 선택한다.

③ 이차모형의 항들 중에서 설명력이 떨어지는 순수 이차항, 상호작용, 주효과의 항들을 후방소거법(Backward Elimination)에 의해 오차항에 풀링한 후의 분산분석 결과를 보기 위해서 다음 버튼인 [ANOVA]를 클릭한 결과가 〈그림 9.8〉에 주어진다. 표준 표시로 주효과 B(냉각온도인 C), 상호작용효과 BC, AB가 오차항에 풀링될 후보인데, 순수 이차항인 B^2이 유의하기 때문에 모형의 위계 순서

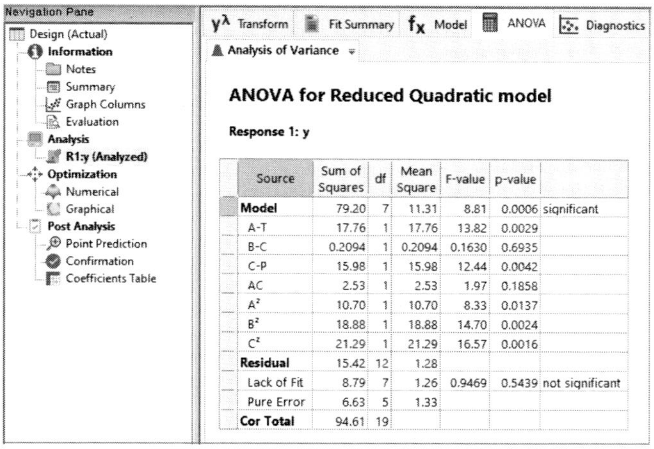

Source	Sum of Squares	df	Mean Square	F-value	p-value	
Model	79.20	7	11.31	8.81	0.0006	significant
A-T	17.76	1	17.76	13.82	0.0029	
B-C	0.2094	1	0.2094	0.1630	0.6935	
C-P	15.98	1	15.98	12.44	0.0042	
AC	2.53	1	2.53	1.97	0.1858	
A^2	10.70	1	10.70	8.33	0.0137	
B^2	18.88	1	18.88	14.70	0.0024	
C^2	21.29	1	21.29	16.57	0.0016	
Residual	15.42	12	1.28			
Lack of Fit	8.79	7	1.26	0.9469	0.5439	not significant
Pure Error	6.63	5	1.33			
Cor Total	94.61	19				

그림 9.9 이차모형을 완전모형으로 후방소거법에 의해 선택된 모형의 분산분석 결과

(hierarchical order)를 존중하여, 주효과 B는 오차항에 풀링하지 않고, 나머지 항들인 A ,B, C, AC, A^2, B^2, C^2에 대한 분산분석 결과가 〈그림 9.9〉에 주어진다. 결과 모형에 대한 적합결여를 검토하기 위해서 분산분석표의 Lack of Fit 행의 p−value의 값을 읽어보면, 0.5439로 ANOVA 절차에서 얻어진 모형이 적절함을 알 수 있다. ④ 선택된 모형의 적절성을 진단하기 위해서 다음 버튼인

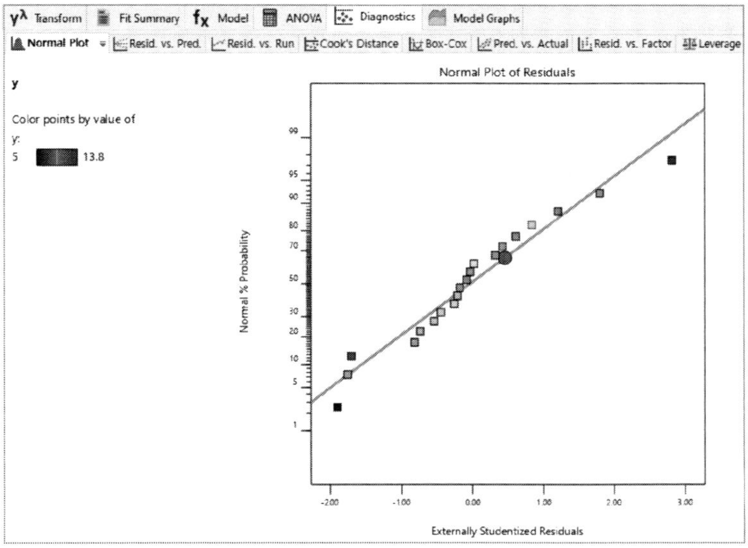

그림 9.10a 표준화 잔차의 정규확률그림

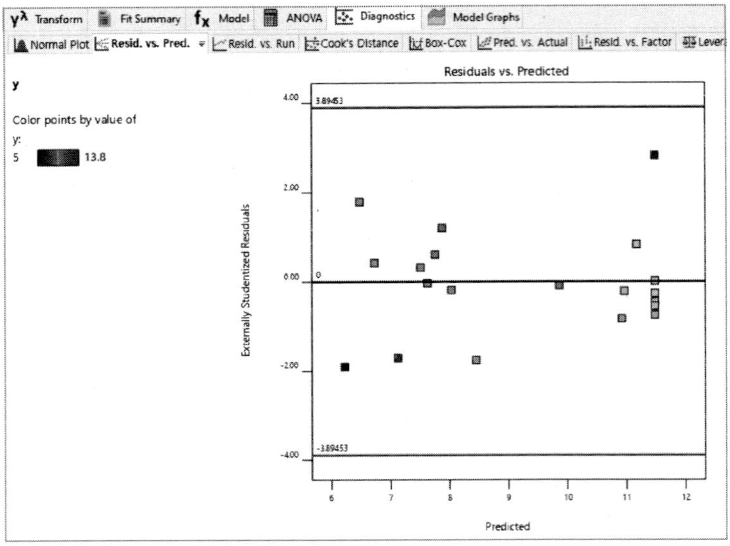

그림 9.10b 표준화 잔차와 예측치의 산점도

[Diagnostics] 버튼을 클릭한다. 〈그림 9.10a〉에 주어진 표준화 잔차의 정규확률 그림을 살펴보면, 개략적으로 직선관계를 따르고 있기에 오차의 정규성을 가정할 수 있다. 표준화 잔차와 예측치의 산점도를 결정하기 위해서는 Diagnostics T... 상자에서 두 번째 바인 e_i vs Pred를 선택한다. 〈그림 9.10b〉에 주어진 표준화 잔차와 예측치의 산점도를 살펴보면 ±2.5 이내의 수평밴드 내에서 랜덤하게 펴져 있어서 오차가 등분산성을 만족하면서 선택된 모형이 적절함을 제시한다.

⑤ 다음 버튼인 [Model Graphs] 버튼을 클릭하여 모형 진단의 절차를 통과한 모형에 대한 반응표면 그림과 등고선 그림을 그린다. 먼저 등고선 그림의 2개의 좌표축을 결정하기 위해서 상단의 메뉴에서 [View → Perturbation]을 클릭하면 얻은 Perturbation 그림이 〈그림 9.11a〉에 주어진다. 표준 표시 인자 A, C가 상대적으로 변화량이 커서 2개의 좌표축 계량인자로 선택된다. 다시 상단의 메뉴에서 [View → Contour]을 클릭하면 〈그림 9.11b〉와 같은 등고선 그림이 출력된다. 등고선 그림의 좌표축을 A, C로 선택하기 위해서는 Factor Tools 상자의 Terms에서 AC를 선택한다. 이때 표준 표시 인자 B는 중앙값으로 고정된다. 등고선 그림으로 판단하건데, 반응표면이 산의 모양으로 정상점에서 최대값을 가짐을 알 수 있다. [View → 3D Surface]를 클릭하면, 3차원의 반응표면그림이 얻어진다.

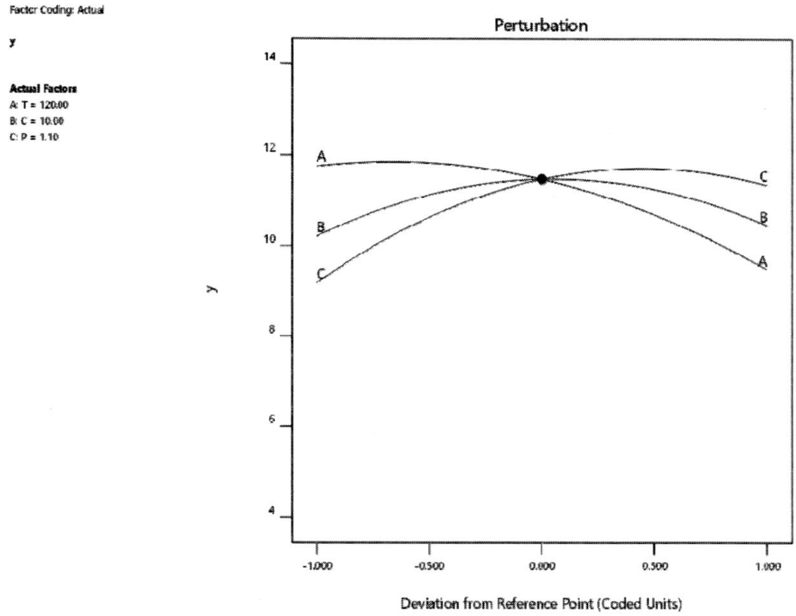

그림 9.11a 각각의 좌표축에서의 반응표면의 그림인 Perturbation 그림

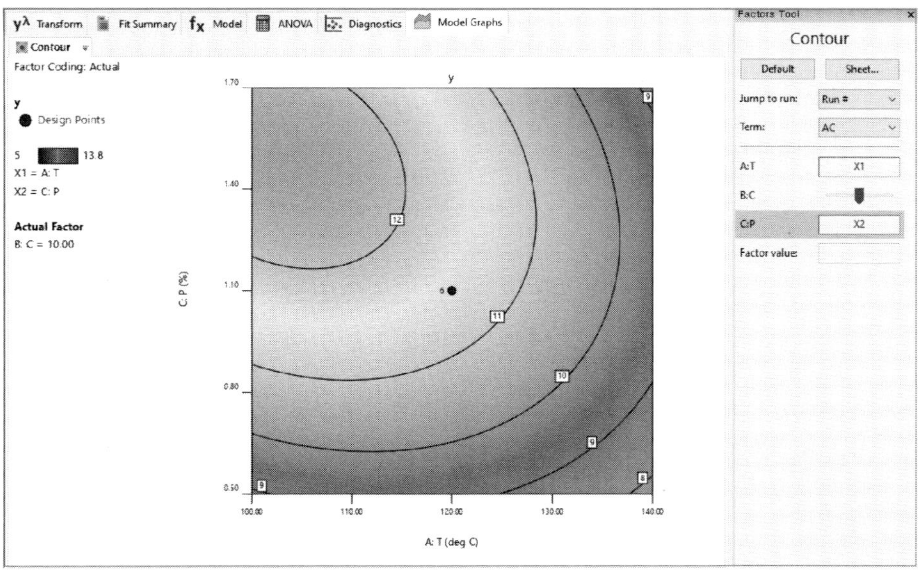

그림 9.11b 표준 표시 인자 B는 중앙값으로 고정된 등고선 그림

(3) 최적화 단계

① 최적조건 찾기: Design Expert 12 왼쪽 창의 Optimization 가지의 Numerical을 클릭하면, 오른쪽의 활성화 창에는 [Criteria] 버튼이 선택되어 있다. 계량인자인 T, C, P 각각에 대해서 Goal 칸에 계량인자의 범위인 in range로 선택한다. 접착력인 반응변수 y가 망대특성이기에, 반응변수 y의 Goal 칸에 maximize를 선택한다. 반응변수 y의 허용한계로 Limits 칸에 하한 10과 상한 14를 입력하고, desirability d의 weight 칸을 default 값인 1로 선택한다. desirability d를 가장 크게 하는 최적조건을 찾기 위해서 다음 버튼인 [Solutions]를 클릭하면 출력결과가 〈그림 9.12〉에 주어진다. 최적조건은 마감온도인 T=102.55, 냉각온도인 C=10.27, 폴리에틸렌의 양인 P=1.49이고, 이때 접착력의 추정치 $\hat{y}$=12.331이다.

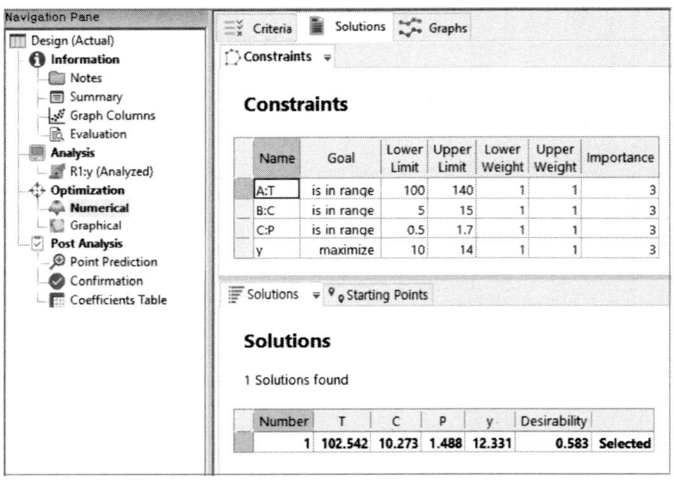

그림 9.12 최적조건 출력 결과

② Design Space 구축: 최적조건 근처의 공정조건들 중에서 생산되는 제품들의 99%에 대해서 접착력이 7.5 이상인 제품이라는 것을 95% 신뢰도로 보증하는 공정조건을 모아 놓은 Design Space를 구축하기 위해서는 Design Expert 12 왼쪽 창의 Optimization 가지의 Graphical을 클릭한다. 오른쪽의 활성화 창에는 Criteria 버튼이 선택되어 있다. 아래의 그림과 같이 use interval(one-sided)를 선택한 후에, Tolerence를 선택하고, Alpha 값을 0.05로 입력한다. 생산되는 99% 제품의 접착력을 보증하는 접착력의 하한값인 7.5 Lower Limits 칸에 입력한다.

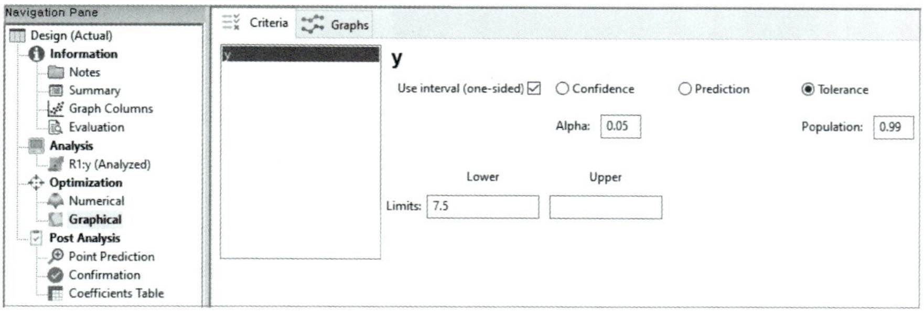

구축된 Design Space를 보기 위해서 [Graphs] 버튼을 클릭한다. C:P를 X2 축으로 만들기 위해서 C:P에 오른쪽 마우스를 클릭하여 X2 axis를 클릭하면, 아래 그림과 같이 진한 노란색이 최적조건 근처의 Design Space이다.

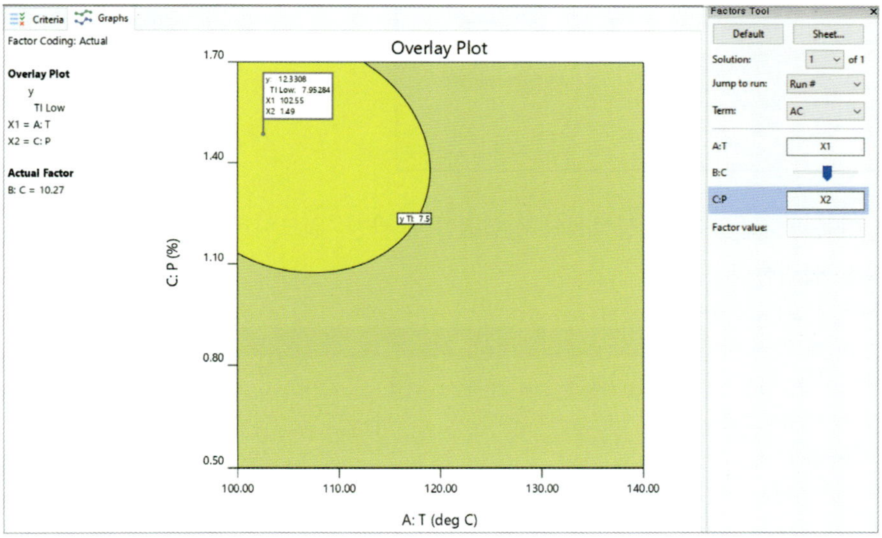

- **Minitab**

반응표면분석을 하기 위해 **[통계분석 → 실험계획법 → 반응 표면 설계 → 반응 표면 설계 생성...]**을 클릭한다.

다음 그림에서 예시하는 바와 같이, [설계유형]에서 [중심 합성 계획법]을 선택하고, 요인수=3를 선택한 후 [설계]를 클릭한다. [완전]에서 [기본값 알파]=1.682인 것을 선택한 후 [확인]을 클릭한다. [반응 표면 설계 생성] 탭에서 [확인]을 클릭한다.

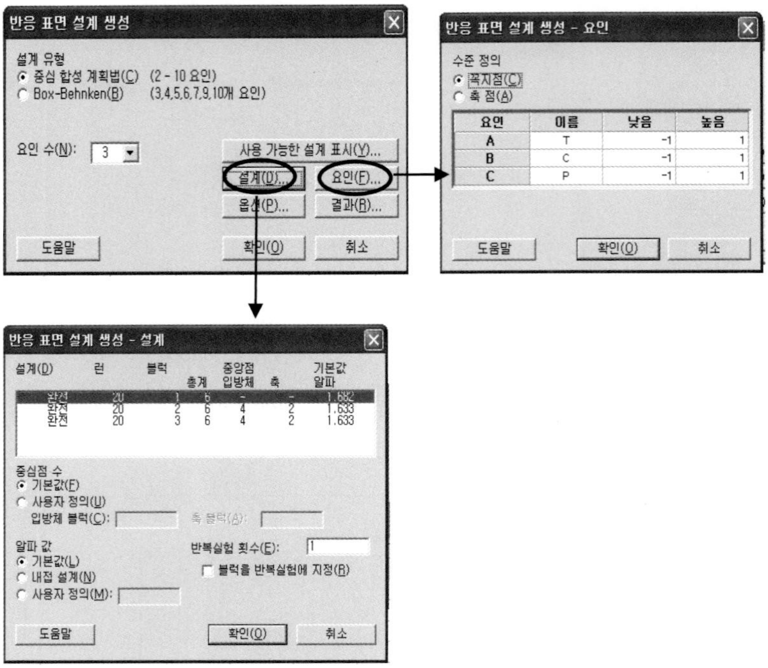

다음과 같은 중심합성설계의 실험점들에 관한 '워크시트'를 얻을 수 있으며 y값을 직접 입력한다.

워크시트 1 ***

↓	C1 표준 순서	C2 런 순서	C3 점 유형	C4 블럭	C5 T	C6 C	C7 P	C8 y
1	1	16	1	1	-1.00000	-1.00000	-1.00000	7.6
2	2	5	1	1	1.00000	-1.00000	-1.00000	7.9
3	3	11	1	1	-1.00000	1.00000	-1.00000	8.9
4	4	4	1	1	1.00000	1.00000	-1.00000	7.1
5	5	20	1	1	-1.00000	-1.00000	1.00000	10.2
6	6	13	1	1	1.00000	-1.00000	1.00000	7.8
7	7	15	1	1	-1.00000	1.00000	1.00000	11.9
8	8	18	1	1	1.00000	1.00000	1.00000	8.3
9	9	19	-1	1	-1.68179	0.00000	0.00000	10.8
10	10	9	-1	1	1.68179	0.00000	0.00000	6.0
11	11	2	-1	1	0.00000	-1.68179	0.00000	7.9
12	12	1	-1	1	0.00000	1.68179	0.00000	7.3
13	13	3	-1	1	0.00000	0.00000	-1.68179	5.0
14	14	7	-1	1	0.00000	0.00000	1.68179	9.8
15	15	6	0	1	0.00000	0.00000	0.00000	11.5
16	16	14	0	1	0.00000	0.00000	0.00000	11.2
17	17	8	0	1	0.00000	0.00000	0.00000	13.8
18	18	10	0	1	0.00000	0.00000	0.00000	10.7
19	19	17	0	1	0.00000	0.00000	0.00000	11.0
20	20	12	0	1	0.00000	0.00000	0.00000	10.9

다음으로 분석 결과를 얻기 위해 **[통계분석 → 실험계획법 → 반응 표면 설계 → 반응 표면 설계 분석...]**을 클릭한다. [반응]에 반응변수 y를 선택한다. [항]에서는 [완전 2차]를 선택한다. 이때 모형에 사용하는 항은 [선택 항]에, 사용하지 않는 항은 [사용

가능한 항]에 배치된다. 이 예제에서는 모든 항을 다 사용한다. 표준화 잔차에 관한 그림을 그리기 위해 [그래프] 버튼을 클릭하여, 적절한 항들을 선택한다.

아래 그림은 위의 과정을 시각적으로 나타낸 것이다.

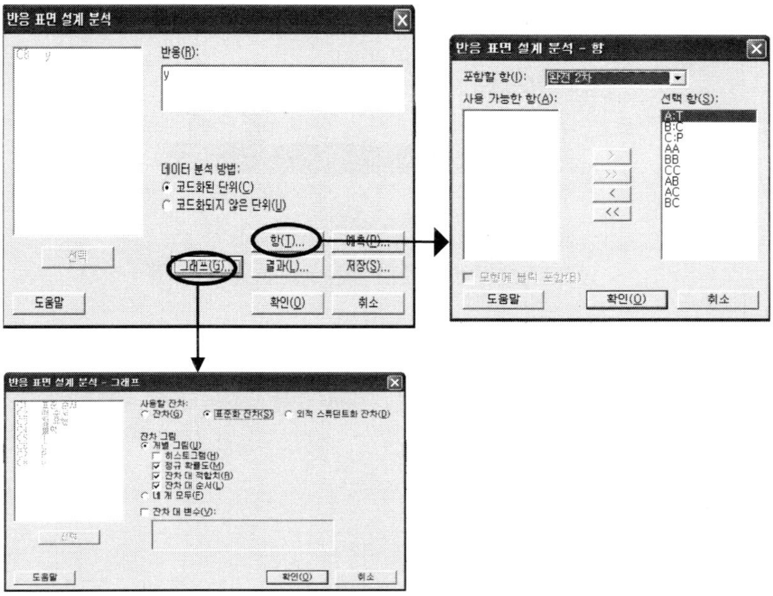

출력결과는 다음과 같다.

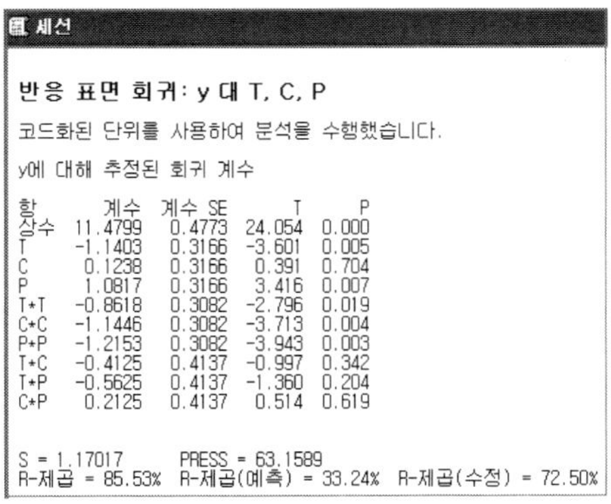

세션

반응 표면 회귀: y 대 T, C, P

코드화된 단위를 사용하여 분석을 수행했습니다.

y에 대해 추정된 회귀 계수

항	계수	계수 SE	T	P
상수	11.4799	0.4773	24.054	0.000
T	-1.1403	0.3166	-3.601	0.005
C	0.1238	0.3166	0.391	0.704
P	1.0817	0.3166	3.416	0.007
T*T	-0.8618	0.3082	-2.796	0.019
C*C	-1.1446	0.3082	-3.713	0.004
P*P	-1.2153	0.3082	-3.943	0.003
T*C	-0.4125	0.4137	-0.997	0.342
T*P	-0.5625	0.4137	-1.360	0.204
C*P	0.2125	0.4137	0.514	0.619

S = 1.17017　PRESS = 63.1589
R-제곱 = 85.53%　R-제곱(예측) = 33.24%　R-제곱(수정) = 72.50%

$$\begin{aligned}\hat{y} &= 11.480 - 1.140x_1 + 0.124x_2 + 1.082x_3 \\ &\quad - 0.862x_1^2 - 1.145x_2^2 - 1.215x_3^2 - 0.413x_1x_2 - 0.563x_1x_3 + 0.213x_2x_3\end{aligned}$$

이는 최소제곱법으로 얻은 식 (9.3)과 같은 결과이다.

이 실험에 대한 분석분석표는 다음과 같이 주어진다.

세션

y에 대한 분산 분석

출처	DF	Seq SS	Adj SS	Adj MS	F	P
회귀 분석	9	80.919	80.919	8.991	6.57	0.003
선형	3	33.946	33.946	11.315	8.26	0.005
제곱	3	42.719	42.719	14.240	10.40	0.002
교호작용	3	4.254	4.254	1.418	1.04	0.418
잔차 오차	10	13.693	13.693	1.369		
적합성 결여	5	7.065	7.065	1.413	1.07	0.473
순수 오차	5	6.628	6.628	1.326		
총계	19	94.612				

다음과 같이 이상점도 출력해준다.

세션

y에 대한 비정상적 관측치

관측치	표준 순서	y	적합치	SE 적합치	잔차	표준화 잔차
17	17	13.800	11.480	0.477	2.320	2.17 R

R은 표준화 잔차가 큰 관측치를 나타냅니다.

표준화 잔차그림에 관한 출력결과는 아래와 같다.

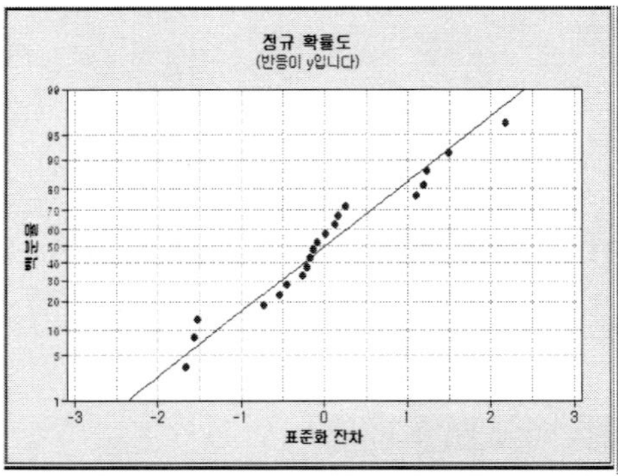

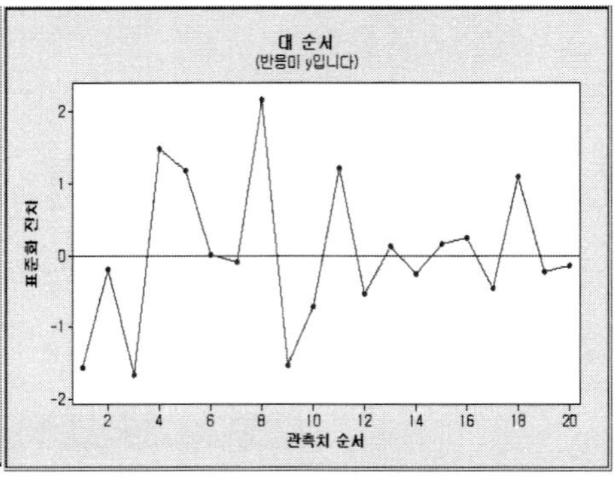

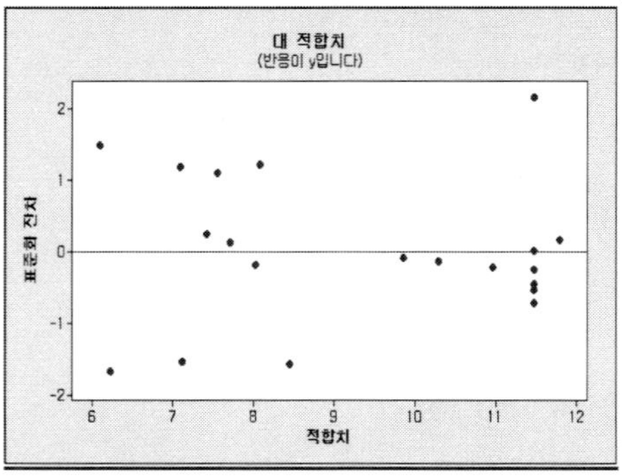

- 잔차의 정규확률그림이 약간의 pattern을 보이지만, 직선모양.
- Residual vs. run order의 그림에서 연속적으로 음의 값을 갖는 경향을 보임.

p값이 0.2 이상인 T*C, T*P, C*P를 오차항에 풀링한 후의 분산분석표와 표준화 잔차그림을 그리기 위해 **[통계분석 → 실험계획법 → 반응 표면 설계 → 반응 표면 설계 분석...]**을 클릭한 후에, [항]을 선택한다. [선택된 항]에 아래 그림과 같이 선택한 후 [확인] 버튼을 클릭한다.

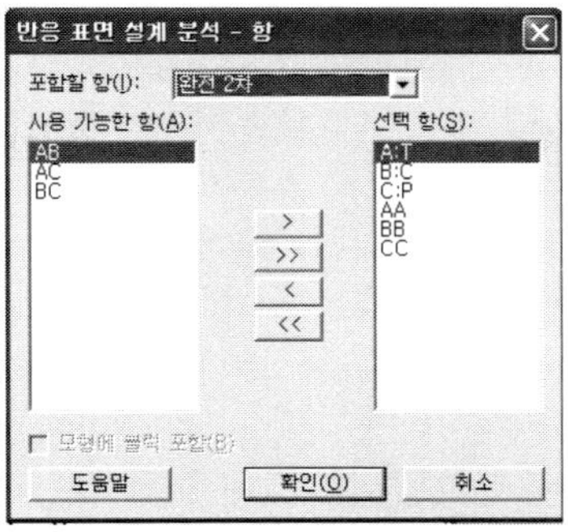

풀링 후의 모형에 대한 표준화 잔차그림은 아래와 같다. 풀링전의 표준화 잔차 그림과 비교할 때에, 표준화 잔차의 정규확률그림에 약간의 패턴이 보이고, 표준화 잔차와 실험순서의 산점도에서 음의 값이 연속으로 나타나는 경향이 더 심해져서, 풀링 전의 모형인 이차모형을 적절한 모형으로 추천한다.

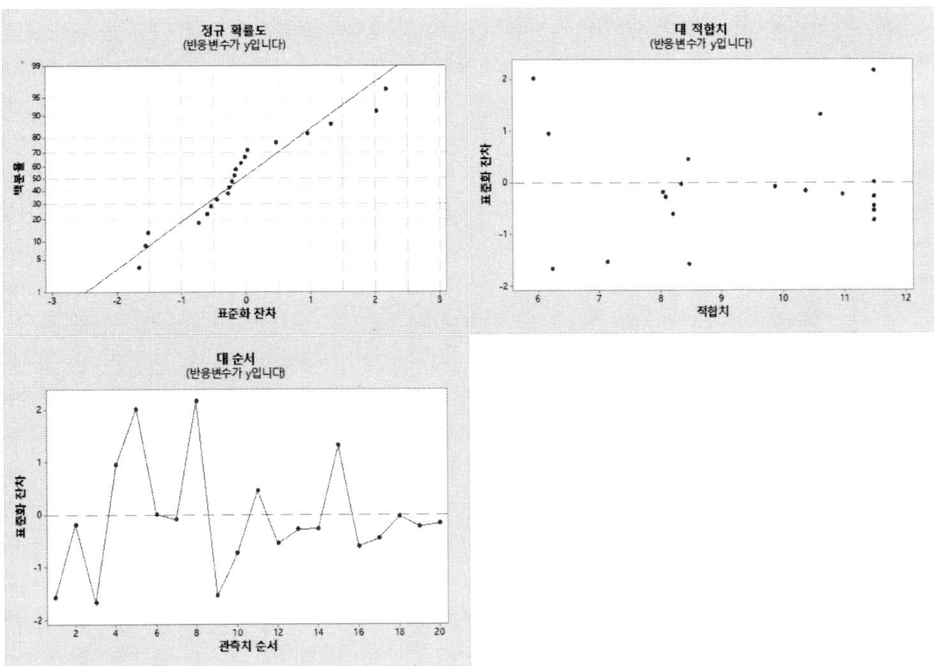

이차모형에 대한 등고선 그림을 그리기 위해 **[통계분석 → 실험계획법 → 반응 표면 설계 → 등고선/표면도...]**를 클릭한 후 [등고선 도]를 선택한다. [등고선도/표면도] 창에서 [설정]을 클릭하고 세 변수의 모든 조합에의한 그림을 출력하기 위해 [요인]에서 [모든 요인에 대한 그림 생성]을 선택한다.

출력결과는 다음과 같다.

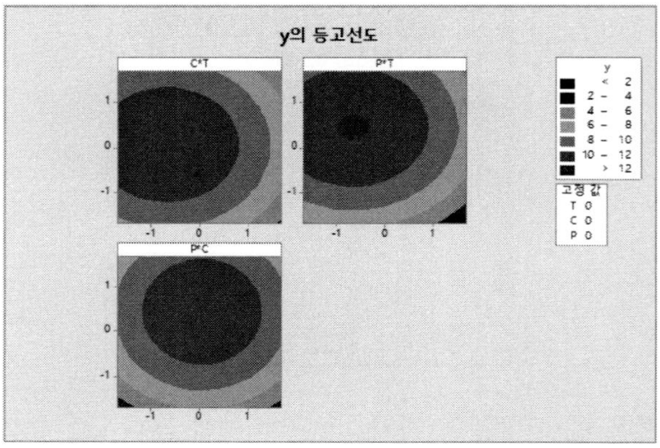

반응표면이 산의 모양이고, 정상점에서 최대값임을 유추할 수 있다.

최적 조건을 찾아주기 위해 Minitab 화면에서 **[통계분석 → 실험계획법 → 반응 표면 설계 → 반응 최적화 도구...]**를 클릭한다.

반응변수 y를 선택하여 '선택 됨'에 넣고 '설정'을 클릭한다.

반응변수가 최대값이 되는 설명변수의 값을 찾는 것이 목표이므로, [목적]에서 [최대화]를 선택하고, [하한]을 10, [목표값]을 14로 입력한다. 출력 결과는 다음과 같다.

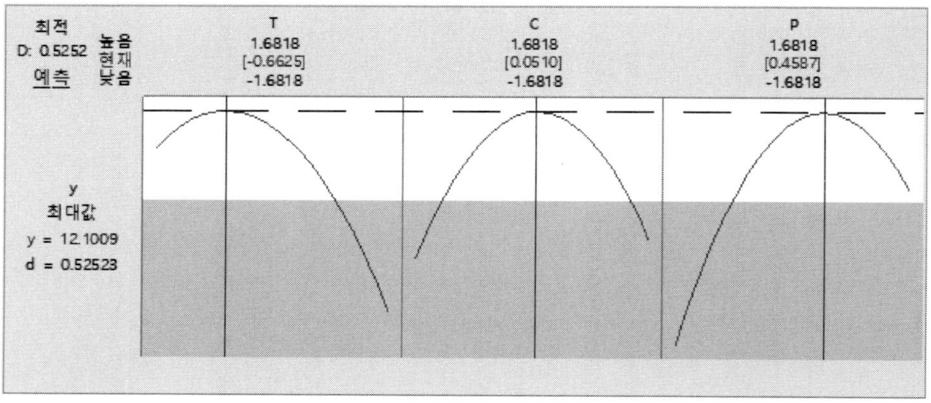

Minitab의 출력결과는 변수 두 개의 값에 대하여만 최적화된 결과를 제공한다. 더 나은 결과를 얻기 위해 사용자가 직접 빨간선을 포물선의 꼭지점으로 이동시킬 수 있다. 다음은 T값을 미세 조정한 후, 다시 C와 P를 미세 조정하여 얻은 결과이다. 이때의 최적조건은 T=100.6339, C=11.4440, P=1.5179이고, y의 예측값은 $\hat{y}$= 12.4176이다. 표준화 잔차그림의 약간의 이상 pattern을 해결하기 위해서 Design Expert의 사례에서와 같이 모형의 항들을 차별적으로 선택할 수도 있다.

● R을 활용한 분석

(1) 먼저 R을 이용한 반응표면분석을 위해서는 **rsm**, **DoE.wrapper** 두 가지의 패키지가 설치되어야 한다.

R code

```
install.packages("rsm")
library(rsm)
install.packages("DoE.wrapper")
library(DoE.wrapper)
```

(2) 실험설계

우선 중심합성설계 데이터를 직접 생성하는 것과 입력 된 데이터를 불러오는 두 가지 방법이 있다. 먼저 직접 생성하는 경우의 코드는 다음과 같다.

R code

```
CCD1<-ccd.design(3, ncube=2^3, factor.names = c("T","C","P"),
alpha="rotatable"
                 ,blocks=1,ncenter=6,randomize=FALSE)[1:20,2:4]
CCD1
```

실행 결과

```
              T         C         P
C1.1  -1.000000 -1.000000 -1.000000
C1.2   1.000000 -1.000000 -1.000000
C1.3  -1.000000  1.000000 -1.000000
C1.4   1.000000  1.000000 -1.000000
C1.5  -1.000000 -1.000000  1.000000
C1.6   1.000000 -1.000000  1.000000
C1.7  -1.000000  1.000000  1.000000
C1.8   1.000000  1.000000  1.000000
C1.9   0.000000  0.000000  0.000000
C1.10  0.000000  0.000000  0.000000
C1.11  0.000000  0.000000  0.000000
C1.12  0.000000  0.000000  0.000000
C1.13  0.000000  0.000000  0.000000
C1.14  0.000000  0.000000  0.000000
S2.1  -1.681793  0.000000  0.000000
S2.2   1.681793  0.000000  0.000000
S2.3   0.000000 -1.681793  0.000000
S2.4   0.000000  1.681793  0.000000
S2.5   0.000000  0.000000 -1.681793
S2.6   0.000000  0.000000  1.681793
```

DoE.wrapper 패키지에 내장되어 있는 ccd.design 함수를 이용하여 중심합성설계를 생성한다. 이때 중앙점의 개수를 6개로 지정하는데, 이 함수는 면과 축점의 개수에 맞춰서 중앙점에서의 실험을 실시하기 때문에 총 12개의 중앙점이 생성된다. 따라서 [1:20,2:4] 코드를 통해 중앙점이 6개만 포함된 총 20개의 실험점들을 선택하고, 블록을 나타내는 첫 번째 열을 제외한 나머지 데이터를 선택한다. 이후 반응변수 값을 입력하고 앞서 생성된 데이터와 합쳐주면 최종적인 데이터 생성이 완료된다.

R code

```
y<-c(7.6,7.9,8.9,7.1,10.2,7.8,11.9,8.3,11.5,11.2,13.8,10.7,11,10
.9,10.8,6,7.9,7.3,5,9.8)
CCD_data<-cbind(CCD1,y)
CCD_data
```

실행 결과

```
              T         C         P    y
C1.1  -1.000000 -1.000000 -1.000000  7.6
C1.2   1.000000 -1.000000 -1.000000  7.9
C1.3  -1.000000  1.000000 -1.000000  8.9
C1.4   1.000000  1.000000 -1.000000  7.1
C1.5  -1.000000 -1.000000  1.000000 10.2
C1.6   1.000000 -1.000000  1.000000  7.8
C1.7  -1.000000  1.000000  1.000000 11.9
C1.8   1.000000  1.000000  1.000000  8.3
C1.9   0.000000  0.000000  0.000000 11.5
C1.10  0.000000  0.000000  0.000000 11.2
C1.11  0.000000  0.000000  0.000000 13.8
C1.12  0.000000  0.000000  0.000000 10.7
C1.13  0.000000  0.000000  0.000000 11.0
C1.14  0.000000  0.000000  0.000000 10.9
S2.1  -1.681793  0.000000  0.000000 10.8
S2.2   1.681793  0.000000  0.000000  6.0
S2.3   0.000000 -1.681793  0.000000  7.9
S2.4   0.000000  1.681793  0.000000  7.3
S2.5   0.000000  0.000000 -1.681793  5.0
S2.6   0.000000  0.000000  1.681793  9.8
```

다음에 이어지는 모형 선택 및 분석 단계는 엑셀 파일로 입력된 데이터를 불러와서 진행하도록 하겠다. 현재 작업 디렉토리 안에 다음과 같이 데이터를 입력한 엑셀 파일을 쉼표로 분리된 .csv 파일 형식으로 저장한다.

	A	B	C	D
1	T	C	P	y
2	100	5	0.5	7.6
3	140	5	0.5	7.9
4	100	15	0.5	8.9
5	140	15	0.5	7.1
6	100	5	1.7	10.2
7	140	5	1.7	7.8
8	100	15	1.7	11.9
9	140	15	1.7	8.3
10	86.36414	10	1.1	10.8
11	153.6359	10	1.1	6
12	120	1.591036	1.1	7.9
13	120	18.40896	1.1	7.3
14	120	10	0.090924	5
15	120	10	2.109076	9.8
16	120	10	1.1	11.5
17	120	10	1.1	11.2
18	120	10	1.1	13.8
19	120	10	1.1	10.7
20	120	10	1.1	11
21	120	10	1.1	10.9

R에서 .csv 형식 파일을 불러와 다음과 같이 데이터로 저장시킨다. 저장할 데이터 이름은 사용자가 지정할 수 있다. 원래 단위로 저장되어 있는 설명변수의 값을 코드화시킬 수 있다. 이때는 coded.data 함수를 사용한다.

R code

```
rsm_data <- read.csv("chap9_rsm.csv", header = T)
rsm_data

# 코드화된 데이터로 변경
AD<-coded.data(rsm_data, A~(T-120)/20, B~(C-10)/5,C~(P-1.1)/0.6)
AD
```

(3) 반응 표면 분석

모형에 들어갈 항을 선택하기 위해서 먼저 Full model에 대해 회귀분석을 실행한다. FO는 First Order항, TWI는 상호작용항, PQ는 Pure Quadratic 항, SO는 FO, TWI, PQ를 모두 포함하는 것을 의미한다.

R code

```
ad<-rsm(y~SO(A,B,C), data=AD)
summary(ad)
```

실행 결과

```
Call:
rsm(formula = y ~ SO(A, B, C), data = AD)

            Estimate Std. Error t value  Pr(>|t|)
(Intercept) 11.47992    0.47725 24.0542 3.508e-10 ***
A           -1.14028    0.31665 -3.6011  0.004839 **
B            0.12382    0.31665  0.3910  0.703984
C            1.08170    0.31665  3.4161  0.006590 **
A:B         -0.41250    0.41372 -0.9971  0.342252
A:C         -0.56250    0.41372 -1.3596  0.203816
B:C          0.21250    0.41372  0.5136  0.618665
A^2         -0.86177    0.30825 -2.7957  0.018933 *
B^2         -1.14462    0.30825 -3.7133  0.004019 **
C^2         -1.21533    0.30825 -3.9427  0.002763 **
---
Signif. codes:  0 '***' 0.001 '**' 0.01 '*' 0.05 '.' 0.1 ' ' 1

Multiple R-squared:  0.8553,    Adjusted R-squared:  0.725
F-statistic: 6.566 on 9 and 10 DF,  p-value: 0.003469

Analysis of Variance Table

Response: y
             Df Sum Sq Mean Sq F value   Pr(>F)
FO(A, B, C)   3 33.946 11.3153  8.2636 0.004630
TWI(A, B, C)  3  4.254  1.4179  1.0355 0.418243
PQ(A, B, C)   3 42.719 14.2397 10.3992 0.002037
Residuals    10 13.693  1.3693
Lack of fit   5  7.065  1.4129  1.0658 0.472962
Pure error    5  6.628  1.3257

Stationary point of response surface:
         A          B          C
-0.9569885  0.2907543  0.6919092

Stationary point in original units:
         T          P          P
100.860230  11.453771   1.515146

Eigenanalysis:
eigen() decomposition
$values
[1] -0.6064157 -1.2442428 -1.3710551

$vectors
        [,1]       [,2]        [,3]
A  0.8054829 -0.3224169 -0.49723696
B -0.3957602 -0.9171818 -0.04638263
C -0.4411022  0.2341470 -0.86637408
```

이 결과로 Full model의 회귀계수와 그 밖의 통계량들을 확인할 수 있다. 모형에 대한 p-value는 0.003으로 매우 작고, 각 항에 대한 p-value도 확인할 수 있다. 유의수준 0.25 기준으로 Backward Elimination을 실행하면 상호작용 항인 AB, BC 항은 탈락되고 B 항은 위계질서 존중에 의해 모형에 포함된다. 따라서 모형에는 $A, B, C, AC, A^2, B^2, C^2$ 항이 들어가게 된다.

R code

```
dat3<-rsm(y~FO(A,B,C)+TWI(A,C)+PQ(A,B,C), data=AD)
summary(dat3)
```

실행 결과

```
Call:
rsm(formula = y ~ FO(A, B, C) + TWI(A, C) + PQ(A, B, C), data = AD)

            Estimate Std. Error t value  Pr(>|t|)
(Intercept) 11.47992    0.46226 24.8343 1.099e-11 ***
A           -1.14028    0.30670 -3.7179  0.002938 **
B            0.12382    0.30670  0.4037  0.693534
C            1.08170    0.30670  3.5269  0.004170 **
A:C         -0.56250    0.40072 -1.4037  0.185750
A^2         -0.86177    0.29856 -2.8864  0.013667 *
B^2         -1.14462    0.29856 -3.8337  0.002379 **
C^2         -1.21533    0.29856 -4.0706  0.001552 **
---
Signif. codes:  0 '***' 0.001 '**' 0.01 '*' 0.05 '.' 0.1 ' ' 1

Multiple R-squared:  0.8371,    Adjusted R-squared:  0.742
F-statistic: 8.807 on 7 and 12 DF,  p-value: 0.0006411

Analysis of Variance Table

Response: y
            Df Sum Sq Mean Sq F value    Pr(>F)
FO(A, B, C)  3 33.946 11.3153  8.8082 0.002327
TWI(A, C)    1  2.531  2.5313  1.9704 0.185750
PQ(A, B, C)  3 42.719 14.2397 11.0847 0.000896
Residuals   12 15.416  1.2846
Lack of fit  7  8.787  1.2553  0.9469 0.543851
Pure error   5  6.628  1.3257

Stationary point of response surface:
          A           B           C
-0.87274297  0.05408589  0.64699393

Stationary point in original units:
         T          P          P
102.545141  10.270429   1.488196

Eigenanalysis:
```

```
eigen() decomposition
$values
[1] -0.7063571 -1.1446152 -1.3707412

$vectors
          [,1] [,2]      [,3]
A  0.8752577    0 0.4836569
B  0.0000000    1 0.0000000
C -0.4836569    0 0.8752577
```

(4) 분석 결과 해석

선택된 모형의 분산분석표와 최적화 결과를 위의 **Analysis of Variance Table**과 **Stationary point of response surface**에서 찾아볼 수 있다. 반응변수 y를 최대화시키는 반응 표면의 stationary point는 (−0.87274297, 0.05408589, 0.64699393)로 구해지고 이를 원래의 단위로 변환하면 (102.545141, 10.270429, 1.488196)가 된다. B를 중앙값으로 고정시킨 후의 Contour Plot과 3D Surface Plot을 그려보면 다음과 같다.

R code

```
# ① 최적 조건에서의 contour plot
contour (dat3, ~ A+B+C, image = TRUE,
at=summary(dat3)$canonical$xs)


# ② B 중앙값 고정 contour plot
contour(dat3, ~A+C, at=list(B=0), image=TRUE)


# ③ B 중앙값 고정 3D surface plot
persp(dat3, ~A+C, at=list(B=0), col = rainbow(50), contours =
"colors", zlab="Y")
```

실행 결과

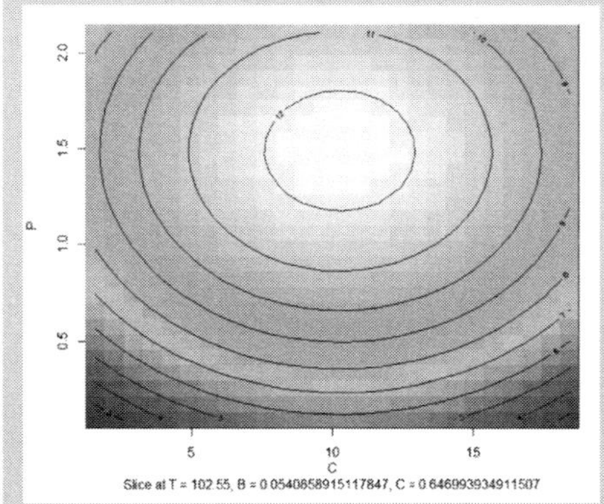

① 최적 조건에서의 contour plot

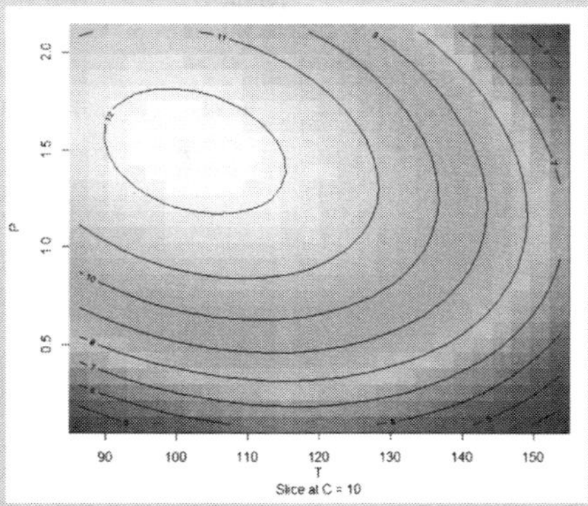

② B 중앙값 고정 contour plot

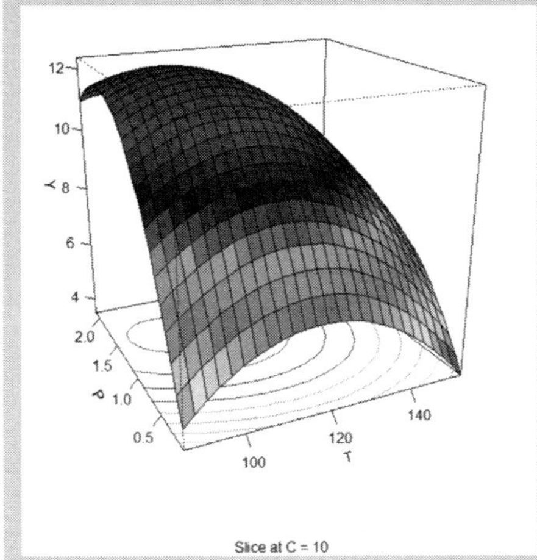

③ B 중앙값 고정 3D surface plot

그 외에 잔차를 진단하는 정규확률분포도 등의 그래프는 다음과 같이 살펴볼 수 있다.

R code

```
install.packages("ggfortify")
library(ggfortify)
autoplot(dat3)
```

실행 결과

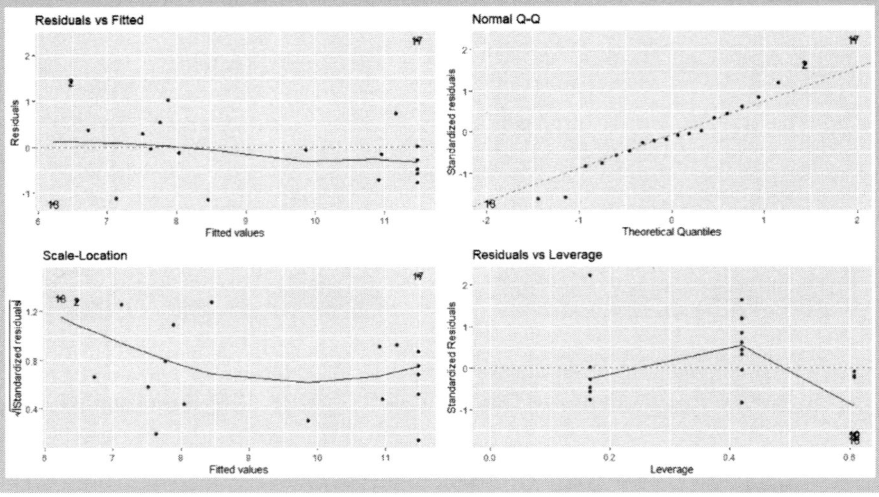

9.7 EVOP법

EVOP(EVolutionary OPeration)법은 G. Box(1957)에 의해서 제안된 **진화적 공정 조작법**으로 실제 생산 현장에서 공정 조건들을 조금씩 체계적으로 변화시키면서 품질 특성치를 향상시키는 최적 공정조건을 점진적으로 찾는 방법이다. 이 방법은 생산라인에서 생산을 진행시켜 가면서 생산성 또는 품질 수준을 현재보다 향상시킬 목적으로, 2-3개의 핵심 공정변수들의 체계적인 미세 조정(fine tuning)을 통해서 현재의 공정조건보다 향상된 공정조건을 안정적으로 찾을 수 있도록 잘 짜여진 실험계획법이다. 이 방법은 주로 2개의 핵심인자를 선별하고, 가장 간단한 실험계획법인 중심점을 갖는 2^2 요인배치법을 축차적으로 적용하면서 생산라인에서 향상된 공정조건을 찾는다. 현재의 공정조건을 중심점으로 취하고, 불량품이 나오는 것을 피하기 위하여 2개의 핵심인자의 수준은 현재 사용되고 있는 조건에서 양쪽의 방향으로 약간 변화를 준 값으로 엔지니어들이 기술적으로 안정적이라고 판단하는 값으로 결정한다.

첫 사이클의 실험은 반복이 없는 중심점을 갖는 2^2 요인배치법이다. 각각의 실험점에서 모두 실험을 마치면 한 사이클의 실험이 끝났다고 한다. 한 사이클의 실험을 끝내고 결론을 내릴 수 없다. 적어도 2회 이상의 사이클을 반복해야 하는데, 각각의 사이클의 실험이 끝난 후에는, 핵심인자의 주효과와 상호작용효과에 대한 p-value를 검토하여 각 효과에 대한 유의성을 결정한다. p-value가 유의성의 여부를 판단할 수 없는 값이면, 다음 사이클의 실험을 실시한다. 주효과나 상호작용효과의 p-value가 충분히 작아서, 유의하면, 2^2 실험점들 중에서 반응변수의 평균값을 최적으로 하는 실험점을 향상된 공정조건으로 간주하여, 이를 바탕으로 현 공정조건을 새로운 공정조건으로 바꾼다. 이때 한 단계(phase)의 실험이 끝났다고 한다.

EVOP법의 적용 순서를 살펴보자. 적용순서를 시각적으로 표현한 EVOP법의 흐름도가 〈그림 9.13〉에 주어진다. 다음의 적용순서를 EVOP법의 흐름도를 따라 가면서 읽어 보기 바란다.

(1) 현재의 공정조건에 변화를 줄 후보 인자들의 목록 작성을 작성한다.
(2) 2개 또는 3개의 핵심인자들을 선별하고, 각 인자의 수준은 현재의 수준 둘레로 기술적으로 미세 조정하여 결정한다.
(3) 한 사이클의 실험은 반복이 없는 중심점을 갖는 2^2 요인배치법으로 총 5개의 실험조건에서 랜덤하게 실험을 실시한다.
(4) 현재 사이클의 실험이 끝난 후에는, 현재 사이클까지의 모든 실험자료를 가지고 핵심인자의 주효과 A, B와 상호작용효과의 p-value 값에 근거하여, 각 효과의 유의성 여부를 검토한다.

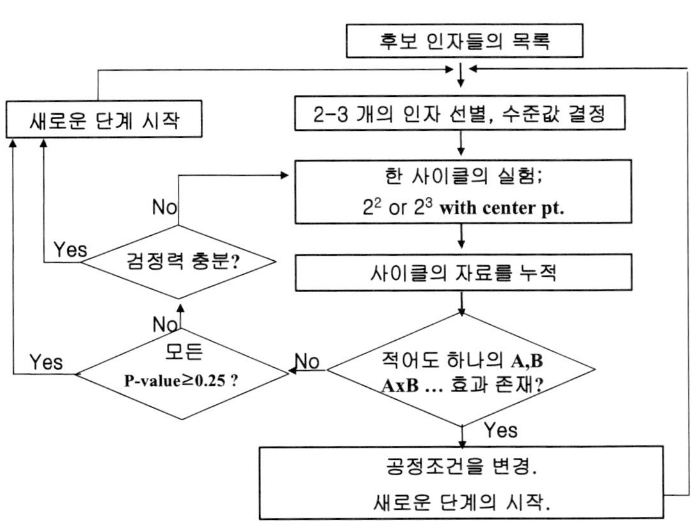

그림 9.13 EVOP법의 흐름도

(5) 적어도 한 개의 유의한 효과가 검출되든지 또는 모든 효과가 반응변수의 평균에 영향을 주지 않는 다는 결정(모든 p−value ≥ .25)을 내릴 때까지, 사이클을 축차적으로 반복하여 실험을 실시한다. 결정을 내리게 되면, 한 단계(phase)의 실험이 끝났다고 한다.

(6) 새로운 단계의 EVOP법을 시작한다. 유의한 효과를 검출한 경우에는 2^2 실험조건 중에서 반응변수의 평균을 최적화하는 실험조건을 새로운 실험조건으로 변경한 후에 (2)로 간다. 모든 효과가 반응변수의 평균에 영향을 주지 않는 다는 결정(모든 p−value ≥ .25)을 내린 경우에는, 선별된 인자에 대해서 수준 간격을 넓히든지, 새로운 핵심인자들을 선별하기 위해서 (2)로 간다.

예제 9.3

포장지의 강도(y)는 폴리에틸렌 첨가제(A)의 양과 냉각온도(B)에 예민한 영향을 받는 것으로 생각된다. 파일로트 플랜트에서 결정된 최적조건은 첨가제의 양인 A는 1.1%, 냉각온도인 B는 15도이다. 양산을 위한 제조공장에서 EVOP법을 적용하여 최적조건을 찾으려고 한다. 인자 A와 B의 미세 조정에 해당되는 2수준은 첨가제의 양인 A는 0.9%, 1.3%로, 냉각온도인 B는 10도와 20로 결정했다. 양산 현장에서 2번째 사이클까지 진행된 실험자료가 〈표 9.8〉에 주어진다. EVOP법에 의해서 분석하라.

표 9.8 EVOP법 실험자료

실험조건	A=1.1%	A=0.9%	A=1.3%	A=1.3%	A=0.9%
사이클	B=15도	B=10도	B=20도	B=10도	B=20도
1	63.7	62.8	63.2	67.2	60.5
2	62.1	65.8	65.5	67.6	61.3

사이클 1이 끝난 후의 분석방법은 유의할 가능성이 있는 효과의 정보를 살펴보는 것이다. 따라서 2수준 요인배치법에서 배운 각각의 효과에 대한 반정규확률그림을 그려보는 것이 적절한 정보를 제공한다. Design Expert를 활용하여 그린 반정규확률그림이 〈그림 9.14〉에 주어진다. 주효과 A가 주효과 B와 상호작용효과 A×B에 비해서 상대적으로 영향력이 있음을 암시한다. A가 빨간색으로 표시되어서 높은 수준인 1.3%에서 강도가 높음을 의미한다.

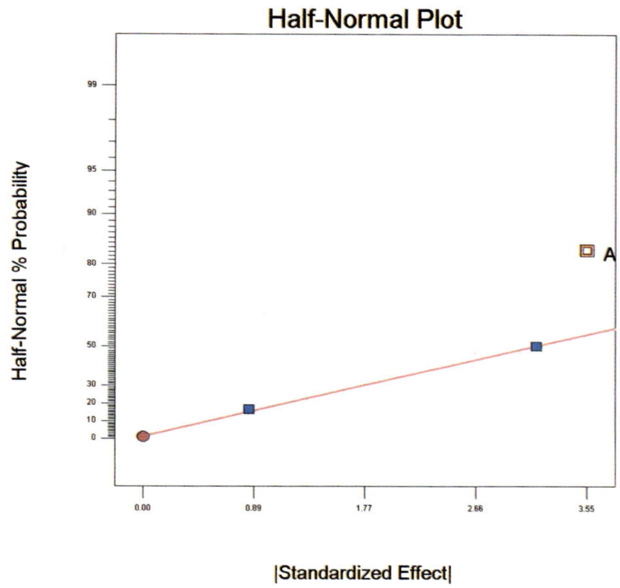

그림 9.14 사이클 1 실험자료에 대한 요인 효과들의 반정규확률그림

사이클 2가 끝난 후에는 사이클 1과 사이클 2의 실험자료를 가지고 블록이 각각의 반복에 해당되는 블록의 크기 2인 중앙점을 갖는 2수준 요인배치법의 실험자료로 분산분석하는 것이다. 컴퓨터가 범용화되기 전에는 EVOP법의 worksheet를 작성하여 간단한 계산에 의해서 주효과와 2인자 상호작용효과의 유의성을 검토하였는데, 〈표 9.9〉에는 사이클 1와 사이클 2에서 얻어진 실험자료를 누적한 〈표 9.8〉의 실험자료에 대해 Design Expert를 활용한 분산분석표가 주어진다. 주효과 A와 주효과 B의

표 9.9 사이클 1 & 사이클 2 실험자료에 대해 Minitab을 활용하여 얻은 분산분석표

Source	Sum of Squares	df	Mean Square	F-value	p-value	
Block	2.40	1	2.40			
Model	42.31	3	14.10	8.78	0.0311	significant
A-A	21.45	1	21.45	13.36	0.0217	
B-B	20.80	1	20.80	12.95	0.0228	
AB	0.0613	1	0.0613	0.0381	0.8547	
Curvature	2.86	1	2.86	1.78	0.2528	
Residual	6.42	4	1.61			
Cor Total	54.00	9				

p-value가 0.022, 0.023으로 유의수준 0.05보다 작은 값을 갖기 때문에, 반응변수인 강도에 주효과 A, B의 수준 변경이 각각 영향을 준다. 따라서 Phase 1이 2번째 사이클에서 끝나게 된다. Phase 1의 결과로, 향상된 조건인 이동시킬 인자 A, B의 수준들에 대한 조건을 찾기 위해서 주효과 그림을 그리고, Phase 1의 결과를 EVOP법의 게시판에 요약한다.

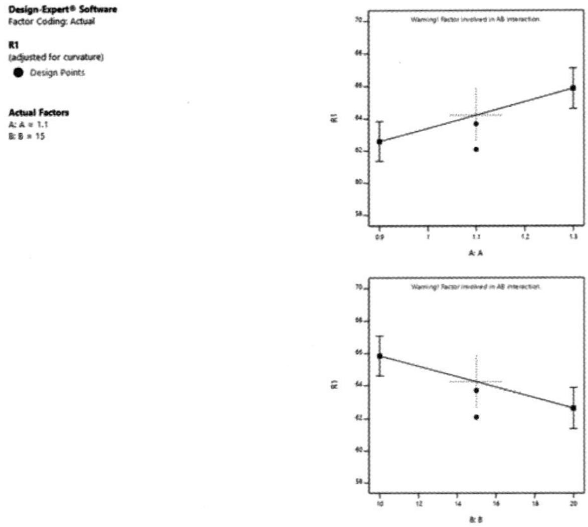

EVOP법 게시판

Phase 1; cycle 2

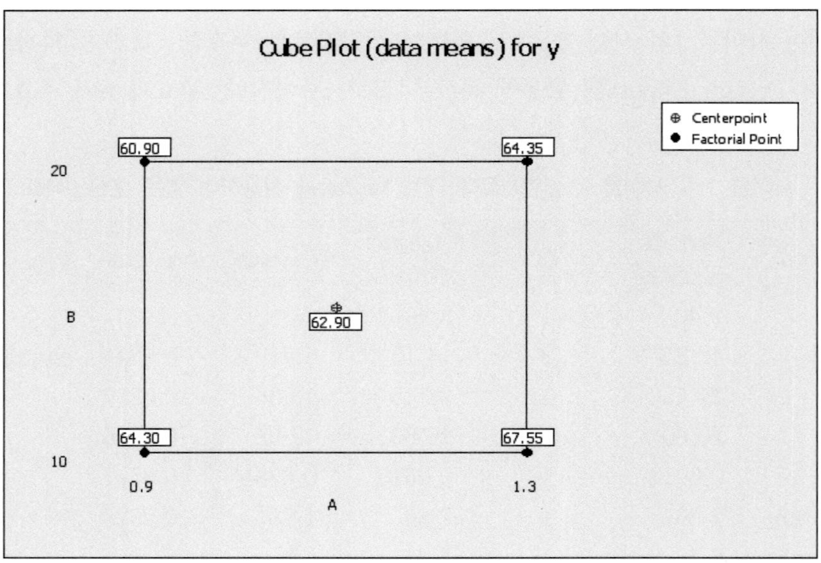

그림 9.15 EVOP법 게시판

주효과 그림에서 인자 A의 높은 수준, 인자 B의 낮은 수준이 강도를 크게 하는 수준임을 확인할 수 있다. Phase 1의 결과는 Cube Plot을 활용하여 다음와 같이 편집되어 〈그림 9.15〉의 EVOP법의 게시판으로 활용된다. 새로운 향상된 공정조건은 A=1.3, B=10이다.

연습문제

1 다음 자료에 일차모형을 적합하고 적합결여검증을 하고, 최대 상승 경로를 구하여, 최대경사법의 실험점들을 설계하라.

원래 변수		부호변수		반응값
X_1	X_2	x_1	x_2	Y
80	170	−1	−1	76.5
80	180	−1	1	77.0
90	170	1	−1	78.0
90	180	1	1	79.5
85	175	0	0	79.9
85	175	0	0	80.3
85	175	0	0	80.0
85	175	0	0	79.7
85	175	0	0	79.8

2 다음은 CCD를 수행하여 얻은 자료이다. 반응변수를 최대로 하는 실험조건을 구하고, 최적조건에서의 재현성 검토를 위한 관측될 반응치의 95% 신뢰구간을 구하라.

x_1	x_2	Y
−1	−1	76.5
−1	1	77.0
1	−1	78.0
1	1	79.5
0	0	79.9
0	0	80.3
0	0	80.0

x_1	x_2	Y
0	0	79.7
0	0	79.8
1.414	0	78.4
−1.414	0	75.6
0	1.414	78.5
0	−1.414	77.0

3 소의 정액을 영하 79℃로 보관할 때 정자의 생존율(y)에 영향을 미치는 인자로 구연산나트륨(x_1%), 글리세린(x_2%), 평형시간(equilibration; x_3%) 3개를 택하고 중심합성계획법에 의해 실험한 후 살아있는 정자의 백분율을 조사하여 표와 같이 정리하였다. 실험의 흥미영역은 다음과 같다.

1.6 ≦ 구연산나트륨 ≦ 4.4,
2.0 ≦ 글리세린 ≦ 14.0,
4.0 ≦ 평형시간 ≦ 28.0.

중심합성계획법의 실험점			변환된 실제 실험점			y
x_1	x_2	x_3	구연산나트륨	글리세린	평형시간	
−1	−1	−1				57
1	−1	−1				40
−1	1	−1				19
1	1	−1				40
−1	−1	1				54
1	−1	1				41
−1	1	1				21
1	1	1				43
0	0	0				63
−2	0	0				28
2	0	0				11
0	−2	0				2
0	2	0				18
0	0	−2				56
0	0	2				46

(1) 위 표와 같은 중심합성계획법의 실험점을 도시하라.

(2) 중심합성계획법의 실험점은 $-2 \leqq x_i \leqq 2,\ i = 1,2,3,\cdots$ 의 범위를 5등분하여 정한 것이다. 이 실험점으로부터 변환된 실제 실험점을 구하여 위 표에 기록하라. 이때 변환에 사용된 식 3가지는 무엇인가?

(3) 정자의 생존율을 높게 하는 최적조건을 찾고, 이때 정자의 생존율의 추정치를 구하라.

4 두 독립변수 x_1, x_2가 어떤 공정의 수율(%)에 미치는 영향을 조사하기 위하여 실험한 결과, 다음 표와 같은 자료를 얻었다.

y	실험계획점		수율(y)
	x_1	x_2	
1	1.0	0	95.6
2	0.5	0.866	77.9
3	−0.5	0.866	76.2
4	−1.0	0	54.5
5	−0.5	0.866	63.9
6	0.5	0.866	79.1
7	0	0	96.8
8	0	0	94.8
9	0	0	94.4

(1) 실험점을 도시하라.

(2) 이 자료에 1차 반응평면과 2차 반응곡면을 각각 적합시켜 결정계수 R^2의 값을 구하고 어떤 모형이 적절한지 판정하라.

(3) 2차 반응곡면 모형이 적절하면 등고선도표와 3차원 그래프를 그려 최적조건을 찾아라. 최적조건에서의 제품 수율의 추정치는 얼마인가?

5 어떤 플라스틱 필름을 제조하는 데 있어서 성형온도(x_1)과 첨가제의 양(x_2)이 필름강도(y_1)과 투명성(y_2)에 영향을 준다. 투명성이 8~10 사이를 유지하면서 필름강도를 높이는 조건을 찾기 위하여 5 싸이클의 실험을 EVOP법으로 실시하였다. 분석하라.

싸이클	(1)		(2)		(3)		(4)		(5)	
	y_1	y_2	y_1	y_2	y_1	y_2	y_1	y_2	y_1	y_2
1	7.0	10.1	6.3	10.0	7.8	9.7	7.1	9.4	6.5	9.7
2	6.7	8.8	6.1	10.6	7.5	8.0	7.0	8.9	6.8	9.1
3	7.0	10.0	6.4	9.6	7.1	9.0	7.5	8.9	6.9	9.5
4	6.5	7.3	6.4	10.0	7.3	7.9	6.9	8.9	6.6	10.1
5	6.4	9.7	6.9	10.1	7.2	9.5	6.6	8.3	6.9	9.5

6 어떤 화학제품의 개발단계에서 일단 파일로트 플랜트(pilot plant)에서의 실험이 끝났고 제조 공정으로 넘어가게 되었다. 제조공정 중 반응시간(x_1)과 반응온도(x_2)가 반응변수인 수율에 큰 영향을 주는 것으로 알려져 있다. 파일로트 플랜트에서는 최적조건이 $x_1 = 180$분, $x_2 = 150$℃이다. EVOP법을 적용하여 4사이클을 측정한 결과 다음 표를 얻었다. 그 결과를 분석하라.

실험조건 / 싸이클	(1) 180분 150℃	(2) 170분 145℃	(3) 190분 155℃	(4) 190분 145℃	(5) 170분 155℃
1	73	76	69	86	66
2	75	81	67	87	71
3	80	84	76	81	71
4	74	85	72	83	78

7 수율을 향상시키는 반응시간(time)과 반응온도(temperature)의 최적조건 근처의 영역으로 이동에 관심이 있어서 반응시간(75±5분)과 반응온도(130±2.5도)에서 3개의 중앙점을 갖는 2수준 요인배치법을 실행하여 분석한 결과가 아래와 같고, 코우드화 변수로 계산된 회귀식이 $\hat{y} = 62.05 + 2.60x_1 + 4.75x_2$이다.

Analysis of variance table [Partial sum of squares - Type III]

Source	Sum of Squares	df	Mean Square	F Value	p-value Prob > F
Model	117.29	2	58.65	20.36	0.0180
A-time	*27.04*	*1*	*27.04*	*9.39*	*0.0548*
B-temperatur	*90.25*	*1*	*90.25*	*31.34*	*0.0113*
Curvature	0.11	1	0.11	0.037	0.8594
Residual	8.64	3	2.88		
Lack of Fit	*0.64*	*1*	*0.64*	*0.16*	*0.7278*
Pure Error	*8.00*	*2*	*4.00*		
Cor Total	126.04	6			

(1) 분산분석 결과를 해석하라.

(2) 최대상승경로를 구하고, 향후의 3개의 추가 실험점들의 위치를 원래 변수값으로 나열하라.

8 6번 문항에서 2번째 실험점인 2Δ에서 반응변수의 값이 가장 큰 값이어서, 2Δ를 중심으로 3개의 중앙점을 갖는 2수준 요인 배치법을 실시하여 분석한 결과 곡선효과가 유의하게 나왔다. 이차모형 적합을 위한 효율적인 실험설계를 위하여, 두 번째 블록에서의 실험점들을 결정하라.

10 혼합물 실험계획법

혼합물 실험은 혼합물의 구성 성분을 결합하여 실험을 실시하는데, 반응변수의 평균이 구성 성분의 비율만의 함수이고 혼합물의 양에는 영향을 받지 않는 반응표면 실험의 특수한 경우이다. 혼합물 실험의 인자 혹은 요인(또는 설명변수)들은 혼합물의 구성 성분의 비율이다. q개의 성분의 혼합물에 있어서 x_i를 i번째 성분의 혼합비율이라고 하면, 혼합비율들은 다음과 같은 관계식, $x_1 + x_2 + \cdots + x_q = 1,\ x_i \geq 0,\ i = 1, 2 \cdots, q$을 만족해야 하기에, 혼합물 실험의 실험 공간은 $q-1$ 차원 심플렉스 공간이 된다. 또한 엔지니어링의 전문지식으로부터의 정보나 비용 절감 등의 경제적인 이유에 근거하여, 혼합물 성분들의 비율에 대한 제한조건이 알려지는 경우가 많다. 즉, 각 성분의 혼합비율이 $0 \leq x_i \leq 1$의 모든 값을 취할 수 있는 것이 아니라 제한된 구간인 $0 \leq a_i \leq x_i \leq b_i \leq 1,\ i = 1, 2, \ldots, q$ 안에서만 값을 취할 수 있는 경우이다. 이 장에서는 두 경우의 실용적인 혼합물 실험설계와 혼합물 실험 공간에서의 혼합물 반응표면분석을 공부한다. Design Expert, Minitab과 R을 활용하여 혼합물 반응표면분석을 어떻게 구현하는지를 구체적으로 설명하고 예시한다.

10.1 혼합물 실험계획법의 기본 개념

혼합물 실험은 혼합물의 구성 성분을 결합하여 실험을 실시하고 반응변수를 측정한다. 혼합물 실험의 인자 혹은 요인(또는 설명변수)들은 혼합물의 구성 성분이다. 혼합물 실험은 반응변수의 평균이 구성 성분의 비율만의 함수이고 혼합물의 양에는 영향을 받지 않는 반응표면 실험의 특수한 경우이다. 예를 들면, 파인애플, 오렌지, 자몽 주스를 섞어서 만드는 혼합물인 과일 음료(fruit punch)를 생각하자. 과일음료의 품질 특성인 맛과 선호도를 나타내는 척도가 반응변수가 되고, 반응변수의 평균은 세 가지 주스의 혼합비율에 따라서 결정되며 혼합비율이 동일하면, 만들어진 과일음료의 양인 총혼합량에 관계없이 동일하게 된다. 즉, 과일음료를 1리터 만들든 2리터 만들든 혼합비율이 동일하면, 반응변수의 모평균도 동일하다. q개의 성분의 혼합물에 있어서 x_i를 i번째 성분의 혼합비율이라고 하면, 혼합비율들은 다음과 같은 관계식을 만족해야 하기에,

$$x_1 + x_2 + \ldots + x_q = 1,\ \ x_i \geq 0,\ i = 1, 2 \ldots, q \tag{10.1}$$

혼합물 실험의 실험 공간은 $q-1$ **차원 심플렉스 공간**이 된다. $q=2$와 $q=3$인 경우의 혼합물 실험공간이 〈그림 10.1〉에 주어지는데, 혼합 비율들의 합이 1이라는 식 (10.1)의 제약조건 때문에 혼합물 성분들의 관계가 독립적이 아니어서 한 가지 성분의 비율이 변하면 다른 성분들의 비율도 같이 변함을 시각적으로 확인할 수 있다.

혼합물 실험공간에서의 모형은 혼합 비율들의 합이 1이라는 식 (10.1)의 제약조건

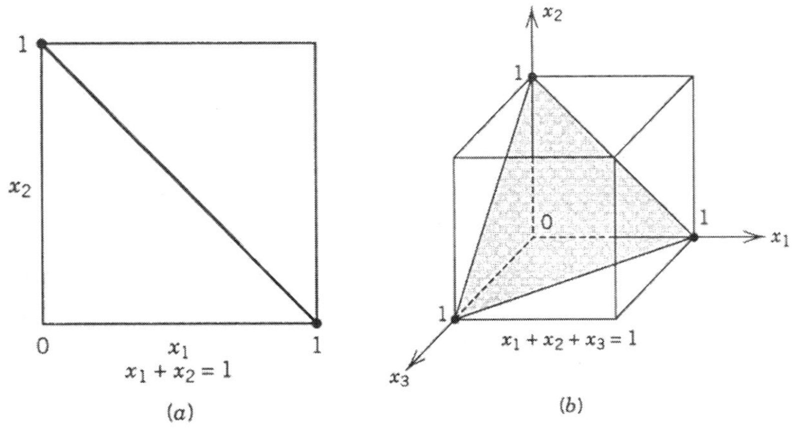

그림 10.1 $q=2$와 $q=3$인 경우의 혼합물 실험공간

때문에 상수항과 순수 2차항들을 포함하지 않는 **Scheffe의 정준 다항식**을 가정한다. 일차모형은

$$E(y) = \beta_1 x_i + \beta_2 x_2 + \cdots + \beta_q x_q \tag{10.2}$$

이고, 이차모형은

$$E(y) = \sum_{i=1}^{q} \beta_i x_i + \sum_{i<j}^{q} \beta_{ij} x_i x_j \tag{10.3}$$

이고, 특별삼차모형은

$$E(y) = \sum_{i=1}^{q} \beta_i x_i + \sum_{i<j}^{q} \beta_{ij} x_i x_j + \sum_{i<j<k}^{q} \beta_{ij} x_i x_j x_k \tag{10.4}$$

이다. $q=3$인 경우의 일차모형이 〈그림 10.2〉에 도시된다. i번째 성분만으로 만들어진 순수 혼합물(pure mixture)에서의 반응변수의 평균이 i번째 성분의 비율 x_i의 회귀계수 β_i와 같고, 성분 1과 성분 2를 섞은 혼합물에 대한 반응변수의 평균은 각각의 성분만으로 구성된 순수 혼합물에서의 반응변수의 평균의 선형 결합에 의해서 결정됨을 주목하라. 즉, 성분들을 혼합한 효과가 **선형 혼합**(linear blending)만 존재한다. 또한 성분들의 배합비율에 따라서 반응표면이 영향을 받는가에 관한 귀무가설은 각각의 꼭지점에서의 높이가 차이가 나는지를 살펴보는 것과 동일하기 때문에 $H_0 : \beta_1 = \beta_2 = \beta_3$임을 알 수 있다. 적어도 두 개의 성분을 배합하면, 반응변수의 평

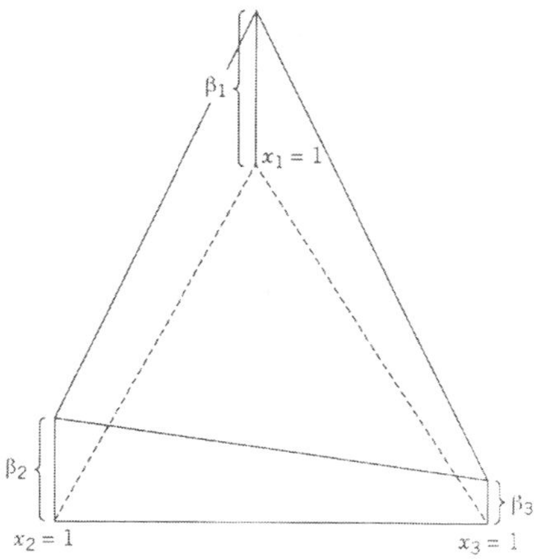

그림 10.2 일차 혼합물 반응표면

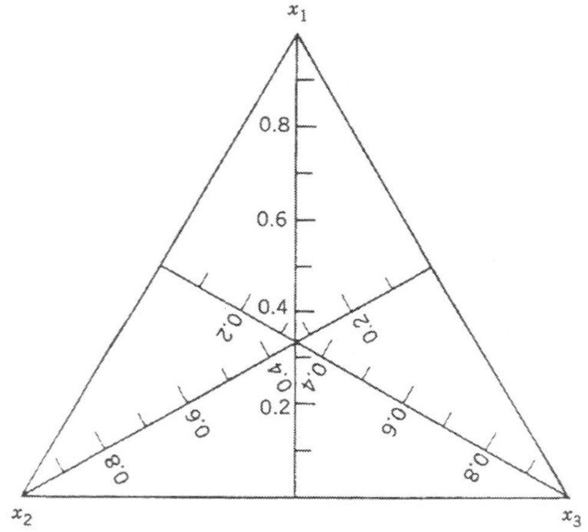

그림 10.3 $q=3$인 경우의 2차원 심플렉스 공간에서 Cox 방향 좌표

균에 시너지 효과나 상극인 효과가 존재하여 **비선형 혼합**(nonlinear blending)이 존재하는 경우에는 적어도 2차 이상의 모형을 가정해야 한다.

혼합물 실험의 목적은 맛과 선호도를 가장 크게 하는 최적의 혼합비율을 혼합물 실험 공간에서 결정하는 것이다. 이를 위해서는 합리적인 혼합물 실험설계에 따라서 혼합비율들을 효율적으로 결정하여 과일 음료를 만들고, 각각의 과일 음료의 반응치를 관측한 후에 혼합비율과 반응변수의 평균에 관한 혼합물 반응표면 분석을 실행하게 된다. 합리적인 혼합물 설계는 혼합물 실험 공간인 $q-1$ 차원 심플렉스 공간에서 가정된 반응변수의 모형에 따라서 결정되는데, 일차모형인 경우에는 혼합물 실험공간인 심플렉스의 꼭지점과 중앙점에서, 이차모형인 경우에는 꼭지점과 꼭지점을 연결하는 모서리의 중앙점을 추가하고, 특별삼차모형인 경우에는 면 중심점을 추가한다. 곡선효과를 반영한 이차 혹은 특별 삼차모형인 경우에 때로는 꼭지점과 중앙점을 연결하여 각각의 성분에 대한 좌표축을 만들고, 축의 중앙에 위치하는 내부점을 추가하기도 한다. 〈그림 10.3〉에는 $q=3$인 경우에 꼭지점과 중앙점을 연결한 좌표축인 **Cox 방향 좌표축**이 예시된다.

또한 엔지니어링의 전문지식으로부터의 정보나 비용 절감 등의 경제적인 이유에 의하면, 혼합물 성분들의 비율에 대한 제한조건이 알려지는 경우가 많다. 즉, 각 성분의 혼합비율이 $0 \le x_i \le 1$의 모든 값을 취할 수 있는 것이 아니라 제한된 구간인

$$0 \le a_i \le x_i \le b_i \le 1,\ \ i=1,2,\dots,q \tag{10.5}$$

안에서만 값을 취할 수 있는 경우이다. 일반적으로 식 (10.5)를 만족하는 제한된 실험영역을 그려보면, $k=3$인 경우에 삼각형이 되지 않고, $k=4$인 경우에 사면체가 되지 않는다. $k=3$인 경우에 제한된 실험영역의 모양은 삼각형, 사각형, 오각형, 육각형 중의 하나가 된다.

제한된 심플렉스 공간상에서 최적조건을 찾기 위해서 이차모형을 가정한 경우에 효율적인 실험설계는 실용적으로 중요한 연구과제로 참고문헌은 Snee(1985), Myers와 Montgomery(2002) 등이다. Design Expert에서는 제한된 실험 영역의 꼭지점, 선중심, 면중심, 중심점, 축점들 중에서, D-최적기준과 I-최적기준을 만족하는 실험설계를 제공한다.

합리적인 혼합물 실험설계법에 의해서 얻어진 실험 자료를 분석한 후에, 실험자의 궁극적인 목적은 반응변수을 최적으로 하는 공정의 조건을 혼합물 실험공간에서 찾고 최적조건에서의 재현성을 확인하는 것이다. 혼합물 실험계획법도 반응표면분석법에서 공부한 바와 같이

(1) 실험의 설계(Design) 단계
(2) 실험자료의 반응표면분석(Analysis) 단계
(3) 최적화(Optimization) 단계
(4) 분석후(Post Analysis) 단계

를 거쳐서 혼합물 실험계획법이 완료된다. 차이점은 (1) 실험의 설계 단계에서 반응표면분석법의 이차모형의 적합에 효율적인 중심합성설계나 Box-Behnken 설계 대신에 혼합물 실험공간에서 가정된 모형에 따라서 효율적인 혼합물 설계를 선택하는 것이다. 10.2절에서는 실용적인 혼합물 실험설계를 소개하고, 10.3절에서는 Design Expert와 Minitab을 활용하여 혼합물 실험계획법(혹은 혼합물 반응표면분석)을 어떻게 구현하는지를 구체적으로 설명하고 예시한다.

10.2 실용적인 혼합물 실험설계

고전적인 혼합물 실험계획법은 **심플렉스 격자 배열법(Simplex lattice design)**과 **심플렉스 중심 배열법(Simplex centroids design)**이 있다. 컴퓨터가 범용화되기 전까지는

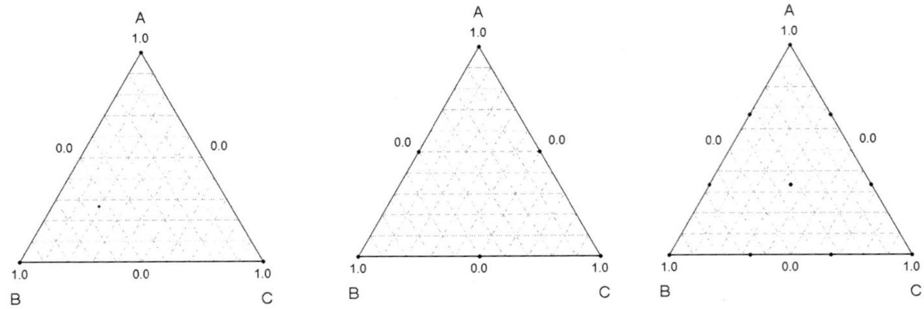

{3,1} 심플렉스 격자 배열법　　　{3,2} 심플렉스 격자 배열법　　　{3,3} 심플렉스 격자 배열법

그림 10.4 $q=3$인 심플렉스 격자 배열법

$(q-1)$ 차원 심플렉스 공간에서 가정된 모형이 일차, 2차, 삼차모형인 경우에는 $\{q,1\}$, $\{q,2\}$, $\{q,3\}$ 심플렉스 격자 배열법을 각각 사용하였는데, 그 이유는 실험점의 개수와 회귀계수의 수가 일치하는 saturated design으로 경제적이고, 실험자료로부터 회귀계수의 계산이 용이하였기 때문이다. 또한 특별삼차모형인 경우에는 심플렉스 중심 배열법을 많이 사용하였다. 컴퓨터가 범용화된 현재에는 실험자료의 분석시에 계산이 문제가 되지 않고, 완전 혼합물인 $(q-1)$ 차원 심플레스 공간의 내부점에서의 반응변수의 예측에 관심이 많기 때문에, 내부점인 중앙점과 축점에서 추가로 실험을 실시하여 혼합물 반응표면분석을 한다. 〈그림 10.4〉에는 {3,1}, {3,2}, {3,3} 심플렉스 격자 배열법의 실험점들이 도시된다. {q,m} 심플렉스 격자 배열법에서 실험점들을 구성하는 각각의 성분에 대한 혼합 비율은 1/m에 비례하기 때문에, {3,1} 심플렉스 격자 배열법의 실험점은 순수 혼합물인 3개의 꼭지점으로 구성되고, {3,2} 심플렉스 격자 배열법은 3개의 꼭지점, 꼭지점과 꼭지점을 연결하는 3개의 모서리의 중앙점으로 구성되고, {3,3} 심플렉스 격자 배열법은 3개의 꼭지점, 꼭지점과 꼭지점을 연결하는 3개의 모서리 각각을 3등분하는 점들과 중앙점으로 구성됨을 〈그림 10.4〉에서 확인할 수 있다. 심플렉스 중심 배열법은 꼭지점, 모서리의 중심점, 면중심점, 등으로 구성되는데, $q=3$인 경우가 〈그림 10.5〉에 도시된다. 물론 {3,2} 심플렉스 격자 배열법에 중앙점이 추가되면, $q=3$인 경우의 심플렉스 중심 배열법과 일치된다.

혼합물 선별 계획법(simplex screening design)은 인자의 수가 많다고 판단될 때 적은 실험의 크기로 중요한 인자들만을 선별해내고 싶은 경우에 사용하도록 Snee와 Marquardt(1976)가 제안한 실험계획법으로 실험점은 순수 혼합물인 q개의 꼭지점, 각각의 성분의 비율이 동일하게 $1/q$인 중앙점, 꼭지점과 중앙점을 연결하는 Cox 방향의 각각의 성분에 대한 좌표축마다 해당 성분의 혼합 비율이 0인 점과 중앙점과 꼭

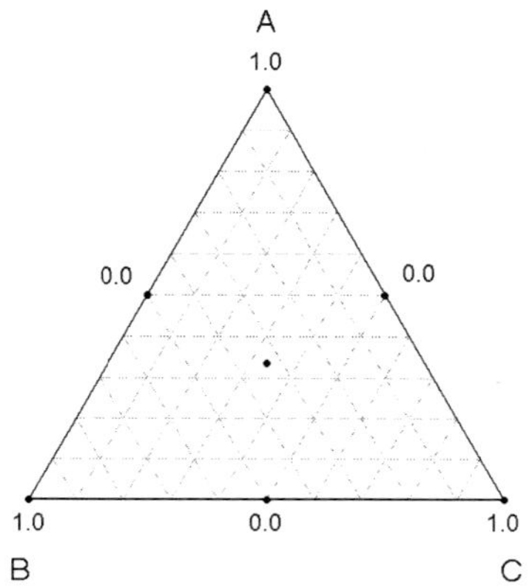

그림 10.5 $q=3$인 경우의 심플렉스 중심 배열법

지점의 중앙에 위치한 내부점이 추가되어서, 총 $3q+1$개의 실험점으로 이루어져 있는데, 각각의 성분에 대한 Cox 방향의 좌표축에서 총 4개의 실험점이 선택되었음을 주목하라. 여기서 중앙점과 내부점에서 반응치는 곡선효과의 존재 여부에 대한 정보를 제공하고 순수 혼합물인 꼭지점과 해당 성분의 혼합 비율이 0인 점(End Effects Point)에서의 반응치는 해당 성분의 일차효과의 크기에 관한 정보를 제공해 준다. 각각의 성분에 대한 Cox 방향의 좌표축에 있는 4개의 실험점에서의 반응값을 비교하면, 해당 성분의 혼합 비율이 0에서 1로 변함에 따라서 반응값의 변화를 볼 수가 있어서 그 성분이 반응변수에 유의한 영향을 끼치는가를 시각적으로 확인할 수 있다. 〈그림 10.6〉에는 $q=3$인 경우의 혼합물 선별 계획법(simplex screening design)이 도시된다.

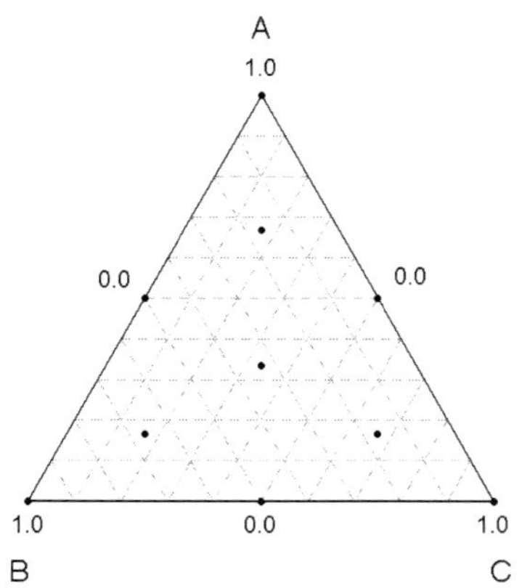

그림 10.6 $q=3$인 경우의 혼합물 선별 계획법

10.3 Design Expert, Minitab과 R을 활용한 혼합물 실험 계획법 사례분석

예제 10.1

로켓 추진 연료 혼합물은 3개의 성분으로 구성되어 있다. 실험자는 연료 혼합물의 탄력을 가장 크게 하는 연료 혼합물의 배합 비율을 찾는 데에 관심이 있다. 곡선효과를 고려하고, 완전혼합물에서의 예측에 관심이 있어서 {3,2} 심플렉스 격자배열법에 중앙점과 축점을 추가한 실용적인 혼합물 설계로 실험을 실시한 실험자료로부터 최적 배합비를 구하라.

● Design Expert 12를 활용한 분석

(1) 실험의 설계 단계: Design Expert 12를 실행하고, 실용적인 혼합물 설계를 생성하기 위해서 [New Design → Mixture → Simplex Lattice]를 클릭하여 만들어진 창에 다음 그림과 같이 혼합물 성분의 수, 성분 이름, 비율의 범위에 관한 정보를 입력하고, [Next] 버튼을 클릭한다.

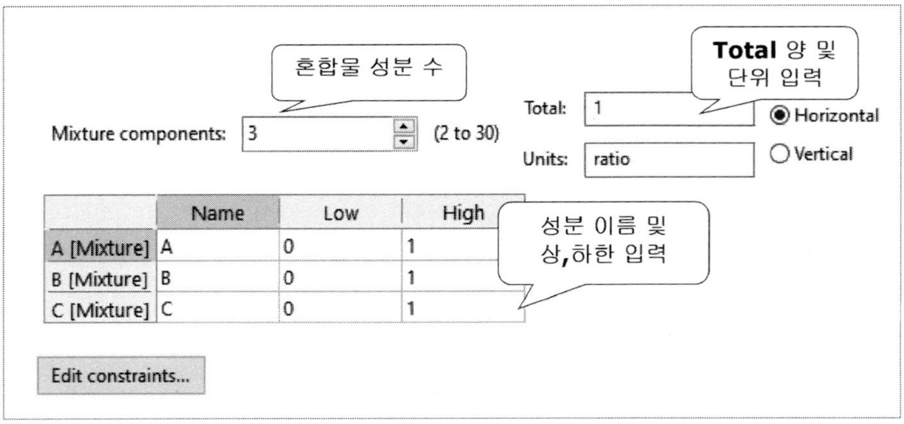

다음 화면에서 아래의 그림과 같이 혼합물 실험공간에서 반응변수의 모형을 알려주는 order에 이차모형인 quadratic을 선택하고, 중앙점과 축점을 추가하기 위해서 Augment design에 표시를 하고, Number of runs to replicate에 0을 입력하여, 반복이 없이 총 10개의 실험점으로 구성되도록 한다.

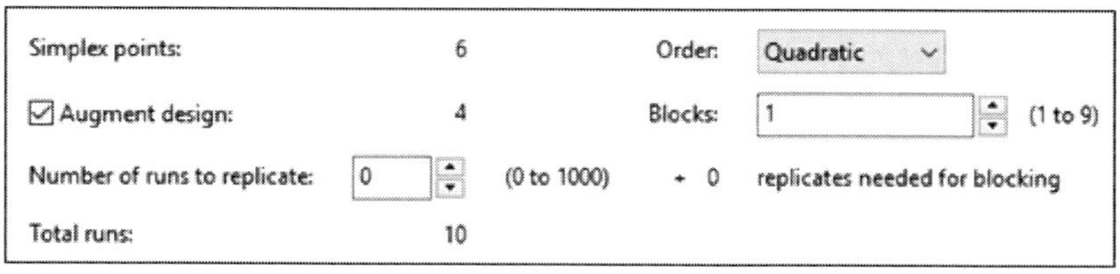

[Next] 버튼을 클릭한 다음 화면에서 반응변수의 수로 1을, 반응변수의 이름으로 y를 입력하고 [Finish] 버튼을 클릭하면, 오른쪽의 활성창에 3개의 축점과 중앙점이 추가된 {3,2} 심플렉스 격자 배열법의 실험점들이 랜덤한 순서로 나열된 실험설계표가 생성된다. 실험결과에 따라서 반응변수 y값을 입력한 결과가 다음과 같다.

Std	Run	Space Type	Component 1 A:A	Component 2 B:B	Component 3 C:C	Response 1 y
1	2	Vertex	1	0	0	2350
2	9	Vertex	0	1	0	2450
3	8	Vertex	0	0	1	2650
4	6	CentEdge	0.5	0.5	0	2400
5	1	CentEdge	0.5	0	0.5	2750
6	7	CentEdge	0	0.5	0.5	2950
7	10	AxialCB	0.666667	0.166667	0.166667	2690
8	3	AxialCB	0.166667	0.666667	0.166667	2700
9	5	AxialCB	0.166667	0.166667	0.666667	2980
10	4	Center	0.333333	0.333333	0.333333	3000

(2) 실험자료의 혼합물 반응표면 분석 단계: 혼합물 실험자료의 분석단계는 9장에서 배운 반응표면분석에서의 분석 단계와 동일하다. 실험자료에 대한 혼합물 반응표면분석을 위하여 왼쪽창의 Analysis 단계의 가지인 반응변수 y를 클릭하여 생성된 오른쪽의 활성창에서

① [Fit Summary] 버튼을 클릭한 출력결과가 〈그림 10.7〉에 주어진다. Special Cubic 항의 추가 설명력에 대한 p-value 값이 0.0257로 충분히 작아서 특별 삼차모형이 적절함을 제시하고 있고, 출력결과에도 Suggested로 적절한 모형으로 추천되어 있다.

Warning: The Cubic, Quartic, and higher-order models are aliased.

Fit Summary

Response 1: y

Mixture Component Coding is L_Pseudo.

Source	Sequential p-value	Lack of Fit p-value	Adjusted R^2	Predicted R^2	
Linear	0.2103		0.1765	-0.8959	
Quadratic	0.0244		0.8323	0.0586	
Special Cubic	**0.0257**		**0.9666**	**0.6267**	**Suggested**
Cubic	0.3996		0.9840	-0.3933	Aliased
Sp Quartic vs Quadratic	0.1958		0.9840	-0.3933	
Quartic vs Cubic					Aliased
Quartic vs Sp Quartic					Aliased

Sequential Model Sum of Squares [Type I]

Source	Sum of Squares	df	Mean Square	F-value	p-value	
Mean vs Total	7.247E+07	1	7.247E+07			
Linear vs Mean	1.835E+05	2	91738.89	1.96	0.2103	
Quadratic vs Linear	2.889E+05	3	96283.50	10.13	0.0244	
Sp Cubic vs Quadratic	**32355.66**	**1**	**32355.66**	**17.10**	**0.0257**	**Suggested**
Cubic vs Sp Cubic	4769.70	2	2384.85	2.63	0.3996	Aliased
Quartic vs Cubic	906.37	1	906.37			Aliased
Residual	0.0000	0				
Sp Quartic vs Quadratic	37125.36	3	12375.12	13.65	0.1958	
Quartic vs Sp Quartic	906.37	1	906.37			Aliased
Residual	0.0000	0				
Total	7.298E+07	10	7.298E+06			

그림 10.7 Fit Summary 버튼을 클릭한 출력결과

② 다음 버튼인 [f(x) Model]을 클릭하고, Process Order에는 Sp Cubic을 선택하고, [Auto Select...] 버튼을 클릭하고 나타난 창에 Criterion 칸에는 p-values를 선택하고, Alpha 칸에는 0.25를 입력하고, Selection 칸에는 Backward를 선택한다.

③ 특별 삼차모형의 항들 중에서 p-value 값이 0.25 이상인, 설명력이 떨어지는 특별 삼차항, 이차항, 일차항들을 후방소거법(Backward Elimination)에 의해 오차항에 풀링한다. 항들의 위계질서를 존중한 후의 분산분석 결과를 보기 위해서 다음 버튼인 [ANOVA]를 클릭한 결과가 〈그림 10.8〉에 주어진다.

ANOVA for Special Cubic model

Response 1: y

Source	Sum of Squares	df	Mean Square	F-value	p-value	
Model	5.047E+05	6	84113.99	44.46	0.0051	significant
(1)Linear Mixture	1.835E+05	2	91738.89	48.49	0.0052	
AB	31.29	1	31.29	0.0165	0.9058	
AC	44413.21	1	44413.21	23.47	0.0168	
BC	1.049E+05	1	1.049E+05	55.47	0.0050	
ABC	32355.66	1	32355.66	17.10	0.0257	
Residual	5676.07	3	1892.02			
Cor Total	5.104E+05	9				

(1) Inference for linear mixtures uses Type I sums of squares.

그림 10.8 특별삼차모형으로부터 후방소거법에 의해 선택된 모형의 분산분석 결과

후방소거 결과 이차항인 AB항의 p-value가 0.9058로 제거되었지만, 특별삼차항인 ABC가 유의하기 때문에 모형의 위계 순서(hierarchical order)를 존중하여 제거되지 않았다.

④ 선택된 모형의 적절성을 진단하기 위해서 다음 버튼인 [Diagnostics] 버튼을 클릭하고, internally Studentized Residuals를 선택한다. 〈그림 10.9a〉에 주어진 표준화 잔차의 정규확률그림을 살펴보면, 개략적으로 직선모형을 따르고 있기에 오차의 정규성을 가정할 수 있다. 〈그림 10.9b〉에 주어진 표준화 잔차와 예측치의 산점도를 살펴보면, 이상적인 모양은 아니지만, ±2 이내의 수평밴드 내에서 퍼져 있어서 오차가 등분산성을 만족하면서 선택된 모형이 문제가 없음을 제시한다.

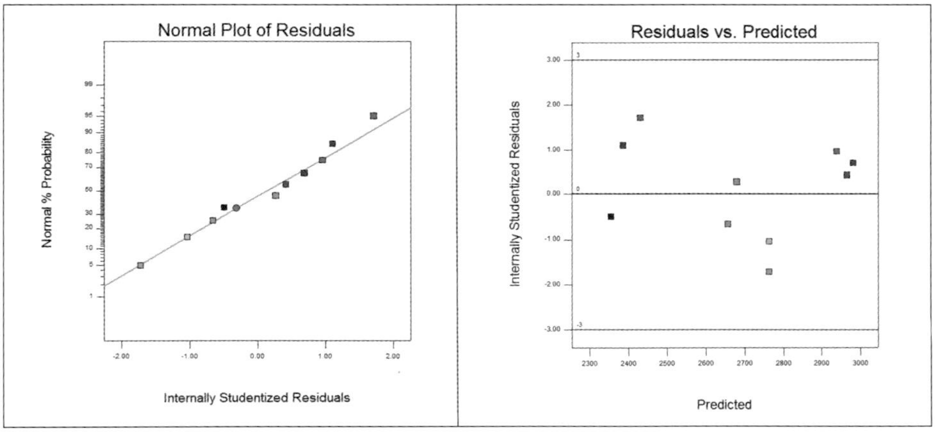

(a) (b)

그림 10.9 표준화 잔차그림

⑤ 다음 버튼인 Model Graphs 버튼을 클릭하여 모형 진단의 절차를 통과한 특별삼차모형에 대한 등고선 그림과 반응표면 그림을 그린다. 〈그림 10.10a〉와 같은 혼합물 실험공간인 2차원 심플렉스 공간에서의 등고선 그림이 출력된다. 등고선 그림으로 판단하건데, 반응표면이 산의 모양으로 정상점에서 최대값을 가짐을 알 수 있다. 상단의 메뉴에서 3D Surface를 클릭하면, 혼합물 실험공간에서 3차원의 반응표면그림이 얻어지는데, 등고선그림에서 예측한 데로 혼합물 반응표면이 산의 모양임을 확인할 수 있다. 각 성분 비율의 Cox 방향의 좌표축에서 반응변수의 예측치의 그림인 Trace 그림을 그리기 위해서 상단의 메뉴에서 Trace 옆의 ▼를 클릭하고 [Trace direction → Cox]를 선택한다. 〈그림 10.10c〉에 주어진 Trace 그림에서 표준 표시 인자 A, B, C의 곡선효과가 존재함을 시각적으로 확인할 수 있다.

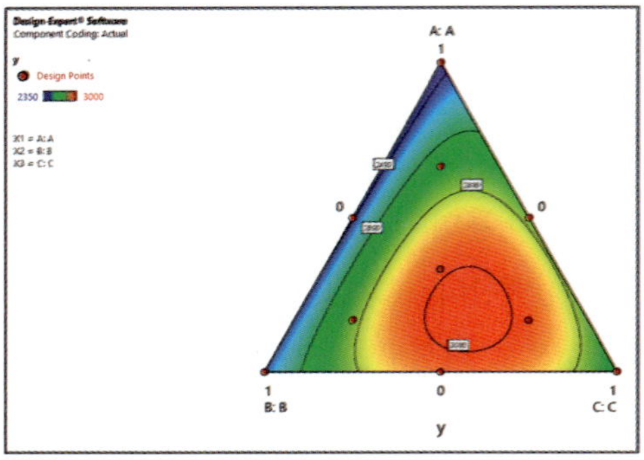

(a) 등고선 그림

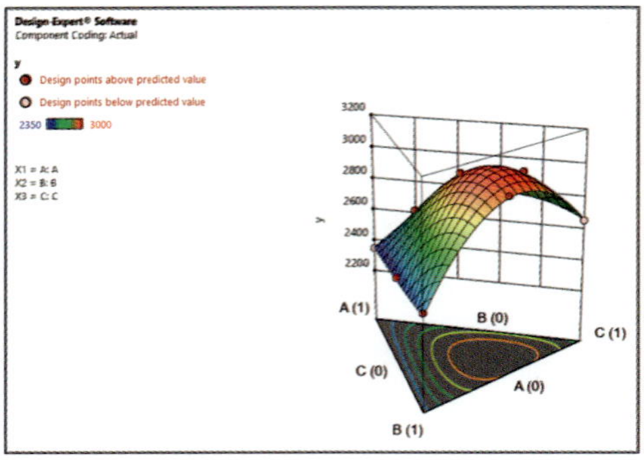

(b) 혼합물 공간에서의 반응표면 그림

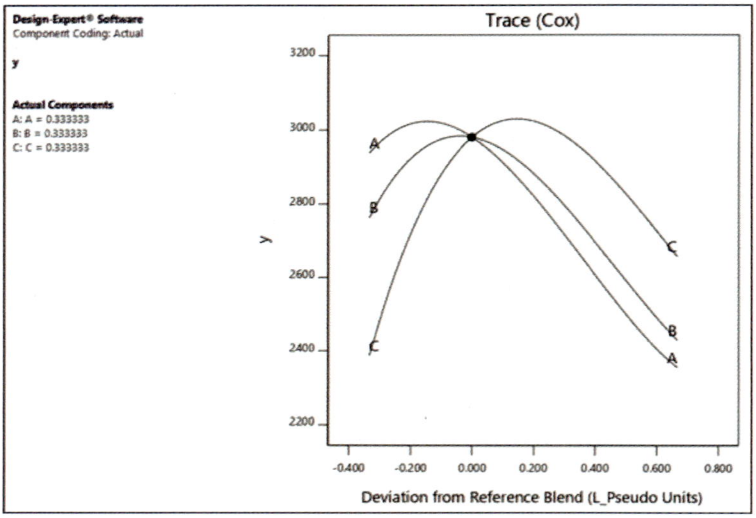

(c) Trace 그림

그림 10.10 Model Graphs 버튼의 출력 결과

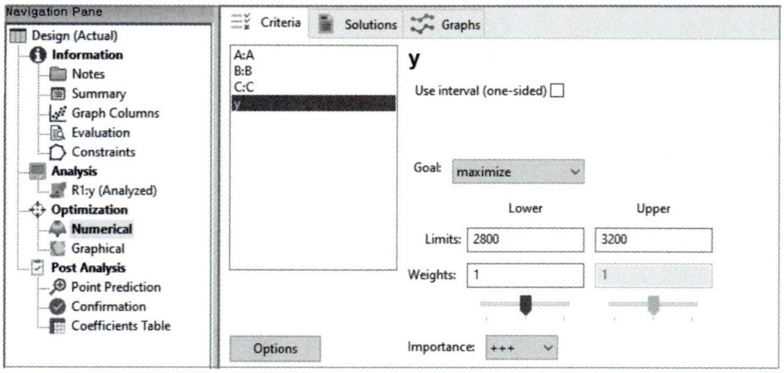

그림 10.11 Numerical 가지의 Criteria 입력창

(3) 최적화 단계

① Design Expert 12 왼쪽 창의 Optimization 가지의 Numerical을 클릭하면, 오른쪽의 활성화 창에는 Criteria 버튼이 선택되어 있다. 〈그림 10.11〉에 도시된 바와 같이 계량인자인 A, B, C 각각에 대해서 Goal 칸에 계량인자의 범위인 in range로 선택하고, 탄력인 반응변수 y가 망대특성이기에, 반응변수 y의 Goal 칸에 maximize를 선택한다. 반응변수 y의 허용한계로 Limits 칸에 하한 2800과 상한 3200를 입력하고, desirability d의 weight 칸을 default 값인 1로 선택한다. desirability d를 가장 크게 하는 최적조건을 찾기 위해서 다음 버튼인 Solutions를 클릭하면 출력결과인 최적조건은 A=.198, B=.321, C=.481이고, 탄력의 추정치 $\hat{y}$ = 3040.62이다.

② Graphical Optimization: Design Expert 12 왼쪽 창의 Optimization 가지의 Graphical을 클릭한다. 오른쪽의 활성화 창에서 [Criteria] 버튼을 클릭하고, 반응변수 y에 대한 허용범위를 입력하기 위해서 Limits 칸의 Lower에 3000를 지정하고 다음 버튼인 [Graphs] 버튼을 클릭하면, 〈그림 10.12〉와 같이 탄력의 예측치 $\hat{y}$가 3000 이상인 혼합물 실험 공간상의 계량인자의 영역을 시각적으로 확인할 수 있다.

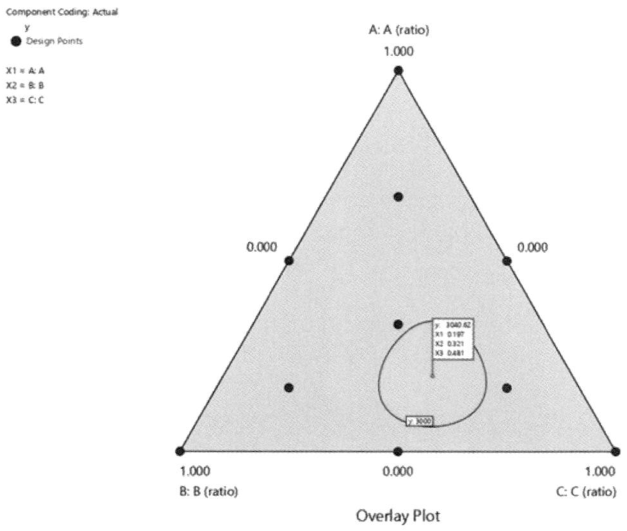

그림 10.12 탄력의 예측치 $\hat{y}$가 3000 이상인 혼합물 실험 공간상의 계량인자의 영역

③ Design Space 구축: 최적조건 근처의 공정조건들 중에서 생산되는 제품들의 99%에 대해서 탄력이 2700 이상인 제품이라는 것을 95% 신뢰도로 보증하는 공정조건을 모아 놓은 Design Space를 구축하기 위해서는 Design Expert 12 왼쪽 창의 Optimization 가지의 Graphical을 클릭한다. 오른쪽의 활성화 창에는 [Criteria] 버튼이 선택되어 있다. 아래의 그림과 같이 use interval(one-sided)를 선택한 후에, Tolerence를 선택하고, Alpha 값을 0.05로 입력한다. 생산되는 99% 제품의 접착력을 보증하는 접착력의 하한값인 2700을 Lower Limits 칸에 입력한다.

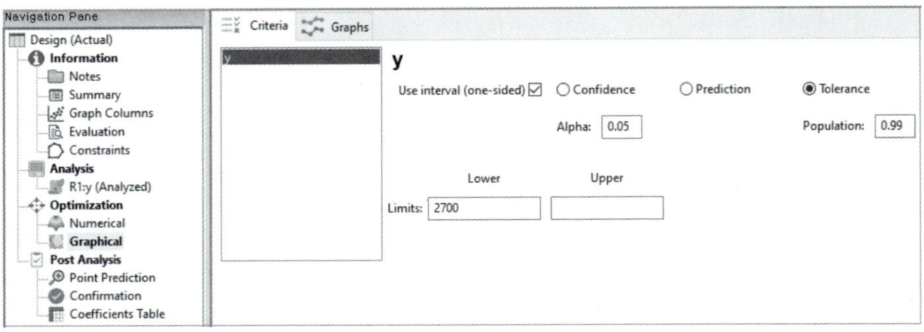

구축된 Design Space를 보기 위해서 [Graphs] 버튼을 클릭한다. 다음 그림과 같이 진한 노란색이 최적조건 근처의 Design Space이다.

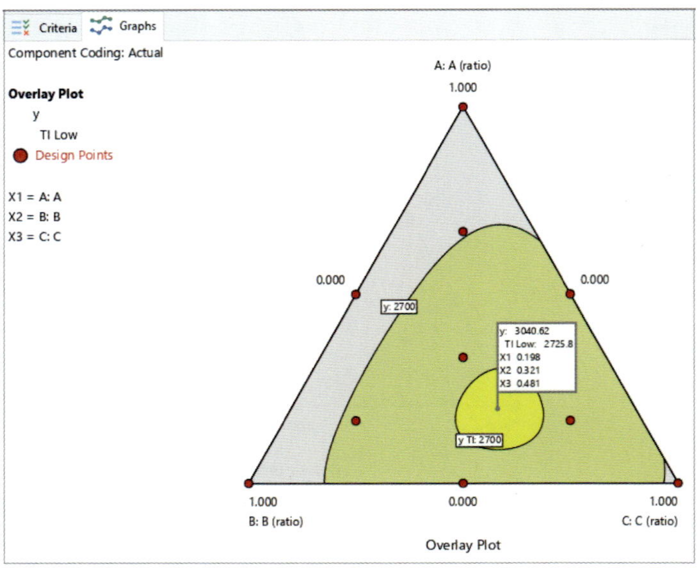

(4) 분석후(Post Analysis) 단계

① 최적조건에서의 재현성 확인하기. Numerical optimization에서 구한 최적조건인 A=.198, B=.321, C=.481에서 추가 실험을 실시하여 관측될 반응치의 신뢰구간을 구하기 위하여, Design Expert 12 왼쪽 창의 Post Analysis 가지의 Confirmation을 클릭한다. 반응치가 95% PI인 (2873.44,3207.80)에 속하면, 재현성을 뒷받침한다고 볼 수 있다.

Confirmation

Two-sided Confidence = 95%

Solution 1 of 2 Response	Predicted Mean	Predicted Median	Observed	Std Dev	n	SE Pred	95% PI low	Data Mean	95% PI high
y	3040.62	3040.62		43.4974	1	52.5348	2873.43		3207.81

●Minitab을 활용한 분석

(1) 실험의 설계 단계

축점과 중앙점을 갖는 {3,2} 심플렉스 격자 설계를 생성하기 위해 [통계분석 → 실험계획법 → 혼합 → 혼합 설계 생성]을 클릭한다.

아래 그림에서 예시하는 바와 같이,

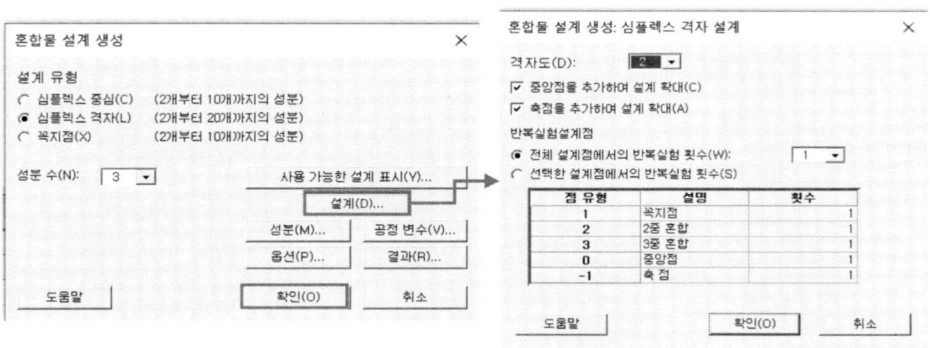

- 설계 유형에서 심플렉스 격자를 선택하고, 성분 수=3을 선택한 후 [설계..]를 클릭한다.
- 격자도에 2를 선택하고, 중앙점을 추가하여와 축점을 추가하여 설계 확대 칸에 각각 표시를 하고, 전체 설계점에서의 반복실험 횟수에 1을 선택하고, [확인]을 클릭한다.

↓	C1	C2	C3	C4	C5	C6	C7	C8
	표준 순서	런 순서	점 유형	블럭	A	B	C	y
1	1	9	1	1	1.00000	0.00000	0.00000	2350
2	2	1	2	1	0.50000	0.50000	0.00000	2400
3	3	5	2	1	0.50000	0.00000	0.50000	2750
4	4	6	1	1	0.00000	1.00000	0.00000	2450
5	5	2	2	1	0.00000	0.50000	0.50000	2950
6	6	4	1	1	0.00000	0.00000	1.00000	2650
7	7	3	0	1	0.33333	0.33333	0.33333	3000
8	8	7	-1	1	0.66667	0.16667	0.16667	2690
9	9	10	-1	1	0.16667	0.66667	0.16667	2700
10	10	8	-1	1	0.16667	0.16667	0.66667	2980

생성된 실험설계의 실험점들에 관한 Worksheet을 얻을 수 있으며, 표준순서 기준으로 정렬한 뒤 y값을 직접 입력한다.

물론, Design Expert에서 예시한 바와 같이 심플렉스 중심을 선택하고, 축점을 추가하여 설계 확대 칸에 표시를 하여, 동일한 설계를 생성할 수도 있다.

(2) 실험자료의 혼합물 반응표면분석 단계

분석 결과를 얻기 위해 [통계분석 → 실험설계법 → 혼합 → 혼합설계분석]을 클릭한다.

- 반응(R)에 반응변수 y를 선택한다.
- 항 tab에서는 특수 3차 model을 선택한다. 이때 모델에 사용하는 항은 선택 항에, 사용하지 않는 항은 이용 가능한 항에 배치된다. 이 예제에서는 모든 항을 다 사용한다. 아래 그림에 위의 과정을 시각적으로 나타내었다.

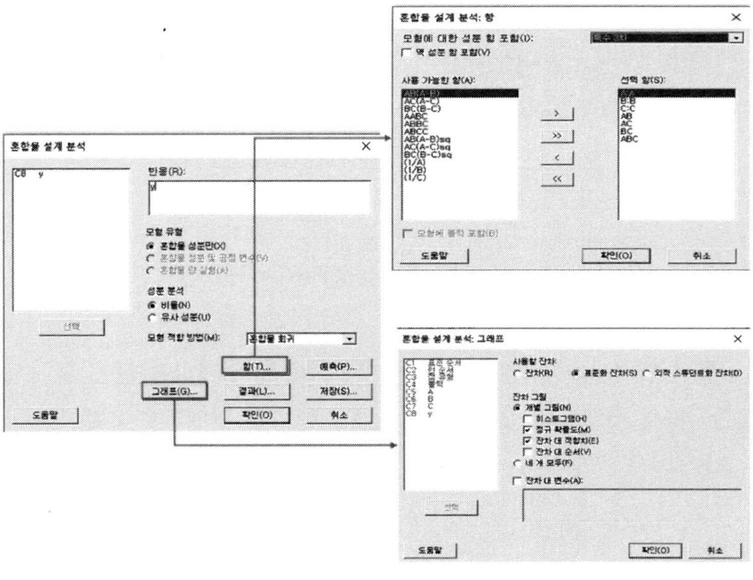

• 표준화 잔차에 관한 그림을 그리기 위해 그래프 버튼을 클릭하여, 표준화 잔차를 선택하고, 잔차그림에서 정규 확률도와 잔차 대 적합치를 선택한다.

y 에 대한 분산 분석(성분 비율)

출처	DF	Seq SS	Adj SS	Adj MS	F-값	P-값
회귀분석	6	504684	504684	84114	44.46	0.005
선형	2	183478	54277	27138	14.34	0.029
2 차	3	288850	137184	45728	24.17	0.013
A*B	1	4826	31	31	0.02	0.906
A*C	1	94981	44413	44413	23.47	0.017
B*C	1	189044	104949	104949	55.47	0.005
특수 3 차	1	32356	32356	32356	17.10	0.026
A*B*C	1	32356	32356	32356	17.10	0.026
잔차 오차	3	5676	5676	1892		
총계	9	510360				

분산분석표 결과 이차항인 AB항의 p-value가 0.906으로 유의하지 않지만, 특별삼차항인 ABC가 유의하기 때문에 모형의 위계 순서(hierarchical order)를 존중하여 제거하지 않는다.

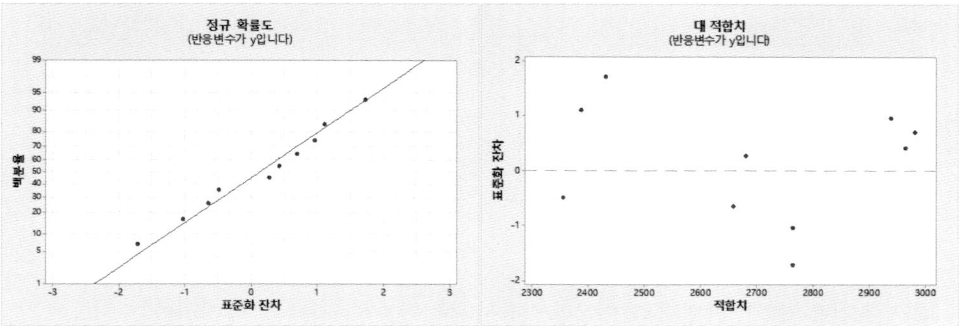

주어진 표준화 잔차의 정규확률그림을 살펴보면, 개략적으로 직선모형을 따르고 있기에 오차의 정규성을 가정할 수 있다. 주어진 표준화 잔차와 예측치의 산점도를 살펴보면 ±2 이내의 수평밴드 내에서 랜덤하게 퍼져 있어서 오차가 등분산성을 만족하면서 선택된 모형이 적절함을 제시한다.

등고선그림과 Trace Plot을 그리기 위해서 다음을 선택하여 필요한 정보를 입력한다.

[통계분석 → 실험계획 → 혼합 → 등고선/표면]

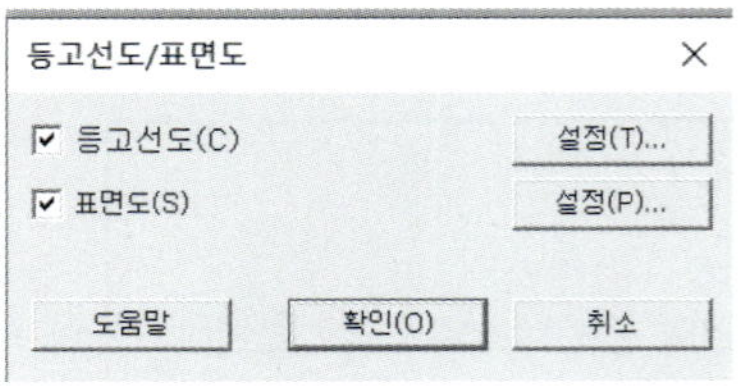

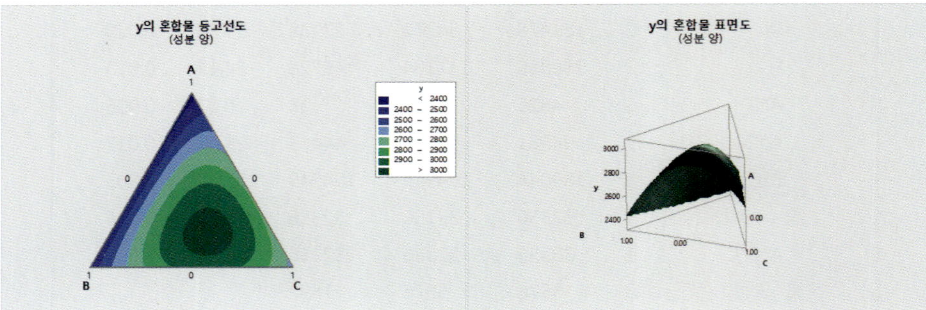

[통계분석 → 실험계획 → 혼합 → 반응 궤적도]

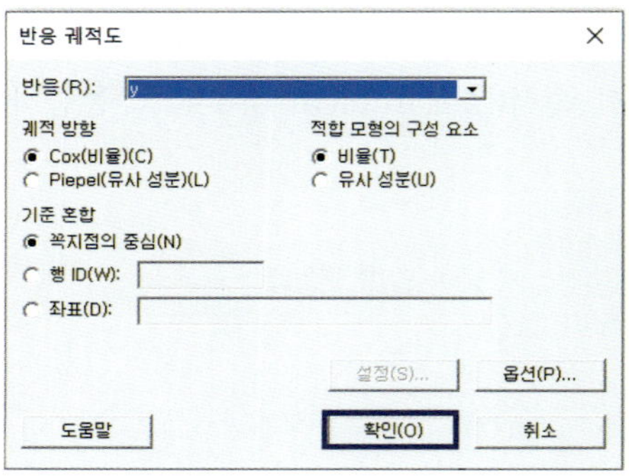

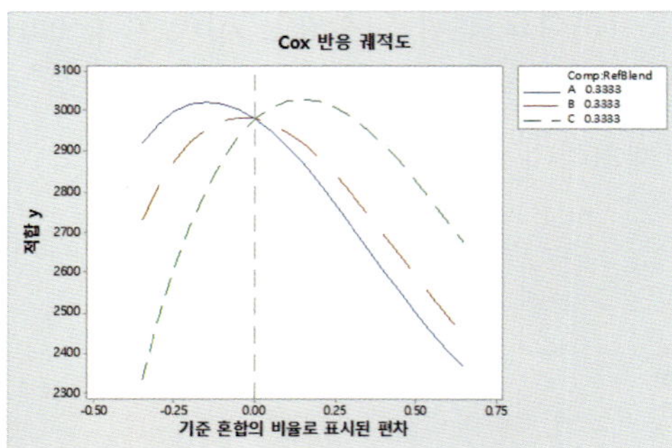

(3) 최적화 단계

최적조건을 찾기 위해서는 다음을 선택하여 필요한 정보를 입력한다.

[통계분석 → 실험계획 → 혼합 → 반응 최적화 도구]

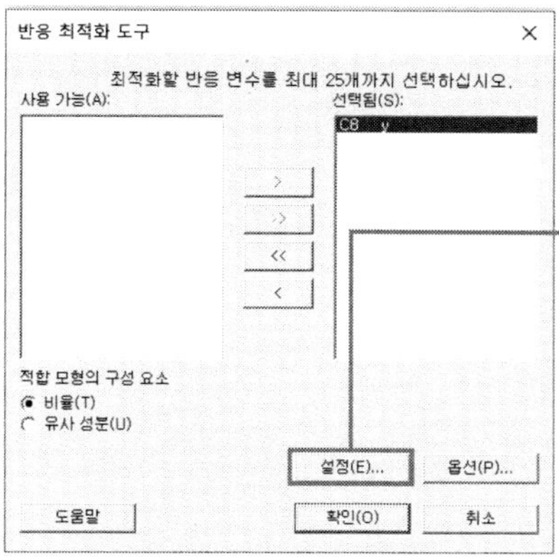

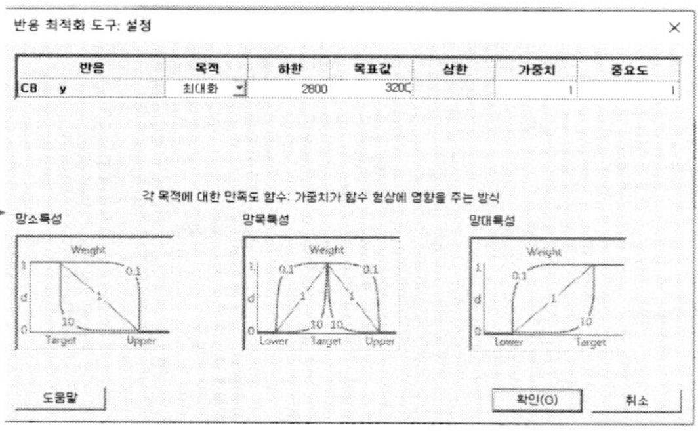

반응 최적화

파라미터

	목적	하한	목표값	상한	가중치	중요도
y	최대값	2800	3200	3200	1	1

글로벌 솔루션

성분

A = 0.195392

B = 0.323232

C = 0.481376

예측 반응

y = 3040.61 , 만족도 = 0.601514

종합 만족도 = 0.601514

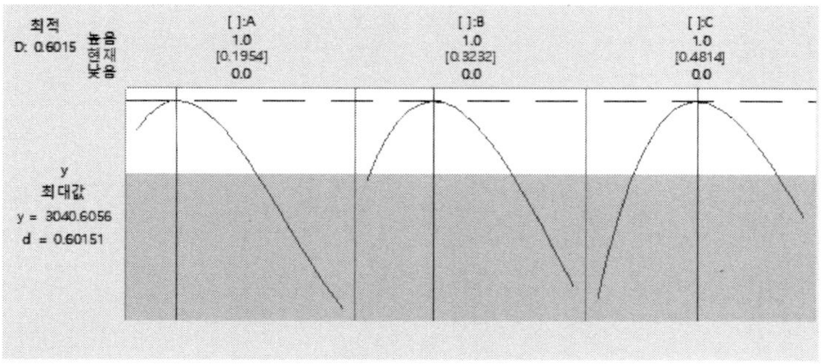

●R을 활용한 분석

(1) 먼저 R을 이용한 반응표면분석을 위해서는 **mixexp, qualityTools, ggfortify** 세 가지의 패키지가 설치되어 있어야 한다.

R code

```
install.packages("qualityTools")
install.packages("ggfortify")
install.packages("mixexp")
library(ggfortify)
library(qualityTools)
library(mixexp)
```

(2) 실험설계

다음과 같이 혼합물 실험설계를 생성한다. 이때 랜덤화를 통해 실행시마다 디자인이 달라지므로 반응값을 직접 입력할 때 순서에 주의해야 한다. .

R code

```
designx <- mixDesign(3,2,type="lattice",center=TRUE,axial=TRUE)
y <- c(2690,2700,2400,2950,2650,2750,3000,2450,2350,2980)
response(designx)<-y
units(designx)="ratio"
names(designx)=c("A","B","C")
summary(designx)
```

실행 결과

```
Simplex LATTICE Design
Information about the factors:

          A       B       C
low       0       0       0
high      1       1       1
name      A       B       C
unit    ratio   ratio   ratio
type numeric numeric numeric

-----------

Information about the Design Points:

          1-blend 2-blend axial center
Unique          3       3     3      1
Replicates      1       1     1      1
Sub Total       3       3     3      1
Total          10

-----------

Information about the constraints:
A >= 0 B >= 0 C >= 0

-----------

                        PseudoComponent _|_ Proportion _|_ Amount
```

```
   StandOrder RunOrder    Type |   A    B    C _ | _  A    B    C _ | _  A    B
1           1        9   axial | 0.67 0.17 0.17  |  0.67 0.17 0.17  |  0.67 0.17
2           2        3   axial | 0.17 0.67 0.17  |  0.17 0.67 0.17  |  0.17 0.67
3           3        6 2-blend | 0.50 0.50 0.00  |  0.50 0.50 0.00  |  0.50 0.50
4           4        8 2-blend | 0.00 0.50 0.50  |  0.00 0.50 0.50  |  0.00 0.50
5           5        4 1-blend | 0.00 0.00 1.00  |  0.00 0.00 1.00  |  0.00 0.00
6           6        5 2-blend | 0.50 0.00 0.50  |  0.50 0.00 0.50  |  0.50 0.00
7           7        7  center | 0.33 0.33 0.33  |  0.33 0.33 0.33  |  0.33 0.33
8           8        1 1-blend | 0.00 1.00 0.00  |  0.00 1.00 0.00  |  0.00 1.00
9           9        2 1-blend | 1.00 0.00 0.00  |  1.00 0.00 0.00  |  1.00 0.00
10         10       10   axial | 0.17 0.17 0.67  |  0.17 0.17 0.67  |  0.17 0.17
      C |  y
1 0.17 | 2690
2 0.17 | 2700
3 0.00 | 2400
4 0.50 | 2950
5 1.00 | 2650
6 0.50 | 2750
7 0.33 | 3000
8 0.00 | 2450
9 0.00 | 2350
10 0.67 | 2980

-----------

Mixture Total: 1 equals 1
```

생성된 디자인을 간단하게 표시하면 다음과 같이 출력된다.

```
   StandOrder RunOrder    Type         A         B         C    y
1           1        9   axial 0.6666667 0.1666667 0.1666667 2690
2           2        3   axial 0.1666667 0.6666667 0.1666667 2700
3           3        6 2-blend 0.5000000 0.5000000 0.0000000 2400
4           4        8 2-blend 0.0000000 0.5000000 0.5000000 2950
5           5        4 1-blend 0.0000000 0.0000000 1.0000000 2650
6           6        5 2-blend 0.5000000 0.0000000 0.5000000 2750
7           7        7  center 0.3333333 0.3333333 0.3333333 3000
8           8        1 1-blend 0.0000000 1.0000000 0.0000000 2450
9           9        2 1-blend 1.0000000 0.0000000 0.0000000 2350
10         10       10   axial 0.1666667 0.1666667 0.6666667 2980
```

(3) 회귀계수 추정 및 진단

회귀계수를 추정하면 다음과 같다. 후진 제거법 등의 방법을 이용해 변수를 선택할 수 있지만, R에서는 위계질서 존중이 되지 않으므로 Design Expert의 결과와 같기 위해 모형에 항을 수동으로 선택하여 추가하였다.

R code

```
mat1 <- as.data.frame(designx)
mat2 <- mat1[4:7]
mat2
ad<-lm(y~A+B+C+A:B+A:C+B:C+A:B:C-1, data=mat2)
summary(ad)    #no intercept model
```

실행 결과

```
Call:
lm(formula = y ~ A + B + C + A:B + A:C + B:C + A:B:C - 1, data = mat2)

Residuals:
      1        2       3       4       5       6       7       8       9      10
 10.080 -63.556  13.610  11.791  -7.286 -12.754  18.971  19.078  -5.468  15.535

Coefficients:
      Estimate Std. Error t value Pr(>|t|)
A      2355.47      42.05  56.018 1.25e-05 ***
B      2430.92      42.05  57.812 1.14e-05 ***
C      2657.29      42.05  63.196 8.73e-06 ***
A:B     -27.22     211.66  -0.129  0.90581
A:C    1025.51     211.66   4.845  0.01678 *
B:C    1576.42     211.66   7.448  0.00501 **
A:B:C  5770.59    1395.43   4.135  0.02566 *
---
Signif. codes:  0 '***' 0.001 '**' 0.01 '*' 0.05 '.' 0.1 ' ' 1

Residual standard error: 43.5 on 3 degrees of freedom
Multiple R-squared:  0.9999,        Adjusted R-squared:  0.9997
F-statistic:  5510 on 7 and 3 DF,  p-value: 3.726e-06
```

이 모형의 진단을 위해 잔차 정규확률도와 잔차 대 적합치 등의 그래프를 그려보면 다음과 같다.

R code

```
autoplot(ad)
```

실행 결과

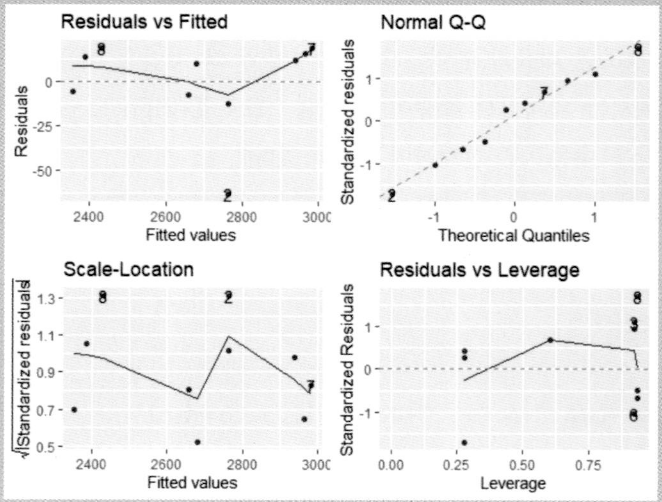

(4) 분석 결과 해석

해당 모형의 Trace Plot, Contour Plot, 3D Surface Plot을 그려보면 다음과 같다.

R code

```
### contour plot ###
contourPlot3(A,B,C,y,data=designx,form="y ~ A:B+A:C+B:C+A:B:C",
        axes=FALSE, main="Contour Plot of Y")

### 3D Plot ###
wirePlot3(A,B,C,y,data=designx,form="y ~ A:B+A:C+B:C+A:B:C",
phi=20,
        theta=310, steps=40, main="3D Plot of Y")

#### trace plot #####
ModelEff(3,4,nproc=0,dir=2, ufunc=ad)
```

실행 결과

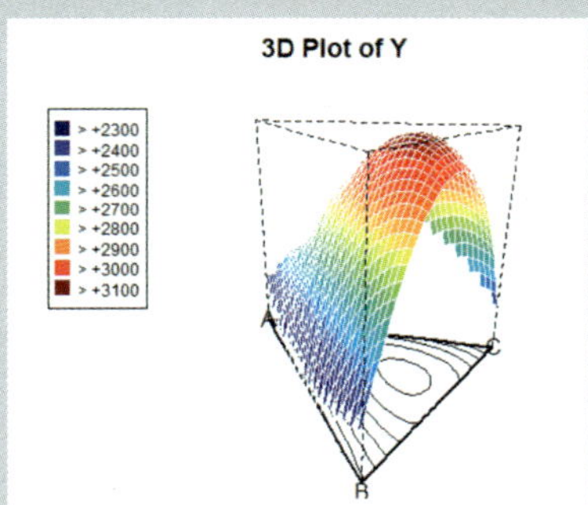

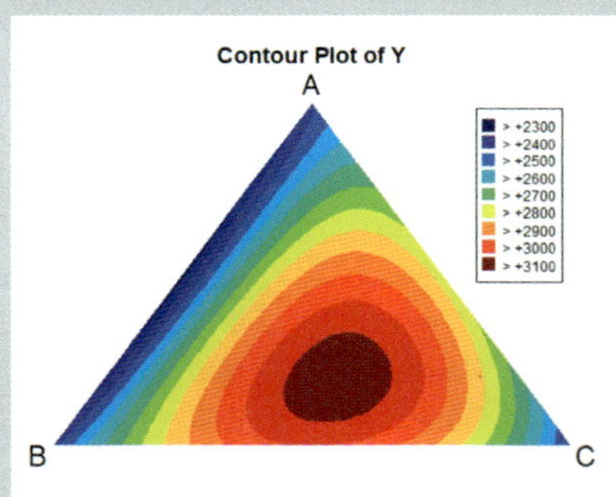

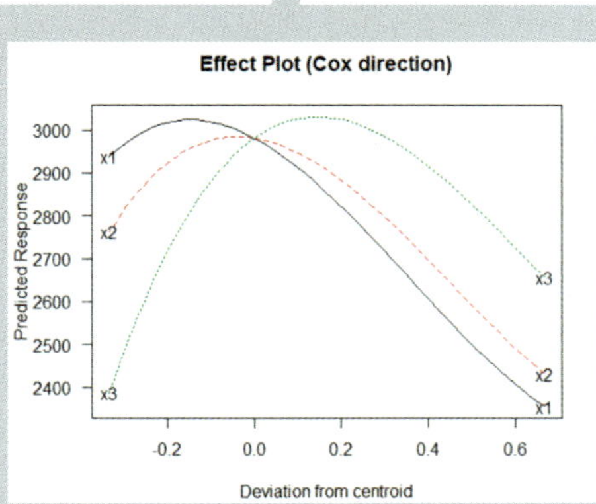

예제 10.2

(Mclean과 Anderson(1966)) 다음에 주어지는 〈표 10.1〉은 조명탄의 광도(y)를 높게 하는 성분들의 최적혼합비율을 찾고자 다음의 4가지 성분을 혼합하여 제품을 만들고 광도를 측정하여 정리한 것이다. 각각의 성분에 대한 제약된 혼합비율은 다음과 같다.

성분	실험영역
A = 마그네슘	0.40−0.60
B = 질산나트륨	0.10−0.50
C = 질산스트론튬	0.10−0.50
D = 접착제	0.03−0.08

표 10.1 조명탄 실험자료

Std	Space Type	Component 1 A:마그네슘	Component 2 B:질산나트륨	Component 3 C:질산스트로늄	Component 4 D:접착제	Response 1 광도
1	Vertex	0.40	0.47	0.10	0.03	145
2	Vertex	0.40	0.10	0.47	0.03	75
3	Vertex	0.60	0.10	0.27	0.03	195
4	Vertex	0.60	0.27	0.10	0.03	220
5	Vertex	0.40	0.42	0.10	0.08	230
6	Vertex	0.40	0.10	0.42	0.08	180
7	Vertex	0.60	0.10	0.22	0.08	300
8	Vertex	0.60	0.22	0.10	0.08	350
9	PlaneCent	0.40	0.27	0.27	0.06	190
10	PlaneCent	0.60	0.17	0.17	0.05	310
11	PlaneCent	0.50	0.10	0.34	0.06	220
12	PlaneCent	0.50	0.34	0.10	0.05	260
13	PlaneCent	0.50	0.23	0.24	0.03	260
14	PlaneCent	0.50	0.21	0.21	0.08	410
15	Center	0.50	0.22	0.22	0.06	425

이 실험의 제약된 혼합물 실험영역을 도시하면 〈그림 10.13〉과 같이 4면체 속의 6면체가 된다. 실험점은 〈표 10.1〉에 나타낸 것처럼 6면체의 꼭지점 8개, 각 면의 중심점 6개 그리고 6면체의 중심점 1개로 이루어져 있다.

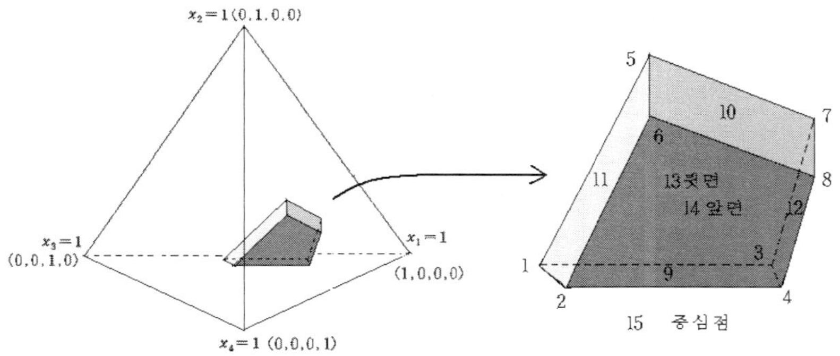

그림 10.13 조명탄 실험의 제약된 혼합물 실험공간

● Design Expert를 활용한 분석

(1) 실험의 설계 단계

Design Expert를 실행하고, 제약된 혼합물 실험공간에서 이차모형의 적합에 실용적인 혼합물 설계로 잘 알려진 〈표 10.1〉에 주어진 실험점을 생성하기 위해서 [New Design → Mixture → User Defined]를 클릭하여 만들어진 창에 Mixture 1 components 칸에 4를 선택하고 [Next〉〉] 버튼을 클릭한다. User-Defined Design 화면에 성분 이름, 비율의 범위에 관한 정보를 입력하고, [Next〉〉] 버튼을 클릭한다. 다음 화면에서 아래의 두 번째 그림과 같이 제약된 혼합물 실험공간에서 반응변수의 모형을 알려주는 Edit Model에 이차모형인 Quadratic을 선택하고, Candidate points로 꼭지점, 면중심점, 중앙점에 표시를 하고, Additional Center points에 0을 입력하여, 반복이 없이 총 15개의 실험점으로 구성되도록 한다.

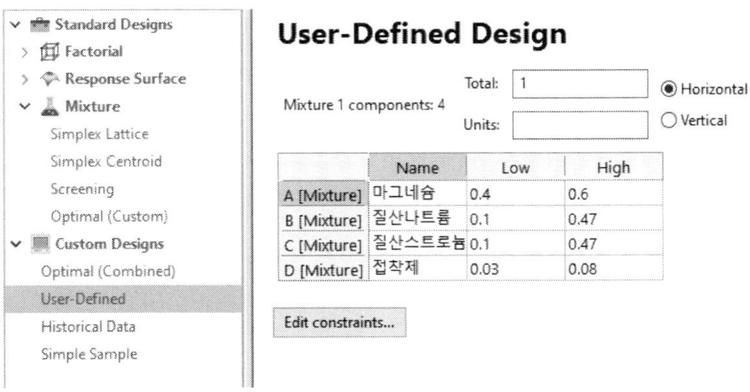

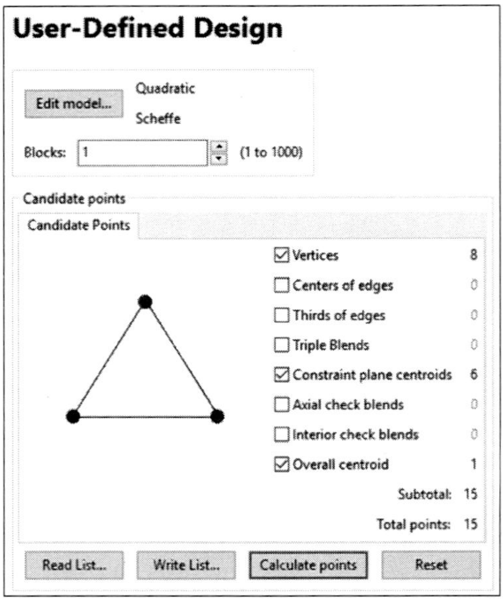

[contimue] 버튼을 클릭하여, 다음 화면에서 반응변수의 수로 1을, 반응변수의 이름으로 광도를 입력하면, 오른쪽의 활성창에 〈표 10.1〉에 주어진 바와 같이 꼭지점, 면중심점, 중앙점으로 구성된 총 15개의 실험점들이 랜덤한 순서로 나열된 실험설계표가 생성된다. 실험결과에 따라서 반응변수인 광도값을 입력하면, Design 단계가 마무리된다.

(2) 실험자료의 혼합물 반응표면 분석 단계

실험자료에 대한 혼합물 반응표면분석을 위하여 왼쪽 창의 Analysis 단계의 가지인 반응변수 y를 클릭하여 생성된 오른쪽의 활성창에서 제안된 special cubic 모형에 Backward, Alpha 0.05를 입력하여 얻어진 모형의 진단에서 잔차그림이 이상적인 모양이 아니고, Box-Cox 변환이 log 변환을 추천하여 변환된 변수에 대한 분석을 다음과 같이 시도한다.

① [y^{λ} Transform] 버튼을 클릭하여 Transformation에서 Natural Log를 선택한다. 다음 버튼인 [Fit Summary] 버튼을 클릭한 출력결과가 아래 그림에 주어진다. p-value가 0.1 이하인 고차의 모형은 이차모형으로 Quadratic 행의 p-value 값이 0.0458이다. DX에서도 이차모형이 Suggested로 표시되어 적절한 모형으로 추천된다.

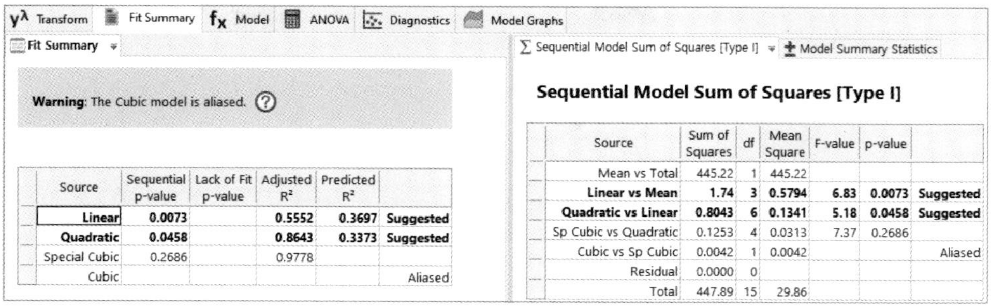

Source	Sequential p-value	Lack of Fit p-value	Adjusted R^2	Predicted R^2	
Linear	**0.0073**		**0.5552**	**0.3697**	**Suggested**
Quadratic	**0.0458**		**0.8643**	**0.3373**	**Suggested**
Special Cubic	0.2686		0.9778		
Cubic					Aliased

Sequential Model Sum of Squares [Type I]

Source	Sum of Squares	df	Mean Square	F-value	p-value	
Mean vs Total	445.22	1	445.22			
Linear vs Mean	**1.74**	**3**	**0.5794**	**6.83**	**0.0073**	**Suggested**
Quadratic vs Linear	**0.8043**	**6**	**0.1341**	**5.18**	**0.0458**	**Suggested**
Sp Cubic vs Quadratic	0.1253	4	0.0313	7.37	0.2686	
Cubic vs Sp Cubic	0.0042	1	0.0042			Aliased
Residual	0.0000	0				
Total	447.89	15	29.86			

② [f(x) Model]에서 Mix Order에 이차모형인 Quadratic을, Auto Select. 버튼을 클릭하고 나타난 창에 Criterion 칸에는 p-values를 선택하고, Alpha 칸에는 0.25를 입력하고, Selection 칸에는 Backward를 선택한다. 분산분석 결과를 보기 위해서 다음 버튼인 [ANOVA]를 클릭한 결과, A, B, C, D, AB, AC, BC 항들이 선택된다. 선택된 모형의 적절성을 검토하기 위해서 [Diagnostics] 버튼을 클릭하여 표준화 잔차의 정규확률그림과 표준화 잔차와 예측치의 산점도를 그린 결과가 〈그림 10.14〉에 주어진다. 표준화 잔차의 정규확률그림이 이상적인 직선 모양이 아니고, 표준화 잔차와 예측치의 그림도 이상적인 모양이 아니어서, 모형의 부적절성을 암시한다. [f(x) Model]의 Auto Select...에서 Alpha 칸에 0.3을 입력하니, BD가 추가로 선택되었고, 모형평가통계량인 $adj-R^2$도 0.897에서 0.903으로 향상되었고, 표준화 잔차의 그림도 〈그림 10.15〉에 주어진 바와 같이 개선된 모양이다.

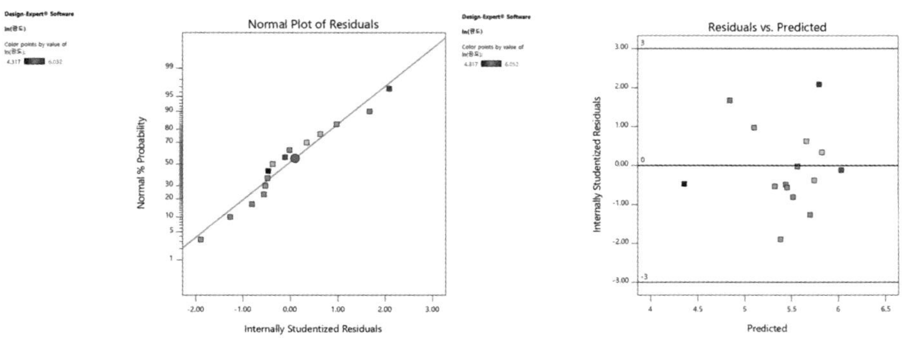

그림 10.14 A, B, C, D, AB, AC, BC 모형의 표준화 잔차그림

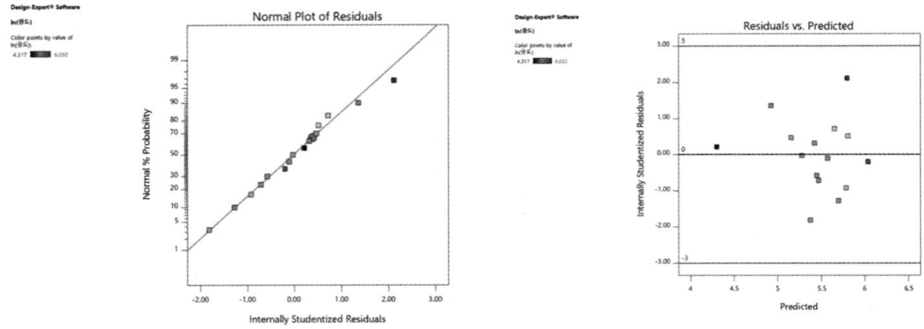

그림 10.15 A, B, C, D, AB, AC, BC, BD 모형의 표준화 잔차 그림

③ 다음 버튼인 [Model Graphs] 버튼을 클릭하여 모형 진단의 절차를 통과한 적절한 모형에 대한 Trace 그림, 등고선 그림과 반응표면 그림을 그린다. 〈그림 10.16〉에 주어진 바와 같이 각 좌표축에서의 반응표면 그림인 Trace 그림에서 A, B, C의 곡선효과가 존재함을 시각적으로 확인할 수 있고, D가 커짐에 따라서

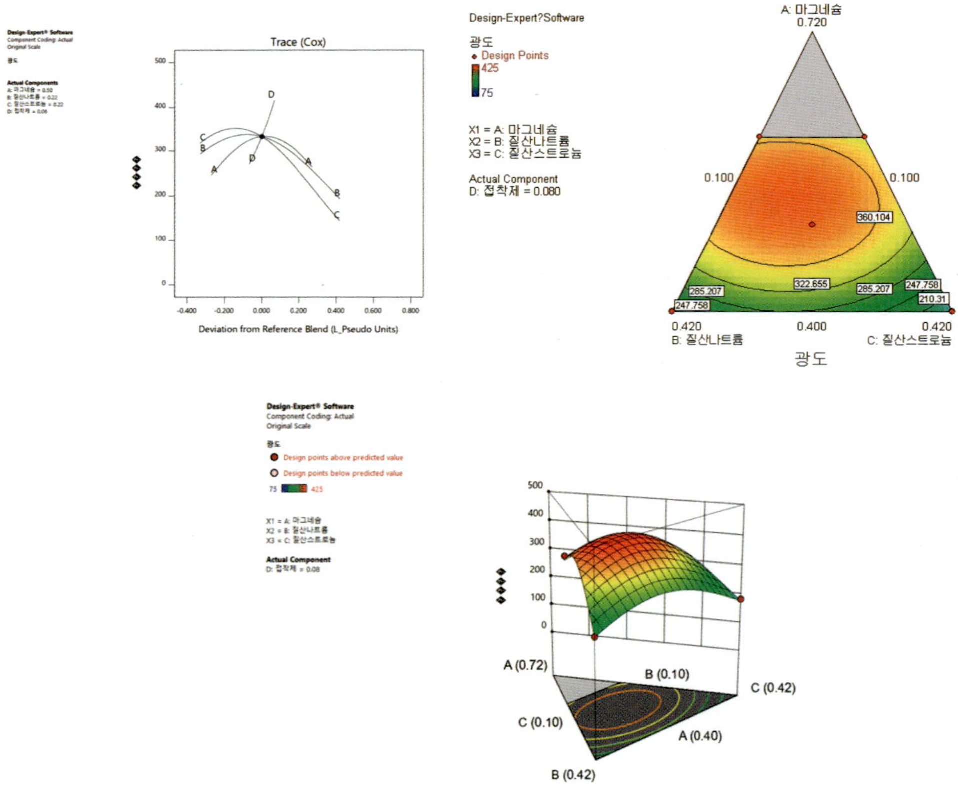

그림 10.16 선택된 모형에 대한 Trace 그림, 등고선 그림과 반응표면 그림

광도가 증가함을 알 수 있다. 등고선 그림에서, D=0.08로 고정된 경우에, 혼합물 반응표면이 산의 모양으로 정상점에서 최대값을 가짐을 알 수 있다. 혼합물 실험 공간에서 3차원의 반응표면 그림에서는, 등고선 그림에서 예측한 데로 혼합물 반응표면이 산의 모양임을 확인할 수 있다.

(3) 최적화 단계

① Design Expert 왼쪽 창의 Optimization 가지의 Numerical을 클릭하면, 오른쪽의 활성화 창에는 [Criteria] 버튼이 선택되어 있다. 계량인자인 마그네슘, 질산나트륨, 질산스트로늄, 접착제 각각에 대해서 Goal 칸에 계량인자의 범위인 in range로 선택하고, 반응변수인 광도가 망대특성이기에, 광도의 Goal 칸에 maximize를 선택한다. 광도의 허용한계로 Limits의 Lower 칸에 350과 Upper 칸에 450를 입력하고, desirability d의 weight 칸을 default 값인 1로 선택한다. desirability d를 가장 크게 하는 최적조건을 찾기 위해서 다음 버튼인 [Solutions]를 클릭하면 최적조건은 마그네슘=.516, 질산나트륨=.218, 질산스트로늄=.186이고, 접착제=0.08이고 광도의 최적값의 추정치는 424.614이다.

② Design Space 구축: 최적조건 근처의 공정조건들 중에서 생산되는 제품들의 99%에 대해서 광도가 225 이상인 제품이라는 것을 95% 신뢰도로 보증하는 공정조건을 모아 놓은 Design Space를 구축하기 위해서는 Design Expert 12 왼쪽 창의 Optimization 가지의 Graphical을 클릭한다. 오른쪽의 활성화 창에는 [Criteria] 버튼이 선택되어 있다. 아래의 그림과 같이 use interval(one-sided)를 선택한 후에, Tolerence를 선택하고, Alpha 값을 0.05로 입력한다. 생산되는 99% 제품의 광도를 보증하는 광도의 하한값인 225를 Lower Limits 칸에 입력한다. 광도의 하한값이 250인 경우는 Design Space는 공집합이 되어 최적조건에서 제품이 생산되어도 생산되는 제품의 99%에 대한 품질 보증을 할 수 없게 된다.

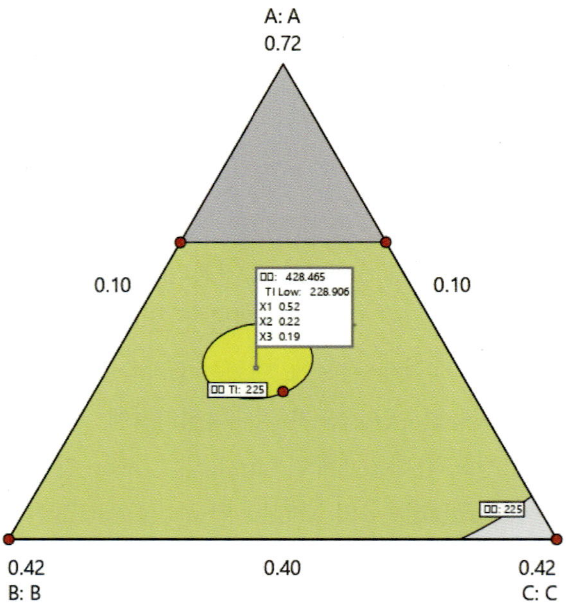

Overlay Plot

(4) 분석후(Post Analysis) 단계

① 최적조건에서의 재현성 확인하기: Numerical optimization에서 구한 최적조건인 A=.516, B=.218, C=.186, D=.080에서 추가 실험을 실시하여 관측될 반응치의 신뢰구간을 구하기 위하여, Design Expert 12 왼쪽 창의 Post Analysis 가지의 Confirmation을 클릭한다. 반응치가 95% PI인 (295.13,610.61)에 속하면, 재현성을 뒷받침한다고 볼 수 있다.

Confirmation

Two-sided Confidence = 95%

Solution 1 of 52 Response	Predicted Mean	Predicted Median*	Observed	Std Dev	n	SE Pred	95% PI low	Data Mean†	95% PI high
광도‡	428.465	424.514		58.5942	1	N/A	295.133		610.613

연습문제

1 $q=4$인 경우 3차원 심플렉스 공간에서 곡선효과를 검토할 수 있는 실용적인 혼합물 실험설계를 Design Expert 혹은 Minitab을 활용하여 생성하라.

2 실험영역이 다음과 같이 제한되었을 때 $q=3$인 제약된 혼합물 실험공간을 도시하고, Design Expert 혹은 Minitab을 활용하여 이차모형의 적합을 위한 실용적인 혼합물 실험설계를 생성하라.

$$0.2 \leqq x_1 \leqq 0.5,\ 0.5 \leqq x_2 \leqq 0.8,\ 0.1 \leqq x_3 \leqq 0.4.$$

3 실험영역이 다음과 같이 제한되었을 때 $q=3$인 제약된 혼합물 실험공간을 도시하고, Design Expert 혹은 Minitab을 활용하여 이차모형의 적합을 위한 실용적인 혼합물 실험설계를 생성하라.

$$0.30 \leqq x_1 \leqq 0.60,\ 0.20 \leqq x_2 \leqq 0.50,\ 0.10 \leqq x_3 \leqq 0.50.$$

4 3개의 다른 연료를 혼합하여 연비가 좋은 휘발유를 만들려고 한다. 반응변수 y는 리터당 주행 거리(단위: km)이다. 내부점과 중앙점이 추가된 {3,2} 심플렉스 격자배열법에 의한 실험결과가 아래와 같다. Design Expert 혹은 Minitab을 활용하여 다음 문제에 답하라.

실험 번호	혼합물 비율			반응값
	x_1	x_2	x_3	y
1	1	0	0	25.2, 24.6
2	0	1	0	24.7, 24.0
3	0	0	1	22.8, 23.4
4	1/2	1/2	0	25.2
5	1/2	0	1/2	24.3
6	0	1/2	1/2	23.6
7	1/3	1/3	1/3	24.9, 24.0
8	2/3	1/6	1/6	24.3
9	1/6	2/3	1/6	23.8
10	1/6	1/6	2/3	23.6

(a) 위 혼합물 실험자료를 잘 설명하는 적절한 모형을 찾아라.

(b) 휘발유 연비를 가장 크게 하는 최적 혼합물 배합을 찾아라.

(c) 최적조건에서 재현성 실험을 1회 실시하는 경우에 얻어질 미래의 y값에 대한 신뢰구간을 구하라.

5 샴푸의 거품과 관련된 성분은 3가지로 알려져 있다. 이 3개의 성분을 배합하여 거품이 많이 나는 샴푸를 개발하려고 한다. 이때 샴푸 성분들에 대한 제약조건은

$$x_1 + x_2 + x_3 = .5,$$

$$.2 \le x_1 \le .3,\ .07 \le x_2 \le 0.1,\ .13 \le x_3 \le 0.20$$

이다. 제한된 혼합물 공간에서 실험된 자료가 다음과 같다.

Space Type	Component 1 A:x1	Component 2 B:x2	Component 3 C:x3	Response 1 y
Vertex	0.200	0.100	0.200	141
CentEdge	0.285	0.085	0.130	165
CentEdge	0.265	0.070	0.165	170
Vertex	0.300	0.070	0.130	152
Vertex	0.270	0.100	0.130	150
Vertex	0.230	0.070	0.200	153
CentEdge	0.235	0.100	0.165	148
AxialCB	0.240	0.078	0.182	163
AxialCB	0.275	0.078	0.147	175
Vertex	0.270	0.100	0.130	145
Vertex	0.200	0.100	0.200	138
Vertex	0.230	0.070	0.200	147
Vertex	0.300	0.070	0.130	140

(1) 위 혼합물 실험자료를 잘 설명하는 적절한 모형을 찾아라.

(2) 샴퓨의 거품을 가장 많이 나게 하는 혼합물 배합을 찾아라.

(3) 최적조건에서 재현성 실험을 1회 실시할 때에 얻어질 미래의 관측치에 대한 예측구간을 구하라.

11 로버스트 파라미터 계획법

현업에서의 실험환경은 실험자나 엔지니어들이 통제할 수 없는 변수인 **잡음 인자**(Noise Factors)의 값에 영향을 크게 받는 경우가 많이 있다. 경험적으로 잘 알려진 사실은 엔지니어가 수준값을 제어할 수 있는 특정 **제어인자**의 수준값에서의 품질특성치의 분포가 잡음인자들의 변화에 둔감하여 산포가 작아진다는 사실이다. 즉, 제어인자들의 수준 결합인 실험조건마다 반응변수의 평균뿐만 아니라 분산도 달라질 수 있다는 사실이다. **다구찌 방법**(Taguchi's Method)은 제어인자의 수준값에 따라서 품질특성치의 분포에 대한 산포가 차이가 날 수 있다는 현실적인 가정하에서 실험 환경의 최악조건(extreme conditions)하에서도 품질특성치의 산포를 작게 하면서 동시에 평균을 목표치에 근접시키는 최적조건을 찾기 위한 실험설계와 실험자료의 분석방법이다. 사례분석을 통하여 Minitab을 활용한 다구찌 방법과 Design Expert를 활용하여 반응변수의 평균과 표준편차인 POE(y)에 대한 동시 모델링을 통하여 최적조건을 찾는 방법을 공부하기로 한다.

11.1 로버스트 파라미터 계획법

우리가 지금까지 공부한 실험계획법에서 반응변수의 분포에 대한 중요한 가정은 실험단위 또는 실험환경의 동질성으로부터 유추된 등분산 가정이다. 다시 말해서 "실험자가 통제할 수 있는 (제어)인자들의 고정된 수준값으로 결정된 실험조건에서 얻어진 품질특성치인 반응변수의 분포는 인자들의 수준값에 따라서 평균은 달라질 수 있지만, 품질특성치의 산포는 실험조건에 관계없이 동일하다"라는 가정을 하였다. 즉, 등분산을 가정하여, 품질특성치의 분포가 정규분포인 경우에는 분포의 모양(shape)인 종의 형태는 동일하고, 실험조건에 따라서 중심의 위치만 달라진다는 가정을 하고, 중심의 위치에 영향을 주는 인자들을 선별하여, 중심의 위치를 최적으로 하는 실험조건을 찾는 방법을 공부하였다. 그런데 현업에서는 경제적인 이유 등으로 실험환경을 동질적으로 유지하기가 쉽지 않기 때문에, 실제 실험환경은 실험자나 엔지니어들이 통제할 수 없는 변수인 **잡음 인자**(Noise Factors)들의 값의 커다란 변화에 노출되어 있다. 경험적으로 잘 알려진 사실은 엔지니어가 수준값을 제어할 수 있는 특정 제어인자의 수준값에서의 품질특성치의 분포가 잡음인자들의 변화에 둔감하여 산포가 작아질 수 있다는 사실이다. 즉, 제어인자들의 수준 결합인 실험조건마다 반응변수의 평균은 물론, 분산도 달라질 수 있다는 것이다. **다구찌 방법**(Taguchi's Method)은 제어인자의 수준값에 따라서 품질특성치의 분포에 대한 산포가 차이가 날 수 있다는 현실적인 가정하에서 실험 환경의 최악조건(extreme conditions)하에서도 품질특성치의 산포를 작게 하면서 동시에 평균을 목표치에 근접시키는 최적조건을 찾기 위한 실험설계와 실험자료의 분석방법이다. 다구찌 방법의 대표적인 성공사례는 일본의 인나 타일 제조업체의 사례(1953)인데, 이 회사에서는 가마 안의 굽는 특정 위치에 따라서 규격을 벗어나는 불량 타일들이 발생하였다. 이 문제를 해결하기 위해서 특정 위치마다 온도를 측정한 결과 굽는 온도의 산포가 심하였고, 이를 해결하는 직접적인 방법은 노후 가마를 굽는 위치에 관계없이 온도가 동일한 새로운 가마로 대체하는 방법이었다. 커다란 비용을 수반하는 직접적인 방법 대신에 잡음인자를 가마 안의 굽는 위치로 취하여서, 잡음인자의 변화에 영향을 받지 않는 둔감한 제어인자들의 수준 결합을 찾은 결과 석회석의 양을 현행 1%에서 5%로 바꾸었으며, 그 결과 기존의 가마를 그대로 사용해서 규격을 벗어나는 불량 타일을 획기적으로 감소시켰다. 이와 같이 다구찌 방법은 현업에서 일어나는 문제점을 해결할 수 있는 방법을 제시하여 그 역할과 응용범위는 확장되고 있다. 다구찌 방법은 기존의 실험계획법에 비교하여 다음의 특징을 갖고 있다.

(1) 종래에는 제어 불가능한 환경조건이나 제어하기 어려운 생산조건, 공정조건 등의 원인인 잡음인자들을 통제하지 않고, 실험의 랜덤화에 의해서 실험을 실시해서 실험자료를 얻었기 때문에 잡음인자들이 특성치에 미치는 영향을 실험자료로부터 분석할 수 있는 방법이 원천적으로 불가능하였다. 다만, 실험조건마다 실험의 반복이 이루어진 경우에는 각각의 실험조건에서 얻어진 실험자료의 표본분산을 비교하여, 등분산 가정을 검토하고, 등분산성이 의심스러운 경우에는 반응변수의 변환을 통해서 등분산 가정을 만족하는 변환을 시도한 후에 평균을 최적화하는 조건을 찾는 분석을 하였다. 다구찌 방법은 실험의 설계단계에서 (제어)인자들의 각각의 실험조건에서 현업에서는 통제하지 않는 잡음인자들의 수준값에 대한 실험 설계인 외측 배열(outer array)의 실험을 모두 실시하여, 잡음인자들이 품질 특성치에 주는 영향을 객관적이고 계량적으로 평가할 수 있는 분석 방법을 제시하고 있다. 또한 품질 산포의 크기를 새로운 계량특성치(손실함수, SN비)로 변환하여 산포를 작게 하면서 동시에 평균을 목표치에 근접시키는 (제어)인자들의 조건을 찾아가는 로버스트 실험계획법(robust design)이 활용된다.
(2) 다구찌 실험설계의 특징은 현업에서는 제어하지 않는 잡음인자들을 포함하여 실험을 설계한다는 사실이다. 실험설계는 엔지니어가 수준값을 제어할 수 있는 인자들의 실험설계인 내측배열(inner array)과 현업에서는 제어하지 않는 잡음인자들을 인위적으로 제어하는 실험설계인 외측배열(outer array)의 교차설계(crossed array)로 구성된다. 즉 내측배열에 있는 (제어)인자들의 각각의 실험조건에서 잡음인자에 대한 조건을 외측배열에 있는 모든 가능한 실험조건으로 변경해 가면서 실험을 실시한다. 내측배열과 외측배열의 실험설계로는 2수준 혹은 3수준 일부실시법을 활용하기 쉽게 시각적으로 표현한 직교배열표를 사용한다.
(3) 종래에는 생산라인(on-line)에서의 실험계획법이 주종을 이루었으나, 다구찌 실험계획법에서는 그 응용범위가 확장되어 연구소 등에서 신제품 개발을 위한 품질설계, 파라미터 설계, 허용차 설계 등의 라인 외(off-line) 품질관리를 위하여 유용하게 사용하고 있다.

이 장에서는 다구찌 방법의 핵심인 품질특성치가 계량치인 경우의 파라미터 설계에 대해서만 다루기로 한다. 다음 절에서는 계량치 파라미터 설계에서 사용되는 손실함수와 SN비에 대하여 공부하기로 한다.

11.2 손실함수와 SN비

11.2.1. 손실함수

품질특성치의 평가를 유용성의 측면에서 계량적으로 하면, 가장 이상적인 경우에 취할 수 있는 값이 어느 정도로 큰 값이어야 하는가에 대한 고민을 해야 한다. 반면에 손실의 개념으로 평가하면, 가장 이상적인 경우는 손실이 발생하지 않으므로 품질특성치의 손실값은 0이라는 사실을 알고 있다는 이점이 있다. 손실함수는 품질특성치의 값이 주어졌을 때에 그 제품의 성능을 손실의 관점에서 계량적으로 평가하는 함수이다. 품질특성치는 용도에 따라서 다음과 같이 3가지로 분류할 수 있으며, 각각에 대한 손실함수(loss function)도 서로 다르게 정의된다. 우리는 주어진 공정조건에서 생산되는 제품 각각의 품질특성치에 대해서 계산된 손실함수 값의 평균에 의해서 공정조건을 평가하며, 손실함수 값의 평균을 기대손실이라고 한다.

(1) 망목특성(nominal-is-best characteristics)

품질특성치의 특별한 목표치가 주어져 있는 경우로 두께, 길이, 무게, CD 등과 같이 품질특성치의 값을 지정된 목표치에 일치시키려 하는 경우이다. 품질특성의 측정치가 y이고, 목표치가 m인 경우의 손실함수를 생각해 보자. y가 m과 일치하는 경우에는 가장 이상적인 경우로 손실이 발생하지 않아서 손실함수의 값은 0이고, y가 m을 벗어나면, 즉 m보다 작거나 큰 값을 가지면, 손실함수의 값은 0보다 큰 값을 가져야 한다. 즉, 손실함수는 m을 기준으로 곡선효과를 가져야 하는데, 곡선효과를 갖는 함수 중에서 가장 간단한 함수는 $y=m$에서 최소값 0을 갖는 이차함수로, 손실함수 $L(y)$를

$$L(y) \;=\; k(y-m)^2 \tag{11.1}$$

으로 정의하여 사용한다. k의 값은 품질특성치의 값이 소비자 허용한계를 벗어나는 경우에 해당 제품을 사용하는 소비자의 손실 금액에 따라서 결정될 수 있는 상수이다.

(2) 망소특성(smaller-the-better characteristics)

품질특성치의 값이 작으면 작을수록 좋은 경우로 마모도, 진동, 불량률, 결점수 등

이나 대기 오염 등에 관련된 물질의 양인 폐해특성이 이에 해당되고, 일반적으로 품질특성치 y가 0보다 큰 값을 취한다. 이 경우에는 망목특성의 목표치인 m이 0에 해당되므로 손실함수 $L(y)$는

$$L(y) \;=\; ky^2 \tag{11.2}$$

으로 표현된다.

(3) 망대특성(larger-the-better characteristics)

품질특성치의 값이 크면 클수록 좋은 경우로 강도, 수율, 연료 효율 등의 품질 특성치가 이에 해당된다. 망대특성 y을 역변환하여 $T(y) = \dfrac{1}{y}$로 하면, 역변환된 $T(y)$는 망소특성이 되며, 이렇게 역변환된 망대특성을 항상 망소특성으로 취급할 수 있다. 따라서 망대특성의 손실함수는

$$L(y) = k\left(\frac{1}{y^2}\right) \tag{11.3}$$

이다.

11.2.2 SN비

통신공학에서 통신시스템의 기능관계는 〈그림 11.1〉과 같이 간단하게 도시되는데, 목적을 수행하기 위해서 시스템에 보내진 신호입력이 산출물(output)에 영향을 주며, 동시에 시스템에 첨가되는 잡음(noise)이 산출물에 변동을 초래하게 되어서 산출물을 해석한 결과(result)에 대한 신뢰성을 떨어뜨리게 된다.

신호 대 잡음의 비율인 SN비(Signal-to noise ratio)는 신호의 힘(power of signal)과 잡음의 힘(power of noise)의 비율로 신호의 힘은 품질특성치 y의 평균의 제곱인 μ^2으로 나타내고, 잡음의 힘은 품질특성치 y의 분산인 σ^2으로 나타낸다. 통

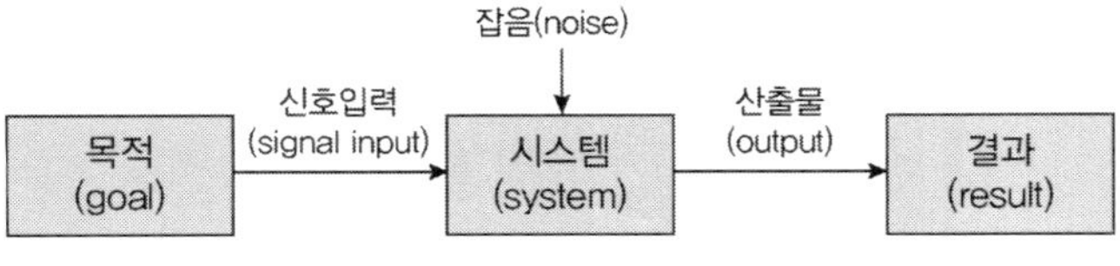

그림 11.1 통신시스템의 기능관계

신공학에서 사용되는 SN비는

$$SN = 10\log\frac{\mu^2}{\sigma^2} \tag{11.4}$$

로 정의되고, 단위는 데시벨(decibel(db))의 단위로 나타내며, SN비의 값을 비교하여 통신시스템을 평가한다. 목적에 따라서 신호입력을 보냈기 때문에 망목특성인 경우가 이에 해당된다. 식 (11.4)의 SN을 계산하기 위해서는 주어진 공정조건에서의 품질특성치의 평균의 제곱인 μ^2과 분산인 σ^2을 추정해야 한다. 가장 간단한 방법은 μ와 σ^2를 해당 제어인자의 공정조건에서의 실험자료의 표본평균과 표본분산인 $\overline{y}$과 s^2으로 대체한

$$SN1 = 10\log\frac{\overline{y}^2}{s^2} \tag{11.5}$$

를 사용하는 것이다. 식 (11.5)에 주어진 $SN1$보다 더 정교한 방법은 μ^2의 추정량인 $\overline{y}^2$ 대신에 μ^2의 불편추정량인 $\overline{y}^2 - s^2/n$으로 대체한

$$SN2 = 10\log\frac{\overline{y}^2 - s^2/n}{s^2} \tag{11.6}$$

를 사용하는 것이다. 여기서 n은 외측배열인 잡음인자 실험의 크기이다.

식 (11.4)에 정의된 통신공학에서의 SN비는 신호의 힘이 강하고, 잡음의 힘인 변동이 작을 수록 메시지가 명확히 전달되기 때문에, SN 값이 크면 클수록 좋은 통신시스템이다. 망소특성과 망대특성인 경우의 SN비는 손실함수를 이용하여 정의할 수 있을 것이다. 손실함수는 값이 작을수록 시스템이 좋기 때문에, SN비를 $-10\log$(기대손실)로 정의할 수 있게 된다. 망소특성의 기대손실은 Ey^2에 비례하고, 시스템마다 비례상수는 동일하기 때문에, 만소특성의 SN비는 $-10\log(Ey^2)$이다. $y_1, \cdots, y_n$을 주어진 제어인자의 공정조건에서 외측배열인 잡음인자들의 조건을 변경시켜가면서 얻어진 n개의 실험자료라고 하면, 망소특성의 SN비의 추정치인 SN_{STB}는

$$SN_{STB} = -10\log\left(\frac{1}{n}\sum_{i=1}^{n} y_i^2\right) \tag{11.7}$$

이다. 마찬가지로 망대특성인 경우의 SN비의 추정치인 SN_{LTB}는

$$SN_{LTB} = -10\log\left(\frac{1}{n}\sum_{i=1}^{n} \frac{1}{y_i^2}\right) \tag{11.8}$$

이다.

11.3 계량치 파라미터 계획법

파라미터 계획법은 제품설계와 공정설계에서 유용하게 사용되고 있으며, 파라미터(parameter)는 품질특성치에 영향을 주는 제어 가능한 인자(control factor)를 의미하며, 설계변수(design variable)라고도 부른다. 파라미터 계획법에서는 이들 인자들의 최적수준을 결정하는 것을 목적으로 한다. 다시 말해서, 품질특성치의 변동이 잡음 인자들의 수준값의 변화에 둔감하면서 목표품질을 가질 수 있도록 설계변수들의 최적조건을 구하는 것을 목적으로 한다. 또한 계량치 파라미터 계획법도 실험자료의 설계단계, 분석단계와 최적화 단계로 구성된다.

설계단계의 실험 설계는 제어인자들의 직교배열표를 이용한 일부실시법인 내측배열(inner array)와 잡음인자들의 직교배열표를 이용한 일부실시법인 외측배열(outer array)의 교차배열(crossed array)로 구성된다. 즉 내측배열에 있는 제어인자들의 각각의 실험조건에서 잡음인자들의 수준값을 외측배열의 모든 실험조건으로 바꾸어 가면서 실험을 실시한다. 〈표 11.1〉에는 5개의 2수준 제어인자와 3개의 2수준 잡음인자를 갖는 교차배열이 소개되어 있다. 5개의 2수준 제어인자를 $L_8(2^7)$ 직교배열표의 처음 5개 열에 배치하고, 3개의 2수준 잡음인자를 $L_4(2^3)$ 직교배열표의 3개열에 배치한 교차배열이 〈표 11.1〉에 주어진다. 내측배열의 1번 실험조건인 5개 제어인자들의 낮은 수준으로 구성된 실험조건에서 3개 잡음인자들의 수준을 외측배열의 실험번호 1, 2, 3, 4에 대응되는 수준값으로 고정시켜서 총 4회의 실험을 실시해서 품질특성치를 관측하고 $y_{11}, y_{12}, y_{13}, y_{14}$로 각각 표시한다. 마찬가지로 내측배열인 $L_8(2^7)$ 직교배열표의 실험번호 2번부터 8번까지 총 $8 \times 4 = 32$회의 실험을 실시한다.

분석단계는 내측배열의 각각의 실험번호에서 관측된 품질특성치들인 y_{i1}, y_{i2}, y_{i3}, y_{i4} 로부터 새로운 반응치인 SN비의 추정치인 SN_i를 계산하는 것으로부터 시작된다. SN비의 추정치는 품질특성치의 형태에 따라서 망목특성의 경우에는 식 (11.5) 또는 식 (11.6)에 따라서 계산하고, 망소특성의 경우에는 식 (11.7)에 따라서, 망대특성의 경우에는 식 (11.8)에 따라서 계산된다. 직교배열표를 활용한 실험계획 또는 2수준 일부실시법에서 배운 분석방법에 따라서 SN_i에 영향을 주는 제어인자들을 선별한다. 망목특성의 경우에는 평균을 목표치에 근접시켜야 하기 때문에 내측배열의 각각의 실험조건에서 반응치들의 평균인 $\overline{y_i}$를 계산하여 SN비 다음 열에 기록하고, $\overline{y_i}$에 영향을 주는 제어인자들을 선별한다. 즉, 새로운 반응변수 2개가 SN비와 실험자료의 평균으로 구성되고, 각각의 새로운 반응변수에 적합한 모형을 찾는 것이다.

최적화 단계에서는 선별된 제어인자들의 모형으로부터 SN비를 가장 크게 하는 제어인자들의 수준값인 최적조건을 결정하고, 최적조건에서의 재현성을 확인실험을 통해서 검토한다. 망목특성의 경우에는 새로운 반응변수인 실험자료의 평균을 목표치에 일치시켜야 하기 때문에 최적조건의 결정시에 이를 반영한다. 즉 SN비는 최대로, 실험자료의 평균은 목표값을 일치시키는 것으로 하여 최적조건을 결정한다.

망목특성인 경우의 전통적인 다구찌 분석방법은 아래와 같다.

1. 내측배열의 각각의 실험조건으로부터 두 개의 새로운 반응변수인 $SN1$과 $\bar{y}$를 계산한다.
2. $SN1$에 대한 간이분석을 실시하여 $SN1$의 파레토그림에서 누적기여율이 80% 정도에 포함된 제어인자를 산포제어인자로 분류한다.
3. $\bar{y}$에 대한 간이분석을 실시하여 $\bar{y}$의 파레토그림에서 누적기여율이 80% 정도에 포함된 제어인자를 평균조정인자로 분류한다.
4. 최적조건은 승자 결정 방법(pick-the-winner)에 의해 결정한다. 먼저 산포제어인자들로부터 $SN1$을 최대로 하는 수준을 결정한다. 다음에 평균조정인자들로부터 $\bar{y}$가 목표치에 근접하도록 수준값을 결정한다. 이때 동일한 인자가 산포제어인자이면서 동시에 평균조정인자로 분류되면, 수준값은 $SN1$을 크게 하는

표 11.1 파라미터설계의 교차배열의 기본구조와 SN비의 추정치

구분		내측배열($L_8(2^7)$)							외측배열 $L_4(2^3)$	
요인배치		A	B	C	D	F	e	e	원데이터	SN비
인자이름										
수준	0								실험번호 1 2 3 4	비 제어인자 배치
	1								0 0 1 1	U
열번호 실험번호		1	2	3	4	5	6	7	0 1 0 1 0 1 1 0	V W
1		0	0	0	0	0	0	0	y11 y12 y13 y14	SN1
2		0	0	0	1	1	1	1	y21 y22 y33 y44	SN2
3		0	1	1	0	0	1	1	:	:
4		0	1	1	1	1	0	0	:	:
5		1	0	1	1	1	0	1	:	:
6		1	0	1	0	0	1	0	:	:
7		1	1	0	1	1	1	0	:	:
8		1	1	0	0	0	0	1	y81 y82 y83 y84	SN8

값으로 결정하고, 나머지 평균조정인자들로부터 $\bar{y}$가 목표치에 근접하도록 조정한다. 기타 제어인자들은 경제성을 고려하여 수준값을 결정한다.

망소특성과 망대특성의 경우에 전통적인 다구찌 분석방법은 아래와 같다.

1. 내측배열의 각각의 실험조건으로부터 새로운 반응변수인 SN비의 추정치를 계산한다.
2. SN비의 추정치에 대한 간이분석을 실시하여 SN비의 추정치의 파레토그림에서 누적기여율이 80% 정도에 포함된 제어인자를 SN비 제어인자로 분류한다.
3. 최적조건은 승자 결정 방법(pick-the-winner)에 의해 결정한다. SN비 제어인자들로부터 SN비를 최대로 하는 수준을 결정한다. 기타 제어인자들은 경제성을 고려하여 수준값을 결정한다.

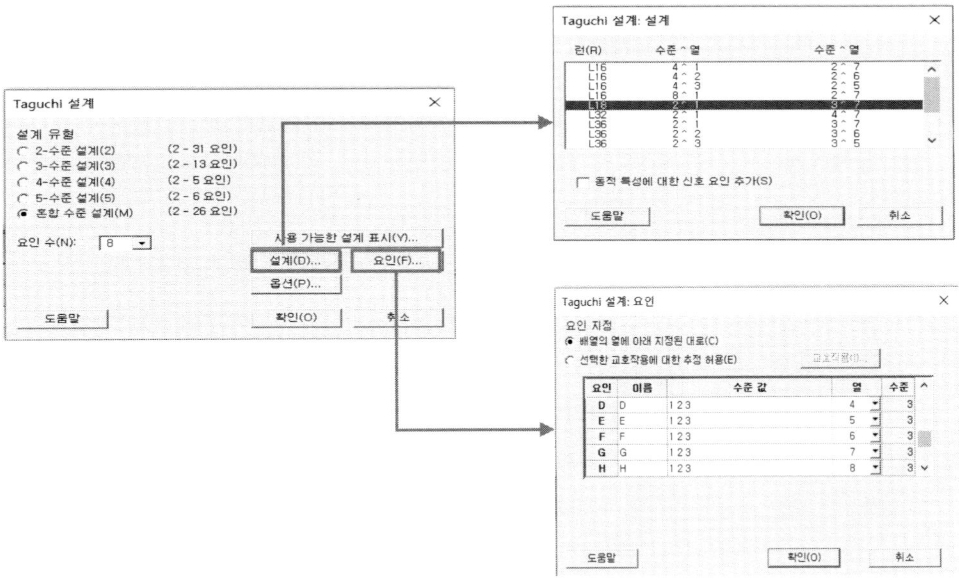

11.4 Minitab을 활용한 망목특성 사례분석

예제 11.1

(박성현 1990) 자동차 점화 케이블의 코어 인장력을 규격인 40 ± 15파운드에 맞도록 하는 제품을 개발하기 위해서 고려된 제어인자와 잡음인자는 아래와 같다.

인자구분	인자명	수준0	수준1	수준2
제어인자	A: 압출장치	A_0형	A_1형	
	B: 생산라인의 속도	저속	중속	고속
	C: 가열온도	저온	보통	고온
	D: 절연재료	D_0	D_1	D_2
	F: CV압력	저압	중압	고압
	G: CV속도	저속	중속	고속
	H: 편조기 장력	낮다	보통	높다
	I: 릴리스도포	I_0	I_1	I_2
잡음인자	S: 작업샘플	S_0	S_1	
	P: 샘플내의 위치	P_0	P_1	

먼저 제어인자들을 배치할 내측배열인 $L_{18}(2 \times 3^7)$ 직교배열표를 생성하기 위해서 [통계분석 → 실험계획 → Taguchi → Taguchi 설계 생성]을 클릭하여 나타난 Taguchi 설계 창에 [설계(D)]와 [요인(F)] 버튼을 클릭하여 앞의 그림과 같이 각각 선택하고, [확인] 버튼을 클릭하여 나타난 내측배열인 $L_{18}(2 \times 3^7)$ 직교배열표 worksheet에 잡음인자의 실험설계인 외측배열의 4개의 실험번호에서 얻어진 반응변수의 값인 코어 인장력을 9열, 10열, 11열, 12열에 각각 입력한다. 각각 열의 이름은 해당 열의 잡음인자의 조건으로 S0_P0, S0_P1, S1_P0, S1_P1으로 명한다. 총 $18 \times 4 = 72$개의 교차배열에서 얻어진 코어인장력 실험자료를 입력한 worksheet가 아래 그림과 같다.

↓	C1	C2	C3	C4	C5	C6	C7	C8	C9	C10	C11	C12
	A	B	C	D	E	F	G	H	S0_P0	S0_P1	S1_P0	S1_P1
1	1	1	1	1	1	1	1	1	30	40	38	49
2	1	1	2	2	2	2	2	2	10	15	25	25
3	1	1	3	3	3	3	3	3	49	53	53	55
4	1	2	1	1	2	2	3	3	62	58	52	68
5	1	2	2	2	3	3	1	1	30	50	49	62
6	1	2	3	3	1	1	2	2	10	25	29	36
7	1	3	1	2	1	3	2	3	58	42	41	50
8	1	3	2	3	2	1	3	1	28	29	32	31
9	1	3	3	1	3	2	1	2	110	74	94	115
10	2	1	1	3	3	2	2	1	76	88	66	103
11	2	1	2	1	1	3	3	2	52	37	54	59
12	2	1	3	2	2	1	1	3	55	79	62	98
13	2	2	1	2	3	1	3	2	5	35	16	42
14	2	2	2	3	1	2	1	3	52	96	79	91
15	2	2	3	1	2	3	2	1	50	70	56	65
16	2	3	1	3	2	3	1	2	15	20	18	21
17	2	3	2	1	3	1	2	3	51	62	59	70
18	2	3	3	2	1	2	3	1	77	83	66	74

교차배열의 실험자료를 분석하기 위해서, 먼저 [통계분석 → 실험계획 → Taguchi 설계 → 사용자 Taguchi 설계 정의]를 클릭하여 나타난 창에 아래 그림과 같이 제어인자를 지정한다.

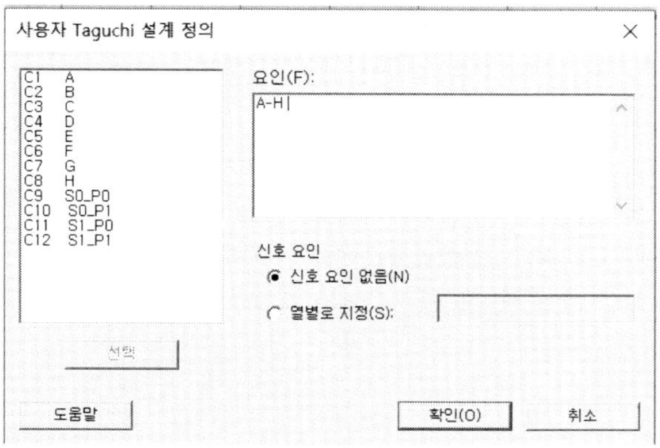

전통적인 다구찌 방법의 분석 결과를 보기 위해서 [통계분석 → 실험계획법 → Taguchi 설계 분석]을 클릭하여 나타난 창에 아래 그림과 같이 필요한 정보를 제공한다.

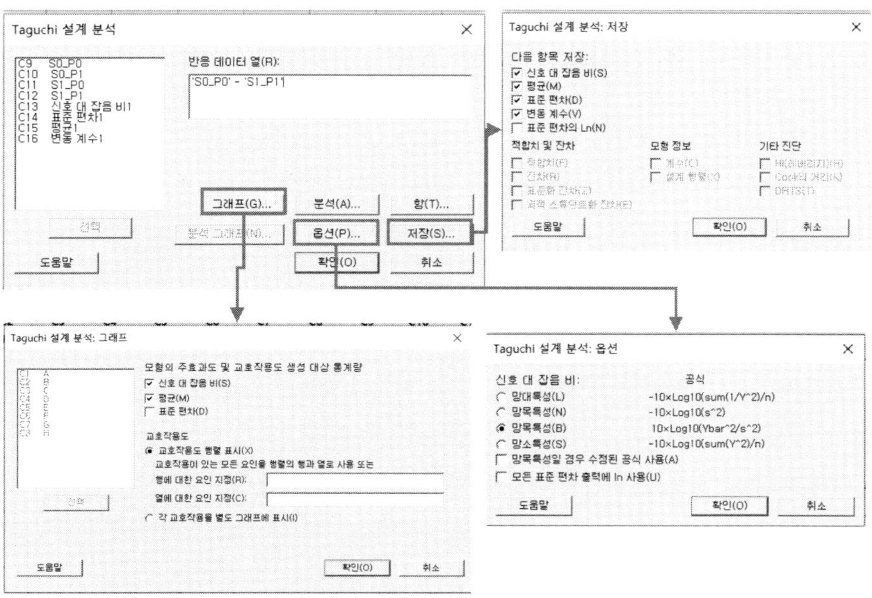

그래프 버튼을 클릭하여 SN비와 평균에 대한 주효과 그림을 그려 줄 것을 선택하고, 옵션 버튼을 클릭하여 SN비로 망목특성를 선택하고, [저장] 버튼을 클릭하여 각각의 내측배열의 실험조건에서 SN비와 평균에 대한 분산분석표에 의

한 분석결과를 후에 보기 위해서 각각의 통계량의 값을 기존의 worksheet에 저장한다. Minitab의 Session 창에 출력된 망목특성의 *SN*비와 평균에 대한 간이 분석 결과는 다음과 같다.

신호 대 잡음 비에 대한 반응 표

망목특성(10×Log10(Ybar^2/s^2))

수준	A	B	C	D	E	F	G	H
1	15.57	14.82	13.84	16.06	13.99	13.01	13.40	16.82
2	14.17	11.52	14.64	11.67	16.06	14.74	13.22	10.70
3		18.26	16.13	16.87	14.55	16.85	17.99	17.08
델타	1.39	6.74	2.29	5.20	2.07	3.84	4.76	6.38
순위	8	1	6	3	7	5	4	2

평균에 대한 반응 표

수준	A	B	C	D	E	F	G	H
1	46.58	52.96	45.54	61.46	52.83	42.13	59.46	55.92
2	58.39	49.50	47.83	47.88	43.50	69.13	49.25	39.25
3		55.00	64.08	48.13	61.13	46.21	48.75	62.29
델타	11.81	5.50	18.54	13.58	17.63	27.00	10.71	23.04
순위	6	8	3	5	4	1	7	2

여기서 Delta는 각 인자의 수준별 *SN*비와 평균의 최대값에서 최소값을 뺀 차이인 범위이다. 누적기여율 80%를 기준으로 산포제어인자로 B, D, F, G, H가 선별되고, 평균조정인자로는 C, D, E, F, H가 선별된다. 그런데, D, F, H는 산포제어인자이면서 동시에 평균조정인자이다. 이 경우에는 산포를 작게 하는 것이 주된 관심사이기 때문에, D, F, H의 수준은 *SN*비를 크게 하는 수준으로 정하고, 나머지 평균 조정인자인 C와 E의 수준값을 조정하여 코어 인장력의 평균값이 목표치인 40에 근접하도록 선택한다. *SN*비와 평균에 대한 주효과 그림은 다음과 같은데, *SN*비를 크게 하는 수준값이 붉은색으로 표시되었다.

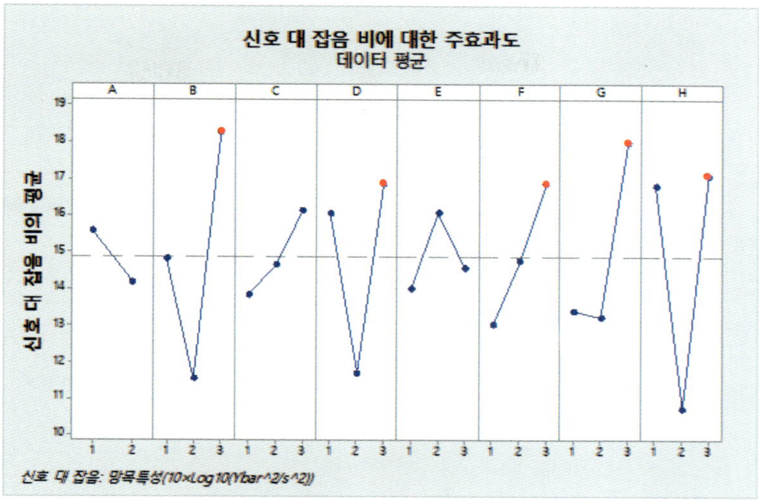

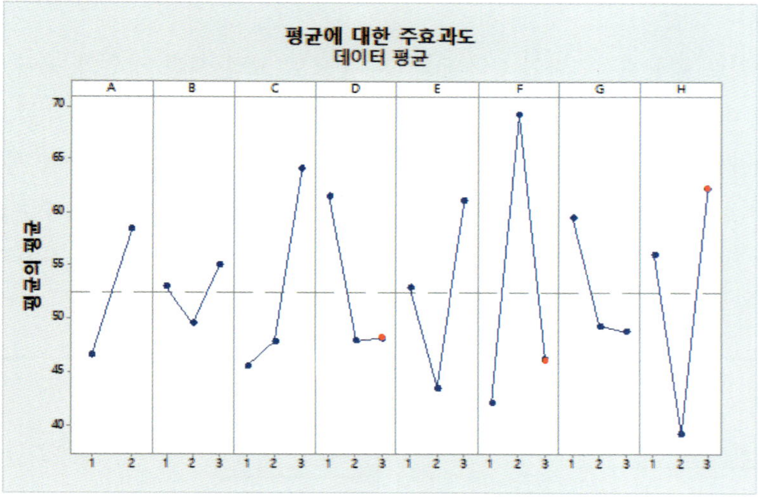

최적조건에서의 SN비와 평균의 예측치를 계산하기 위한 Minitab commands는 다음 그림과 같다. [통계분석 → 실험계획법 → Taguchi 설계 → Taguchi 결과 예측]을 클릭하여 나온 창에서 다음 그림과 같이 먼저 SN 비인 신호 대 잡음 비를 선택하고 [항]을 클릭한다. 선택항에 *SN*비에 관한 간이분석을 통해서 선별된 인자인 B, D, F, G, H를 선택하고, 확인을 클릭한 다음에, Taguchi 결과 예측 창에서 [수준]을 클릭한다. 수준 창에서 리스트에서 수준 선택에 표시를 하고, 각 인자에 대해서 신호 대 잡음 비의 주효과 그림에서 결정된 수준인 3을 선택한다. 세션 창에 선택된 조건인 최적조건에서의 신호 대 잡음 비의 예측치가 출력된다.

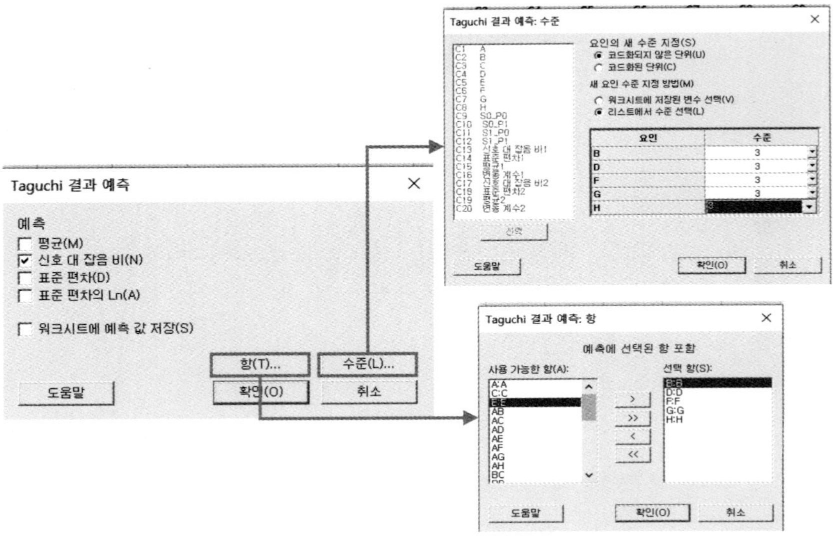

마찬가지로 평균조정인자인 C와 D를 2수준으로 고정 시킨 경우의 코어 인장력 평균에 대한 예측치도 아래 그림과 같이 출력된다. 여기서 C와 E의 수준은 산포 제어인자로 선별된 D, F, H를 3수준으로 고정시킨 상태에서 평균이 목표치인 40에 가장 가까이 가도록 선택된 수준값이다. 기타 제어인자인 A의 수준값은 경제성을 고려하여 결정한다. 워크시트에 각각의 내측배열의 실험조건에서 신호 대 잡음 비와 코어 인장력의 평균이 아래 그림과 같이 저장된다.

예측 값
예측

신호 대 잡음 비
27.5788

설정

B	D	F	G	H
3	3	3	3	3

예측 값
예측
설정

평균
38.0139

C	D	E	F	H
2	3	2	3	3

↓	C1	C2	C3	C4	C5	C6	C7	C8	C9	C10	C11	C12	C13	C14	C15	C16
	A	B	C	D	E	F	G	H	S0_P0	S0_P1	S1_P0	S1_P1	신호 대 잡음 비1	표준 편차1	평균1	변동 계수1
1	1	1	1	1	1	1	1	1	30	40	38	49	14.0294	7.8049	39.25	0.198851
2	1	1	2	2	2	2	2	2	10	15	25	25	7.9588	7.5000	18.75	0.400000
3	1	1	3	3	3	3	3	3	49	53	53	55	26.3869	2.5166	52.50	0.047935
4	1	2	1	1	2	2	3	3	62	58	52	68	18.9988	6.7330	60.00	0.112217
5	1	2	2	2	3	3	1	1	30	50	49	62	11.1512	13.2256	47.75	0.276976
6	1	2	3	3	1	1	2	2	10	25	29	36	7.1429	10.9848	25.00	0.439394
7	1	3	1	2	1	3	2	3	58	42	41	50	15.5918	7.9320	47.75	0.166115
8	1	3	2	3	2	1	3	1	28	29	32	31	24.3136	1.8257	30.00	0.060858
9	1	3	3	1	3	2	1	2	110	74	94	115	14.5117	18.4820	98.25	0.188112
10	2	1	1	3	3	2	2	1	76	88	66	103	14.3551	15.9452	83.25	0.191534
11	2	1	2	1	1	3	3	2	52	37	54	59	14.5395	9.4692	50.50	0.187510
12	2	1	3	2	2	1	1	3	55	79	62	98	11.6633	19.1920	73.50	0.261116
13	2	2	1	2	3	1	3	2	5	35	16	42	3.1643	17.0196	24.50	0.694677
14	2	2	2	3	1	2	1	3	52	96	79	91	12.1302	19.6723	79.50	0.247451
15	2	2	3	1	2	3	2	1	50	70	56	65	16.5547	8.9582	60.25	0.148684
16	2	3	1	3	2	3	1	2	15	20	18	21	16.8925	2.6458	18.50	0.143014
17	2	3	2	1	3	1	2	3	51	62	59	70	17.7346	7.8528	60.50	0.129799
18	2	3	3	2	1	2	3	1	77	83	66	74	20.5115	7.0711	75.00	0.094281

이제 워크시트에 저장된 SN비와 평균값들을 새로운 반응변수로 활용하여 분산분석에 의해서 산포제어인자와 평균조정인자들을 선별할 수 있다. [통계분석 → 분산분석 → 일반 선형 모형 적합]을 클릭하여 나온 일반 선형 모형 창에서 반응 칸에 [신호 대 잡음 비1]과 [평균 1]을 선택하고, Model 칸에 8개의 인자인 A, B, C, D, E, F, G, H를 선택하고 확인을 클릭하면, Minitab의 Session 창에 [신호 대 잡음비1]과 [평균1] 각각에 대한 분산분석표가 출력된다. 평균1에 대한 분산분석표에서 5개의 인자를 선별하면 A, C, E, F, H가 선별되어서 간이분석의 결과와 상충됨을 확인할 수 있는데, 그 이유는 2수준 인자의 제곱합과 달리 3수준 인자의 제곱합이 해당 인자의 반응변수의 범위에 비례하지 않기 때문이다. 따라서 간이분석 보다는 이 예제에서 실시한 바와 같이 [신호 대 잡음비1]과 [평균1]을 저장시켜서 분산분석표에 근거하여 산포제어인자와 평균조정인자를 선별하는 것이 적절한 분석방법이다. 평균1에 대한 분산분석표는 아래와 같이 출력된다.

일반 선형 모형: 평균1 대 A, B, C, D, E, F, G, H

분산 분석

출처	DF	Adj SS	Adj MS	F-값	P-값
A	1	627.17	627.17	1.06	0.411
B	2	92.76	46.38	0.08	0.927
C	2	1226.22	613.11	1.04	0.490
D	2	724.69	362.35	0.61	0.619
E	2	933.01	466.50	0.79	0.558
F	2	2541.69	1270.85	2.16	0.317
G	2	438.26	219.13	0.37	0.729
H	2	1698.67	849.34	1.44	0.410
오차	2	1178.97	589.48		
총계	17	9461.43			

F값 1을 기준으로 평균조정인자로는 A, C, F, H가 적절해 보인다.

11.5 반응표면분석을 활용한 로버스트 파라미터 계획법

다구찌 방법의 문제점은 실험의 설계가 제어인자의 내측배열과 잡음인자의 외측배열의 교차배열로 구성되어 있어서 실험의 크기가 커진다는 점이다. 실험의 크기를 줄이면서 반응표면분석에서의 분석방법을 활용할 수 있는 방법인 반응표면분석을 활용한 로버스트 파라미터 계획법은 다음과 같이 요약된다.

(1) 실험의 설계단계에서 제어인자와 잡음인자들이 혼합된 결합배열(combined array)인 일부실시법이나 중심합성설계의 변형된 실험 설계를 사용한다.

(2) 실험자료의 반응표면분석(Analysis) 단계에서 제어인자들의 값이 고정된 경우에 반응변수의 평균과 반응변수의 표준편차에 대한 적절한 모형을 구한다. 먼저 제어인자와 잡음인자에 대한 간결한 반응표면으로 제어인자에 대해서는 이차모형을 가정하고, 잡음인자에 대해서는 일차모형을 가정하며, 제어인자와 잡음인자의 상호작용항인 교적항을 가정한다. 실험자료에 대한 반응표면분석을 통해서 적절한 모형을 구한 후에, 잡음인자의 기댓값이 0인 점을 활용하여, 반응변수의 평균에 관한 모형을 구한다. 다음으로 제어인자와 잡음인자에 대한 적절한 반응표면모형으로부터 잡음인자들의 산포를 반영하여 제어인자들의 실험공간에서 반응변수의 표준편차(Propagation of Error; POE)에 관한 적절한 모형을 구한다.

(3) 최적화(Optimization) 단계에서 망목특성의 경우에는 반응변수의 평균을 목표치에 일치시키면서, 표준편차(POE)를 최소로 하는 제어인자들의 최적조건을 구하고, 망소특성의 경우에는 반응변수의 평균과 표준편차(POE)를 최소로 하는 제어인자들의 최적조건을 구한다.

예제 11.2

망소특성의 경우에 Design Expert를 활용한 로버스트 파라미터 계획법 사례분석

반도체 공정의 망소특성 사례로 반응변수의 평균이 30 이하이면 바람직하다. 2개의 제어인자 x1, x2와 3개의 잡음인자 z1, z2, z3가 실험설계에 고려되었고, 모형으로는 제어인자에 관한 이차모형, 잡음인자에 대해서는 일차모형, 제어인자와 잡음인자의 교호작용항을 포함한 모형을 가정한다. 이 모형의 적합을 위한 효율적인 실험설계는 중심합성설계의 변형된 실험설계로 2_V^{5-1} 상자점, 2개의 제어인자들에 대한 2×2 축점(여기서 z1=z2=z3=0), 그리고 3개의 중앙점으로 구성된다. Design Expert에서 이 실험설계를 생성하기 위해서 [New Design → Response Surface → Central Composite]을 클릭하고, 아래 그림과 같이 입력한다.

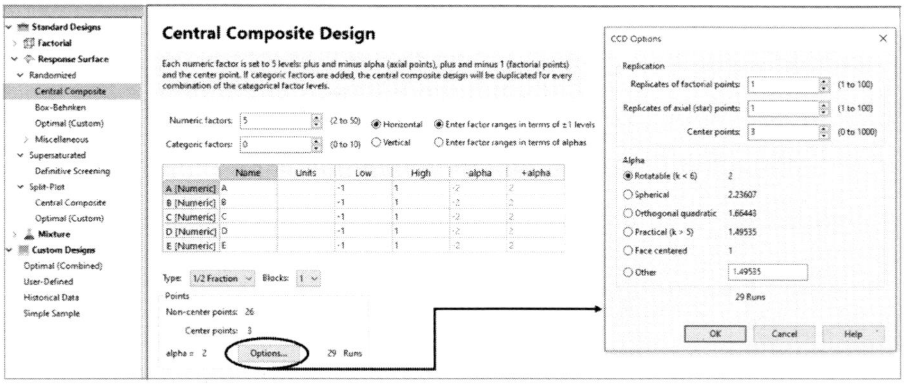

자료를 Standard order로 정리한 후에, 잡음인자들에 대한 6개의 축점을 삭제한 후에, 반응변수의 값을 입력한 실험 설계표가 아래 그림과 같다.

Std	Run	Factor 1 A:A	Factor 2 B:B	Factor 3 C:C	Factor 4 D:D	Factor 5 E:E	Response 1 y
1	9	-1	-1	-1	-1	1	44.2
2	5	1	-1	-1	-1	-1	30
3	19	-1	1	-1	-1	-1	30
4	21	1	1	-1	-1	1	35.4
5	3	-1	-1	1	-1	-1	49.8
6	13	1	-1	1	-1	1	36.3
7	14	-1	1	1	-1	1	41.3
8	17	1	1	1	-1	-1	31.4
9	8	-1	-1	-1	1	-1	43.5
10	20	1	-1	-1	1	1	36.1
11	7	-1	1	-1	1	1	22.7
12	16	1	1	-1	1	-1	16
13	2	-1	-1	1	1	1	43.2
14	4	1	-1	1	1	-1	30.3
15	22	-1	1	1	1	-1	30.1
16	12	1	1	1	1	1	39.2
17	18	-2	0	0	0	0	46.1
18	23	2	0	0	0	0	36.1
19	1	0	-2	0	0	0	47.4
20	10	0	2	0	0	0	31.5
21	11	0	0	0	0	0	30.8
22	15	0	0	0	0	0	30.7
23	6	0	0	0	0	0	31

잡음인자의 산포의 크기 지정을 위해서는 [View → Column Info Sheet]를 클릭하고 인자들이 이 예제에서와 같이 코드화된 값(coded value)으로 입력된 경우에는 잡음인자인 z1, z2, z3의 Std. dev.를 다음 그림과 같이 1로 입력한다.

Name	Units	Type	Changes	Std. Dev.	Low	High
A		Factor	Easy	0	-1	1
B		Factor	Easy	0	-1	1
C		Factor	Easy	1	-1	1
D		Factor	Easy	1	-1	1
E		Factor	Easy	1	-1	1
R1		Response			16	49.8

실험자료의 반응표면분석(Analysis) 단계로 왼쪽 창의 Analysis 가지의 y를 클릭하고, 제어인자와 잡음인자와 관한 적절한 차수의 모형에 관한 정보를 얻기 위해서 오른쪽 창의 [Fit Summary] 버튼을 클릭한 결과는 다음 그림과 같다.

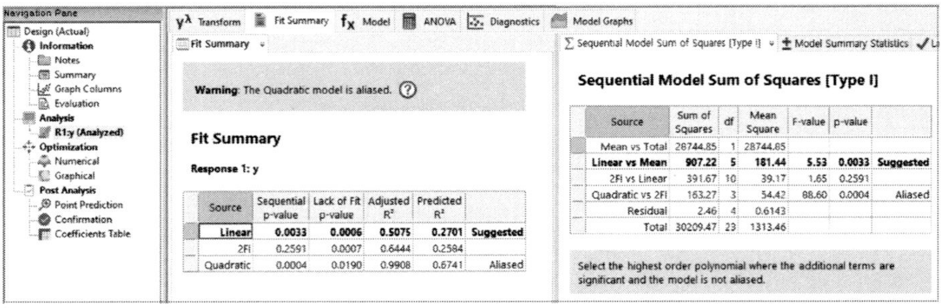

일차모형이 추천되었지만(Suggested), 교락된(Aliased) 모형인 이차모형의 p-value 값이 0.0004로 매우 작아서 이차모형을 선택하고, 잡음인자의 이차항들을 모형에서 제외시키고, 제어인자와 잡음인자의 교호작용항을 추가한 모형을 선택하기 위해 [f_X Model] 버튼을 클릭한다. 가정된 모형에서 후방소거법에 의해서 설명력이 떨어지는 항들을 제거하기 위해서 [Auto Select] 버튼을 선택하여 나타난 창에 Criterion 칸에는 p-values를 선택하고, Selection 칸에는 Backward, Alpha 칸에는 0.1을 다음 그림과 같이 입력한다.

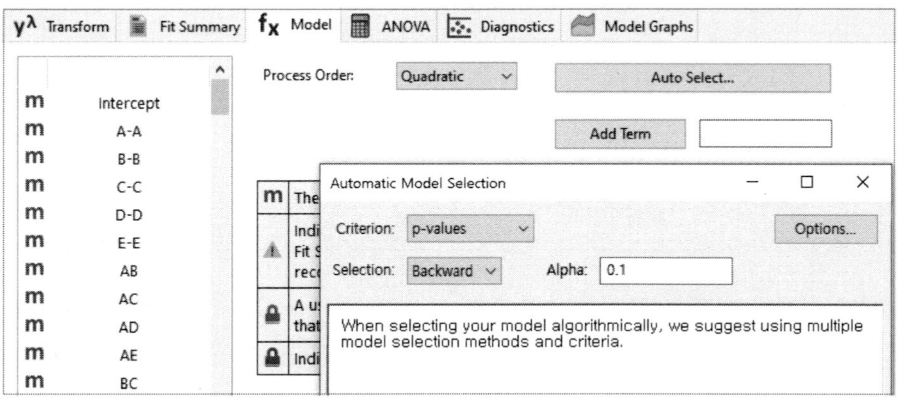

후방소거법으로 선택된 모형의 분산분석표를 보기 위해서 [ANOVA] 버튼을 클릭하면, A*C, 항이 제거되었음을 확인할 수 있다. 모형의 진단을 위하여 [Diagnostics] 버튼을 클릭하여 얻은 표준화 잔차의 정규확률그림이 대충 직선 모양을 따르고 있고, 표준화 잔차와 예측치의 산점도가 수평 밴드 내에서 아래 그림에 나타난 바와 같이 랜덤하게 퍼져 있어 모형이 적절함을 암시한다.

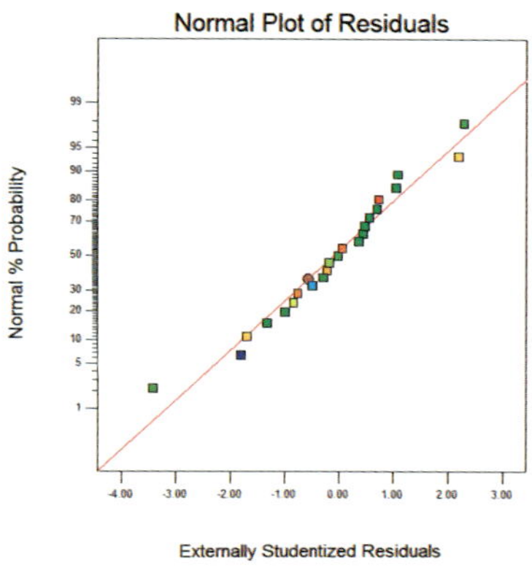

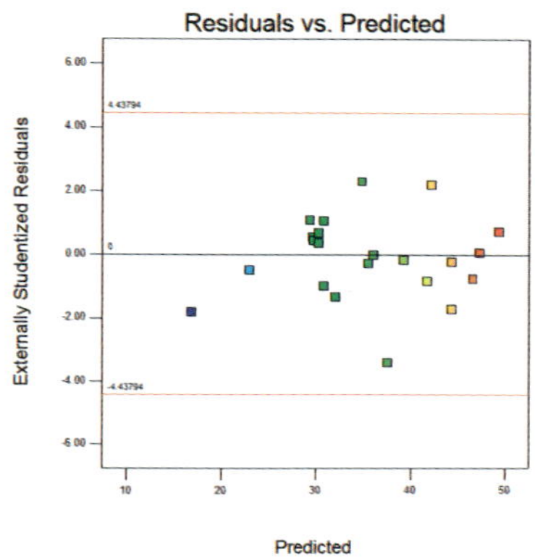

반응변수의 평균에 대한 등고선 그림을 보기 위해서 [Model Graph] 버튼을 클릭하고, 잡음인자 z1, z2, z3인 C, D, E를 0으로 고정시키고 제어인자 x1, x2인 A, B를 좌표축으로 하여 그린 반응변수의 평균에 대한 등고선 그림이 아래 그림의 왼쪽에 그려졌다. 반응변수의 표준편차(POE)에 대한 등고선 그림을 보기 위해서 [View → Propagation of Error]를 클릭하면, 아래 그림의 오른쪽에 그려진 데로 표준편차인 POE(y)에 대한 등고선 그림을 볼 수 있다.

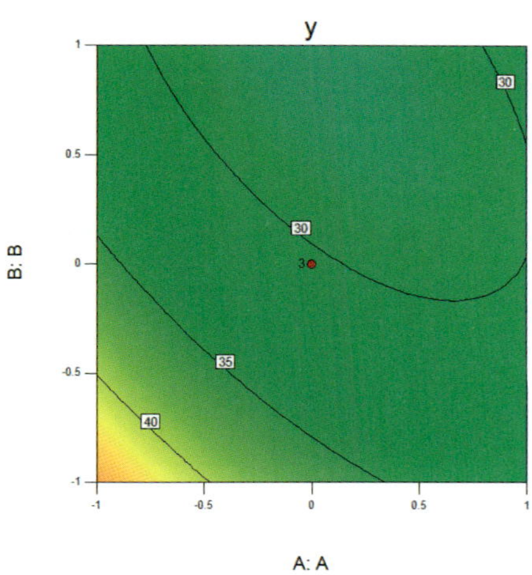

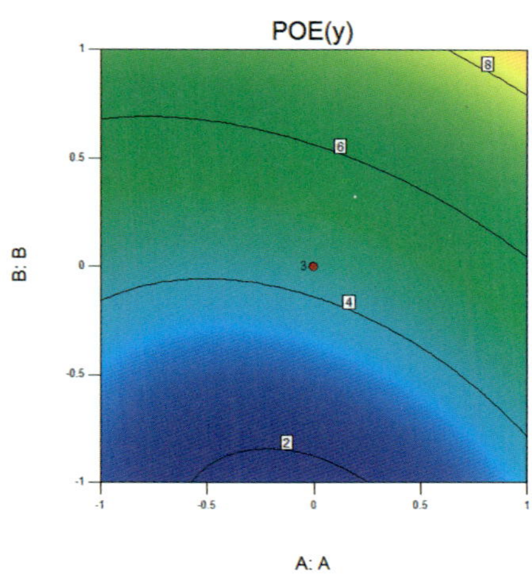

다음 단계는 최적화 단계로 반응변수의 평균을 작게 하면서 동시에 표준편차인 POE(y)를 작게 하는 제어인자들의 최적조건을 구하기 위해서 왼쪽 창의 Optimization 가지의 Numerical을 클릭한다. 오른쪽 창에서 제어인자인 A, B의 Goal 칸은 in range, Lower 칸은 −1, Upper 칸은 1로, 잡음인자인 C, D, E는 equal to 0로, 반응변수 y는 minimize, Lower 16, Upper 30으로, 표준편차인 POE(y)는 minimize로 아래 그림과 같이 선택한다. 최적조건을 보기 위해서 다음 버튼인 [Solutions]를 클릭한 결과가 아래와 같다. 최적조건인 x1=0.15, x2=0.60에서 반응변수의 평균은 28.55이고, 표준편차의 추정치는 6.26이다.

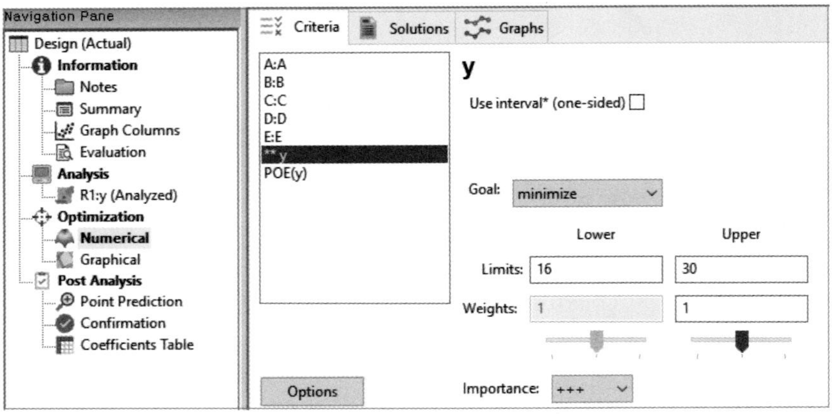

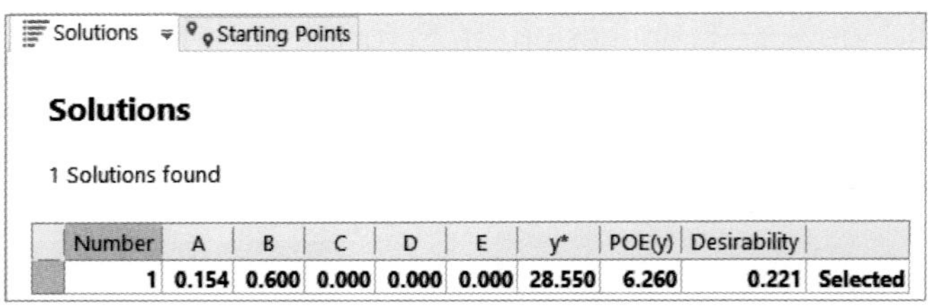

최적조건 근처의 반응변수의 평균이 30 이하이면서 동시에 표준편차인 POE(y)가 6.5 이하인 실행 가능한 제어인자들의 영역을 보기 위해서 왼쪽 창의 Optimization 가지의 [Graphical] 버튼을 아래 그림과 같이 클릭한다.

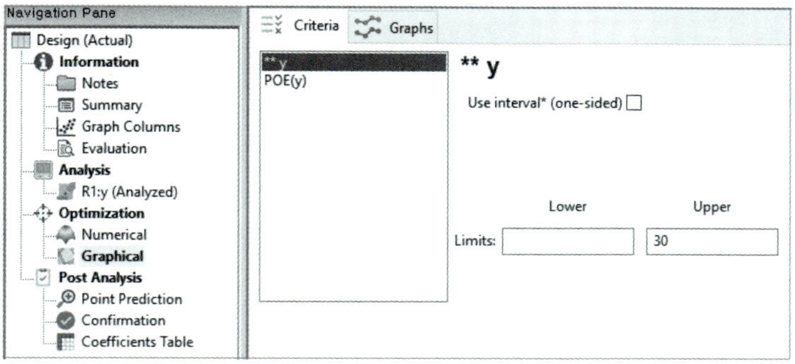

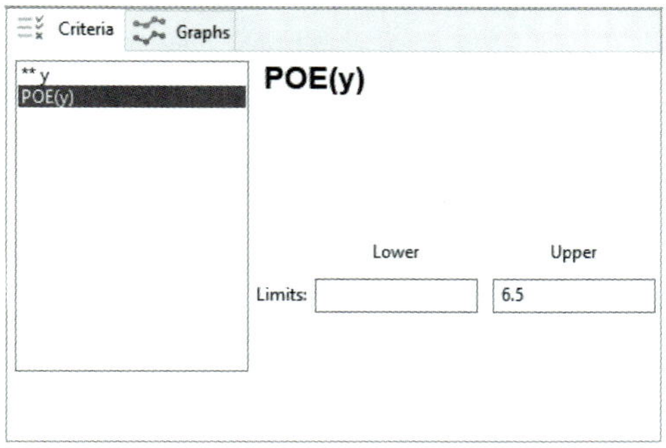

다음으로 [Graph] 버튼을 클릭하면, 다음 그림과 같은 최적조건 근처의 실행 가능한 제어인자들의 영역을 볼 수 있다.

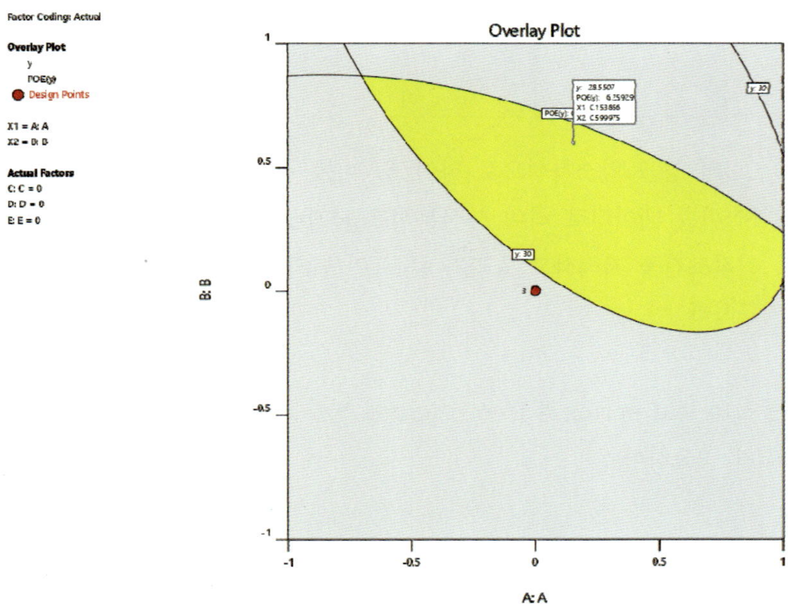

연습문제

1 배기가스 가운데 CO의 양을 줄이기 위하여 관련이 있는 인자 $A \sim H$를 다음과 같이 직교배열표 L_8에 배치하고, 잡음인자로 세 종류의 도로(R_1, R_2, R_3)에서 어떤 정해진 방법으로 주행했을 때 CO의 양을 구하였다. 단위는 그램(g)이다.

인자열 / NO.	A 1	B 2	C 3	D 4	F 5	G 6	H 7	원래의 데이터 R_1	 R_2	 R_3
1	0	0	0	0	0	0	0	1.04	1.20	1.54
2	0	0	0	1	1	1	1	1.42	1.76	2.10
3	0	1	1	0	0	1	1	1.01	1.23	1.52
4	0	1	1	1	1	0	0	1.50	1.87	2.25
5	1	0	1	0	1	0	1	1.28	1.34	2.05
6	1	0	1	1	0	1	0	1.14	1.26	1.88
7	1	1	0	0	1	1	0	1.33	1.42	2.10
8	1	1	0	1	0	0	1	1.33	1.52	2.13

(1) CO의 양을 망소특성으로 하여 SN비를 구하라.

(2) SN비를 데이터로 하여 분산분석표를 작성하라.

(3) 최적조건을 지적하고 효과가 큰 요인을 사용하여 최적조건에서의 SN비를 구하라.

2 자동차의 leaf spring의 free height에 영향을 주는 공정설계변수는 다음의 4가지가 중요하다.

변수	변수설명	변수수준	
		0	1
A	열처리로의 온도	1840	1880
B	열처리로에서의 walking beam 이동속도	25	13
C	열처리된 walking beam이 곡면형성기계에 도달하는 소요시간	12	10
D	곡면성형시간	2	3

교호작용으로 $A\times B$, $A\times C$, $B\times C$를 조사하고자 하고, 잡음인자로는 quench oil의 온도(V)와 작업조(W)로서 다음의 수준으로 실험하려고 한다.

$$V_0 = 30℃,\ V_1 = 40℃$$

$$W_0,\ W_1,\ W_2 = \text{각각 오전, 오후, 저녁 작업조}$$

요인배치	A	B	$A\times B$	C	$A\times C$	$B\times C$	D	free height 데이터					
열번호 / 실험번호	1	2	3	4	5	6	7	V_0			V_1		
								W_0	W_1	W_2	W_0	W_1	W_2
1	0	0	0	0	0	0	0	7.78	7.78	7.81	7.50	7.25	7.12
2	0	0	0	1	1	1	1	7.94	8.00	7.88	7.32	7.44	7.44
3	0	1	1	0	0	1	1	7.50	7.56	7.50	7.50	7.56	7.50
4	0	1	1	1	1	0	0	7.56	7.62	7.44	7.18	7.18	7.25
5	1	0	1	0	1	0	1	8.15	8.18	7.88	7.88	7.88	7.44
6	1	0	1	1	0	1	0	7.69	8.09	8.06	7.56	7.69	7.62
7	1	1	0	0	1	1	0	7.59	7.56	7.75	7.63	7.75	7.56
8	1	1	0	1	0	0	1	7.56	7.81	7.69	7.81	7.50	7.59

Free height의 길이는 목표치가 8인치로서 망목특성이다. 다구찌 방법의 간이 분석과 SN비와 y의 평균에 대한 분산분석을 Minitab을 활용하여 각각 실시하고, 최적조건을 구하라.

3 어떤 플라스틱 제품의 접착강도는 망대특성으로, 접착강도가 10 kg/cm^2 이하이면 불량품이다. 이 플라스틱 제품을 생산하는 과정에서 접착강도에 영향을 주리라고 생각되는 제어인자로는 다음과 같은 것들이 있고, 각각 3수준을 고려하기로 하였다.

제어인자	3수준		
	0	1	2
A : 식각시간(etching time)	8분	10분	12분
B : 식각온도(etching temperature)	60℃	70℃	80℃
C : 배합비	C_0	C_1	C_2
D : 사전처리방법	사전처리없음	솔벤트처리	온수처리

많은 실험을 할 수 없어서 $L_9(3^4)$형 직교배열표를 사용하기로 하고, 잡음인자로는 이 제품의 사용조건을 2수준

$$N_0 : \text{보통 조건}$$
$$N_1 : \text{나쁜 조건}$$

으로 택하여 2개의 시제품을 만들어 각각 일정시간 사용 후에 접착강도를 측정하기로 하였다. 인자의 배치는 $L_9(3^4)$형 직교배열표에 실시하여 실험데이터를 얻었다.

접착강도 실험의 설계와 데이터($L_9(3^4)$ 사용)

요인배치	A	B	C	D	데이터(접착강도) kg/㎠	
열번호 / 실험번호	1	2	3	4	잡음인자	
					N_0	N_1
1	0	0	0	0	6	5
2	0	1	1	1	10	8
3	0	2	2	2	12	10
4	1	0	1	2	8	6
5	1	1	2	0	11	7
6	1	2	0	1	13	9
7	2	0	2	1	23	18
8	2	1	0	2	24	23
9	2	2	1	0	20	16

Mintab을 활용하여 다구찌 방법의 간이분석과 SN비의 분산분석에 의해서 최적조건을 각각 구하라.

참고문헌

1. 박성현 (1990), 응용실험계획법, 영지문화사
2. 박성현 (2003), 현대실험계획법, 민영사
3. 이외숙, 임용빈, 신동완, 소병수, 오만숙 (2019), 응용통계학입문, 경문사
4. 임용빈, 안병진, 백재욱 (2009), 실험계획과 응용 개정판, 한국방송통신대학교 출판부
5. 임용빈, 박성현, 안병진, 김영일(2008), 실용적인 실험계획법, 자유아카데미
6. 임용빈, 안병진, 성내경 (1998), 실험설계의 원리와 응용, 자유아카데미
7. Anderson, M.J. and Whitcomb, P.J. (2015), DOE Simplified, 3rd edition, CRC Press
8. Anderson, M.J. and Whitcomb, P.J. (2016), RSM Simplified, 2nd edition, CRC Press
9. Anderson, V.L. and McLean, R.A. (1974), Design of Experiments: A Realistic Approach, CRC Press
10. Box, G.E.P. and Draper, N. (2007), Response Surfaces, Mixtures, and Ridge Analyses, 2nd edition, Wiley
11. Cornell, J. (2002) Experiments with Mixtures: Designs, Models, and the Analysis of Mixture Data, 3rd edition, Wiley
12. Hicks, C.R. and Turner, K.V. (1999), Fundamental concepts in the design of experiments, 5th edition, Oxford University Press
13. Myers, R. H., Montgomery, D.C. and Anderson-Cook C.M. (2009), Response Surface Methodology: Process and Product Optimization Using Designed Experiments, 3rd edition, Wiley
14. Montgomery, D.C. (2012), Design and Analysis of Experiments, 8th editon, Wiley

부록: 통계분포표

1. 표준정규분포표

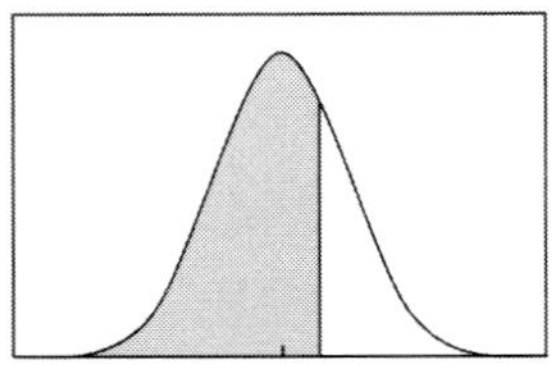

표의 숫자는 z와 같거나 작은 확률, 즉 $P(Z<z)$를 나타낸다.

z	.00	.01	.02	.03	.04	.05	.06	.07	.08	.09
-3.4	.0003	.0003	.0003	.0003	.0003	.0003	.0003	.0003	.0003	.0002
-3.3	.0005	.0005	.0005	.0004	.0004	.0004	.0004	.0004	.0004	.0003
-3.2	.0007	.0007	.0006	.0006	.0006	.0006	.0006	.0005	.0005	.0005
-3.1	.0010	.0009	.0009	.0009	.0008	.0008	.0008	.0008	.0007	.0007
-3.0	.0013	.0013	.0013	.0012	.0012	.0011	.0011	.0011	.0010	.0010
-2.9	.0019	.0018	.0018	.0017	.0016	.0016	.0015	.0015	.0014	.0014
-2.8	.0026	.0025	.0024	.0023	.0023	.0022	.0021	.0021	.0020	.0019
-2.7	.0035	.0034	.00033	.0032	.0031	.0030	.0029	.0028	.0027	.0026
-2.6	.0047	.0045	.0044	.0043	.0041	.0040	.0039	.0039	.0037	.0036
-2.5	.0062	.0060	.0059	.0057	.0055	.0054	.0052	.0051	.0049	.0048
-2.4	.0082	.0080	.0078	.0075	.0073	.0071	.0067	.0068	.0066	.0064
-2.3	.0107	.0104	.0102	.0099	.0096	.0094	.0091	.0087	.0087	.0084
-2.2	.0139	.0136	.0132	.0129	.0125	.0122	.0119	.0116	.0113	.0110
-2.1	.0179	.0174	.0170	.0166	.0162	.0158	.0154	.0150	.0146	.0143
-2.0	.0228	.0222	.0217	.0212	.0207	.0202	.0197	.0192	.0188	.0183
-1.9	.0287	.0281	.0274	.0268	.0262	.0256	.0250	.0244	.0239	.0233
-1.8	.0359	.0351	.0344	.0336	.0329	.0322	.0314	.0307	.0301	.0294
-1.7	.0446	.0436	.0427	.0418	.0409	.0401	.0392	.0384	.0375	.0367
-1.6	.0548	.0537	.0526	.0516	.0505	.0495	.0485	.0475	.0465	.0455
-1.5	.0668	.0655	.0643	.0630	.0618	.0606	.0594	.0582	.0571	.0559
-1.4	.0808	.0793	.0778	.0764	.0749	.0735	.0721	.0708	.0694	.0681
-1.3	.0968	.0951	.0934	.0918	.0901	.0885	.0869	.0853	.0838	.0823
-1.2	.1151	.1131	.1112	.1093	.1075	.1056	.1038	.1020	.1003	.0985
-1.1	.1357	.1335	.1314	.1292	.1271	.1251	.1230	.1210	.1190	.1170
-1.0	.1587	.1562	.1539	.1515	.1492	.1469	.1446	.1423	.1401	.1379
-0.9	.1841	.1814	.1788	.1762	.1736	.1711	.1685	.1660	.1635	.1611
-0.8	.2119	.2090	.2061	.2033	.2005	.1977	.1949	.1922	.1894	.1867
-0.7	.2420	.2389	.2358	.2327	.2297	.2266	.2236	.2206	.2177	.2148
-0.6	.2743	.2709	.2676	.2643	.2611	.2578	.2546	.2514	.2483	.2451
-0.5	.3085	.3050	.3015	.2981	.2946	.2912	.2877	.2843	.2810	.2776
-0.4	.3446	.3409	.3372	.3336	.3300	.3264	.3228	.3192	.3156	.3121
-0.3	.3821	.3783	.3745	.3707	.3669	.3632	.3594	.3557	.3520	.3483
-0.2	.4207	.4168	.4129	.4090	.4052	.4013	.3974	.3936	.3897	.3859
-0.1	.4602	.4562	.4522	.4483	.4443	.4404	.4364	.4325	.4286	.4247
-0.0	.5000	.4960	.4920	.4880	.4840	.4801	.4761	.4721	.4681	.4641

z	.00	.01	.02	.03	.04	.05	.06	.07	.08	.09
0.0	.5000	.5040	.5080	.5120	.5160	.5199	.5239	.5279	.5319	.5359
0.1	.5398	.5438	.5478	.5517	.5557	.5596	.5636	.5675	.5714	.5753
0.2	.5793	.5832	.5871	.5910	.5948	.5987	.6026	.6064	.6103	.6141
0.3	.6179	.6217	.6255	.6293	.6331	.6368	.6406	.6443	.6480	.6517
0.4	.6554	.6591	.6628	.6664	.6700	.6736	.6772	.6808	.6844	.6879
0.5	.6915	.6950	.6985	.7019	.7054	.7088	.7123	.7157	.7190	.7224
0.6	.7257	.7291	.7324	.7357	.7389	.7422	.7454	.7486	.7517	.7549
0.7	.7580	.7611	.7642	.7673	.7704	.7734	.7764	.7794	.7823	.7852
0.8	.7881	.7910	.7939	.7967	.7995	.8023	.8051	.8078	.8106	.8133
0.9	.8159	.8186	.8212	.8238	.8264	.8289	.8315	.8340	.8365	.8389
1.0	.8413	.8438	.8461	.8485	.8508	.8531	.8554	.8577	.8599	.8621
1.1	.8643	.8665	.8686	.8708	.8729	.8749	.8770	.8790	.8810	.8830
1.2	.8849	.8869	.8888	.8907	.8925	.8944	.8962	.8980	.8997	.9015
1.3	.9032	.9049	.9066	.9082	.9099	.9115	.9131	.9147	.9162	.9177
1.4	.9192	.9207	.9222	.9236	.9251	.9265	.9279	.9292	.9306	.9319
1.5	.9332	.9345	.9357	.9370	.9382	.9394	.9406	.9418	.9429	.9441
1.6	.9452	.9463	.9474	.9484	.9495	.9505	.9515	.9525	.9535	.9545
1.7	.9554	.9564	.9573	.9582	.9591	.9599	.9608	.9616	.9625	.9633
1.8	.9641	.9649	.9656	.9664	.9671	.9678	.9686	.9693	.9699	.9706
1.9	.9713	.9719	.9726	.9732	.9738	.9744	.9750	.9756	.9761	.9767
2.0	.9772	.9778	.9783	.9788	.9793	.9798	.9803	.9808	.9812	.9817
2.1	.9821	.9826	.9830	.9834	.9838	.9842	.9846	.9850	.9854	.9857
2.2	.9861	.9864	.9868	.9871	.9875	.9878	.9881	.9884	.9887	.9890
2.3	.9893	.9896	.9898	.9901	.9904	.9906	.9909	.9911	.9913	.9916
2.4	.9918	.9920	.9922	.9925	.9927	.9929	.9931	.9932	.9934	.9936
2.5	.9938	.9940	.9941	.9943	.9945	.9946	.9948	.9949	.9951	.9952
2.6	.9953	.9955	.9956	.9957	.9959	.9960	.9961	.9962	.9963	.9964
2.7	.9965	.9966	.9967	.9968	.9969	.9970	.9971	.9972	.9973	.9974
2.8	.9974	.9975	.9976	.9977	.9977	.9978	.9979	.9979	.9980	.9981
2.9	.9981	.9982	.9982	.9983	.9984	.9984	.9985	.9985	.9986	.9986
3.0	.9987	.9987	.9987	.9988	.9988	.9989	.9989	.9989	.9990	.9990
3.1	.9990	.9991	.9991	.9991	.9992	.9992	.9992	.9992	.9993	.9993
3.2	.9993	.9993	.9994	.9994	.9994	.9994	.9994	.9995	.9995	.9995
3.3	.9995	.9995	.9995	.9996	.9996	.9996	.9996	.9996	.9996	.9997
3.4	.9997	.9997	.9997	.9997	.9997	.9997	.9997	.9997	.9997	.9998

2. t-분포표

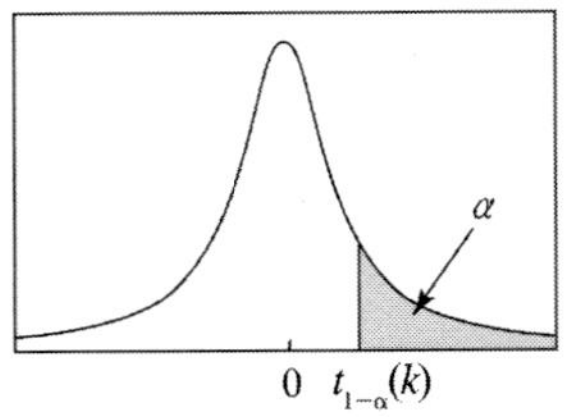

표의 숫자는 자유도 k와 주어진 α값에 대한 $t_{1-\alpha}(k)$의 값을 나타낸다.

k	α											
	.25	.20	.15	.10	.05	.025	.02	.01	.005	.0025	.001	.0005
1	1.000	1.376	1.963	3.078	6.314	12.71	15.89	31.82	63.66	127.3	318.3	636.6
2	0.816	1.061	1.386	1.886	2.920	4.303	4.849	6.965	9.925	14.09	22.33	31.60
3	0.765	0.978	1.250	1.638	2.353	3.182	3.482	4.541	5.841	7.453	10.21	12.92
4	0.741	0.941	1.190	1.533	2.132	2.776	2.999	3.747	4.604	5.598	7.173	8.610
5	0.727	0.920	1.156	1.476	2.015	2.571	2.757	3.365	4.032	4.773	5.894	6.869
6	0.718	0.906	1.134	1.440	1.943	2.447	2.612	3.143	3.707	4.317	5.208	5.959
7	0.711	0.896	1.119	1.415	1.895	2.365	2.517	2.998	3.499	4.029	4.785	5.408
8	0.706	0.889	1.108	1.397	1.860	2.306	2.449	2.896	3.355	3.833	4.501	5.041
9	0.703	0.883	1.100	1.383	1.833	2.262	2.398	2.821	3.250	3.690	4.297	4.781
10	0.700	0.879	1.093	1.372	1.812	2.228	2.359	2.764	3.169	3.581	4.144	4.587
11	0.697	0.876	1.088	1.363	1.796	2.201	2.328	2.718	3.106	3.497	4.025	4.437
12	0.695	0.873	1.083	1.356	1.782	2.179	2.303	2.681	3.055	3.428	3.930	4.318
13	0.694	0.870	1.079	1.350	1.771	2.160	2.282	2.650	3.012	3.372	3.852	4.221
14	0.692	0.868	1.076	1.345	1.761	2.145	2.264	2.624	2.977	3.326	3.787	4.140
15	0.691	0.866	1.074	1.341	1.753	2.131	2.249	2.602	2.947	3.286	3.733	4.073
16	0.690	0.865	1.071	1.337	1.746	2.120	2.235	2.583	2.921	3.252	3.686	4.015
17	0.689	0.863	1.069	1.333	1.740	2.110	2.224	2.567	2.898	3.222	3.646	3.965
18	0.688	0.862	1.067	1.330	1.734	2.101	2.214	2.552	2.878	3.197	3.610	3.922
19	0.688	0.861	1.066	1.328	1.729	2.093	2.205	2.539	2.861	3.174	3.579	3.883
20	0.687	0.860	1.064	1.325	1.725	2.086	2.197	2.528	2.845	3.153	3.552	3.850
21	0.686	0.859	1.063	1.323	1.721	2.080	2.189	2.518	2.831	3.135	3.527	3.819
22	0.686	0.858	1.061	1.321	1.717	2.074	2.183	2.508	2.819	3.119	3.505	3.792
23	0.685	0.858	1.060	1.319	1.714	2.069	2.177	2.500	2.807	3.104	3.485	3.768
24	0.685	0.857	1.059	1.318	1.711	2.064	2.172	2.492	2.797	3.091	3.467	3.745
25	0.684	0.856	1.058	1.316	1.708	2.060	2.167	2.485	2.787	3.078	3.450	3.725
26	0.684	0.856	1.058	1.315	1.706	2.056	2.162	2.479	2.779	3.067	3.435	3.707
27	0.684	0.855	1.057	1.314	1.703	2.052	2.158	2.473	2.771	3.057	3.421	3.689
28	0.683	0.855	1.056	1.313	1.701	2.048	2.154	2.467	2.763	3.047	3.408	3.674
29	0.683	0.854	1.055	1.311	1.699	2.045	2.150	2.462	2.756	3.038	3.396	3.660
30	0.683	0.854	1.055	1.310	1.697	2.042	2.147	2.457	2.750	3.030	3.385	3.646
40	0.681	0.851	1.050	1.303	1.684	2.021	2.123	2.423	2.704	2.971	3.307	3.551
50	0.679	0.849	1.047	1.299	1.676	2.009	2.109	2.403	2.678	2.937	3.261	3.496
60	0.679	0.848	1.045	1.296	1.671	2.000	2.099	2.390	2.660	2.915	3.232	3.460
70	0.678	0.847	1.044	1.294	1.667	1.994	2.093	2.381	2.648	2.899	3.211	3.435
80	0.678	0.846	1.043	1.292	1.664	1.990	2.088	2.374	2.639	2.887	3.195	3.416
90	0.677	0.846	1.042	1.291	1.662	1.987	2.084	2.368	2.632	2.878	3.183	3.402
100	0.677	0.845	1.042	1.290	1.660	1.984	2.081	2.364	2.626	2.871	3.174	3.390
1000	0.675	0.842	1.037	1.282	1.646	1.962	2.056	2.330	2.581	2.813	3.098	3.300
∞	0.674	0.842	1.036	1.282	1.645	1.960	2.054	2.326	2.576	2.807	3.090	3.290

3. χ^2-분포표

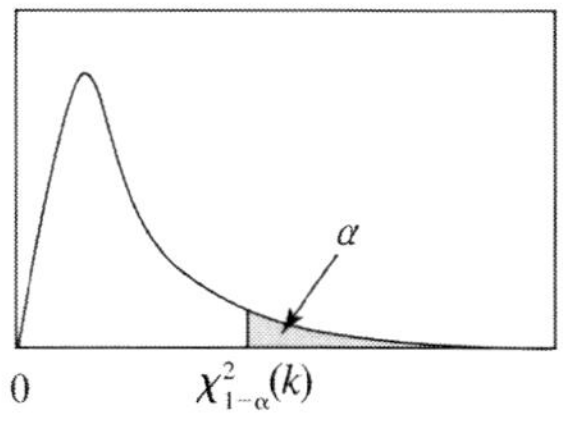

표의 숫자는 자유도 k와 주어진 α값에 대한 $\chi^2_{1-\alpha}(k)$의 값을 나타낸다.

k	α							
	.995	.99	.975	.95	.05	.025	.01	.005
1	.000039	.000157	.000982	.003932	3.84146	5.02390	6.63489	7.87944
2	.010025	.020100	.050636	.102586	5.99148	7.37778	9.21035	10.59653
3	.071724	.114832	.215795	.351846	7.81473	9.34840	11.34488	12.83807
4	.206990	.297110	.484419	.710721	9.48773	11.14326	13.27670	14.86017
5	.411740	.554300	.831211	1.14548	11.07048	12.83249	15.08632	16.74965
6	.675727	.872085	1.23734	1.63538	12.59158	14.44935	16.81187	18.54751
7	.989265	1.23903	1.68986	2.16735	14.06713	16.01277	18.47532	20.27774
8	1.34440	1.64651	2.17972	2.73263	15.50731	17.53454	20.09016	21.95486
9	1.73491	2.08789	2.70039	3.32512	16.91896	19.02278	21.66605	23.58927
10	2.15585	2.55820	3.24696	3.94030	18.30703	20.48320	23.20929	25.18805
11	2.60320	3.05350	3.81574	4.57481	19.67515	21.92002	24.72502	26.75686
12	3.07379	3.57055	4.40378	5.22603	21.02606	23.33666	26.21696	28.29966
13	3.56504	4.10690	5.00874	5.89186	22.36203	24.73558	27.68818	29.81932
14	4.07466	4.66042	5.62872	6.57063	23.68478	26.11893	29.14116	31.31943
15	4.60087	5.22936	6.26212	7.26093	24.99580	27.48836	30.57795	32.80149
16	5.14216	5.81220	6.90766	7.96164	26.29622	28.84532	31.99986	34.26705
17	5.69727	6.40774	7.56418	8.67175	27.58710	30.19098	33.40872	35.71838
18	6.26477	7.01490	8.23074	9.39045	28.86932	31.52641	34.80524	37.15639
19	6.84392	7.63270	8.90651	10.11701	30.14351	32.85234	36.19077	38.58212
20	7.43381	8.26037	9.59077	10.85080	31.41042	34.16958	37.56627	39.99686
21	8.03360	8.89717	10.28291	11.59132	32.67056	35.47886	38.93223	41.40094
22	8.64268	9.54249	10.98233	12.33801	33.92446	36.78068	40.28945	42.79566
23	9.26038	10.19569	11.68853	13.09051	35.17246	38.07561	41.63833	44.18139
24	9.88620	10.85635	12.40115	13.84842	36.41503	39.36406	42.97978	45.55836
25	10.51965	11.52395	13.11971	14.61140	37.65249	40.64650	44.31401	46.92797
26	11.16022	12.19818	13.84388	15.37916	38.88513	41.92314	45.64164	48.28978
27	11.80765	12.87847	14.57337	16.15139	40.11327	43.19452	46.96284	49.64504
28	12.46128	13.56467	15.30785	16.92788	41.33715	44.46079	48.27817	50.99356
29	13.12107	14.25641	16.04705	17.70838	42.55695	45.72228	49.58783	52.33550
30	13.78668	14.95346	16.79076	18.49267	43.77295	46.97922	50.89218	53.67187
40	20.70658	22.16420	24.43306	26.50930	55.75849	59.34168	63.69077	66.76605
50	27.99082	29.70673	32.35738	34.76424	67.50481	71.42019	76.15380	79.48984
60	35.53440	37.48480	40.48171	43.18797	79.08195	83.29771	88.37943	91.95181
70	43.27531	45.44170	48.75754	51.73926	90.53126	95.02315	100.42505	104.21477
80	51.17193	53.53998	57.15315	60.39146	101.87947	106.62854	112.32879	116.32093
90	59.19633	61.75402	65.64659	69.12602	113.14523	118.13591	124.11620	128.29868
100	67.32753	70.06500	74.22188	77.92944	124.34210	129.56125	135.80689	140.16971

4. F-분포표

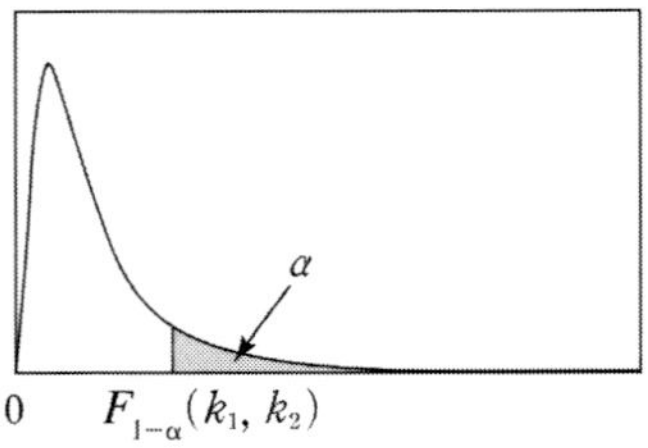

표의 숫자는 주어진 α값에 대한 $F_{1-\alpha}(k_1, k_2)$의 값을 나타낸다.

k_2	α	k_1								
		1	2	3	4	5	6	7	8	9
1	0.100	39.86	49.50	53.59	55.83	57.24	58.20	58.91	59.44	59.86
	0.050	161.45	199.50	215.71	224.58	230.16	233.99	236.77	238.88	240.54
	0.025	647.79	799.48	864.15	899.60	921.83	937.11	948.20	956.64	963.28
	0.010	4052	4999	5404	5624	5764	5859	5928	5981	6022
2	0.100	8.53	9.00	9.16	9.24	9.29	9.33	9.35	9.37	9.38
	0.050	18.51	19.00	19.16	19.25	19.30	19.33	19.35	19.37	19.38
	0.025	38.51	39.00	39.17	39.25	39.30	39.33	39.36	39.37	39.39
	0.010	98.50	99.00	99.16	99.25	99.30	99.33	99.36	99.38	99.39
3	0.100	5.54	5.46	5.39	5.34	5.31	5.28	5.27	5.25	5.24
	0.050	10.13	9.55	9.28	9.12	9.01	8.94	8.89	8.85	8.81
	0.025	17.44	16.04	15.44	15.10	14.88	14.73	14.62	14.54	14.47
	0.010	34.12	30.82	29.46	28.71	28.24	27.91	27.67	27.49	27.34
4	0.100	4.54	4.32	4.19	4.11	4.05	4.01	3.98	3.95	3.94
	0.050	7.71	6.94	6.59	6.39	6.26	6.16	6.09	6.04	6.00
	0.025	12.22	10.65	9.98	9.60	9.36	9.20	9.07	8.98	8.90
	0.010	21.20	18.00	16.69	15.98	15.52	15.21	14.98	14.80	14.66
5	0.100	4.06	3.78	3.62	3.52	3.45	3.40	3.37	3.34	3.32
	0.050	6.61	5.79	5.41	5.19	5.05	4.95	4.88	4.82	4.77
	0.025	10.01	8.43	7.76	7.39	7.15	6.98	6.85	6.76	6.68
	0.010	16.26	13.27	12.06	11.39	10.97	10.67	10.46	10.29	10.16

k_2	α	k_1								
		1	2	3	4	5	6	7	8	9
6	0.100	3.78	3.46	3.29	3.18	3.11	3.05	3.01	2.98	2.96
	0.050	5.99	5.14	4.76	4.53	4.39	4.28	4.21	4.15	4.10
	0.025	8.81	7.26	6.60	6.23	5.99	5.82	5.70	5.60	5.52
	0.010	13.75	10.92	9.78	9.15	8.75	8.47	8.26	8.10	7.98
7	0.100	3.59	3.26	3.07	2.96	2.88	2.83	2.78	2.75	2.72
	0.050	5.59	4.74	4.35	4.12	3.97	3.87	3.79	3.73	3.68
	0.025	8.07	6.54	5.89	5.52	5.29	5.12	4.99	4.90	4.82
	0.010	12.25	9.55	8.45	7.85	7.46	7.19	6.99	6.84	6.72
8	0.100	3.46	3.11	2.92	2.81	2.73	2.67	2.62	2.59	2.56
	0.050	5.32	4.46	4.07	3.84	3.69	3.58	3.50	3.44	3.39
	0.025	7.57	6.06	5.42	5.05	4.82	4.65	4.53	4.43	4.36
	0.010	11.26	8.65	7.59	7.01	6.63	6.37	6.18	6.03	5.91
9	0.100	3.36	3.01	2.81	2.69	2.61	2.55	2.51	2.47	2.44
	0.050	5.12	4.26	3.86	3.63	3.48	3.37	3.29	3.23	3.18
	0.025	7.21	5.71	5.08	4.72	4.48	4.32	4.20	4.10	4.03
	0.010	10.56	8.02	6.99	6.42	6.06	5.80	5.61	5.47	5.35
10	0.100	3.29	2.92	2.73	2.61	2.52	2.46	2.41	2.38	2.35
	0.050	4.96	4.10	3.71	3.48	3.33	3.22	3.14	3.07	3.02
	0.025	6.94	5.46	4.83	4.47	4.24	4.07	3.95	3.85	3.78
	0.010	10.04	7.56	6.55	5.99	5.64	5.39	5.20	5.06	4.94
11	0.100	3.23	2.86	2.66	2.54	2.45	2.39	2.34	2.30	2.27
	0.050	4.84	3.98	3.59	3.36	3.20	3.09	3.01	2.95	2.90
	0.025	6.72	5.26	4.63	4.28	4.04	3.88	3.76	3.66	3.59
	0.010	9.65	7.21	6.22	5.67	5.32	5.07	4.89	4.74	4.63
12	0.100	3.18	2.81	2.61	2.48	2.39	2.33	2.28	2.24	2.21
	0.050	4.75	3.89	3.49	3.26	3.11	3.00	2.91	2.85	2.80
	0.025	6.55	5.10	4.47	4.12	3.89	3.73	3.61	3.51	3.44
	0.010	9.33	6.93	5.95	5.41	5.06	4.82	4.64	4.50	4.39

k_2	α	k_1 10	12	15	20	25	30	40	50	60	120	1000
1	0.100	60.19	60.71	61.22	61.74	62.05	62.26	62.53	62.69	62.79	63.06	63.30
	0.050	241.88	243.90	245.95	248.02	249.26	250.10	251.14	251.77	252.20	253.25	254.19
	0.025	968.63	976.72	984.87	993.08	998.09	1001.4	1005.6	1008.1	1009.8	1014.0	1017.8
	0.010	6055.9	6106.7	6157.0	6208.7	6239.9	6260.4	6286.4	6302.3	6313.0	6339.5	6362.8
2	0.100	9.39	9.41	9.42	9.44	9.45	9.46	9.47	9.47	9.47	9.48	9.49
	0.050	19.40	19.41	19.43	19.45	19.46	19.46	19.47	19.48	19.48	19.49	19.49
	0.025	39.40	39.41	39.43	39.45	39.46	39.46	39.47	39.48	39.48	39.49	39.50
	0.010	99.40	99.42	99.43	99.45	99.46	99.47	99.48	99.48	99.48	99.49	99.50
3	0.100	5.23	5.22	5.20	5.18	5.17	5.17	5.16	5.15	5.15	5.14	5.13
	0.050	8.79	8.74	8.70	8.66	8.63	8.62	8.59	8.58	8.57	8.55	8.53
	0.025	14.42	14.34	14.25	14.17	14.12	14.08	14.04	14.01	13.99	13.95	13.91
	0.010	27.23	27.05	26.87	26.69	26.58	26.50	26.41	26.35	26.32	26.22	26.14
4	0.100	3.92	3.90	3.87	3.84	3.83	3.82	3.80	3.80	3.79	3.78	3.76
	0.050	5.96	5.91	5.86	5.80	5.77	5.75	5.72	5.70	5.69	5.66	5.63
	0.025	8.84	8.75	8.66	8.56	8.50	8.46	8.41	8.38	8.36	8.31	8.26
	0.010	14.55	14.37	14.20	14.02	13.91	13.84	13.75	13.69	13.65	13.56	13.47
5	0.100	3.30	3.27	3.24	3.21	3.19	3.17	3.16	3.15	3.14	3.12	3.11
	0.050	4.74	4.68	4.62	4.56	4.52	4.50	4.46	4.44	4.43	4.40	4.37
	0.025	6.62	6.52	6.43	6.33	6.27	6.23	6.18	6.14	6.12	6.07	6.02
	0.010	10.05	9.89	9.72	9.55	9.45	9.38	9.29	9.24	9.20	9.11	9.03
6	0.100	2.94	2.90	2.87	2.84	2.81	2.80	2.78	2.77	2.76	2.74	2.72
	0.050	4.06	4.00	3.94	3.87	3.83	3.81	3.77	3.75	3.74	3.70	3.67
	0.025	5.46	5.37	5.27	5.17	5.11	5.07	5.01	4.98	4.96	4.90	4.86
	0.010	7.87	7.72	7.56	7.40	7.30	7.23	7.14	7.09	7.06	6.97	6.89
7	0.100	2.70	2.67	2.63	2.59	2.57	2.56	2.54	2.52	2.51	2.49	2.47
	0.050	3.64	3.57	3.51	3.44	3.40	3.38	3.34	3.32	3.30	3.27	3.23
	0.025	4.76	4.67	4.57	4.47	4.40	4.36	4.31	4.28	4.25	4.20	4.15
	0.010	6.62	6.47	6.31	6.16	6.06	5.99	5.91	5.86	5.82	5.74	5.66
8	0.100	2.54	2.50	2.46	2.42	2.40	2.38	2.36	2.35	2.34	2.32	2.30
	0.050	3.35	3.28	3.22	3.15	3.11	3.08	3.04	3.02	3.01	2.97	2.93
	0.025	4.30	4.20	4.10	4.00	3.94	3.89	3.84	3.81	3.78	3.73	3.68
	0.010	5.81	5.67	5.52	5.36	5.26	5.20	5.12	5.07	5.03	4.95	4.87
9	0.100	2.42	2.38	2.34	2.30	2.27	2.25	2.23	2.22	2.21	2.18	2.16
	0.050	3.14	3.07	3.01	2.94	2.89	2.86	2.83	2.80	2.79	2.75	2.71
	0.025	3.96	3.87	3.77	3.67	3.60	3.56	3.51	3.47	3.45	3.39	3.34
	0.010	5.26	5.11	4.96	4.81	4.71	4.65	4.57	4.52	4.48	4.40	4.32
10	0.100	2.32	2.28	2.24	2.20	2.17	2.16	2.13	2.12	2.11	2.08	2.06
	0.050	2.98	2.91	2.85	2.77	2.73	2.70	2.66	2.64	2.62	2.58	2.54
	0.025	3.72	3.62	3.52	3.42	3.35	3.31	3.26	3.22	3.20	3.14	3.09
	0.010	4.85	4.71	4.56	4.41	4.31	4.25	4.17	4.12	4.08	4.00	3.92
11	0.100	2.25	2.21	2.17	2.12	2.10	2.08	2.05	2.04	2.03	2.00	1.98
	0.050	2.85	2.79	2.72	2.65	2.60	2.57	2.53	2.51	2.49	2.45	2.41
	0.025	3.53	3.43	3.33	3.23	3.16	3.12	3.06	3.03	3.00	2.94	2.89
	0.010	4.54	4.40	4.25	4.10	4.01	3.94	3.86	3.81	3.78	3.69	3.61
12	0.100	2.19	2.15	2.10	2.06	2.03	2.01	1.99	1.97	1.96	1.93	1.91
	0.050	2.75	2.69	2.62	2.54	2.50	2.47	2.43	2.40	2.38	2.34	2.30
	0.025	3.37	3.28	3.18	3.07	3.01	2.96	2.91	2.87	2.85	2.79	2.73
	0.010	4.30	4.16	4.01	3.86	3.76	3.70	3.62	3.57	3.54	3.45	3.37

k_2	α	k_1								
		1	2	3	4	5	6	7	8	9
13	0.100	3.14	2.76	2.56	2.43	2.35	2.28	2.23	2.20	2.16
	0.050	4.67	3.81	3.41	3.18	3.03	2.92	2.83	2.77	2.71
	0.025	6.41	4.97	4.35	4.00	3.77	3.60	3.48	3.39	3.31
	0.010	9.07	6.70	5.74	5.21	4.86	4.62	4.44	4.30	4.19
14	0.100	3.10	2.73	2.52	2.39	2.31	2.24	2.19	2.15	2.12
	0.050	4.60	3.74	3.34	3.11	2.96	2.85	2.76	2.70	2.65
	0.025	6.30	4.86	4.24	3.89	3.66	3.50	3.38	3.29	3.21
	0.010	8.86	6.51	5.56	5.04	4.69	4.46	4.28	4.14	4.03
15	0.100	3.07	2.70	2.49	2.36	2.27	2.21	2.16	2.12	2.09
	0.050	4.54	3.68	3.29	3.06	2.90	2.79	2.71	2.64	2.59
	0.025	6.20	4.77	4.15	3.80	3.58	3.41	3.29	3.20	3.12
	0.010	8.68	6.36	5.42	4.89	4.56	4.32	4.14	4.00	3.89
16	0.100	3.05	2.67	2.46	2.33	2.24	2.18	2.13	2.09	2.06
	0.050	4.49	3.63	3.24	3.01	2.85	2.74	2.66	2.59	2.54
	0.025	6.12	4.69	4.08	3.73	3.50	3.34	3.22	3.12	3.05
	0.010	8.53	6.23	5.29	4.77	4.44	4.20	4.03	3.89	3.78
17	0.100	3.03	2.64	2.44	2.31	2.22	2.15	2.10	2.06	2.03
	0.050	4.45	3.59	3.20	2.96	2.81	2.70	2.61	2.55	2.49
	0.025	6.04	4.62	4.01	3.66	3.44	3.28	3.16	3.06	2.98
	0.010	8.40	6.11	5.19	4.67	4.34	4.10	3.93	3.79	3.68
18	0.100	3.01	2.62	2.42	2.29	2.20	2.13	2.08	2.04	2.00
	0.050	4.41	3.55	3.16	2.93	2.77	2.66	2.58	2.51	2.46
	0.025	5.98	4.56	3.95	3.61	3.38	3.22	3.10	3.01	2.93
	0.010	8.29	6.01	5.09	4.58	4.25	4.01	3.84	3.71	3.60
19	0.100	2.99	2.61	2.40	2.27	2.18	2.11	2.06	2.02	1.98
	0.050	4.38	3.52	3.13	2.90	2.74	2.63	2.54	2.48	2.42
	0.025	5.92	4.51	3.90	3.56	3.33	3.17	3.05	2.96	2.88
	0.010	8.18	5.93	5.01	4.50	4.17	3.94	3.77	3.63	3.52
20	0.100	2.97	2.59	2.38	2.25	2.16	2.09	2.04	2.00	1.96
	0.050	4.35	3.49	3.10	2.87	2.71	2.60	2.51	2.45	2.39
	0.025	5.87	4.46	3.86	3.51	3.29	3.13	3.01	2.91	2.84
	0.010	8.10	5.85	4.94	4.43	4.10	3.87	3.70	3.56	3.46
21	0.100	2.96	2.57	2.36	2.23	2.14	2.08	2.02	1.98	1.95
	0.050	4.32	3.47	3.07	2.84	2.68	2.57	2.49	2.42	2.37
	0.025	5.83	4.42	3.82	3.48	3.25	3.09	2.97	2.87	2.80
	0.010	8.02	5.78	4.87	4.37	4.04	3.81	3.64	3.51	3.40
22	0.100	2.95	2.56	2.35	2.22	2.13	2.06	2.01	1.97	1.93
	0.050	4.30	3.44	3.05	2.82	2.66	2.55	2.46	2.40	2.34
	0.025	5.79	4.38	3.78	3.44	3.22	3.05	2.93	2.84	2.76
	0.010	7.95	5.72	4.82	4.31	3.99	3.76	3.59	3.45	3.35
23	0.100	2.94	2.55	2.34	2.21	2.11	2.05	1.99	1.95	1.92
	0.050	4.28	3.42	3.03	2.80	2.64	2.53	2.44	2.37	2.32
	0.025	5.75	4.35	3.75	3.41	3.18	3.02	2.90	2.81	2.73
	0.010	7.88	5.66	4.76	4.26	3.94	3.71	3.54	3.41	3.30
24	0.100	2.93	2.54	2.33	2.19	2.10	2.04	1.98	1.94	1.91
	0.050	4.26	3.40	3.01	2.78	2.62	2.51	2.42	2.36	2.30
	0.025	5.72	4.32	3.72	3.38	3.15	2.99	2.87	2.78	2.70
	0.010	7.82	5.61	4.72	4.22	3.90	3.67	3.50	3.36	3.26

k_2	α	k_1										
		10	12	15	20	25	30	40	50	60	120	1000
13	0.100	2.14	2.10	2.05	2.01	1.98	1.96	1.93	1.92	1.90	1.88	1.85
	0.050	2.67	2.60	2.53	2.46	2.41	2.38	2.34	2.31	2.30	2.25	2.21
	0.025	3.25	3.15	3.05	2.95	2.88	2.84	2.78	2.74	2.72	2.66	2.60
	0.010	4.10	3.96	3.82	3.66	3.57	3.51	3.43	3.38	3.34	3.25	3.18
14	0.100	2.10	2.05	2.01	1.96	1.93	1.91	1.89	1.87	1.86	1.83	1.80
	0.050	2.60	2.53	2.46	2.39	2.34	2.31	2.27	2.24	2.22	2.18	2.14
	0.025	3.15	3.05	2.95	2.84	2.78	2.73	2.67	2.64	2.61	2.55	2.50
	0.010	3.94	3.80	3.66	3.51	3.41	3.35	3.27	3.22	3.18	3.09	3.02
15	0.100	2.06	2.02	1.97	1.92	1.89	1.87	1.85	1.83	1.82	1.79	1.76
	0.050	2.54	2.48	2.40	2.33	2.28	2.25	2.20	2.18	2.16	2.11	2.07
	0.025	3.06	2.96	2.86	2.76	2.69	2.64	2.59	2.55	2.52	2.46	2.40
	0.010	3.80	3.67	3.52	3.37	3.28	3.21	3.13	3.08	3.05	2.96	2.88
16	0.100	2.03	1.99	1.94	1.89	1.86	1.84	1.81	1.79	1.78	1.75	1.72
	0.050	2.49	2.42	2.35	2.28	2.23	2.19	2.15	2.12	2.11	2.06	2.02
	0.025	2.99	2.89	2.79	2.68	2.61	2.57	2.51	2.47	2.45	2.38	2.32
	0.010	3.69	3.55	3.41	3.26	3.16	3.10	3.02	2.97	2.93	2.84	2.76
17	0.100	2.00	1.96	1.91	1.86	1.83	1.81	1.78	1.76	1.75	1.72	1.69
	0.050	2.45	2.38	2.31	2.23	2.18	2.15	2.10	2.08	2.06	2.01	1.97
	0.025	2.92	2.82	2.72	2.62	2.55	2.50	2.44	2.41	2.38	2.32	2.26
	0.010	3.59	3.46	3.31	3.16	3.07	3.00	2.92	2.87	2.83	2.75	2.66
18	0.100	1.98	1.93	1.89	1.84	1.80	1.78	1.75	1.74	1.72	1.69	1.66
	0.050	2.41	2.34	2.27	2.19	2.14	2.11	2.06	2.04	2.02	1.97	1.92
	0.025	2.87	2.77	2.67	2.56	2.49	2.44	2.38	2.35	2.32	2.26	2.20
	0.010	3.51	3.37	3.23	3.08	2.98	2.92	2.84	2.78	2.75	2.66	2.58
19	0.100	1.96	1.91	1.86	1.81	1.78	1.76	1.73	1.71	1.70	1.67	1.64
	0.050	2.38	2.31	2.23	2.16	2.11	2.07	2.03	2.00	1.98	1.93	1.88
	0.025	2.82	2.72	2.62	2.51	2.44	2.39	2.33	2.30	2.27	2.20	2.14
	0.010	3.43	3.30	3.15	3.00	2.91	2.84	2.76	2.71	2.67	2.58	2.50
20	0.100	1.94	1.89	1.84	1.79	1.76	1.74	1.71	1.69	1.68	1.64	1.61
	0.050	2.35	2.28	2.20	2.12	2.07	2.04	1.99	1.97	1.95	1.90	1.85
	0.025	2.77	2.68	2.57	2.46	2.40	2.35	2.29	2.25	2.22	2.16	2.09
	0.010	3.37	3.23	3.09	2.94	2.84	2.78	2.69	2.64	2.61	2.52	2.43
21	0.100	1.92	1.87	1.83	1.78	1.74	1.72	1.69	1.67	1.66	1.62	1.59
	0.050	2.32	2.25	2.18	2.10	2.05	2.01	1.96	1.94	1.92	1.87	1.82
	0.025	2.73	2.64	2.53	2.42	2.36	2.31	2.25	2.21	2.18	2.11	2.05
	0.010	3.31	3.17	3.03	2.88	2.79	2.72	2.64	2.58	2.55	2.46	2.37
22	0.100	1.90	1.86	1.81	1.76	1.73	1.70	1.67	1.65	1.64	1.60	1.57
	0.050	2.30	2.23	2.15	2.07	2.02	1.98	1.94	1.91	1.89	1.84	1.79
	0.025	2.70	2.60	2.50	2.39	2.32	2.27	2.21	2.17	2.14	2.08	2.01
	0.010	3.26	3.12	2.98	2.83	2.73	2.67	2.58	2.53	2.50	2.40	2.32
23	0.100	1.89	1.84	1.80	1.74	1.71	1.69	1.66	1.64	1.62	1.59	1.55
	0.050	2.27	2.20	2.13	2.05	2.00	1.96	1.91	1.88	1.86	1.81	1.76
	0.025	2.67	2.57	2.47	2.36	2.29	2.24	2.18	2.14	2.11	2.04	1.98
	0.010	3.21	3.07	2.93	2.78	2.69	2.62	2.54	2.48	2.45	2.35	2.27
24	0.100	1.88	1.83	1.78	1.73	1.70	1.67	1.64	1.62	1.61	1.57	1.54
	0.050	2.25	2.18	2.11	2.03	1.97	1.94	1.89	1.86	1.84	1.79	1.74
	0.025	2.64	2.54	2.44	2.33	2.26	2.21	2.15	2.11	2.08	2.01	1.94
	0.010	3.17	3.03	2.89	2.74	2.64	2.58	2.49	2.44	2.40	2.31	2.22

k_2	α	k_1								
		1	2	3	4	5	6	7	8	9
25	0.100	2.92	2.53	2.32	2.18	2.09	2.02	1.97	1.93	1.89
	0.050	4.24	3.39	2.99	2.76	2.60	2.49	2.40	2.34	2.28
	0.025	5.69	4.29	3.69	3.35	3.13	2.97	2.85	2.75	2.68
	0.010	7.77	5.57	4.68	4.18	3.85	3.63	3.46	3.32	3.22
26	0.100	2.91	2.52	2.31	2.17	2.08	2.01	1.96	1.92	1.88
	0.050	4.23	3.37	2.98	2.74	2.59	2.47	2.39	2.32	2.27
	0.025	5.66	4.27	3.67	3.33	3.10	2.94	2.82	2.73	2.65
	0.010	7.72	5.53	4.64	4.14	3.82	3.59	3.42	3.29	3.18
27	0.100	2.90	2.51	2.30	2.17	2.07	2.00	1.95	1.91	1.87
	0.050	4.21	3.35	2.96	2.73	2.57	2.46	2.37	2.31	2.25
	0.025	5.63	4.24	3.65	3.31	3.08	2.92	2.80	2.71	2.63
	0.010	7.68	5.49	4.60	4.11	3.78	3.56	3.39	3.26	3.15
28	0.100	2.89	2.50	2.29	2.16	2.06	2.00	1.94	1.90	1.87
	0.050	4.20	3.34	2.95	2.71	2.56	2.45	2.36	2.29	2.24
	0.025	5.61	4.22	3.63	3.29	3.06	2.90	2.78	2.69	2.61
	0.010	7.64	5.45	4.57	4.07	3.75	3.53	3.36	3.23	3.12
29	0.100	2.89	2.50	2.28	2.15	2.06	1.99	1.93	1.89	1.86
	0.050	4.18	3.33	2.93	2.70	2.55	2.43	2.35	2.28	2.22
	0.025	5.59	4.20	3.61	3.27	3.04	2.88	2.76	2.67	2.59
	0.010	7.60	5.42	4.54	4.04	3.73	3.50	3.33	3.20	3.09
30	0.100	2.88	2.49	2.28	2.14	2.05	1.98	1.93	1.88	1.85
	0.050	4.17	3.32	2.92	2.69	2.53	2.42	2.33	2.27	2.21
	0.025	5.57	4.18	3.59	3.25	3.03	2.87	2.75	2.65	2.57
	0.010	7.56	5.39	4.51	4.02	3.70	3.47	3.30	3.17	3.07
40	0.100	2.84	2.44	2.23	2.09	2.00	1.93	1.87	1.83	1.79
	0.050	4.08	3.23	2.84	2.61	2.45	2.34	2.25	2.18	2.12
	0.025	5.42	4.05	3.46	3.13	2.90	2.74	2.62	2.53	2.45
	0.010	7.31	5.18	4.31	3.83	3.51	3.29	3.12	2.99	2.89
50	0.100	2.81	2.41	2.20	2.06	1.97	1.90	1.84	1.80	1.76
	0.050	4.03	3.18	2.79	2.56	2.40	2.29	2.20	2.13	2.07
	0.025	5.34	3.97	3.39	3.05	2.83	2.67	2.55	2.46	2.38
	0.010	7.17	5.06	4.20	3.72	3.41	3.19	3.02	2.89	2.78
60	0.100	2.79	2.39	2.18	2.04	1.95	1.87	1.82	1.77	1.74
	0.050	4.00	3.15	2.76	2.53	2.37	2.25	2.17	2.10	2.04
	0.025	5.29	3.93	3.34	3.01	2.79	2.63	2.51	2.41	2.33
	0.010	7.08	4.98	4.13	3.65	3.34	3.12	2.95	2.82	2.72
100	0.100	2.76	2.36	2.14	2.00	1.91	1.83	1.78	1.73	1.69
	0.050	3.94	3.09	2.70	2.46	2.31	2.19	2.10	2.03	1.97
	0.025	5.18	3.83	3.25	2.92	2.70	2.54	2.42	2.32	2.24
	0.010	6.90	4.82	3.98	3.51	3.21	2.99	2.82	2.69	2.59
200	0.100	2.73	2.33	2.11	1.97	1.88	1.80	1.75	1.70	1.66
	0.050	3.89	3.04	2.65	2.42	2.26	2.14	2.06	1.98	1.93
	0.025	5.10	3.76	3.18	2.85	2.63	2.47	2.35	2.26	2.18
	0.010	6.76	4.71	3.88	3.41	3.11	2.89	2.73	2.60	2.50
1000	0.100	2.71	2.31	2.09	1.95	1.85	1.78	1.72	1.68	1.64
	0.050	3.85	3.00	2.61	2.38	2.22	2.11	2.02	1.95	1.89
	0.025	5.04	3.70	3.13	2.80	2.58	2.42	2.30	2.20	2.13
	0.010	6.66	4.63	3.80	3.34	3.04	2.82	2.66	2.53	2.43

k_2	α	k_1										
		10	12	15	20	25	30	40	50	60	120	1000
25	0.100	1.87	1.82	1.77	1.72	1.68	1.66	1.63	1.61	1.59	1.56	1.52
	0.050	2.24	2.16	2.09	2.01	1.96	1.92	1.87	1.84	1.82	1.77	1.72
	0.025	2.61	2.51	2.41	2.30	2.23	2.18	2.12	2.08	2.05	1.98	1.91
	0.010	3.13	2.99	2.85	2.70	2.60	2.54	2.45	2.40	2.36	2.27	2.18
26	0.100	1.86	1.81	1.76	1.71	1.67	1.65	1.61	1.59	1.58	1.54	1.51
	0.050	2.22	2.15	2.07	1.99	1.94	1.90	1.85	1.82	1.80	1.75	1.70
	0.025	2.59	2.49	2.39	2.28	2.21	2.16	2.09	2.05	2.03	1.95	1.89
	0.010	3.09	2.96	2.81	2.66	2.57	2.50	2.42	2.36	2.33	2.23	2.14
27	0.100	1.85	1.80	1.75	1.70	1.66	1.64	1.60	1.58	1.57	1.53	1.50
	0.050	2.20	2.13	2.06	1.97	1.92	1.88	1.84	1.81	1.79	1.73	1.68
	0.025	2.57	2.47	2.36	2.25	2.18	2.13	2.07	2.03	2.00	1.93	1.86
	0.010	3.06	2.93	2.78	2.63	2.54	2.47	2.38	2.33	2.29	2.20	2.11
28	0.100	1.84	1.79	1.74	1.69	1.65	1.63	1.59	1.57	1.56	1.52	1.48
	0.050	2.19	2.12	2.04	1.96	1.91	1.87	1.82	1.79	1.77	1.71	1.66
	0.025	2.55	2.45	2.34	2.23	2.16	2.11	2.05	2.01	1.98	1.91	1.84
	0.010	3.03	2.90	2.75	2.60	2.51	2.44	2.35	2.30	2.26	2.17	2.08
29	0.100	1.83	1.78	1.73	1.68	1.64	1.62	1.58	1.56	1.55	1.51	1.47
	0.050	2.18	2.10	2.03	1.94	1.89	1.85	1.81	1.77	1.75	1.70	1.65
	0.025	2.53	2.43	2.32	2.21	2.14	2.09	2.03	1.99	1.96	1.89	1.82
	0.010	3.00	2.87	2.73	2.57	2.48	2.41	2.33	2.27	2.23	2.14	2.05
30	0.100	1.82	1.77	1.72	1.67	1.63	1.61	1.57	1.55	1.54	1.50	1.46
	0.050	2.16	2.09	2.01	1.93	1.88	1.84	1.79	1.76	1.74	1.68	1.63
	0.025	2.51	2.41	2.31	2.20	2.12	2.07	2.01	1.97	1.94	1.87	1.80
	0.010	2.98	2.84	2.70	2.55	2.45	2.39	2.30	2.25	2.21	2.11	2.02
40	0.100	1.76	1.71	1.66	1.61	1.57	1.54	1.51	1.48	1.47	1.42	1.38
	0.050	2.08	2.00	1.92	1.84	1.78	1.74	1.69	1.66	1.64	1.58	1.52
	0.025	2.39	2.29	2.18	2.07	1.99	1.94	1.88	1.83	1.80	1.72	1.65
	0.010	2.80	2.66	2.52	2.37	2.27	2.20	2.11	2.06	2.02	1.92	1.82
50	0.100	1.73	1.68	1.63	1.57	1.53	1.50	1.46	1.44	1.42	1.38	1.33
	0.050	2.03	1.95	1.87	1.78	1.73	1.69	1.63	1.60	1.58	1.51	1.45
	0.025	2.32	2.22	2.11	1.99	1.92	1.87	1.80	1.75	1.72	1.64	1.56
	0.010	2.70	2.56	2.42	2.27	2.17	2.10	2.01	1.95	1.91	1.80	1.70
60	0.100	1.71	1.66	1.60	1.54	1.50	1.48	1.44	1.41	1.40	1.35	1.30
	0.050	1.99	1.92	1.84	1.75	1.69	1.65	1.59	1.56	1.53	1.47	1.40
	0.025	2.27	2.17	2.06	1.94	1.87	1.82	1.74	1.70	1.67	1.58	1.49
	0.010	2.63	2.50	2.35	2.20	2.10	2.03	1.94	1.88	1.84	1.73	1.62
100	0.100	1.66	1.61	1.56	1.49	1.45	1.42	1.38	1.35	1.34	1.28	1.22
	0.050	1.93	1.85	1.77	1.68	1.62	1.57	1.52	1.48	1.45	1.38	1.30
	0.025	2.18	2.08	1.97	1.85	1.77	1.71	1.64	1.59	1.56	1.46	1.36
	0.010	2.50	2.37	2.22	2.07	1.97	1.89	1.80	1.74	1.69	1.57	1.45
200	0.100	1.63	1.58	1.52	1.46	1.41	1.38	1.34	1.31	1.29	1.23	1.16
	0.050	1.88	1.80	1.72	1.62	1.56	1.52	1.46	1.41	1.39	1.30	1.21
	0.025	2.11	2.01	1.90	1.78	1.70	1.64	1.56	1.51	1.47	1.37	1.25
	0.010	2.41	2.27	2.13	1.97	1.87	1.79	1.69	1.63	1.58	1.45	1.30
1000	0.100	1.61	1.55	1.49	1.43	1.38	1.35	1.30	1.27	1.25	1.18	1.08
	0.050	1.84	1.76	1.68	1.58	1.52	1.47	1.41	1.36	1.33	1.24	1.11
	0.025	2.06	1.96	1.85	1.72	1.64	1.58	1.50	1.45	1.41	1.29	1.13
	0.010	2.34	2.20	2.06	1.90	1.79	1.72	1.61	1.54	1.50	1.35	1.16

연습문제 해답

2장

1. (1) 0.025

(2) 0.0027

(3) −1.645

(4) 1.96

2. (1) $P(26 < X < 30) = p(\frac{26-28}{4} < \frac{X-28}{4} < \frac{30-28}{4})$
$= p(-0.5 < Z < 0.5) = 0.3829$

(2) $P(X > 35) = P(\frac{X-28}{4} > \frac{35-28}{4}) = 0.04$

(3) $P(\frac{X-28}{4} > \frac{x-28}{4}) = P(Z > \frac{x-28}{4}) = 0.025$
$\frac{x-28}{4} = 1.96 \rightarrow x = 35.84$

3. (1) x를 가로와 세로 비율이라고 할 때, 95% 신뢰구간은 다음과 같다.
$\overline{x} \pm 1.96sd(x) = (0.4792, 0.8418)$이다. 또한, 0.618034는 신뢰구간에 포함된다.

(2) 신뢰구간에 포함되므로 이 비율도 고대 그리스의 황금비와 같다고 할 수 있다.

4. (1) (0.95, 5.03)

(2) 평균차에 대한 신뢰구간에 0이 포함되지 않으므로 농촌 지역과 도시 지역 학생들의 과학탐구능력점수는 차이가 있다고 볼 수 있다.

5. (1) 정규성을 만족한다.

(2) 평균 차에 대한 신뢰구간을 구하면 (−0.561, 0.137)이다. 신뢰구간에 0이 포함되기 때문에 두 생산라인에서 생산되는 베어링의 지름 평균이 같다고 할 수 있다.

3장

1. 9

2. $CT = \frac{T^2}{N} = \frac{(15+23)^2}{4} = 361$

$SSA = \sum_i \frac{T_{i.}^2}{r_i} - CT = (\frac{15^2}{2} + \frac{23^2}{2}) - 361 = 16$

3. ① 분산분석표

요인	자유도	제곱합	평균제곱	F_0	p-value
A	2	190.1	95.04	2.86	0.080
E 오차	21	697.7	33.23		
총계	23	887.8			

② A_i 수준에서의 모평균 μ_i 의 95% 신뢰구간

$\bar{x}_{i\cdot} \pm t_{0.975}(\phi_E) \cdot \sqrt{\frac{MS_E}{r_i}}$

$r_1 = r_2 = r_3 = 8$, $t\,(21\ ;0.025\ ) = 2.080$이고 $MS_E = 33.23$을 대입하면,

μ_1 의 95% 신뢰구간 : $22.38 \pm 2.080 \cdot \sqrt{\frac{33.23}{8}} \Leftrightarrow (18.14,\ 26.61)$

μ_2 의 95% 신뢰구간 : $25.38 \pm 2.080 \cdot \sqrt{\frac{33.23}{8}} \Leftrightarrow (21.14,\ 29.61)$

μ_3 의 95% 신뢰구간 : $18.50 \pm 2.080 \cdot \sqrt{\frac{33.23}{8}} \Leftrightarrow (14.26,\ 22.74)$

③ $LSD = 2.080\sqrt{\frac{2 \times 33.23}{8}} = 5.994$

$|\bar{x}_{1\cdot} - \bar{x}_{2\cdot}| = |22.38 - 25.38| = |-3| = 3 < 5.994$

이므로 A_1과 A_2에서의 유리관이 유의수준 $\alpha = 0.05$에서 차이가 있다고 할 수 있다.

4. ① $x_{ij} = \mu_i + \varepsilon_{ij} = \mu + \alpha_i + \varepsilon_{ij}$, $\quad i = 1, \cdots, 5\ ;\ \ j = 1, \cdots, 5$

단, $\varepsilon_{ij} \sim N(0,\ \sigma_E^2)$이며, 서로 독립이고, $\sum_1^5 \alpha_i = 0$

H_0 : $\alpha_1 = \alpha_2 = \alpha_3 = \alpha_4 = \alpha_5 = 0$(교습 방법에 따라 학생들의 성취도 차이가 없다).

H_1 : 적어도 한 α_i는 0이 아니다(교습 방법에 따라 학생들의 성취도 차이가 있다).

② 분산분석표

요인	제곱합	자유도	평균제곱	F_0	$F(0.01)$
A	340	4	85	7.56	4.43
E	225	20	11.25		
T	465	24			

분산분석표에서 검정통계량 F_0의 값이 유의수준 $\alpha = 0.01$에서의 F분포 값인 $F_{0.99}(4,20) = 4.43$보다 크므로 귀무가설을 기각한다. 따라서 교습 방법에 따라 학생들의 성취도 차이가 있다고 결론 내린다.

5. ① 분산분석표

요인	제곱합	자유도	평균제곱	F_0	$F(0.01)$
A	340	4	85	7.56	4.43
E	225	20	11.25		
T	465	24			

② μ_4의 95% 신뢰구간 : $\overline{x_{4.}} \pm t_{0.975}(\phi_E)\sqrt{\dfrac{MS_E}{r_4}} = 18.125 \pm 4.022$

③ $LSD = t_{0.975}(\phi_E)\sqrt{\dfrac{2 \times MS_E}{4}} = 5.6890$

6. $CT = \dfrac{T^2}{15} = 3681.667$

$$SS_T = \sum_i \sum_j x_{ij}^2 - CT = 19^2 + 18^2 + \ldots + 11^2 - 3681.667 = 307.333$$

$$SS_A = \sum_i \frac{T_{i.}^{\ 2}}{r_i} - CT = (\frac{76^2}{4} + \frac{65^2}{5} + \frac{94^2}{6}) - 3681.667 = 80$$

$SS_E = SS_T - SS_A = 227.333 - 80.000 - 307.333$

요인	제곱합	자유도	평균제곱	F_0	$F(0.01)$
A	80.00	2	40.00	2.11	6.93
E	227.33	12	18.94		
T	307.33	14			

7. ① 분산분석표

요인	제곱합	자유도	평균제곱	F_0	$F(0.01)$
A	89.19	3	29.729	15.68	5.95
E	22.75	12	1.896		
T	111.94	15			

분산분석표에서 검정통계량 F_0의 값이 유의수준 $\alpha = 0.01$에서의 F분포값인 $F_{0.99}(3,12) = 5.95$보다 크므로 귀무가설을 기각한다. 따라서 직조기에 따라 차이가 있다고 결론 내린다.

② $s_E^2 = MS_E = 1.896$

$$s_A^2 = \frac{1}{r}(MS_A - MS_E) = \frac{1}{4}(29.729 - 1.896) = 6.958$$

$$s_T^2 = s_A^2 + s_E^2 = 6.958 + 1.896 = 8.854$$

기여율: $\hat{\rho} = \dfrac{s_A^2}{s_T^2} \times 100(\%) = 78.59\%$

8. ① 변량요인

② $H_0 : \sigma_A^2 = 0$ (로트 간에 산포가 존재하지 않는다) v.s.

$H_1 : \sigma_A^2 > 0$ (로트 간에 산포가 존재한다)

요인	제곱합	자유도	평균제곱	F_0	$F(0.01)$
A	0.7467	2	0.3733	15.08	6.01
E	0.4457	18	0.0248		
T	1.1924	20			

분산분석표에서 검정통계량 $F_0 = 15.08$의 값이 유의수준 $\alpha = 0.01$에서의 F

분포 값인 $F_{0.99}(2, 18) = 6.01$보다 크므로 귀무가설을 기각한다. 따라서 로트 간 부품 치수의 차이가 있다고 할 수 있다.

③ σ_E^2의 불편추정치 s_E^2와 σ_A^2의 불편추정치 s_A^2은

$s_E^2 = MS_E = 0.0248$

$s_A^2 = \frac{1}{r}(MS_A - MS_E) = \frac{1}{7}(0.3733 - 0.0248) = 0.0498$

4장

1.

요인	제곱합	자유도	평균제곱	F_0
A	(60)	3	(20)	(26.67)
B	26	3	(8.667)	(11.56)
$A \times B$	9.6	(9)	(1.067)	(1.422)
E	12	(16)	(0.75)	
T	107.6	31		

2.

요인	제곱합	자유도	평균제곱	F_0
A	3.33	3	(1.11)	(1.859)
B	0.16	(2)	(0.08)	(2.963)
$A \times B$	(3.58)	6	(0.597)	(22.111)
E	0.32	(12)	(0.027)	
T	7.39	23		

3. 분산분석표

요인	제곱합	자유도	평균제곱	F_0
A	11.964	2	5.982	20.95
B	61.814	2	30.907	108.24
$A \times B$	1.442	4	0.361	1.26
E	2.570	9	0.286	
T	77.791	17		

공정온도와 주조시간 사이에 상호작용효과에 대한 p값(유의확률)은 0.353로 유

의수준 5%에서 공정온도와 주조시간 사이에 상호작용이 있다고 볼 수 없다. 주효과의 유의성 검정결과를 보면, F_0값이 충분히 크기에 공정온도와 주조시간에 따라 합금의 강도에 유의한 차이가 있다고 볼 수 있다.

4. $SS_{A\times B} = SS_{AB} - SS_A - SS_B = 3$

5. $F_0 = \dfrac{MS_B}{MS_{A\times B}} = \dfrac{SS_B/1}{SS_{A\times B}/2}$

6. (1) 단계 1. 각각의 실험 조건에 1에서 12 사이의 일련번호를 할당한다.

단계 2. 1에서 12까지 12개의 숫자의 랜덤한 배열을 구한다.

단계 3. 실험실시의 순서는 단계 2에서 구해진 랜덤한 배열의 숫자에 해당되는 실험조건의 순서로 실험을 실시한다.

(2) $$\begin{aligned} x_{ijk} &= \mu + \tau_{ij} + \epsilon_{ijk} \\ &= \mu + \alpha_i + \beta_j + (\alpha\beta)_{ij} + \epsilon_{ijk} \end{aligned}$$

(3) 분산분석표

요인	제곱합	자유도	평균제곱	F_0
A	5.33	1	5.33	0.23
B	3237.50	2	1618.75	69.87
$A\times B$	277.17	2	138.58	5.98
E	139.00	6	23.17	
T	3659.00	11		

(4) 상호작용효과 $A\times B$의 그림

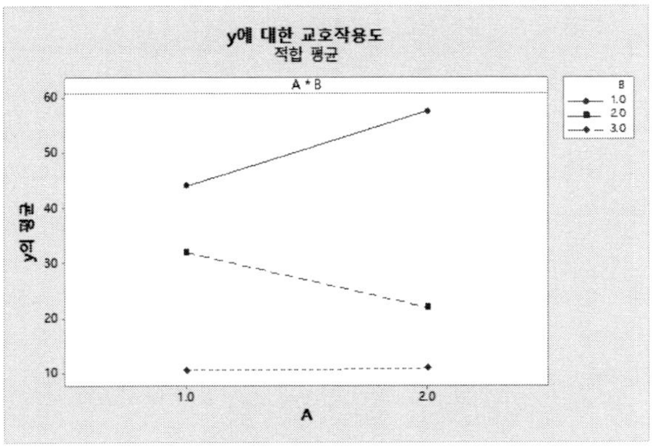

B의 수준에 따라 A의 효과가 차이가 존재하기에 상호작용효과 $A \times B$가 존재한다고 할 수 있다.

(5) 상호작용효과 $A \times B$ 가 존재하기 때문에, 주효과 A의 p값이 0.65라도 모형의 위계 순서를 존중하여 주효과 A는 오차항에 풀링하지 않아야 한다.

5장

1. 16

2.

요인	제곱합	자유도	평균제곱	F_0
A	8.652	2	4.236	13.44
B	1.849	4	0.462	1.44
E	2.575	8	0.322	
T	13.076	14		

촉매량 효과의 유의성 검정 결과를 보면, F_0값이 충분히 크기에 촉매량에 따라 수율에 유의한 차이가 있다고 볼 수 있다. 하지만, 블록효과인 B의 유의성 검정 결과를 보면, p-value가 0.307으로 블록 효과에 의한 차이는 없다고 볼 수 있다.

3.

요인	제곱합	자유도	평균제곱	F_0
오븐내 위치(행)	18.6875	3	6.2292	
사람(열)	11.1875	3	3.7292	
케이크	1422.688	3	474.2292	39.0446
E	72.875	6	12.1458	
T	1525.438	15		

케이크 간 차이가 극히 유의함을 알 수 있다. 즉, 케이크 재료와 제조 방법에 따라 부드러움이 차이가 난다고 할 수 있다.

4. $5^2 - 1 - 3(5-1) = 4 \times 3 = 12$

5. (1) $x_{ijk} = \mu + \gamma_k + (\gamma\alpha)_{ik} + \varepsilon_{1(ik)} + \beta_j + (\alpha\beta)_{ij} + \varepsilon_{2(ijk)}$,

$i = 1,2,\ j = 1,2,3,\ k = 1,2$

(2)

요인	제곱합	자유도	평균제곱	F_0
r	0.05333	1	0.05333	160.1502
A	0.12000	1	0.12000	360.3604
E_1	0.000333	1	0.000333	0.00357
B	3.01500	2	1.5075	16.1515
$A \times B$	0.96500	2	0.4825	5.1696
E_2	0.37334	4	0.093335	
T	4.53000	11		

7장

1. ④

2. ③

3. ②

4. ③

5.

요인	제곱합	자유도	평균제곱
A	112.5	1	112.5
B	12.5	1	12.5
$A \times B$	12.5	1	12.5
E	20	4	5
T	157.5	7	

6. $SS_{A \times B} = \dfrac{(8 + 14 - 10 - 11)^2}{4} = 0.25$

7. $A \times B = \frac{1}{2r}(T_{11.} + T_{00.} - T_{10.} - T_{01.})$

$$SS_{A \times B} = \frac{(T_{11.} + T_{00.} - T_{10.} - T_{01.})^2}{4r}$$

8. $A = \frac{1}{2r}(T_{1..} - T_{0..}) = \frac{1}{6}(20 - 28) = -1.333$

$B = \frac{1}{2r}(T_{.1.} - T_{.0.}) = \frac{1}{6}(19 - 29) = -1.667$

$A \times B = \frac{1}{2r}(T_{11.} + T_{00.} - T_{10.} - T_{01.}) = \frac{1}{6}(23 - 25) = -0.333$

요인	제곱합	자유도	평균제곱
A	112.5	1	112.5
B	12.5	1	12.5
$A \times B$	12.5	1	12.5
E	20	4	5
T	157.5	7	

9. $x_{ijk} = \mu + \alpha_i + \beta_j + \gamma_k + \varepsilon_{ijk}$, $i = 1,2, j = 1,2, k = 1,2$일 때,

$A \times C = \frac{1}{4}(T_{1.1} + T_{0.0} - T_{1.0} - T_{0.1})$

10. $16 - 7 = 9$

11. (1)

처리조합	자료	(1)	(2)	(3)	요인효과	변동
(1)	10	25	68	154	$19.25 = M$	$2964.5 = \mathrm{CT}$
a	15	43	86	12	$3 = A$	$18 = SS_A$
b	18	36	10	32	$8 = B$	$128 = SS_B$
ab	23	50	2	2	$0.5 = AB$	$0.5 = SS_{A\times B}$
c	18	5	18	18	$4.5 = C$	$40.5 = SS_C$
ac	18	5	14	−8	$-2 = AC$	$8 = SS_{A\times C}$
bc	24	0	0	−4	$-1 = BC$	$2 = SS_{B\times C}$
abc	26	2	2	2	$0.5 = ABC$	$0.5 = SS_{A\times B\times C}$

(2) 반정규확률 그림을 보면 핵심 요인은 B, C임을 알 수 있다.

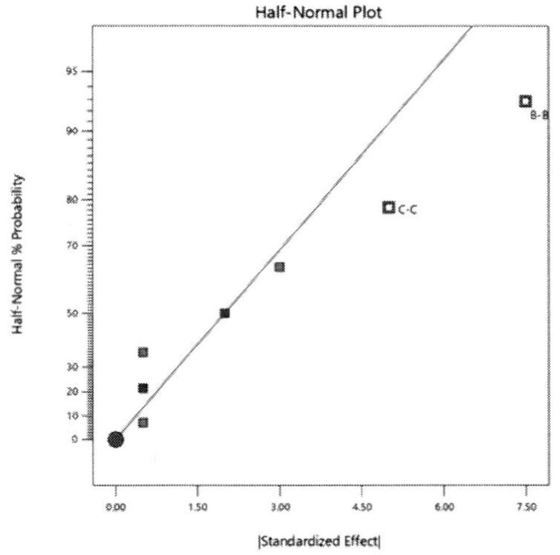

12. (1) 1그룹: abc, bc, a, (1)

2그룹: ab, ac, b, c

$$SS_{B\times C} = \frac{1}{8r}(T_{.11} + T_{.00} - T_{.10} - T_{.01})^2$$
$$= \frac{1}{16}(47 + 25 - 31 - 34)^2 = 3.0625$$

(2)

요 인	제곱합	자유도	평균제곱	F_0
A	5.333	1	5.333	21.33
B	8.333	1	8.333	33.33
$A\times B$	0.333	1	0.333	1.33
E	2.000	8	0.25	
T	16.000	11		

8장

1. ① 모든 요인에 대한 분산분석표

ANOVA for selected factorial model

Response 1: Filtration Rate

Source	Sum of Squares	df	Mean Square	F-value	p-value	
Block	7.56	1	7.56			
Model	5723.38	14	408.81			
A-Temperature	1870.56	1	1870.56			
B-Pressure	39.06	1	39.06			
C-Concentration	390.06	1	390.06			
D-Stir Rate	855.56	1	855.56			
AB	0.0625	1	0.0625			
AC	1314.06	1	1314.06			
AD	1105.56	1	1105.56			
BC	22.56	1	22.56			
BD	0.5625	1	0.5625			
CD	5.06	1	5.06			
ABC	14.06	1	14.06			
ABD	68.06	1	68.06			
ACD	10.56	1	10.56			
BCD	27.56	1	27.56			
Pure Error	0.0000	0				
Cor Total	5730.94	15				

② 선별된 요인에 대한 분산분석표

ANOVA for selected factorial model

Response 1: Filtration Rate

Source	Sum of Squares	df	Mean Square	F-value	p-value	
Block	7.56	1	7.56			
Model	5535.81	5	1107.16	53.13	< 0.0001	significant
A-Temperature	1870.56	1	1870.56	89.76	< 0.0001	
C-Concentration	390.06	1	390.06	18.72	0.0019	
D-Stir Rate	855.56	1	855.56	41.05	0.0001	
AC	1314.06	1	1314.06	63.05	< 0.0001	
AD	1105.56	1	1105.56	53.05	< 0.0001	
Residual	187.56	9	20.84			
Cor Total	5730.94	15				

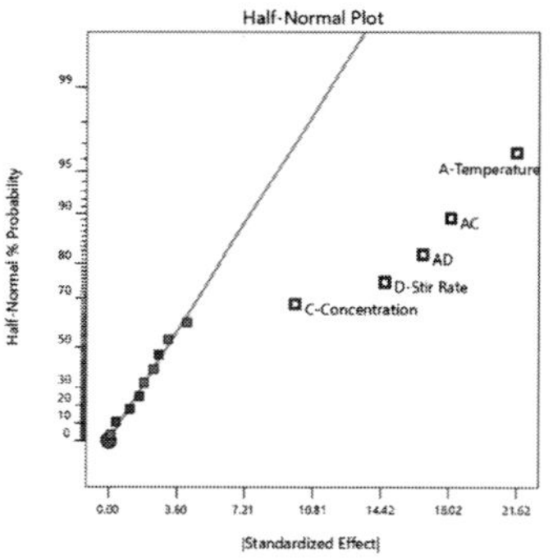

2. $$Block = \frac{1}{4}((1) + c + ab + abc - a - b - bc - ac)$$

$$= \frac{1}{4}(ab + (1) - a - b + abc + c - bc - ac) = AB$$

∴ 블록과 교락된 요인은 AB 상호작용효과

3. 상호작용 $ABCD$와 ABC가 교락 요인으로 선택되었다면,

$ABCD \times ABC = A^2B^2C^2D = D$

위 식으로부터 주효과 D가 블록과 교락되는 것을 알 수 있다.

4. ① 모든 요인에 대한 분산분석표 : 주효과 B를 제외한 나머지 효과들을 오차항에 풀링

ANOVA for selected factorial model

Response 1: R1

Source	Sum of Squares	df	Mean Square	F-value	p-value	
Block	0.0113	1	0.0113			
Model	16.81	6	2.80			
A-A	0.0113	1	0.0113			
B-B	15.96	1	15.96			
C-C	0.2813	1	0.2813			
AB	0.0012	1	0.0012			
AC	0.1013	1	0.1013			
BC	0.4512	1	0.4512			
Pure Error	0.0000	0				
Cor Total	16.82	7				

② 선별된 요인에 대한 분산분석표

ANOVA for selected factorial model

Response 1: R1

Source	Sum of Squares	df	Mean Square	F-value	p-value	
Block	0.0113	1	0.0113			
Model	15.96	1	15.96	94.31	0.0002	significant
B-B	15.96	1	15.96	94.31	0.0002	
Residual	0.8462	5	0.1692			
Cor Total	16.82	7				

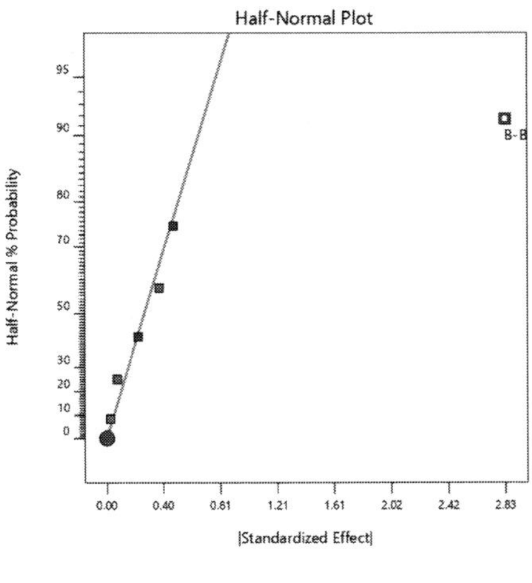

5. 요인 효과를 계산해 보면,

$$A = \frac{1}{2}(a + abc - b - c) = B \times C$$

$$B = \frac{1}{2}(b + abc - a - c) = A \times C$$

$$C = \frac{1}{2}(c + abc - a - b) = A \times B$$

이고, $A \times I = A \times (ABC) = A^2BC = BC$이므로 A는 $B \times C$와 별명관계이다.
이때의 해상도는 Ⅲ이다.

6. ① 반정규확률그림

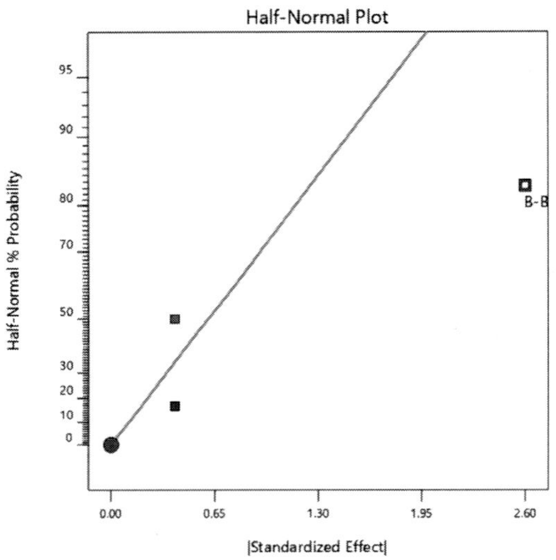

② 분산분석표

ANOVA for selected factorial model

Response 1: R1

Source	Sum of Squares	df	Mean Square	F-value	p-value	
Model	6.76	1	6.76	42.25	0.0229	significant
B-B	6.76	1	6.76	42.25	0.0229	
Residual	0.3200	2	0.1600			
Cor Total	7.08	3				

7. 2^{5-1} 일부실시법

① 유의하지 않은 요인들을 병합한 분산분석표

ANOVA for selected factorial model

Response 1: R1

Source	Sum of Squares	df	Mean Square	F-value	p-value
Model	5775.44	15	385.03		
A-A	495.06	1	495.06		
B-B	4590.06	1	4590.06		
C-C	473.06	1	473.06		
D-D	3.06	1	3.06		
E-E	1.56	1	1.56		
AB	189.06	1	189.06		
AC	0.5625	1	0.5625		
AD	5.06	1	5.06		
AE	5.06	1	5.06		
BC	1.56	1	1.56		
BD	0.0625	1	0.0625		
BE	0.0625	1	0.0625		
CD	3.06	1	3.06		
CE	0.5625	1	0.5625		
DE	7.56	1	7.56		
Pure Error	0.0000	0			
Cor Total	5775.44	15			

② 반정규확률그림에 의한 요인선별

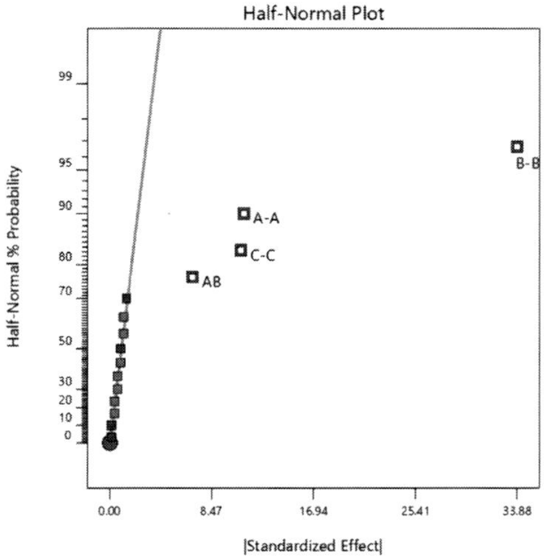

③ 유의한 요인에 대한 분산분석표

ANOVA for selected factorial model

Response 1: R1

Source	Sum of Squares	df	Mean Square	F-value	p-value	
Model	5747.25	4	1436.81	560.71	< 0.0001	significant
A-A	495.06	1	495.06	193.20	< 0.0001	
B-B	4590.06	1	4590.06	1791.24	< 0.0001	
C-C	473.06	1	473.06	184.61	< 0.0001	
AB	189.06	1	189.06	73.78	< 0.0001	
Residual	28.19	11	2.56			
Cor Total	5775.44	15				

8. 2_{III}^{5-2} 일부실시법

① 주효과들의 별명관계

A=CE=ABDE=BCD

B=ABCE=DE=ACD

C=AE=BCDE=ABD

D=ACDE=BE=ABC

E=AC=BD=ABCDE

② 해상도는 Ⅲ이다.

9. 2_{IV}^{4-1} 일부실시법

① 별명관계

Factorial Effects Aliases

Estimated Term	Aliased Terms
Intercept	= Intercept
A	= A + BCD
B	= B + ACD
C	= C + ABD
D	= D + ABC
AB	= AB + CD
AC	= AC + BD
AD	= AD + BC

② 분산분석표

ANOVA for selected factorial model

Response 1: R1

Source	Sum of Squares	df	Mean Square	F-value	p-value	
Model	93.24	7	13.32			
A-A	0.0882	1	0.0882			
B-B	44.37	1	44.37			
C-C	17.88	1	17.88			
D-D	9.77	1	9.77			
AB	0.0882	1	0.0882			
AC	0.6962	1	0.6962			
AD	20.35	1	20.35			
Pure Error	0.0000	0				
Cor Total	93.24	7				

③ 반정규확률그림

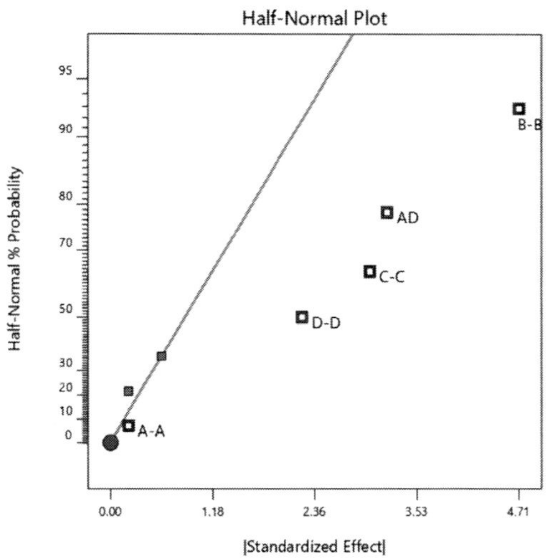

④ 유의한 인자 분산분석표

ANOVA for selected factorial model

Response 1: R1

Source	Sum of Squares	df	Mean Square	F-value	p-value	
Model	92.46	5	18.49	47.15	0.0209	significant
A-A	0.0882	1	0.0882	0.2249	0.6821	
B-B	44.37	1	44.37	113.13	0.0087	
C-C	17.88	1	17.88	45.59	0.0212	
D-D	9.77	1	9.77	24.91	0.0379	
AD	20.35	1	20.35	51.89	0.0187	
Residual	0.7844	2	0.3922			
Cor Total	93.24	7				

10. ① 블록과 교락되는 요인효과

Block Generators

1 = ABCD

2 = ABEF

∴ 블록과 교락되는 요인효과들은 ABCD, ABEF, CDEF 이다.

② (1)과 ab는 블록4, a와 b는 블록1. c는 블록 3, ac는 블록 2

블록1	블록2	블록3	블록4
a	ac	ae	(1)
b	ad	af	ab
acd	bc	be	abcd
bcd	bd	bf	abef
ce	e	c	ace
de	f	abc	acf
abde	abe	cef	ade
df	abf	d	adf
cf	abcde	abd	bce
bef	abcdf	abde	bcf
acdef	acef	abcef	bde
bcdef	adef	acde	bdf
aef	bde	acdf	cd
abce	bcef	bcde	cdef
abcf	cde	bcdf	ef
abdf	cdf	def	abcdef

③ 별명관계

Factorial Effects Aliases

Estimated Term	Aliased Terms
Intercept	= Intercept
A	= A + BCE + DEF
B	= B + ACE + CDF
C	= C + ABE + BDF
D	= D + AEF + BCF
E	= E + ABC + ADF
F	= F + ADE + BCD

11. ① 선점도

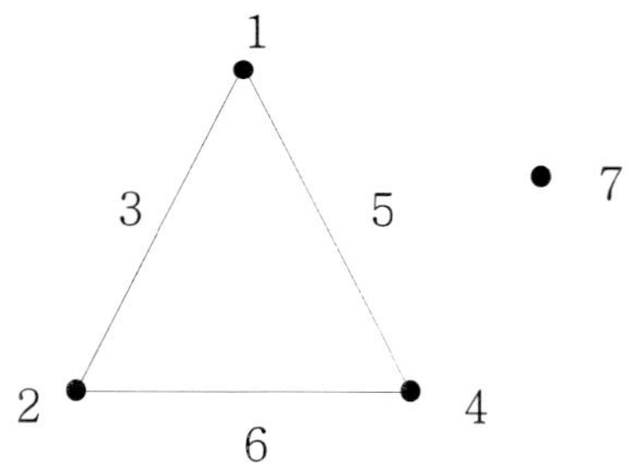

② $L_8(2^7)$ 직교배열표

실험번호	열 번 호							실험조건
	1	2	3	4	5	6	7	
1	0	0	0	0	0	0	0	
2	0	0	0	1	1	1	1	
3	0	1	1	0	0	1	1	
4	0	1	1	1	1	0	0	
5	1	0	1	0	1	0	1	
6	1	0	1	1	0	1	0	
7	1	1	0	0	1	1	0	
8	1	1	0	1	0	0	1	
기본표시	a	b	ab	c	ac	bc	abc	
실험배치	A	B	$A\times B$	C	$A\times C$	$B\times C$	D	

12. ① 실험의 횟수가 8이고, 열의 수가 7

② 유의한 효과는 A, C, $A\times C$

Source	Sum of Squares	df	Mean Square	F-value	p-value	
Model	283.50	4	70.88	4.09	0.1384	not significant
A-A	12.50	1	12.50	0.7212	0.4582	
C-C	40.50	1	40.50	2.34	0.2238	
D-D	50.00	1	50.00	2.88	0.1880	
AC	180.50	1	180.50	10.41	0.0483	
Residual	52.00	3	17.33			
Cor Total	335.50	7				

③ 최적 조건에서 모평균에 대한 95% 신뢰구간

Predicted Mean	Std Dev	SE Mean	95% CI low for Mean	95% CI high for Mean
89	4.16333	3.2914	78.5253	99.4747

④ 재현성 검토

Predicted Mean	Std Dev	n	SE Pred	95% PI low	Data Mean	95% PI high
89	4.16333	2	4.41588	74.9467		103.053

9장

1.

ANOVA for Linear model

Response 1: Y

Source	Sum of Squares	df	Mean Square	F-value	p-value	
Model	5.00	2	2.50	1.35	0.3283	not significant
A-X1	4.00	1	4.00	2.16	0.1922	
B-X2	1.00	1	1.00	0.5396	0.4903	
Residual	11.12	6	1.85			
Lack of Fit	10.91	2	5.45	102.91	0.0004	significant
Pure Error	0.2120	4	0.0530			
Cor Total	16.12	8				

2.

Final Equation in Terms of Coded Factors

Y	=
+78.97	
+1.00	* A
+0.5000	* B

Final Equation in Terms of Actual Factors

Y	=
+44.46667	
+0.200000	* X1
+0.100000	* X2

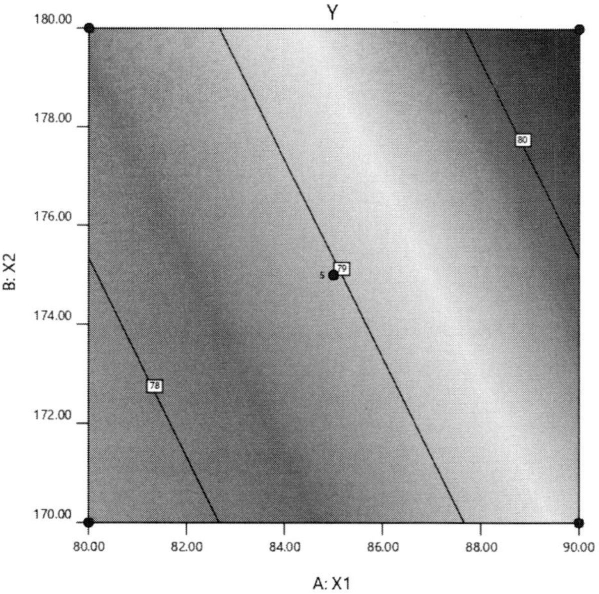

최대 상승 경로 $\Delta=(1,0.5)$,

(x_1,x_2)	(X_1,X_2)	y
Δ	(90, 177.5)	
2Δ	(95, 180)	
3Δ	(100, 182.5)	
4Δ	(105, 185)	

2. **ANOVA for Quadratic model**

Response 1: Y

Source	Sum of Squares	df	Mean Square	F-value	p-value	
Model	28.25	5	5.65	79.85	< 0.0001	significant
A-x1	7.92	1	7.92	111.93	< 0.0001	
B-x2	2.12	1	2.12	30.01	0.0009	
AB	0.2500	1	0.2500	3.53	0.1022	
A^2	13.18	1	13.18	186.22	< 0.0001	
B^2	6.97	1	6.97	98.56	< 0.0001	
Residual	0.4953	7	0.0708			
Lack of Fit	0.2833	3	0.0944	1.78	0.2897	not significant
Pure Error	0.2120	4	0.0530			
Cor Total	28.74	12				

Final Equation in Terms of Coded Factors

Y	=
+79.94	
+0.9950	* A
+0.5152	* B
+0.2500	* AB
-1.38	* A²
-1.00	* B²

Final Equation in Terms of Actual Factors

Y	=
+79.94000	
+0.994975	* x1
+0.515165	* x2
+0.250000	* x1 * x2
-1.37625	* x1²
-1.00125	* x2²

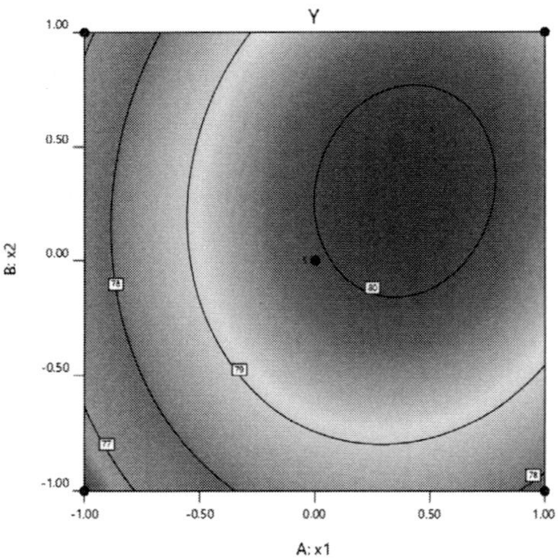

* 반응변수를 최대로 하는 실험조건

Solutions

1 Solutions found

Number	x1	x2	Y	Desirability	
1	**0.389**	**0.306**	**80.212**	**0.981**	**Selected**

* 재현성 확인

Confirmation

Two-sided Confidence = 95%

Solution 1 of 1 Response	Predicted Mean	Predicted Median	Observed	Std Dev	n	SE Pred	95% PI low	Data Mean	95% PI high
Y	80.2124	80.2124		0.266	1	0.290202	79.5262		80.8987

3. (1)

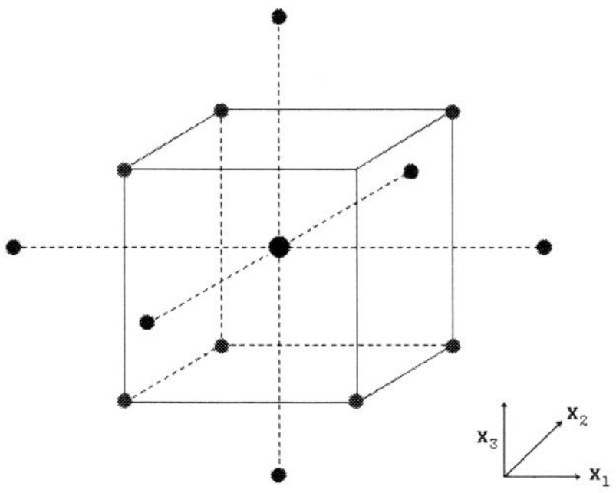

(2)

			CCD의 실험점			변환된 실제 실험점			
Std	Run	Type	x_1	x_2	x_3	X_1	X_2	X_3	y
1	13	Fact	−1	−1	−1	1.60	2.00	4.00	57
2	11	Fact	1	−1	−1	4.40	2.00	4.00	40
3	9	Fact	−1	1	−1	1.60	14.00	4.00	19
4	14	Fact	1	1	−1	4.40	14.00	4.00	40
5	15	Fact	−1	−1	1	1.60	2.00	28.00	54
6	4	Fact	1	−1	1	4.40	2.00	28.00	41
7	10	Fact	−1	1	1	1.60	14.00	28.00	21
8	12	Fact	1	1	1	4.40	14.00	28.00	43
9	6	Center	0	0	0	3.00	8.00	16.00	63
10	2	Axial	−2	0	0	0.20	8.00	16.00	28
11	1	Axial	2	0	0	5.80	8.00	16.00	11
12	5	Axial	0	−2	0	3.00	−4.00	16.00	2
13	3	Axial	0	2	0	3.00	20.00	16.00	18
14	8	Axial	0	0	−2	3.00	8.00	−8.00	56
15	7	Axial	0	0	2	3.00	8.00	40.00	46

$$x_1 = \frac{X_1 - 3}{1.4}, \quad x_2 = \frac{X_2 - 8}{6}, \quad x_3 = \frac{X_3 - 16}{12}$$

(3) **ANOVA for Reduced Quadratic model**

Response 1: y

Source	Sum of Squares	df	Mean Square	F-value	p-value	
Model	3775.04	5	755.01	6.74	0.0071	significant
A-x1(구연산나트륨)	27.56	1	27.56	0.2461	0.6317	
B-x2(글리세린)	85.56	1	85.56	0.7640	0.4048	
AB	666.13	1	666.13	5.95	0.0374	
A^2	1584.04	1	1584.04	14.14	0.0045	
B^2	2524.77	1	2524.77	22.54	0.0010	
Residual	1007.89	9	111.99			
Cor Total	4782.93	14				

Final Equation in Terms of Coded Factors

y	=
+57.77	
-1.31	* A
-2.31	* B
+9.12	* AB
-9.05	* A^2
-11.42	* B^2

Final Equation in Terms of Actual Factors

y	=
+27.88151	
+18.07022	* x1(구연산나트륨)
+1.43258	* x2(글리세린)
+1.08631	* x1(구연산나트륨) * x2(글리세린)
-4.61637	* x1(구연산나트륨)짼
-0.317308	* x2(글리세린)짼

Solutions

1 Solutions found

Number	x1(구연산나트륨)	x2(글리세린)	x3(평형시간)	y	Desirability	
1	**2.783**	**7.023**	***16.000***	**58.059**	**0.919**	**Selected**

4.

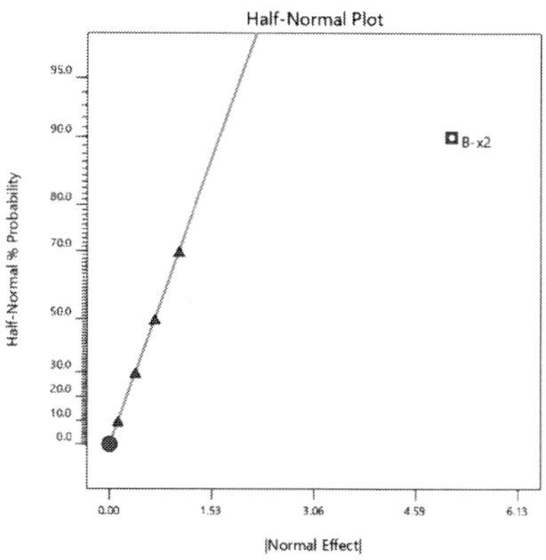

Analysis of Variance

Source	Sum of Squares	df	Mean Square	F-value	p-value	
Block	12.10	1	12.10			
Model	409.15	2	204.58	15.03	0.0046	significant
B-x2	409.15	2	204.58	15.03	0.0046	
Residual	81.65	6	13.61			
Cor Total	502.90	9				

Final Equation in Terms of Actual Factors

수율	=
x2	145
+82.50000	
x2	150
+74.00000	
x2	155
+68.25000	

최적조건 cycle 1, $x_2 = 145$, $x_1 = 175$에서 수율 =82.5

5. (1)

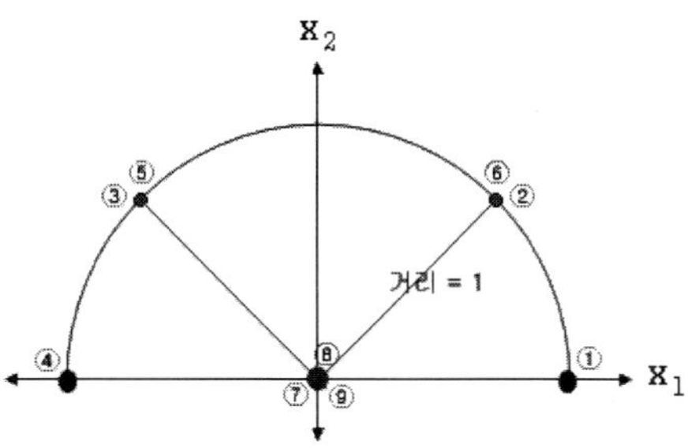

(2) 〈일차모형〉

ANOVA for Linear model

Response 1: y

Source	Sum of Squares	df	Mean Square	F-value	p-value	
Model	1190.79	2	595.39	5.32	0.0468	significant
A-x1	818.40	1	818.40	7.32	0.0353	
B-x2	372.38	1	372.38	3.33	0.1178	
Residual	670.97	6	111.83			
Lack of Fit	591.30	2	295.65	14.84	0.0141	significant
Pure Error	79.67	4	19.92			
Cor Total	1861.76	8				

Fit Statistics

Std. Dev.	10.57	**R^2**	0.6396
Mean	81.47	**Adjusted R^2**	0.5195
C.V. %	12.98	**Predicted R^2**	-0.1503
		Adeq Precision	6.1781

〈이차모형〉

ANOVA for Quadratic model (Aliased)

Response 1: y

Source	Sum of Squares	df	Mean Square	F-value	p-value	
Model	1782.09	4	445.52	22.37	0.0053	significant
A-x1	844.60	1	844.60	42.40	0.0029	
B-x2	545.28	1	545.28	27.38	0.0064	
AB	97.61	1	97.61	4.90	0.0913	
A^2	493.70	1	493.70	24.79	0.0076	
B^2	0.0000	0				
Pure Error	79.67	4	19.92			
Cor Total	1861.76	8				

Fit Statistics

Std. Dev.	4.46	**R^2**	0.9572
Mean	81.47	**Adjusted R^2**	0.9144
C.V. %	5.48	**Predicted R^2**	NA[(1)]
		Adeq Precision	12.3554

* 두 개의 모형을 비교해 본 결과, 이차모형의 R^2 값이 훨씬 큼을 확인 할 수 있다.

(3)

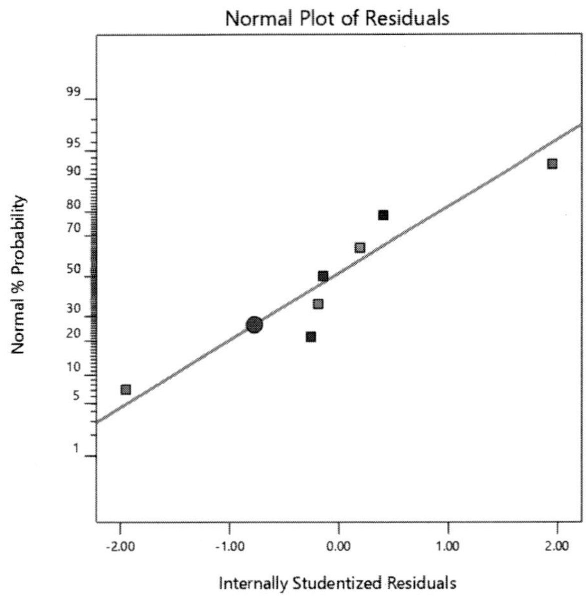

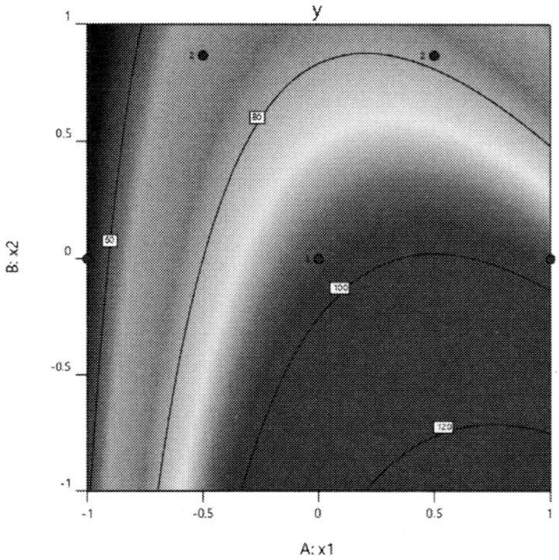

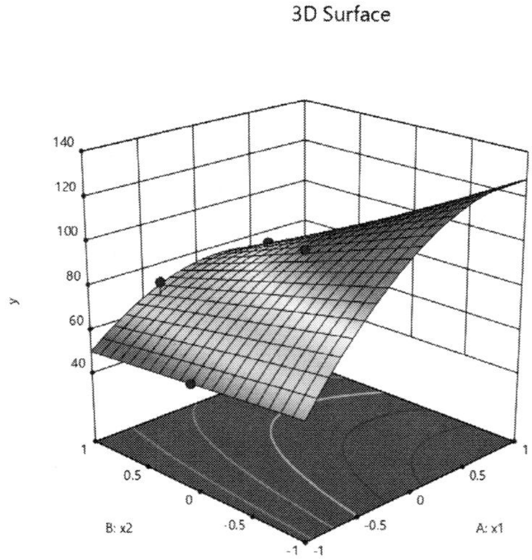

〈Optimization〉

Constraints

Name	Goal	Lower Limit	Upper Limit	Lower Weight	Upper Weight	Importance
A:x1	is in range	-1	1	1	1	3
B:x2	is in range	-1	1	1	1	3
y	maximize	54.5	96.8	1	1	3

Solutions

100 Solutions found

Number	x1	x2	y	Desirability	
1	**0.228**	**-0.716**	**114.465**	**1.000**	**Selected**
2	0.650	-0.584	116.206	1.000	
3	0.400	-0.434	110.746	1.000	
4	0.600	-0.200	105.730	1.000	
5	-0.250	-0.600	97.909	1.000	
6	0.155	-0.692	112.309	1.000	

(4)

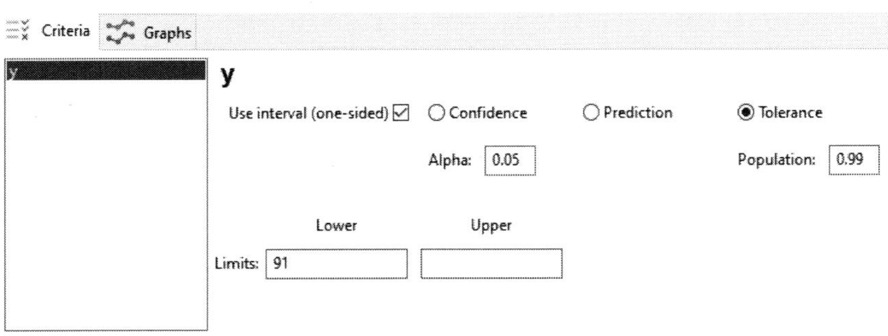

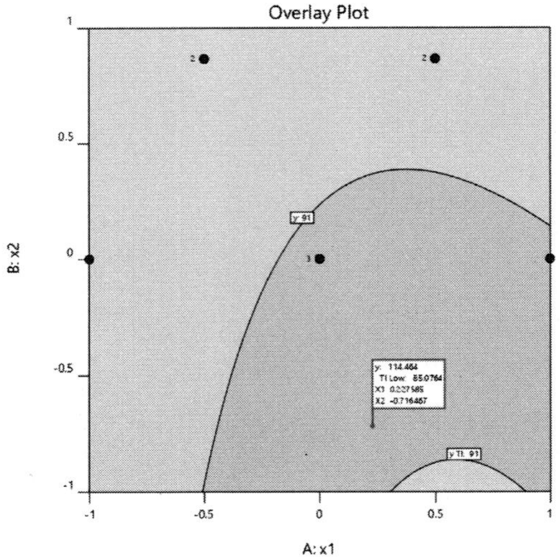

6. **Analysis of variance table [Partial sum of squares - Type III]**

Source	Sum of Squares	df	Mean Square	F Value	p-value Prob > F
Model	117.29	2	58.65	20.36	0.0180
A-time	*27.04*	*1*	*27.04*	*9.39*	*0.0548*
B-temperatur	*90.25*	*1*	*90.25*	*31.34*	*0.0113*
Curvature	0.11	1	0.11	0.037	0.8594
Residual	8.64	3	2.88		
Lack of Fit	*0.64*	*1*	*0.64*	*0.16*	*0.7278*
Pure Error	*8.00*	*2*	*4.00*		
Cor Total	126.04	6			

(1) 일차모형에 대한 적합결여를 판단하는 Lack of Fit의 p−value 값이 0.7278로 큰 값이 나왔기에 일차모형이 자료를 잘 적합함을 나타낸다. 또한 곡선효과의 존재 여부를 판단하는 Curvature의 p−value 값이 0.8594로 큰 값이 얻어져서, 곡선효과가 존재하지 않는다. 이 결과는 다른 관점에서 일차모형의 적합성을 뒷받침해주고 있다. 따라서 반응 값들이 독립변수들의 값의 변화에 따라서 직선적으로 증가하고, 최적조건이 실험자의 관심영역 밖에 있음을 알 수 있다.

(2) 최대 상승 경로를 구하고, 향후의 3개의 추가 실험점들의 위치를 원래 변수값으로 나열하라.

* 최대 상승 경로 : 원점에서 등고선의 수직방향으로.

– 수직방향 : 원점을 기준으로 x1 방향으로 2.60 단위의 증가마다 x2 방향으로 4.75 단위 증가

– 기울기 = $\frac{4.75}{2.60} = 1.83$

△= (1,1.83) : 원점에서 시작하는 상승경로의 이동방향 벡터의 끝점

* 최대 상승 경로 식

(time, temp) =(75+5 x1 ,130+2.5 x2), Note △= (1,1.83)

(x_1,x_2)	(time, temperature)
△	(80, 134.58)
2△	(85, 139.15)
3△	(90, 143.73)

7. 2△가 중심인 (85, 139.15)를 중심으로 관심영역을 새로 만들고 간격을 조정하여 2^2 요인설계와 관심영역의 중심점인 (0,0)에서 실험을 한 후 Curvature를 확인하여 곡선효과가 존재하면, 2차 모형 적합을 위한 실험 설계 단계로 넘어간다. 다음 단계의 실험은 (85, 139.15)를 중심으로 4개의 축점과 중심점에서 추가 실험을 실시하여 중심합성설계에 따라서 실험을 축차적으로 실시하고, 이차다항모형에 의한 반응표면의 근사에 의해서 최적조건을 찾는다.

〈Augment〉
(85, 139.15)를 중앙점으로 가지는 회전가능 중심합성설계를 생성한다. 이때 각 4개의 축점은 중심으로부터 1.41421 만큼 떨어져 있다.

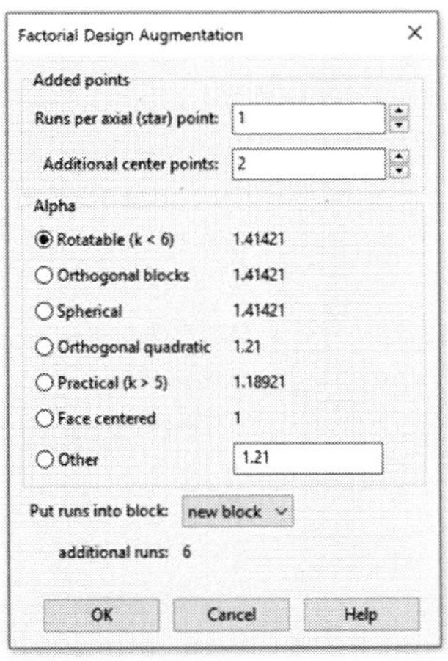

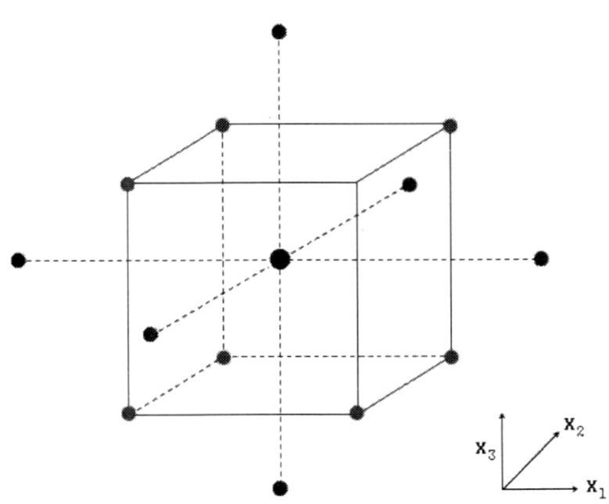

10장

1. Design Expert 12를 실행하고, 실용적인 혼합물 설계를 생성하기 위해서 [New Design → Mixture → Simplex Lattice]를 클릭하여 실험 생성

Std	Run	Space Type	Component 1 A:A	Component 2 B:B	Component 3 C:C	Component 4 D:D
1	3	Vertex	1	0	0	0
2	13	Vertex	0	1	0	0
3	4	Vertex	0	0	1	0
4	9	Vertex	0	0	0	1
5	15	CentEdge	0.5	0.5	0	0
6	10	CentEdge	0.5	0	0.5	0
7	6	CentEdge	0.5	0	0	0.5
8	2	CentEdge	0	0.5	0.5	0
9	14	CentEdge	0	0.5	0	0.5
10	5	CentEdge	0	0	0.5	0.5
11	7	AxialCB	0.625	0.125	0.125	0.125
12	11	AxialCB	0.125	0.625	0.125	0.125
13	8	AxialCB	0.125	0.125	0.625	0.125
14	1	AxialCB	0.125	0.125	0.125	0.625
15	12	Center	0.25	0.25	0.25	0.25

2. 제약된 혼합물 실험공간에서 이차모형의 적합을 위한 혼합물 설계를 생성하기 위해서 [New Design → Mixture → Simplex Lattice]를 클릭하고 제약 조건을 입력한 후에 [Next]를 클릭하고 Augment design에 체크한다.

Std	Run	Space Type	Component 1 A:A	Component 2 B:B	Component 3 C:C
1	3	Vertex	0.4	0.5	0.1
2	5	Vertex	0.2	0.7	0.1
3	7	Vertex	0.2	0.5	0.3
4	9	CentEdge	0.3	0.6	0.1
5	8	CentEdge	0.3	0.5	0.2
6	6	CentEdge	0.2	0.6	0.2
7	4	AxialCB	0.333333	0.533333	0.133333
8	10	AxialCB	0.233333	0.633333	0.133333
9	2	AxialCB	0.233333	0.533333	0.233333
10	1	Center	0.266667	0.566667	0.166667

3. 2번과 같은 방법으로 디자인을 생성한다.

〈실험공간도시〉

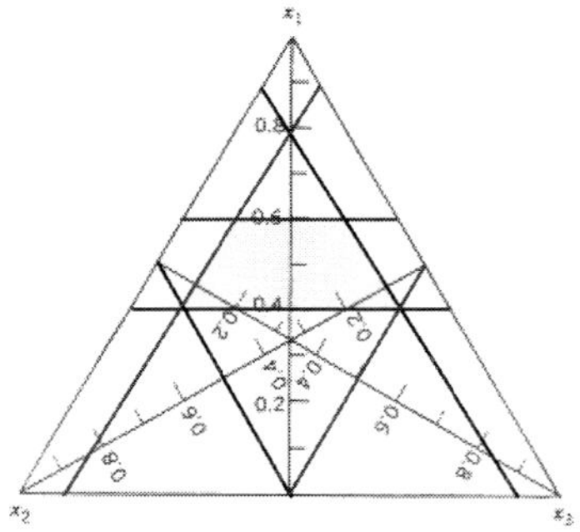

Std	Run	Space Type	Component 1 A:A	Component 2 B:B	Component 3 C:C
1	15	Vertex	0.3	0.2	0.5
2	11	Vertex	0.6	0.3	0.1
3	1	Vertex	0.6	0.2	0.2
4	2	Vertex	0.3	0.5	0.2
5	9	Vertex	0.4	0.5	0.1
6	6	CentEdge	0.45	0.2	0.35
7	12	CentEdge	0.3	0.35	0.35
8	13	CentEdge	0.6	0.25	0.15
9	4	CentEdge	0.5	0.4	0.1
10	5	CentEdge	0.35	0.5	0.15
11	16	AxialCB	0.37	0.27	0.36
12	10	AxialCB	0.52	0.32	0.16
13	8	AxialCB	0.52	0.27	0.21
14	7	AxialCB	0.37	0.42	0.21
15	3	AxialCB	0.42	0.42	0.16
16	14	Center	0.44	0.34	0.22

4. ① 적절한 모형 찾기

Sequential Model Sum of Squares [Type I]

Source	Sum of Squares	df	Mean Square	F-value	p-value	
Mean vs Total	8179.61	1	8179.61			
Linear vs Mean	**4.63**	**2**	**2.32**	**13.89**	**0.0010**	**Suggested**
Quadratic vs Linear	0.2472	3	0.0824	0.4153	0.7468	
Sp Cubic vs Quadratic	0.0099	1	0.0099	0.0439	0.8400	
Cubic vs Sp Cubic	0.1319	2	0.0660	0.2281	0.8039	Aliased
Quartic vs Cubic	0.4356	1	0.4356	1.72	0.2593	Aliased
Residual	1.01	4	0.2525			
Sp Quartic vs Quadratic	0.1418	3	0.0473	0.1635	0.9165	
Quartic vs Sp Quartic	0.4356	1	0.4356	1.72	0.2593	Aliased
Residual	1.01	4	0.2525			
Total	8186.08	14	584.72			

ANOVA for Linear model

Response 1: R1

Source	Sum of Squares	df	Mean Square	F-value	p-value	
Model	4.63	2	2.32	13.89	0.0010	significant
(1)Linear Mixture	4.63	2	2.32	13.89	0.0010	
Residual	1.83	11	0.1668			
Lack of Fit	0.8246	7	0.1178	0.4665	0.8218	not significant
Pure Error	1.01	4	0.2525			
Cor Total	6.47	13				

Final Equation in Terms of Actual Components

R1	=
+25.03143	* A
+24.35143	* B
+23.13143	* C

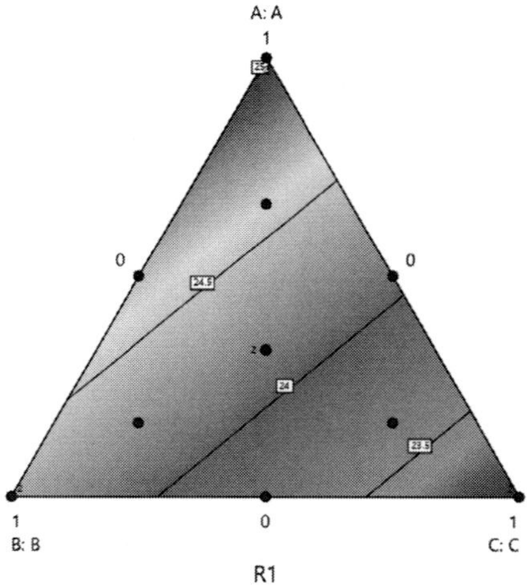

② 휘발류 연비를 가장 크게 하는 최적 혼합물 배합

Solutions

2 Solutions found

Number	A	B	C	R1	Desirability	
1	**1.000**	**0.000**	**0.000**	**25.031**	**0.930**	**Selected**
2	0.500	0.500	0.000	24.691	0.788	

③ 최적조건에서 재현성 실험을 1회 실시하는 경우 얻어질 미래의 y 값에 대한 신뢰구간

Confirmation

Two-sided   Confidence = 95%

Response	Predicted Mean	Predicted Median	Observed	Std Dev	n	SE Pred	95% PI low	Data Mean	95% PI high
R1	25.0314	25.0314		0.408386	1	0.472405	23.9917		26.0712

5. ① 적절한 모형

ANOVA for Special Cubic model

Response 1: y

Source	Sum of Squares	df	Mean Square	F-value	p-value	
Model	1538.86	6	256.48	10.20	0.0062	significant
(1)Linear Mixture	377.44	2	188.72	7.51	0.0233	
AB	407.56	1	407.56	16.21	0.0069	
AC	452.65	1	452.65	18.01	0.0054	
BC	550.50	1	550.50	21.90	0.0034	
ABC	153.42	1	153.42	6.10	0.0484	
Residual	150.83	6	25.14			
Lack of Fit	43.83	2	21.92	0.8193	0.5033	not significant
Pure Error	107.00	4	26.75			
Cor Total	1689.69	12				

Final Equation in Terms of Actual Components

y	=
-4678.70770	* x1
-37426.78954	* x2
-9970.48409	* x3
+1.42792E+05	* x1 * x2
+55070.72085	* x1 * x3
+1.92662E+05	* x2 * x3
-5.24991E+05	* x1 * x2 * x3

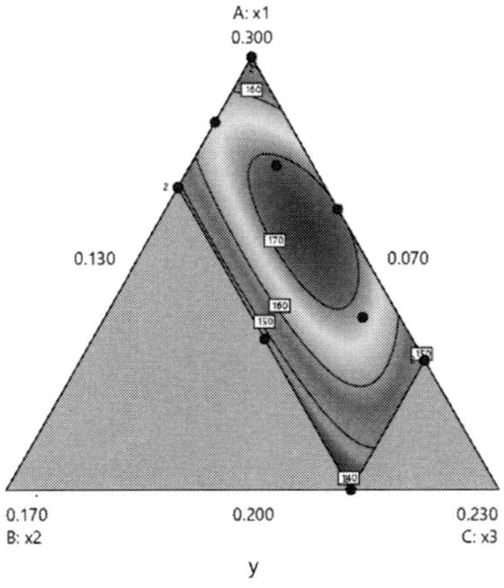

② 거품을 가장 많이 나게 하는 최적조건

Solutions

1 Solutions found

Number	x1	x2	x3	y	Desirability	
1	**0.260**	**0.079**	**0.161**	**174.146**	**0.861**	**Selected**

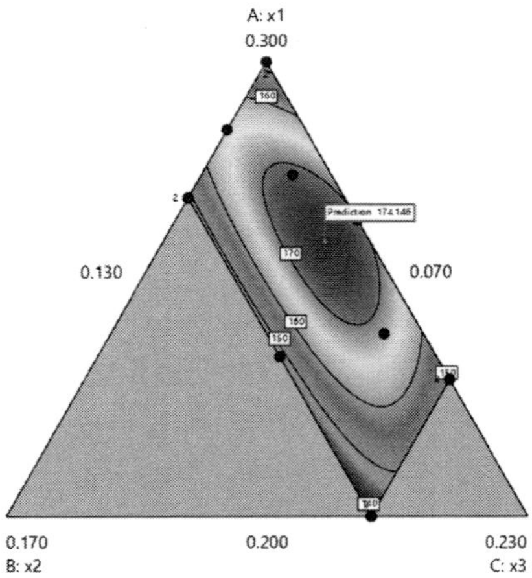

③ 제시된 혼합물 배합조건에서 생산되는 제품의 99%에 대해서 거품의 조건인 165 이상을 보장하는 확률이 0.95인 최적조건 근처의 design space

138 이상인 경우

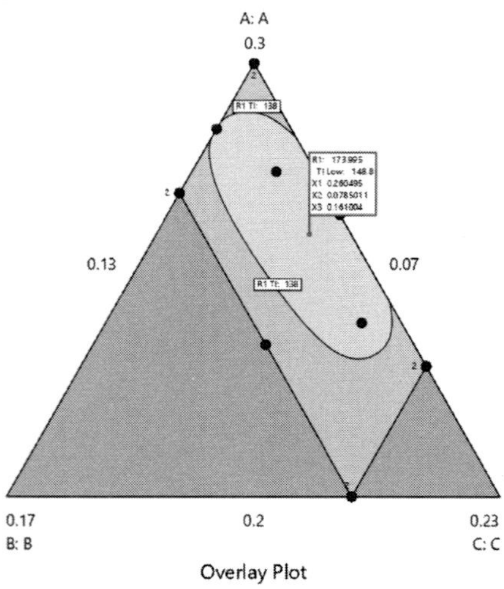

165 이상인 경우

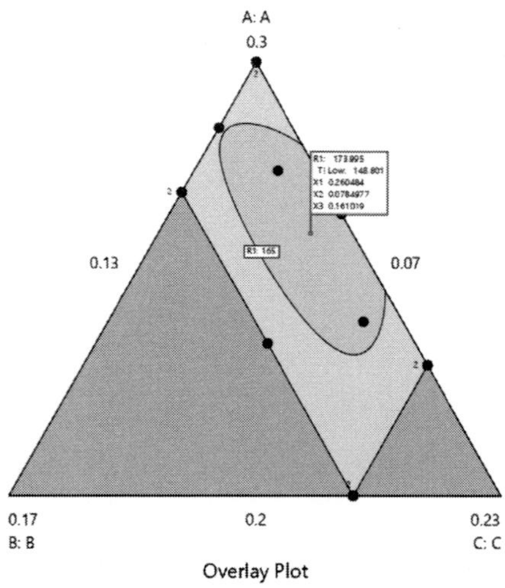

④ 최적조건에서 재현성 실험을 1회 실시할 때에 얻어질 미래의 관측치에 대한 예측구간

Confirmation

Two-sided Confidence = 95%

Solution 1 of 1 Response	Predicted Mean	Predicted Median	Observed	Std Dev	n	SE Pred	95% PI low	Data Mean	95% PI high
y	174.141	174.141		5.01384	1	6.0507	159.336		188.947

11장

1. ① CO의 양을 망소특성으로 하여 SN비를 구한다.

A	B	C	D	F	G	H	R1	R2	R3	신호 대 잡음 비1
0	0	0	0	0	0	0	1.04	1.20	1.54	-2.12472
0	0	0	1	1	1	1	1.42	1.76	2.10	-5.01698
0	1	1	0	0	1	1	1.01	1.23	1.52	-2.08029
0	1	1	1	1	0	0	1.50	1.87	2.25	-5.56680
1	0	1	0	1	0	1	1.28	1.34	2.05	-4.05773
1	0	1	1	0	1	0	1.14	1.26	1.88	-3.30522
1	1	0	0	1	1	0	1.33	1.42	2.10	-4.36444
1	1	0	1	0	0	1	1.33	1.52	2.13	-4.58195

② SN비를 데이터로 하여 분산분석표를 작성

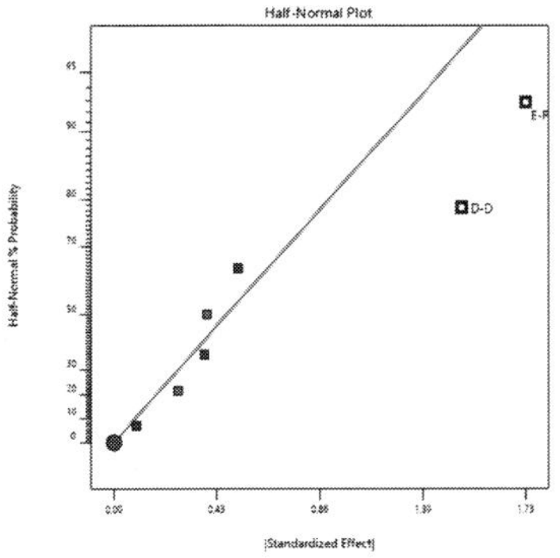

ANOVA for selected factorial model

Response 1: R1

Source	Sum of Squares	df	Mean Square	F-value	p-value	
Model	10.24	2	5.12	19.65	0.0043	significant
D-D	4.27	1	4.27	16.38	0.0099	
E-F	5.98	1	5.98	22.92	0.0049	
Residual	1.30	5	0.2606			
Cor Total	11.55	7				

③ 최적조건에서의 SN비를 구하시오.

D_1F_1에서 SN 비 = −5.48

2.

A	B	C	D	V0-W0	V0-W1	V0-W2	V1-W0	V1-W1	V1-W2	신호 대 잡음 비1	평균1
0	0	0	0	7.78	7.78	7.81	7.50	7.25	7.12	28.0031	7.54000
0	0	1	1	7.94	8.00	7.88	7.32	7.44	7.44	28.1131	7.67000
0	1	0	1	8.15	8.18	7.88	7.88	7.88	7.44	29.4579	7.90167
0	1	1	0	7.69	8.09	8.06	7.56	7.69	7.62	30.5898	7.78500
1	0	0	1	7.59	7.56	7.75	7.63	7.75	7.56	38.6746	7.64000
1	0	1	0	7.56	7.81	7.69	7.81	7.50	7.59	35.3091	7.66000
1	1	0	0	7.50	7.56	7.50	7.50	7.56	7.50	47.7016	7.52000
1	1	1	1	7.56	7.62	7.44	7.18	7.18	7.25	31.5516	7.37167

① SN비

ANOVA for selected factorial model

Response 1: SN ratio

Source	Sum of Squares	df	Mean Square	F-value	p-value	
Model	267.40	3	89.13	6.87	0.0468	significant
A-A	171.80	1	171.80	13.23	0.0220	
C-C	41.74	1	41.74	3.22	0.1474	
AC	53.86	1	53.86	4.15	0.1113	
Residual	51.93	4	12.98			
Cor Total	319.33	7				

최적조건: A_1C_0

② 평균

ANOVA for selected factorial model

Response 2: Mean

Source	Sum of Squares	df	Mean Square	F-value	p-value	
Model	0.1829	5	0.0366	17.58	0.0547	not significant
A-A	0.0621	1	0.0621	29.86	0.0319	
B-B	0.0006	1	0.0006	0.2806	0.6493	
D-D	0.0008	1	0.0008	0.3687	0.6055	
AB	0.0979	1	0.0979	47.05	0.0206	
AD	0.0215	1	0.0215	10.35	0.0846	
Residual	0.0042	2	0.0021			
Cor Total	0.1871	7				

평균조정인자: $A,\ B,\ D,\ A\times B,\ A\times D$

최적조건: $A_1B_0C_0D_0$

3. (1)

A	B	C	D	N0	N1	신호 대 잡음 비1	평균1
0	0	0	0	6	5	14.6994	5.5
0	1	1	1	10	8	18.9237	9.0
0	2	2	2	12	10	20.7200	11.0
1	0	1	2	8	6	16.6351	7.0
1	1	2	0	11	7	18.4356	9.0
1	2	0	1	13	9	20.3946	11.0
2	0	2	1	23	18	26.0408	20.5
2	1	0	2	24	23	27.4155	23.5
2	2	1	0	20	16	24.9443	18.0

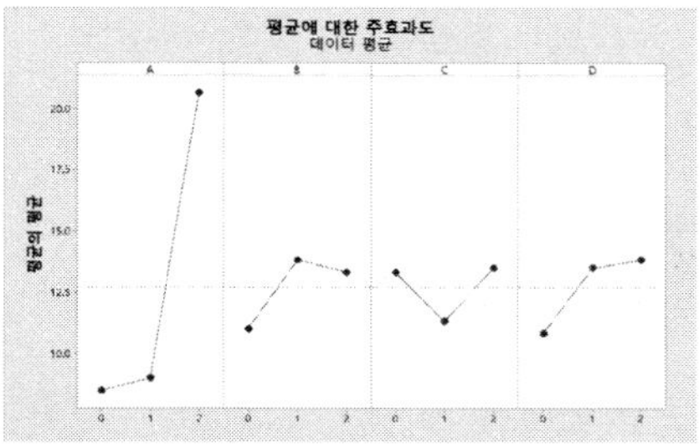

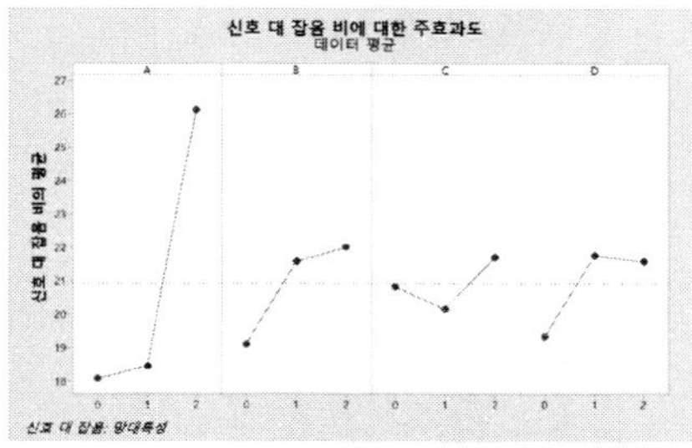

(2) ① A만 선택

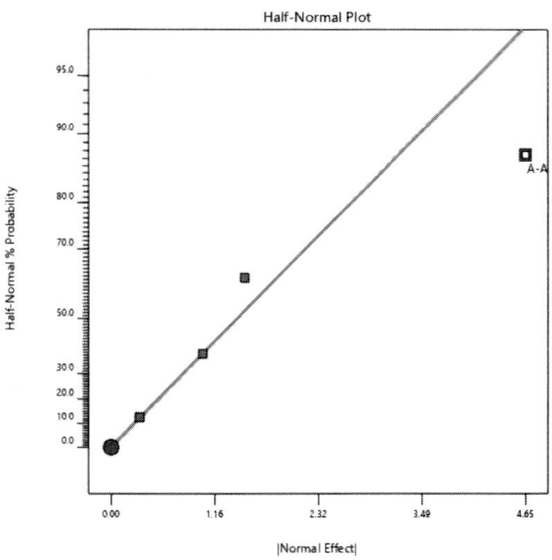

ANOVA for selected factorial model

Response 1: R1

Source	Sum of Squares	df	Mean Square	F-value	p-value	
Model	122.89	2	61.45	12.61	0.0071	significant
A-A	122.89	2	61.45	12.61	0.0071	
Residual	29.24	6	4.87			
Cor Total	152.14	8				

Fit Statistics

Std. Dev.	2.21		R^2	0.8078
Mean	20.91		**Adjusted** R^2	0.7437
C.V. %	10.56		**Predicted** R^2	0.5675
			Adeq Precision	6.2914

〈Optimization〉

Constraints

Name	Goal	Lower Limit	Upper Limit	Lower Weight	Upper Weight	Importance
A:A	is in range	0	2	1	1	3
B:B	is equal to	0	2	1	1	3
C:C	is equal to 0	0	2	1	1	3
D:D	is equal to 0	0	2	1	1	3
R1	maximize	14.6994	27.4155	1	1	3

Solutions | Starting Points

Solutions

3 Solutions found

Solutions for 3 combinations of categoric factor levels

Number	A	B	C	D	R1	Desirability	
1	**2**	***0***	***0***	***0***	**26.134**	**0.899**	**Selected**
2	1	*0*	*0*	*0*	18.488	0.298	
3	0	*0*	*0*	*0*	18.114	0.269	

〈재현성〉

Confirmation

Two-sided Confidence = 95%

Solution 1 of 3 Response	Predicted Mean	Predicted Median	Observed	Std Dev	n	SE Pred	95% PI low	Data Mean	95% PI high
R1	26.1335	26.1335		2.2077	1	2.54924	19.8958		32.3713

② A & B 선택

ANOVA for selected factorial model

Response 1: R1

Source	Sum of Squares	df	Mean Square	F-value	p-value	
Model	137.54	4	34.38	9.42	0.0259	significant
A-A	122.89	2	61.45	16.84	0.0113	
B-B	14.65	2	7.32	2.01	0.2492	
Residual	14.60	4	3.65			
Cor Total	152.14	8				

Fit Statistics

Std. Dev.	1.91		**R^2**	0.9040
Mean	20.91		**Adjusted R^2**	0.8081
C.V. %	9.14		**Predicted R^2**	0.5142
			Adeq Precision	7.6645

〈Optimization〉

Constraints

Name	Goal	Lower Limit	Upper Limit	Lower Weight	Upper Weight	Importance
A:A	is in range	0	2	1	1	3
B:B	is in range	0	2	1	1	3
C:C	is equal to 0	0	2	1	1	3
D:D	is equal to 0	0	2	1	1	3
R1	maximize	14.6994	27.4155	1	1	3

Solutions Starting Points

Solutions

9 Solutions found

Solutions for 9 combinations of categoric factor levels

Number	A	B	C	D	R1	Desirability	
1	**2**	**2**	***0***	***0***	**27.241**	**0.986**	**Selected**
2	2	1	*0*	*0*	26.813	0.953	

〈재현성〉

Confirmation

Two-sided Confidence = 95%

Solution 1 of 9 Response	Predicted Mean	Predicted Median	Observed	Std Dev	n	SE Pred	95% PI low	Data Mean	95% PI high
R1	27.2411	27.2411		1.91041	1	2.3827	20.6256		33.8565

4.

Std	Run	Factor 1 A:A	Factor 2 B:B	Factor 3 C:C	Factor 4 D:D	Response 1 R1
1	11	-1	-1	-1	-1	550
2	10	1	-1	-1	-1	669
3	13	-1	1	-1	-1	604
4	9	1	1	-1	-1	650
5	8	-1	-1	1	-1	633
6	3	1	-1	1	-1	642
7	12	-1	1	1	-1	601
8	2	1	1	1	-1	635
9	5	-1	-1	-1	1	1037
10	1	1	-1	-1	1	749
11	14	-1	1	-1	1	1052
12	16	1	1	-1	1	868
13	4	-1	-1	1	1	1075
14	6	1	-1	1	1	860
15	15	-1	1	1	1	1063
16	7	1	1	1	1	729

Name	Units	Type	Changes	Std. Dev.	Low	High
A		Factor	Easy	0	-1	1
B		Factor	Easy	0	-1	1
C		Factor	Easy	1	-1	1
D		Factor	Easy	1	-1	1
R1		Response		41.6911	550	1075

(1)

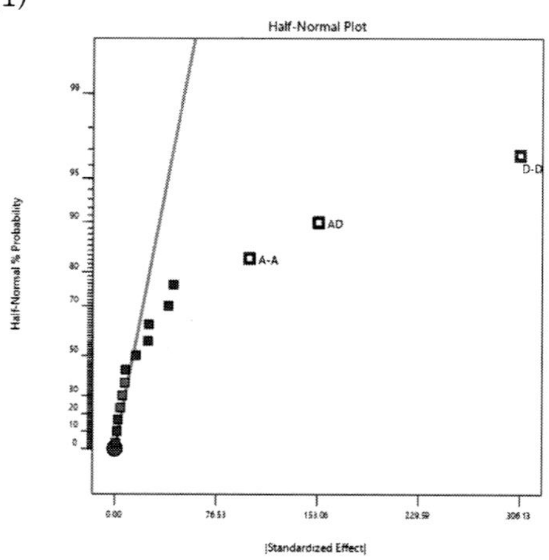

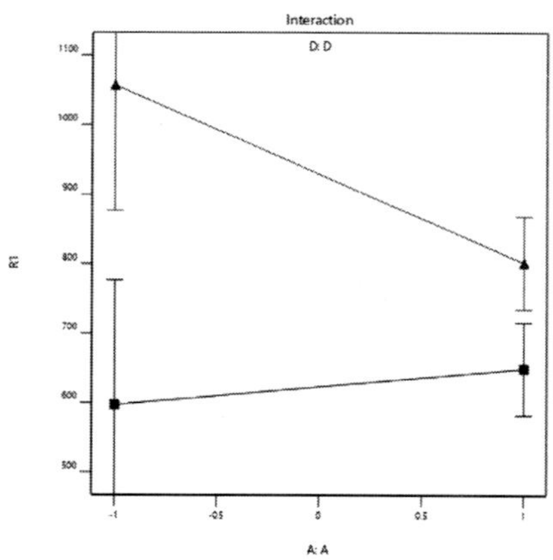

ANOVA for selected factorial model

Response 1: R1

Source	Sum of Squares	df	Mean Square	F-value	p-value	
Model	5.106E+05	3	1.702E+05	97.91	< 0.0001	significant
A-A	41310.56	1	41310.56	23.77	0.0004	
D-D	3.749E+05	1	3.749E+05	215.66	< 0.0001	
AD	94402.56	1	94402.56	54.31	< 0.0001	
Residual	20857.75	12	1738.15			
Cor Total	5.314E+05	15				

Final Equation in Terms of Actual Factors

R1	=
+776.06250	
-50.81250	* A
+153.06250	* D
-76.81250	* A * D

(2) **Constraints**

Name	Goal	Lower Limit	Upper Limit	Lower Weight	Upper Weight	Importance
A:A	is in range	-1	1	1	1	3
B:B	is equal to 0	-1	1	1	1	3
C:C	is equal to 0	-1	1	1	1	3
D:D	is equal to 0	-1	1	1	1	3
R1	is target = 700	550	850	1	1	3
POE(R1)	minimize	86.9034	233.625	1	1	3

Solutions | Starting Points

Solutions

1 Solutions found

Number	A	B	C	D	R1	POE(R1)	Desirability	
1	**1.000**	***0.000***	***0.000***	**0.000**	**725.250**	**86.903**	**0.912**	**Selected**

(3) 〈미니탭〉

A	B	C0-D0	C0-D1	C1-D0	C1-D1	신호 대 잡음 비1	평균1
-1	-1	550	1037	633	1075	9.6643	823.75
-1	1	604	1052	601	1063	9.9912	830.00
1	-1	669	749	642	860	17.4549	730.00
1	1	650	868	635	729	16.5952	720.50

SN비에 영향을 주는 인자 A

평균조정인자 A

최적조건 A_1

찾아보기

ㅎ

기타

저자 소개

임용빈

서울대학교 계산통계학과(이학사)
서울대학교 계산통계학과 대학원(통계학 석사)
미국 퍼듀 대학교 대학원(통계학 박사)
미국 루이지애나 주립대학교 실험통계학과 조교수(1986-1989)
이화여자대학교 통계학과 조교수, 부교수, 교수(1989-현재)
한국통계학회 공업통계연구회장(2004-2006)
한국품질경영학회 식스시그마연구회장(2006-2010)
한국표준협회 KS-SQI 자문위원(2014-현재)
실험계획전문가(DOEexpert) 대표자문교수(2005-현재)

DESIGN EXPERT, MINITAB과 R을 활용한 실험계획법

저　　자　임용빈
발 행 인　김지영
발 행 처　자유아카데미
주　　소　경기도 파주시 회동길 37-42
　　　　　파주출판도시
전　　화　031-955-1321
팩　　스　031-955-1322
홈페이지　www.freeaca.com
전자우편　main@freeaca.com (대표)
　　　　　editor@freeaca.com (편집)
　　　　　crm@freeaca.com (영업)
등　　록　제406-2003-017호, 1980. 7. 12
제1판1쇄　2020년 2월 25일 발행
제1판3쇄　2021년 8월 20일 발행
정　　가　32,000원

저자와의 협의하에 인지생략

ISBN 979-11-5808-246-8　93310